高等学校导航工程专业规划教材

武汉大学规划教材建设项目资助出版

Foundation of Optimal Estimation

最优估计基础

吴云 刘万科 编著

WUHAN UNIVERSITY PRESS
武汉大学出版社

图书在版编目(CIP)数据

最优估计基础/吴云,刘万科编著 .—武汉:武汉大学出版社,2021.3
(2024.3 重印)
高等学校导航工程专业规划教材
ISBN 978-7-307-22063-8

Ⅰ.最… Ⅱ.①吴… ②刘… Ⅲ. 估计—最佳化理论—高等学校
—教材 Ⅳ.O211.67

中国版本图书馆 CIP 数据核字(2020)第 273120 号

责任编辑:鲍 玲 责任校对:李孟潇 版式设计:马 佳

出版发行:**武汉大学出版社** (430072 武昌 珞珈山)
(电子邮箱:cbs22@ whu.edu.cn 网址:www.wdp.com.cn)
印刷:武汉中科兴业印务有限公司
开本:787×1092 1/16 印张:15.25 字数:361 千字 插页:1
版次:2021 年 3 月第 1 版 2024 年 3 月第 2 次印刷
ISBN 978-7-307-22063-8 定价:39.00 元

前　言

最优估计是概率论与数理统计的一个分支，是从受到误差干扰的数据中提取系统参数或状态的过程。最优估计理论随着科学技术的进步和应用需求不断发展，已广泛应用于现代工业和科技的诸多领域。随着全球数字化的日益发展，时空信息和定位导航服务已成为国家重要的基础性和战略性设施。为了满足导航和测绘工程技术发展需要，贯彻习近平总书记提出的人才强国战略和培养空天科技人才，本书结合测绘和导航工程领域相关应用，对常用的估计理论和方法进行系统和详细的介绍，读者在学习了本书的内容后能够运用估计方法对现代信息技术采集的数据进行处理。

本书是作者在从事多年测绘科学和导航工程领域科研项目和教学经验的基础上编写的。作者在介绍最优估计理论的同时，注重方法的实现和实例分析。在阐述估计理论前，以问题为导向提出解决思路，接着在最优准则下推导估计方法，进而解决问题并对结果进行解释，最后给出实现算法的流程图，部分章节还给出了实现算法的基本代码和步骤。此外，本书在阐述最优估计理论和方法的同时，也分析总结了各种估计方法之间的差异、共性和内在的联系，以便于读者更好地理解不同估计方法之间的关系进而对估计方案进行优化。

全书共分 6 章，第 1 章给出了学习最优估计的基本数理统计知识和几种典型的随机过程；第 2 章详细介绍经典的参数估计方法，包括参数估计的数学模型、最小二乘估计、极大似然估计、极大验后估计、最小方差估计、贝叶斯估计和各种估计方法之间的关系；第 3 章介绍随机线性动态系统的数学模型；第 4 章介绍 Kalman 滤波基础理论，包括离散系统的 Kalman 滤波、预测和平滑，连续系统的 Kalman 滤波和 Kalman 滤波的稳定性；第 5 章给出改进的 Kalman 滤波算法，包括观测值逐次更新的 Kalman 滤波、扩展的 Kalman 滤波、信息滤波、自适应的 Kalman 滤波、平方根滤波、UDU 分解滤波和平方根信息滤波；第 6 章介绍噪声相关的 Kalman 滤波，包括系统噪声与观测噪声相关和噪声有色情况下的 Kalman 滤波的解决方法。

本书是武汉大学 2019 年规划教材，也是武汉大学导航工程和测绘类工程专业最优估计课程的指定教材。虽然本次重印修订了第一印次出现的错误，但仍不能避免无一疏漏，恳请广大读者批评指正。此外，本书的出版得到了武汉大学教材中心和武汉大学规划教材建设项目的大力支持，在此深表感谢。

武汉大学陶本藻教授在本书的审阅中提出了许多宝贵意见，在此谨致深切感谢。此外，本书在写作过程中得到了同行们的大力支持，在此谨致深切谢意。

吴　云　刘万科

2020 年 6 月

目　　录

第1章 最优估计数学基础

本章介绍最优估计理论中常用的数理统计知识。首先，简述随机变量和随机过程的概念及相关知识，阐述观测误差、观测误差的特性和误差传播规律。在此基础上，介绍随机过程的重要特性。最后，本章对白噪声、高斯过程、高斯白噪声和一些应用较广泛的有色噪声的概念和性质进行阐述。

本章重在介绍概念，并不加推导地给出其相关性质，旨在为后面的学习做准备和参考。

1.1 随机变量

随机变量的取值在进行试验和测量之前无法预先确定，例如掷一颗骰子出现的点数，电话交换台在一定时间内收到的呼叫次数，随机测量一个人的身高，悬浮在液体中的微粒沿某一方向的位移，灯泡的寿命等，都是随机变量的实例。由于偶然因素影响，随机变量即使在相同的条件下也可能取值不同，故其具有不确定性和随机性。尽管随机变量的具体内容各式各样，但从数学观点来看，它们都表现了同一种情况，就是每个变量都可以随机地取得不同的数值，也就是说，随机变量是定义在样本空间的实值函数。

尽管在实验或者测量之前，无法预测到它的数值，但是如果我们重复试验，对随机变量的大样本进行分析，就能发现随机变量的取值是重复出现的，而且这些取值落在某个范围的概率是一定的。

1.1.1 离散型随机变量

离散型随机变量在一定区间内取值数有限或可数，比如自然数集{0，1}等。若随机变量的取值用 x_1，x_2，… 表示，事件（$X=x_i$）的概率为

$$p(x_i)=P(X=x_i)\ ,i=1,\ 2,\ \cdots \tag{1.1.1}$$

且满足

$$\sum_{i=1}^{\infty} p(x_i)=1 \tag{1.1.2}$$

函数 $p(\cdot)$ 为概率质量函数或者频率函数，它描述了 X 的分布律。若已知概率质量函数，那么

$$F(x)=P(X\leqslant x)=\sum_{x_i\leqslant x} p(x_i) \tag{1.1.3}$$

$F(x)$ 称为 X 的概率分布函数，也称为累积分布函数。离散型随机变量的主要分布有：伯

努利分布、二项分布和泊松分布等。

1.1.2　连续型随机变量

连续型随机变量在一定区间内变量取值有无限个，或数值无法一一列举出来，属于不可数集合，如 (0，1]。连续型随机变量 X 的累积分布函数为

$$F(x)=\int_{-\infty}^{x}p(t)\,\mathrm{d}t \tag{1.1.4}$$

其中 $p(x)$ 为概率密度函数。对于任意两个实数 x_1 和 x_2 $(x_1<x_2)$，有

$$P\{x_1<X<x_2\}=F(x_2)-F(x_1)=\int_{x_1}^{x_2}p(x)\,\mathrm{d}x \tag{1.1.5}$$

常见的连续型随机变量的分布有：均匀分布、指数分布、正态分布、卡方分布和伽马分布等，这些分布的概率密度函数将在 1.3 节中给出。

1.2　期望和方差

分布函数能够完整地描述随机变量，但在一些实际问题中，无法得到随机变量的分布，或者不需要去全面考查随机变量的变化情况，而只需要知道随机变量的某些特征，如对某一段距离进行重复量测，人们关心的是量测值的平均值和量测值与平均值的偏离程度。因此，本节将介绍随机变量常用的数字特征：数学期望、方差以及它们的性质。

1.2.1　期望

数学期望简称期望，又称为均值，它是随机变量最可能出现的数值。对于离散随机变量 X，数学期望的定义为

$$E(X)=\mu_X=\sum_{i=1}^{\infty}x_ip(x_i) \tag{1.2.1}$$

对于连续随机变量 X，数学期望的定义为

$$E(X)=\mu_X=\int_{-\infty}^{+\infty}xp(x)\,\mathrm{d}x \tag{1.2.2}$$

随机变量的期望由随机变量的概率分布所确定，所以也称 $E(X)$ 为这一分布的期望。在后面的学习中，我们也用 u_X 来表示随机变量 X 的期望。

在实际应用中，对总体进行观察，总体的信息由样本反映出来，我们可以用样本来估计总体均值：

$$\bar{X}=\sum_{i=1}^{n}X_ip(X_i) \tag{1.2.3}$$

式中，$X_i(i=1,2,\cdots,n)$ 为随机变量 X 的样本。从后面的学习可知，样本均值是总体均值的无偏估计。若将 $p(X_i)$ 看作 X_i 对均值估计的权，样本均值就是样本的"加权"平均值。如果 X 在其值域内每个数值取值概率相等，都为 $\frac{1}{n}$，那么式(1.2.3)为随机变量 X 的算数平均值

$$\overline{X} = \frac{1}{n}\sum_{i=1}^{n} X_i \tag{1.2.4}$$

1.2.2 方差

在知道随机变量 X 的期望后，还需要进一步求得随机变量与其期望的偏离程度，偏离程度小，说明 X 的数值稳定。随机变量 X 与它的均值 $E(X)$ 的偏离程度定义为

$$\mathrm{Var}(X) = E[(X - E(X))^2] \tag{1.2.5}$$

$\mathrm{Var}(X)$ 是随机变量 X 的二阶中心矩，也称为方差，$\sigma_X = \sqrt{\mathrm{Var}(X)}$ 为中误差。方差表达了随机变量 X 的取值或者样本与期望的离散程度，它是衡量随机变量 X 取值是否稳定的一个尺度。

根据方差的定义，对于离散型随机变量 X 有

$$\mathrm{Var}(X) = \sum_{i=1}^{\infty} (x_i - \mu_X)^2 p(x_i) \tag{1.2.6}$$

对于连续型随机变量，有

$$\mathrm{Var}(X) = \int_{-\infty}^{+\infty} (x - \mu_X)^2 p(x)\,\mathrm{d}x \tag{1.2.7}$$

在后面的介绍中，我们也用 $D(X)$ 或 D_X 来表示随机变量 X 的方差。

当随机变量 X 的期望 μ_X 已知时，X 的样本方差为

$$S_X = \frac{1}{n}\sum_{i=1}^{n} (X_i - \mu_X)^2 \tag{1.2.8}$$

当随机变量 X 的期望 μ_X 未知时，X 的样本方差为

$$S_X = \frac{1}{n-1}\sum_{i=1}^{n} (X_i - \overline{X})^2 \tag{1.2.9}$$

1.2.3 期望和方差的性质

根据随机变量期望和方差的定义，可以推导得到它们的性质。下面给出在后面的学习中会反复用到的期望和方差的几个重要性质。

(1)设 C 为常数，X 是随机变量，有

$$E(C) = C,\quad D(C) = 0 \tag{1.2.10}$$

$$E(CX) = CE(X) \tag{1.2.11}$$

$$\begin{gathered} D(CX) = C^2 D(X) \\ D(X + C) = D(X) \end{gathered} \tag{1.2.12}$$

$$D(X) = E(X^2) - E^2(X) \tag{1.2.13}$$

(2)设 X 和 Y 都是随机变量，有

$$E(X + Y) = E(X) + E(Y) \tag{1.2.14}$$

(3)设 X 和 Y 是相互独立的随机变量，有

$$E(XY) = E(X)E(Y) \tag{1.2.15}$$

$$D(X+Y) = D(X) + D(Y) \tag{1.2.16}$$

1.3　常用的随机变量的分布

本节汇总出几种常用的随机变量的分布和它们各自的期望和方差。对于离散型随机变量，给出伯努利分布、二项分布和泊松分布。对于连续型随机变量，给出了均匀分布、指数分布、正态(高斯)分布、伽马分布和卡方分布。这些随机变量的分布在现实中和理论分析中都有广泛的应用。

表 1.1　**常用的随机变量的分布**

分布	参数	分布律或概率密度	期望	方差
伯努利分布	$0 < p < 1$	$P(X=k) = p^k(1-p)^{1-k}$ $k = 0, 1$	p	$p(1-p)$
二项分布	$0 < p < 1,\ n \geqslant 1$	$P(X=k) = C_n^k p^k(1-p)^{n-k}$ $k = 0, 1, 2, \cdots, n$	np	$np(1-p)$
泊松分布	$\lambda > 0$	$P(X=k) = \dfrac{\lambda^k}{k!}e^{-\lambda}$ $k = 0, 1, \cdots$	λ	λ
均匀分布	$a < b$	$p(x) = \begin{cases} \dfrac{1}{b-a}, & a < x < b \\ 0, & \text{其他} \end{cases}$	$\dfrac{a+b}{2}$	$\dfrac{(b-a)^2}{12}$
指数分布	$\lambda > 0$	$p(x) = \begin{cases} \lambda e^{-\lambda x}, & x \geqslant 0 \\ 0, & \text{其他} \end{cases}$	$\dfrac{1}{\lambda}$	$\dfrac{1}{\lambda^2}$
正态分布	$\mu \in \mathbf{R},\ \sigma > 0$	$p(x) = \dfrac{1}{\sqrt{2\pi}\sigma}\exp\left\{-\dfrac{(x-\mu)^2}{2\sigma^2}\right\}$	μ	σ^2
伽马分布	$\alpha > 0,\ \lambda > 0$ $\Gamma(\alpha) = \int_0^\infty u^{\alpha-1}e^{-u}du$	$p(x) = \begin{cases} \dfrac{\lambda^\alpha}{\Gamma(\alpha)}x^{\alpha-1}e^{-\lambda x}, & x \geqslant 0 \\ 0, & \text{其他} \end{cases}$	$\dfrac{\alpha}{\lambda}$	$\dfrac{\alpha}{\lambda^2}$
卡方分布	$n \in \mathbf{N}^+$	$p(x) = \begin{cases} \dfrac{1}{2^{\frac{n}{2}}\Gamma\left(\frac{n}{2}\right)}x^{\frac{n}{2}-1}e^{-\frac{x}{2}}, & x \geqslant 0 \\ 0, & x < 0 \end{cases}$	n	$2n$

1.4 多维随机变量

n 个随机变量 X_1, X_2, …, X_n 构成的整体称为 n 维随机变量或者 n 维随机向量 $\boldsymbol{X}=[X_1, X_2, \cdots, X_n]^{\mathrm{T}}$, 其中, X_i 为 $\boldsymbol{X}$ 中的第 i 个分量。多维随机变量的性质不仅与每个随机变量有关, 还依赖于随机变量之间的相互关系。下面以二维随机向量为例说明多维随机变量的联合分布、边缘分布和条件分布等相关统计知识。

1.4.1 联合分布

设 $[X \quad Y]^{\mathrm{T}}$ 为二维随机变量, 那么它们的联合分布函数为

$$F(x, y)=P(X \leqslant x, Y \leqslant y) \tag{1.4.1}$$

对于离散型随机变量, $(X \quad Y)$ 的分布律为

$$P\{X=x_i, Y=y_j\}=p_{ij}(i=1, 2, \cdots; j=1, 2, \cdots) \tag{1.4.2}$$

其中, p_{ij} 为 $X=x_i$, $Y=y_j$ 的频率函数。$(X \quad Y)$ 的联合分布函数为

$$F(x, y)=\sum_{x_i \leqslant x} \sum_{y_j \leqslant y} p_{ij} \tag{1.4.3}$$

对于连续型随机变量,

$$F(x, y)=\int_{-\infty}^{y} \int_{-\infty}^{x} p(u, v)\, \mathrm{d}u \mathrm{d}v \tag{1.4.4}$$

式中, $p(x, y)$ 为 $[X \quad Y]^{\mathrm{T}}$ 的联合概率密度函数。

1.4.2 边缘分布

二维随机向量 $[X \quad Y]^{\mathrm{T}}$ 的边缘分布函数可以由联合分布函数确定, 如 X 的边缘分布为

$$F_X(x)=P(X \leqslant x)=P(X \leqslant x, Y \leqslant \infty)=F(x, \infty) \tag{1.4.5}$$

对于离散型随机变量, X 的边缘分布为

$$F_X(x)=P(X \leqslant x)=\sum_{x_i \leqslant x} \sum_{j=1}^{\infty} p_{i, j} \tag{1.4.6}$$

记

$$P(X=x_i)=p_i=\sum_{j=1}^{\infty} p_{i, j} \tag{1.4.7}$$

为关于 X 的边缘分布律。

对于连续型随机变量, X 的边缘分布函数为

$$F_X(x)=F(x, \infty)=\int_{-\infty}^{x}\left[\int_{-\infty}^{\infty} p(x, y)\, \mathrm{d}y\right] \mathrm{d}x \tag{1.4.8}$$

其中, $\int_{-\infty}^{\infty} p(x, y)\, \mathrm{d}y$ 为 X 的边缘概率密度函数,

$$p_X(x)=\int_{-\infty}^{\infty} p(x, y)\, \mathrm{d}y \tag{1.4.9}$$

1.4.3　条件分布

对于离散型随机变量来说，条件分布指在 $\{Y=y_j\}$ 已经发生的条件下，$X=x_i$ 发生的概率，也就是

$$P\{X=x_i \mid Y=y_j\}, \quad i=1, 2, \cdots \tag{1.4.10}$$

的概率。由条件概率公式可得

$$P\{X=x_i \mid Y=y_j\}=\frac{P\{X=x_i, Y=y_j\}}{P_Y\{Y=y_j\}}=\frac{p_{i,j}}{p_{\cdot,j}} \tag{1.4.11}$$

对于连续型的随机变量，给定 $y<Y \leqslant y+\varepsilon(\varepsilon>0$ 且很小) 条件下 X 的条件分布函数和条件概率密度函数分别为

$$F_{X|Y}(x \mid y)=P(X \leqslant x \mid y<Y \leqslant y+\varepsilon)=\int_{-\infty}^{x} \frac{p(x, y)}{p_Y(y)} \mathrm{d} x \tag{1.4.12}$$

$$p_{X|Y}(x \mid y)=\frac{p(x, y)}{p_Y(y)} \tag{1.4.13}$$

1.4.4　相互独立的随机变量

对于连续型随机变量，如果 X 和 Y 满足

$$F(x, y)=F_X(x) F_Y(y) \tag{1.4.14}$$

即

$$p(x, y)=p_X(x) p_Y(y) \tag{1.4.15}$$

则称 X 和 Y 是随机独立的。

对于离散型随机变量，如果 X 和 Y 满足

$$P(X=x_i, Y=y_j)=P_X(X=x_i) P_Y(Y=y_j) \tag{1.4.16}$$

则称 X 和 Y 是随机独立的。

1.4.5　多维随机变量的特征值

1. 期望

对于 n 维随机向量 $\boldsymbol{X}$

$$\underset{n \times 1}{\boldsymbol{X}}=\begin{bmatrix} X_1 & X_2 & \cdots & X_n \end{bmatrix}^{\mathrm{T}} \tag{1.4.17}$$

其期望也为 n 维向量

$$E(\boldsymbol{X})=\boldsymbol{\mu}_X=\begin{bmatrix} \mu_{X_1} \\ \mu_{X_2} \\ \vdots \\ \mu_{X_n} \end{bmatrix}=\begin{bmatrix} E(X_1) \\ E(X_2) \\ \vdots \\ E(X_n) \end{bmatrix} \tag{1.4.18}$$

2. 协方差

对于随机向量 $\boldsymbol{X}$ 来说，除了给出每个随机变量的期望和方差外，还需要描述出随机

变量相互之间的关系，即协方差。随机变量 X_i 与 X_j 协方差定义为

$$\sigma_{X_iX_j} = \mathrm{Cov}(X_i, X_j) = E[(X_i - \mu_{X_i})(X_j - \mu_{X_j})] \tag{1.4.19}$$

进一步，可以得到

$$\mathrm{Cov}(X_1, X_2) = E(X_1X_2) - E(X_1)E(X_2) \tag{1.4.20}$$

对于 n 维随机向量 $\boldsymbol{X}$，其协方差为

$$\mathrm{Cov}(\boldsymbol{X}) = E[(\boldsymbol{X} - \boldsymbol{\mu}_X)(\boldsymbol{X} - \boldsymbol{\mu}_X)^{\mathrm{T}}] = \begin{bmatrix} \sigma_{X_1}^2 & \sigma_{X_1X_2} & \cdots & \sigma_{X_1X_n} \\ & \sigma_{X_2}^2 & \cdots & \sigma_{X_2X_n} \\ & & \ddots & \vdots \\ \text{symmetric} & & & \sigma_{X_n}^2 \end{bmatrix} \tag{1.4.21}$$

式(1.4.21)也称为 n 维随机向量 $\boldsymbol{X}$ 的协方差矩阵。协方差矩阵为对称的非负定矩阵，其中 $\sigma_{X_i}^2$ 为随机变量 X_i 的方差，$\sigma_{X_iX_j}$ 为 X_i 与 X_j 的协方差，且 $\sigma_{X_iX_j} = \sigma_{X_jX_i}$。一般情况下，无法得到 n 维随机变量的分布，或者其分布复杂，因此在实际应用中协方差矩阵就显得尤为重要。

由随机变量 (X_1, X_2) 的样本 $x_{1,i}$ 和 $x_{2,i}$ 可以计算样本协方差：

$$S_{X_1X_2} = \frac{1}{n-1}\sum_{i=1}^{n}(x_{1,i} - \overline{X_1})(x_{2,i} - \overline{X_2}) \tag{1.4.22}$$

3. 相关系数

方差和协方差是具有功率的量纲，为了消除量纲，做如下处理：

$$\rho_{X_iX_j} = \frac{\sigma_{X_iX_j}}{\sigma_{X_i}\sigma_{X_j}} \tag{1.4.23}$$

$\rho_{X_iX_j}$ 即为随机变量 X_i 与 X_j 的相关系数，它是表征随机变量 X_i 与 X_j 之间线性相关程度的量。相关系数的取值范围为

$$|\rho_{X_iX_j}| \leqslant 1 \tag{1.4.24}$$

$|\rho_{X_iX_j}|$ 越大，X_i 与 X_j 的相关性越强，反之相关性越弱。$\rho_{X_iX_j}$ 为正值时，表明 X_i 与 X_j 呈现正相关，即 X_i 增大，X_j 也增大；$\rho_{X_iX_j}$ 为负值时，表明 X_i 与 X_j 为负相关，即 X_i 增大，X_j 减小。

由样本计算的相关系数为

$$\hat{\rho}_{X_1X_2} = \frac{S_{X_1X_2}}{\sqrt{S_{X_1}S_{X_2}}} \tag{1.4.25}$$

式中，$S_{X_1X_2}$ 为 X_1 和 X_2 样本协方差，S_{X_1} 和 S_{X_2} 分别为 X_1 和 X_2 的样本方差。

图 1.1 表示的是随机变量 X_1 和 X_2 的样本值。从图中看到，X_1 与 X_2 有较强的相关性，并且呈现负相关，由样本计算得到的相关系数为-0.7。

若 $\sigma_{X_iX_j} = 0$，那么相关系数 $\rho_{X_iX_j} = 0$，则表明随机变量 X_i 与 X_j 不相关。这里需要注意的是，随机变量间的相关性和随机独立性是两个不同的概念。随机独立是指随机变量 X_i 与 X_j 满足

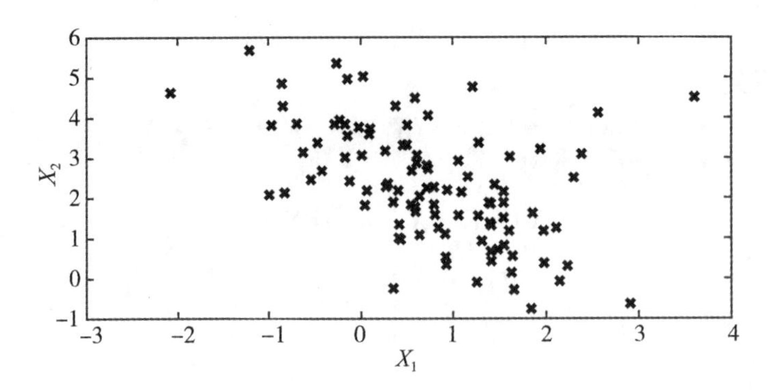

图 1.1　随机变量 X_1 和 X_2 的样本($\rho_{X_1X_2}=-0.7$)

$$p(x_1,\ x_2)=p_{X_1}(x_1)p_{X_2}(x_2) \tag{1.4.26}$$

若随机变量 X_i 与 X_j 随机独立，根据式(1.2.15)和式(1.4.20)可以得到

$$\sigma_{X_iX_j}=0 \tag{1.4.27}$$

这表明如果随机变量独立，就没有任何关系，自然也不会相关，所以随机变量 X_1 与 X_2 相互独立必然得到随机变量 X_1 与 X_2 不相关。但是，不相关并不意味着随机变量 X_1 与 X_2 相互独立。在特殊情况下，如当(X_1， X_2) 服从二维正态分布，随机变量 X_1 与 X_2 不相关就有 $\mathrm{Cov}(X_1,\ X_2)=0$，可以推导得到 $p(x_1,\ x_2)=p_{X_1}(x_1)p_{X_2}(x_2)$，即 X_1 与 X_2 随机独立。这意味着当(X_1， X_2) 服从正态分布时，X_1 与 X_2 随机独立和 X_1 与 X_2 不相关是等价的。

4. 条件期望

条件期望是一个随机变量相对于另一个条件概率分布的期望值，它在估计理论中有重要的应用。设 X 和 Y 是随机变量，则 X 的条件期望在给定事件 $Y=y$ 条件下 Y (在 Y 的值域)的函数。

对于离散型随机变量

$$E(X\mid Y=y_j)=\sum_{i=1}^{\infty}x_ip(X=x_i\mid Y=y_j) \tag{1.4.28}$$

$$P\{X=x_i\mid Y=y_j\}=\frac{p_{ij}}{p_j},\quad j=1,\ 2,\ \cdots \tag{1.4.29}$$

对于连续型随机变量，条件期望是

$$E(X\mid Y=y)=\int_{-\infty}^{\infty}xp_{X/Y}(x\mid y)\mathrm{d}x \tag{1.4.30}$$

上式也表明 $E(X\mid Y=y)$ 是 Y 的函数。

条件期望有如下性质：

(1)若 $a\leqslant X\leqslant b$，那么，

$$a\leqslant E(X\mid Y=y)\leqslant b \tag{1.4.31}$$

(2) C_1，C_2 为常数，且 $E(X_i \mid Y=y)$ 存在，则

$$E(C_1X_1 + C_2X_2 \mid Y=y) = C_1E(X_1 \mid Y=y) + C_2E(X_2 \mid Y=y) \tag{1.4.32}$$

(3)条件期望的期望为

$$E[E(X \mid Y)] = E(X) \tag{1.4.33}$$

(4) X 与 Y 独立，那么

$$E(X \mid Y) = E(X) \tag{1.4.34}$$

(5) C 为常数，那么

$$E(C \mid X) = \mathrm{C} \tag{1.4.35}$$

式(1.4.33)也称为重期望公式，它将在后面的估计方法学习中用到，这里给出式(1.4.33)的证明。

证明：设 (X, Y) 的联合密度函数为 $p(x, y)$，并且

$$p(x, y) = p_{X/Y}(x \mid y)p_Y(y) \tag{1.4.36}$$

有

$$\begin{aligned} E(X) &= \int_{-\infty}^{+\infty} xp_X(x)\,\mathrm{d}x \\ &= \int_{-\infty}^{+\infty} x\int_{-\infty}^{+\infty} p(x, y)\,\mathrm{d}y\mathrm{d}x \\ &= \int_{-\infty}^{+\infty}\int_{-\infty}^{+\infty} xp_{X/Y}(x \mid y)p_Y(y)\,\mathrm{d}x\mathrm{d}y \\ &= \int_{-\infty}^{+\infty}\left\{\int_{-\infty}^{+\infty} xp_{X/Y}(x \mid y)\,\mathrm{d}x\right\}p_Y(y)\,\mathrm{d}y \end{aligned} \tag{1.4.37}$$

其中括号中的积分正是条件期望 $E(X \mid Y)$，所以

$$E(X) = \int_{-\infty}^{+\infty} E(X \mid Y)p_Y(y)\,\mathrm{d}y$$

由于 $E(X \mid Y)$ 是的 Y 函数，$p_Y(y)$ 是 Y 的概率密度函数，所以 $\int_{-\infty}^{+\infty} E(X \mid Y)p_Y(y)\,\mathrm{d}y$ 即为 $E(X \mid Y)$ 的期望，因此得到

$$E(X) = E(E(X \mid Y))$$

以上是对连续性随机变量条件期望的证明，对离散型随机变量也可以类似证明。

5. 条件方差

若 $E\{[X-E(X \mid Y)]^2 \mid Y\}$ 存在，称之为随机变量 X 在 Y 条件下的方差，记为 $D(X \mid Y)$

$$D(X \mid Y) = E\{[X-E(X \mid Y)]^2 \mid Y\} \tag{1.4.38}$$

条件方差有如下性质

$$D(X \mid Y) = E(X^2 \mid Y) - E^2(X \mid Y) \tag{1.4.39}$$

以上的概念和性质也可以扩展到 X 和 Y 多维的情况。

1.4.6　多维正态分布

正态(高斯)分布有广泛的应用，这里以二维正态分布随机变量 $(X,\ Y)$ 来说明多维正态随机变量的联合分布和条件分布。

若 $[X\quad Y]^{\mathrm{T}}$ 服从正态分布，记 $\boldsymbol{Z}=[X\quad Y]^{\mathrm{T}}$，那么 X 和 Y 的联合概率密度函数为

$$p(\boldsymbol{z})=\frac{1}{(2\pi)^{\frac{n}{2}}\left|\boldsymbol{D}_z\right|^{\frac{1}{2}}}\exp\left\{-\frac{1}{2}(\boldsymbol{z}-\boldsymbol{\mu}_z)^{\mathrm{T}}\boldsymbol{D}_z^{-1}(\boldsymbol{z}-\boldsymbol{\mu}_z)\right\}\quad (n=2) \tag{1.4.40}$$

其中 $n=2$ 和

$$\boldsymbol{\mu}_Z=\begin{bmatrix}\mu_X\\ \mu_Y\end{bmatrix},\quad \boldsymbol{D}_Z=\begin{bmatrix}\sigma_X^2 & \sigma_{XY}\\ \sigma_{YX} & \sigma_Y^2\end{bmatrix} \tag{1.4.41}$$

式中，$\sigma_{XY}=\sigma_{YX}$，是 X 与 Y 的协方差。也可以将 $\boldsymbol{Z}$ 的分布记为

$$\boldsymbol{Z}\sim N(\boldsymbol{\mu}_z,\ \boldsymbol{D}_z)$$

若令

$$\rho_{XY}=\frac{\sigma_{XY}}{\sigma_X\sigma_Y} \tag{1.4.42}$$

那么，X 和 Y 的联合概率密度函数也可表示为，

$$p(x,\ y)=\frac{1}{2\pi\sigma_1\sigma_2\sqrt{1-\rho^2}}\mathrm{e}^{-\frac{1}{2(1-\rho^2)}\left[\left(\frac{x-\mu_1}{\sigma_1}\right)^2-\frac{2\rho(x-\mu_1)(y-\mu_2)}{\sigma_1\sigma_2}+\left(\frac{y-\mu_2}{\sigma_2}\right)^2\right]} \tag{1.4.43}$$

图 1.2 为正态随机变量 X 和 Y 的联合概率密度函数 $p(x,\ y)$； 图 1.3 中 $p_X(x)$ 和 $p_Y(y)$ 分别为随机变量 X 和 Y 的边缘分布，$(X,\ Y)$ 出现在区域 Ω 的概率为以区域 Ω 为底，$p(x,\ y)$ 为顶的柱体的体积，即 $p(x,\ y)$ 在区域 Ω 的积分。

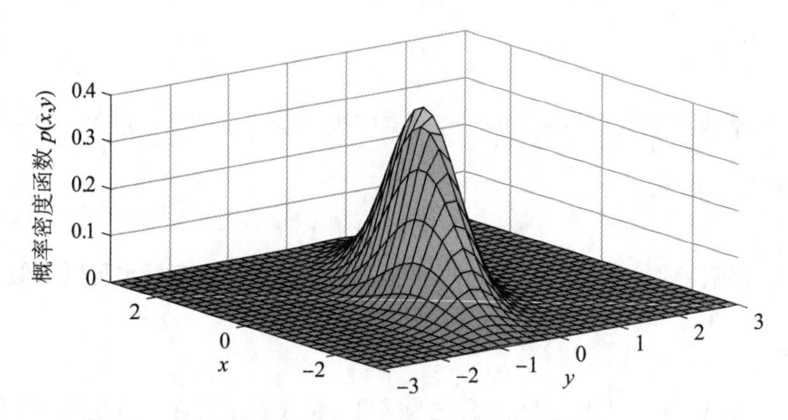

图 1.2　正态随机变量 $(X,\ Y)$ 的联合概率密度函数 $p(x,\ y)$

式(1.4.41)中的 $\boldsymbol{D}_Z$ 可分解为

$$\boldsymbol{D}_Z=\begin{bmatrix}\tilde{\sigma}_X^2 & \sigma_{XY}\\ 0 & \sigma_Y^2\end{bmatrix}\begin{bmatrix}1 & 0\\ \sigma_Y^{-2}\sigma_{YX} & 1\end{bmatrix} \tag{1.4.44}$$

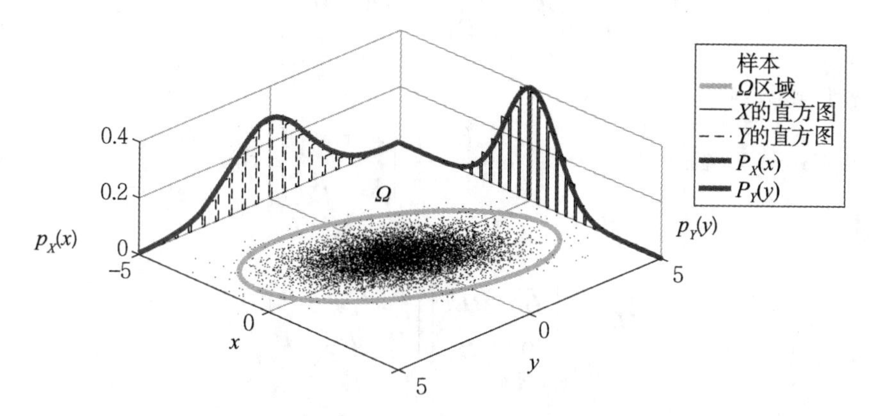

图 1.3　正态随机变量 (X, Y) 的边缘分布和积分区域 Ω

其中

$$\tilde{\sigma}_X^2 = \sigma_X^2 - \sigma_{XY}\sigma_Y^{-2}\sigma_{YX}$$

将式(1.4.44)代入式(1.4.40)，$p(x, y)$ 也可以表示为

$$p(x, y) = (2\pi)^{-\frac{1}{2}} \left|\tilde{\sigma}_X^2\right|^{-\frac{1}{2}}\exp\left\{-\frac{1}{2}(x-\tilde{\mu}_X)^{\mathrm{T}}\tilde{\sigma}_X^{-2}(x-\tilde{\mu}_X)\right\} \cdot$$
$$(2\pi)^{-\frac{1}{2}} \left|\sigma_Y^2\right|^{-\frac{1}{2}}\exp\left\{-\frac{1}{2}(y-\mu_Y)^{\mathrm{T}}\sigma_Y^{-2}(y-\mu_Y)\right\} \tag{1.4.45}$$

其中

$$\tilde{\mu}_X = \mu_X + \sigma_{XY}\sigma_Y^{-2}(y-\mu_Y) \tag{1.4.46}$$

显然式(1.4.45)中的第二行为概率密数函数 $P_Y(y)$ 。由条件概率密度公式知

$$p_{X|Y}(x \mid y) = \frac{p(x, y)}{p_Y(y)} \tag{1.4.47}$$

因此容易得到

$$p_{X|Y}(x \mid y) = (2\pi)^{-\frac{1}{2}} \left|\tilde{\sigma}_X^2\right|^{-\frac{1}{2}}\exp\left\{-\frac{1}{2}(x-\tilde{\mu}_X)^{\mathrm{T}}\tilde{\sigma}_X^{-2}(x-\tilde{\mu}_X)\right\} \tag{1.4.48}$$

从上式可以看出，当 $(X\quad Y)$ 的联合分布为正态分布时，以 Y 为条件关于 X 的分布仍然为正态分布，其中 $\tilde{\mu}_X$ 是它的条件期望，$\tilde{\sigma}_X^2$ 为其条件方差。用同样的方法，也可以得到以 X 为条件关于 Y 概率密度函数 $p_{y|X}(y \mid x)$ 。

以上是二维随机变量的正态分布，如果将 (X, Y) 扩展为更多维，有

$$\underset{(n_1+n_2)\times 1}{\boldsymbol{X}} = \begin{bmatrix} \underset{n_1\times 1}{\boldsymbol{X}} \\ \underset{n_2\times 1}{\boldsymbol{X}} \end{bmatrix} \tag{1.4.49}$$

随机向量 $\underset{n_1\times 1}{\boldsymbol{X}}$ 和随机向量 $\underset{n_2\times 1}{\boldsymbol{X}}$ 分别是向量 $\underset{(n_1+n_2)\times 1}{\boldsymbol{X}}$ 中的前 n_1 个分量和后 n_2 个分量，其期望和协方差为

$$\boldsymbol{\mu}=\begin{bmatrix}\boldsymbol{\mu}_1\\ \boldsymbol{\mu}_2\end{bmatrix},\ \boldsymbol{D}_X=\begin{bmatrix}\boldsymbol{D}_1 & \boldsymbol{D}_{12}\\ \boldsymbol{D}_{21} & \boldsymbol{D}_2\end{bmatrix} \tag{1.4.50}$$

联合概率密度函数为

$$p(\boldsymbol{x})=(2\pi)^{-\frac{n_1+n_2}{2}}\,|\boldsymbol{D}_X|^{-\frac{1}{2}}\exp\left\{-\frac{1}{2}\begin{bmatrix}\boldsymbol{x}_1-\boldsymbol{\mu}_1\\ \boldsymbol{x}_2-\boldsymbol{\mu}_2\end{bmatrix}^{\mathrm{T}}\boldsymbol{D}_X^{-1}\begin{bmatrix}\boldsymbol{x}_1-\boldsymbol{\mu}_1\\ \boldsymbol{x}_2-\boldsymbol{\mu}_2\end{bmatrix}\right\} \tag{1.4.51}$$

$\boldsymbol{D}_X$ 可分解为

$$\boldsymbol{D}_X=\begin{bmatrix}\tilde{\boldsymbol{D}}_1 & \boldsymbol{D}_{12}\\ \boldsymbol{0} & \boldsymbol{D}_2\end{bmatrix}\begin{bmatrix}\boldsymbol{I} & \boldsymbol{0}\\ \boldsymbol{D}_2^{-1}\boldsymbol{D}_{21} & \boldsymbol{I}\end{bmatrix} \tag{1.4.52}$$

其中，

$$\tilde{\boldsymbol{D}}_1=\boldsymbol{D}_1-\boldsymbol{D}_{12}\boldsymbol{D}_2^{-1}\boldsymbol{D}_{21} \tag{1.4.53}$$

于是，$\boldsymbol{X}$ 的概率密度可表示为

$$\begin{aligned}p(\boldsymbol{x})&=p(\boldsymbol{x}_1,\ \boldsymbol{x}_2)\\ &=(2\pi)^{-\frac{n_1}{2}}\,|\tilde{\boldsymbol{D}}_1|^{-\frac{1}{2}}\exp\left\{-\frac{1}{2}(\boldsymbol{x}_1-\tilde{\boldsymbol{\mu}}_1)^{\mathrm{T}}\tilde{\boldsymbol{D}}_1^{-1}(\boldsymbol{x}_1-\tilde{\boldsymbol{\mu}}_1)\right\}\\ &\quad(2\pi)^{-\frac{n_2}{2}}\,|\boldsymbol{D}_2|^{-\frac{1}{2}}\exp\left\{-\frac{1}{2}(\boldsymbol{x}_2-\boldsymbol{\mu}_2)^{\mathrm{T}}\boldsymbol{D}_2^{-1}(\boldsymbol{x}_2-\boldsymbol{\mu}_2)\right\}\end{aligned} \tag{1.4.54}$$

其中 $\tilde{\boldsymbol{\mu}}_1$ 为

$$\tilde{\boldsymbol{\mu}}_1=\boldsymbol{\mu}_1+\boldsymbol{D}_{12}\boldsymbol{D}_2^{-1}(\boldsymbol{x}_2-\boldsymbol{\mu}_2) \tag{1.4.55}$$

显然式(1.4.54)的第二行为 $p_{X_2}(\boldsymbol{x}_2)$，又由条件概率密度公式

$$p_{X_1|X_2}(\boldsymbol{x}_1\mid\boldsymbol{x}_2)=\frac{p(\boldsymbol{x}_1,\ \boldsymbol{x}_2)}{p_{X_2}(\boldsymbol{x}_2)} \tag{1.4.56}$$

容易得到 $\boldsymbol{X}_2$ 条件下 $\boldsymbol{X}_1$ 的条件概率密度函数

$$p_{X_1|X_2}(\boldsymbol{x}_1\mid\boldsymbol{x}_2)=(2\pi)^{-\frac{n_1}{2}}\,|\tilde{\boldsymbol{D}}_1|^{-\frac{1}{2}}\exp\left\{-\frac{1}{2}(\boldsymbol{x}_1-\tilde{\boldsymbol{\mu}}_1)^{\mathrm{T}}\tilde{\boldsymbol{D}}_1^{-1}(\boldsymbol{x}_1-\tilde{\boldsymbol{\mu}}_1)\right\} \tag{1.4.57}$$

同样方法，读者可以自行推导得到 $p_{X_2|X_1}(\boldsymbol{x}_2\mid\boldsymbol{x}_1)$，这里不再赘述。

1.5　观测误差

为了获得研究对象的信息，我们使用仪器对其进行观测。如果对这个对象进行重复观测，获得的观测值并不总是相同的。这是由于实验仪器灵敏度和分辨能力有局限性，周围环境不稳定，或者观测者感官鉴别能力和技能水平不同等因素造成的。待测量的真值虽然客观存在，但测量结果和被观测对象的真值之间总会存在或多或少的偏差，即

$$X_i=\tilde{X}+\varepsilon_i,\ (i=1,\ \cdots,\ \ell) \tag{1.5.1}$$

式中，$\tilde{X}$ 为真值(常数)，X_i 为观测值，ε_i 为观测值与真值之间的偏差，即观测误差。

按照观测误差的性质和特点可将观测误差分为系统误差 s、粗差 f_i 和随机误差 Δ_i 三大类。观测误差可以表达为

$$\varepsilon_i = s + f_i + \Delta_i \tag{1.5.2}$$

1.5.1 系统误差

系统误差 s 是指在相同条件下多次测量时，误差的符号和大小保持恒定，并随观测条件规律变化的误差。系统误差的大小可以归结为某一个因素或几个因素的函数。如在 GNSS 导航时，电离层延迟造成的测距误差与大气层中电子密度有关，可以表达为电子密度的函数。掌握系统误差产生的规律，可以采用一定的技术措施，设法消除或减弱它。如电离层延迟系统误差可以通过经验公式对其进行补偿，也可以通过多频观测值的组合将其消去。如果无法补偿或消除系统误差，也可以将它与位置等参数一并估计，系统误差参数起到了吸收系统误差的作用，使位置等重要参数估计不受系统误差的影响。

1.5.2 粗差

粗差是指在一定的测量条件下，测量结果明显地偏离了真值。如观测信号受异常环境的干扰，GNSS 控制中心上传了错误的星历，观测仪器有缺陷等原因都会导致粗差产生。粗差明显地歪曲了测量结果，所以这样的观测值也被称为异常数据或“坏值”，应该予以剔除。在观测时，一般都进行多余观测，以便利用假设检验方法探测和剔除异常观测值。

1.5.3 随机误差

随机误差指在相同条件下，多次测量同一对象时，误差的绝对值和符号以不可预测的方式变化，表现出偶然性，所以随机误差也称为偶然误差。例如在 GNSS 测量中，接收机的噪声和对测距码或者相位的分辨能力有限都导致了观测值的随机误差。随机误差没有规律，不可预测，不能控制，也不能用实验的方法加以消除，也就是说随机误差是不可避免客观存在的。对某物体的方位角观测和 GNSS 接收机观测得到的 GNSS 卫星与接收机之间的距离等，都是受随机误差干扰的观测值，所以每一个观测值都是随机变量。

虽然随机误差个体的数值是不能预知的，但从大样本分析来看，具有统计规律性。高斯(Carl Friedrich Gauss，1777—1855 年)给出了偶然误差具有的特性：

(1)大小性：绝对值小的误差出现的概率比绝对值大的误差出现的概率大。

(2)对称性：绝对值相等的正误差和负误差出现的概率相等。

(3)有界性：绝对值很大的误差出现的概率近于零。

(4)抵偿性：在一定测量条件下，测量值误差的算术平均值随着测量次数的增加而趋于零。

基于以上性质，高斯推导得到了随机误差的分布，也就是现在常用的高斯分布 $\Delta \sim N(0, \sigma_\Delta^2)$。对于服从正态分布的随机误差来说，无论其方差为何值，它在一定区间内出现的概率是不变的，即

$$P(-m\sigma_\Delta < \Delta < m\sigma_\Delta) = \frac{1}{\sqrt{2\pi}\sigma_\Delta}\int_{-m\sigma_\Delta}^{m\sigma_\Delta} \exp\left\{-\frac{1}{2\sigma_\Delta^2}\Delta^2\right\} \mathrm{d}\Delta \tag{1.5.3}$$

式中的 m 为非负数。当 m 分别为 1、2 和 3 时，观测值在 $(m\sigma_\Delta,\ -m\sigma_\Delta)$ 出现的概率为

$$\left.\begin{aligned} P(-\sigma_\Delta < \Delta < \sigma_\Delta) &\approx 68.3\% \\ P(-2\sigma_\Delta < \Delta < 2\sigma_\Delta) &\approx 95.5\% \\ P(-3\sigma_\Delta < \Delta < 3\sigma_\Delta) &\approx 99.7\% \end{aligned}\right\} \tag{1.5.4}$$

式(1.5.4)给出了偶然误差在一定置信区间的置信度，如：第二式表明随机误差在 2 倍标准差范围内出现的概率为 95.5%，超出此范围的概率仅为 4.5%。如果某个观测值在其均值和 2 倍标准差决定的置信区间外，可将此观测值视为异常观测值(粗差观测值)。因此在工程中，常将 2σ 或者 3σ 作为剔除异常观测值的门限值。

1.5.4　精度与准确度

如果观测值 X 只受到了随机误差的干扰，那么

$$X = \tilde{X} + \Delta \tag{1.5.5}$$

由于 $\tilde{X}$ 为常量，所以 X 的中误差为

$$\sigma_X^2 = \sigma_\Delta^2 \tag{1.5.6}$$

当观测值不仅受到偶然误差的干扰，还有系统误差 s 影响时，有

$$X = \tilde{X} + \Delta + s \tag{1.5.7}$$

由于 $\tilde{X}$ 和 s 都为非随机量，所以 X 的方差仍为

$$\sigma_X^2 = \sigma_\Delta^2 \tag{1.5.8}$$

从上面的分析看出，方差仅能描述出观测值与其期望的离散程度，并不能反映出观测值是否受到系统误差的影响。我们把观测值与期望的离散程度称为精度(Precision)。精度越差，σ_X^2 越大，观测值围绕期望 $E(X_i)$ 的波动越大；反之，σ_X^2 越小，观测值与期望的差异小，观测值的精度越高。

为了反映出观测值是否受到系统误差的影响，我们引入均方差(Mean Square Error, MSE)

$$\mathrm{MSE}(X) = E[(X - \tilde{X})^2] \tag{1.5.9}$$

与方差比较，MSE 描述的是观测值与真值(参考值)之间的离散程度，它反映的是观测值的准确度(Accuracy)，能更加全面地评价观测值质量的好坏。$\sqrt{\mathrm{MSE}}$ 即为 RMS(Root Of Mean Square)。可以证明 $\mathrm{MSE}(X)$ 与 σ_X^2 的关系为

$$\begin{aligned} \mathrm{MSE}(X) &= \sigma_X^2 + (E(X) - \tilde{X})^2 \\ &= \sigma_X^2 + s^2 \end{aligned} \tag{1.5.10}$$

从方差和均方差的定义来看，方差描述的是随机变量(或观测值)与期望的离散程度，而期望可以通过观测值自身来估计，所以方差量化的是“内符合精度”。均方差描述的是随机变量与参考值(真值)之间的离散程度，是随机变量与其无关的已知量比较，所以均方差描述的是“外符合精度”。只有在已知参考值的情况下，才能得到外符合精度，例如：

已知 IGS 测站的坐标 $\tilde{X}$，将其作为参考值，用估计的 IGS 站坐标 X 与已知坐标 $\tilde{X}$ 比较计算其样本均方差。

1.5.5 误差传播规律

在实际应用中，需要研究的对象 Z 和 Y 往往无法直接测量得到，但它们都可以表达为观测量 X 的函数，如果已知随机变量(观测量) X 的期望和方差，我们可以推导得到随机变量函数 Z 和 Y 的期望和方差以及 Z 与 Y 的协方差。

设有随机变量 $\underset{n\times 1}{\boldsymbol{X}} = [X_1 \quad X_2 \quad \cdots \quad X_n]^{\mathrm{T}}$，$\boldsymbol{X}$ 的期望和方差分别为

$$E(\boldsymbol{X}) = \boldsymbol{\mu}_X = \begin{bmatrix} \mu_{X_1} \\ \mu_{X_2} \\ \vdots \\ \mu_{X_n} \end{bmatrix}, \quad \mathrm{Cov}(\boldsymbol{X}) = \boldsymbol{D}_X = \begin{bmatrix} \sigma_{x_1}^2 & \sigma_{x_1x_2} & \cdots & \sigma_{x_1x_n} \\ & \sigma_{x_2}^2 & \cdots & \sigma_{x_2x_n} \\ & & & \vdots \\ \text{symmetric} & & & \sigma_{x_n}^2 \end{bmatrix} \tag{1.5.11}$$

Z 和 Y 都是随机变量 $\boldsymbol{X}$ 的函数

$$\begin{cases} Z = f(X_1, X_2, \cdots, X_n) \\ Y = g(X_1, X_2, \cdots, X_n) \end{cases} \tag{1.5.12}$$

Z 和 Y 可为随机变量 $\boldsymbol{X}$ 的线性函数，也可以为一般函数。下面我们首先从线性函数开始，推导已知 $\boldsymbol{X}$ 的期望和方差求函数 Z 的期望、方差和 Z 与 Y 的协方差，然后再扩展到非线性函数的情况。

1. 随机变量线性函数的数学期望和方差

设有线性函数

$$Z = k_1X_1 + k_2X_2 + \cdots + k_nX_n + k_0 \tag{1.5.13}$$

设

$$\boldsymbol{K} = (k_1 \quad k_2 \quad \cdots \quad k_n) \tag{1.5.14}$$

那么，式(1.5.13)可表示为

$$Z = \boldsymbol{KX} + k_0 \tag{1.5.15}$$

由期望的定义和性质，可得到随机变量 Z 的期望

$$E(Z) = E(\boldsymbol{KX} + k_0) = \boldsymbol{K}E(\boldsymbol{X}) + k_0 = \boldsymbol{K\mu}_X + k_0 \tag{1.5.16}$$

Z 的方差为

$$D_Z = \sigma_Z^2 = E[(Z - E(Z))(Z - E(Z))^{\mathrm{T}}] \tag{1.5.17}$$

将式(1.5.15)代入上式得到

$$\begin{aligned} D_Z = \sigma_Z^2 &= E[(\boldsymbol{KX} - \boldsymbol{K\mu}_X)(\boldsymbol{KX} - \boldsymbol{K\mu}_X)^{\mathrm{T}}] \\ &= E[\boldsymbol{K}(\boldsymbol{X} - \boldsymbol{\mu}_X)(\boldsymbol{X} - \boldsymbol{\mu}_X)^{\mathrm{T}}\boldsymbol{K}^{\mathrm{T}}] \\ &= \boldsymbol{K}E[(\boldsymbol{X} - \boldsymbol{\mu}_X)(\boldsymbol{X} - \boldsymbol{\mu}_X)^{\mathrm{T}}]\boldsymbol{K}^{\mathrm{T}} \end{aligned} \tag{1.5.18}$$

所以，随机变量 Z 的方差为

$$\sigma_Z^2 = \boldsymbol{K}\boldsymbol{D}_X\boldsymbol{K}^{\mathrm{T}} \tag{1.5.19}$$

现将式(5.1.14)和 $\boldsymbol{D}_X$ 代入式(1.5.19)，展开后得到

$$D_Z = \sigma_Z^2 = k_1^2\sigma_1^2 + k_2^2\sigma_2^2 + \cdots + k_n^2\sigma_n^2 + 2k_1k_2\sigma_{12} + 2k_1k_3\sigma_{13} + \cdots \tag{1.5.20}$$

若随机向量 $\boldsymbol{X}$ 中的元素相互独立，那么，有 $\sigma_{x_ix_j}=0$，$i \neq j$，这时矩阵 $\boldsymbol{D}_X$ 为对角矩阵，式(1.5.20)即为

$$D_Z = \sigma_Z^2 = k_1^2\sigma_1^2 + k_2^2\sigma_2^2 + \cdots + k_n^2\sigma_n^2 \tag{1.5.21}$$

2. 随机变量线性函数的协方差

若有另一个研究对象 Y 也是同一组随机变量 $\boldsymbol{X}$ 的函数

$$Y = g_1X_1 + g_2X_2 + \cdots + g_nX_n + g_0 \tag{1.5.22}$$

令 $\boldsymbol{G} = (g_1 \quad g_2 \quad \cdots \quad g_n)$，式(1.5.22)可以表示为：

$$Y = \boldsymbol{G}\boldsymbol{X} + g_0 \tag{1.5.23}$$

Y 的期望为

$$\begin{aligned} E(Y) &= \boldsymbol{G}E(\boldsymbol{X}) + g_0 \\ &= \boldsymbol{G}\boldsymbol{\mu}_X + g_0 \end{aligned} \tag{1.5.24}$$

由于随机变量 Y 与随机变量 Z 是同一组随机变量 $\boldsymbol{X}$ 的函数，Y 与 Z 之间必然存在着相关关系。由协方差的定义可求得

$$\mathrm{Cov}(Z,\ Y) = \sigma_{ZY} = E[(Z-\mu_Z)(Y-\mu_Y)^{\mathrm{T}}] \tag{1.5.25}$$

将式(1.5.15)、(1.5.16)、(1.5.23)和(1.5.24)代入上式，可以得到

$$\sigma_{ZY} = \boldsymbol{K}\boldsymbol{D}_X\boldsymbol{G}^{\mathrm{T}} \tag{1.5.26}$$

式(1.5.26)即为随机变量 Y 与随机变量 Z 的协方差。在得到协方差后，进而可以求得 Y 与 Z 的相关系数。

3. 随机变量非线性函数的数学期望和方差

在实际应用中，很多研究对象是观测值的非线性函数。这时，需要先将非线性函数通过泰勒级数展开，然后舍弃高阶项得到函数 Z 与观测值 $\boldsymbol{X}$ 的线性函数形式，从而实现误差的传递。

首先，给随机变量 $\boldsymbol{X}$ 赋以近似值：

$$\boldsymbol{X}^* = [X_1^*,\ X_2^*,\ \cdots,\ X_n^*]^{\mathrm{T}} \tag{1.5.27}$$

将函数 Z 在 $\boldsymbol{X}^*$ 处展开为泰勒级数

$$\begin{aligned} Z = f(X_1^*X_2^*\cdots X_n^*) &+ \left(\frac{\partial f}{\partial X_1}\right)_*(X_1 - X_1^*) + \left(\frac{\partial f}{\partial X_2}\right)_*(X_2 - X_2^*) + \cdots + \\ &\left(\frac{\partial f}{\partial X_n}\right)_*(X_n - X_n^*) + O(\boldsymbol{X} - \boldsymbol{X}^*) \end{aligned} \tag{1.5.28}$$

其中 $\left(\dfrac{\partial f}{\partial X_n}\right)_*$ 为函数 $f(\cdot)$ 的一阶导数，并且代入近似值 $\boldsymbol{X}^*$ 计算得到。$O(\boldsymbol{X}-\boldsymbol{X}^*)$ 为 $(\boldsymbol{X}-\boldsymbol{X}^*)$ 的二阶项和高阶项。$\boldsymbol{X}$ 与 $\boldsymbol{X}^*$ 的数值差异越小，其二阶项和高阶项就越小，因此可以将二阶项和高阶项忽略，这样函数 Z 可表达为：

$$Z=\left(\frac{\partial f}{\partial X_1}\right)_* X_1+\left(\frac{\partial f}{\partial X_2}\right)_* X_2+\cdots+\left(\frac{\partial f}{\partial X_n}\right)_* X_n+f(X_1^* \quad X_2^* \quad \cdots X_n^*)-\sum_{i=1}^{n}\left(\frac{\partial f}{\partial X_i}\right)_* X_i^* \tag{1.5.29}$$

令

$$\boldsymbol{K}=[k_1 \quad k_2 \quad \cdots \quad k_n]=\left[\left(\frac{\partial f}{\partial X_1}\right)_* \quad \left(\frac{\partial f}{\partial X_2}\right)_* \quad \cdots \quad \left(\frac{\partial f}{\partial X_n}\right)_*\right] \tag{1.5.30}$$

和

$$k_0=f(X_1^* \quad X_2^* \quad \cdots \quad X_n^*)-\sum_{i=1}^{n}\left(\frac{\partial f}{\partial X_i}\right)_* X_i^* \tag{1.5.31}$$

那么，函数 Z 即为：

$$Z=k_1X_1+k_2X_2+\cdots+k_nX_n+k_0 \tag{1.5.32}$$

这样非线性函数 Z 就转化为了线性函数，这个过程称为非线性函数的线性化。式(1.5.32)与式(1.5.15)形式上完全一致，因此可由式(1.5.19)求得随机函数 Z 的方差。

从以上的推导可以看出，在求非线性函数 Z 的方差时，只需要求得函数 Z 在 $\boldsymbol{X}^*$ 处的一阶偏导数 $k_i(i=1,2,\cdots,n)$，所以在应用时，可以跳过泰勒级数的展开步骤，直接来求函数 Z 的全微分：

$$\mathrm{d}Z=\left(\frac{\partial f}{\partial X}\right)_* \mathrm{d}X_1+\left(\frac{\partial f}{\partial X_2}\right)_* \mathrm{d}X_2+\cdots+\left(\frac{\partial f}{\partial X_n}\right)_* \mathrm{d}X_n=\boldsymbol{K}\mathrm{d}\boldsymbol{X} \tag{1.5.33}$$

在得到矩阵 $\boldsymbol{K}$，即一阶的雅克比矩阵后，就可以利用式(1.5.19)得到非线性随机函数 Z 的方差。

观察以上推导和式(1.5.33)可以看出，随机变量 $\boldsymbol{X}$ 的微小变化和不确定性，引起了函数 Z 不确定性，通过误差传播规律量化出了函数 Z 的不确定性。

另外，若有另一个非线性函数 Y，同样可以得到 Y 的一阶雅各比矩阵，利用式(1.5.26)即可求得 Z 与 Y 的协方差。

例 1.1 设随机变量 X_1，X_2，X_3 的协方差阵为 $\boldsymbol{D}_X=\begin{bmatrix}3.4 & -2 & 1\\ -2 & 4 & 0.6\\ 1 & 0.6 & 5\end{bmatrix}$。现有函数 $\begin{matrix}Y_1=3X_1+X_3\\ Y_2=X_2-X_3\end{matrix}$，求 Y_1 和 Y_2 各自的方差和它们的协方差。

解：已知随机变量的协方差阵

$$\boldsymbol{D}_X=\begin{bmatrix}\sigma_{x_1}^2 & \sigma_{x_1x_2} & \sigma_{x_1x_3}\\ \sigma_{x_2x_1} & \sigma_{x_2}^2 & \sigma_{x_2x_3}\\ \sigma_{x_3x_1} & \sigma_{x_3x_2} & \sigma_{x_3}^2\end{bmatrix}=\begin{bmatrix}3.4 & -2 & 1\\ -2 & 4 & 0.6\\ 1 & 0.6 & 5\end{bmatrix}$$

和

$$\begin{bmatrix} Y_1 \\ Y_2 \end{bmatrix} = \begin{bmatrix} 3 & 0 & 1 \\ 0 & 1 & -1 \end{bmatrix} \begin{bmatrix} X_1 \\ X_2 \\ X_3 \end{bmatrix}$$

利用误差传播规律得到

$$\begin{aligned} \boldsymbol{D}_{Y_1} &= [3 \quad 0 \quad 1] \boldsymbol{D}_X [3 \quad 0 \quad 1]^{\mathrm{T}} \\ &= 41.6 \\ \boldsymbol{D}_{Y_2} &= [0 \quad 1 \quad -1] \boldsymbol{D}_X [0 \quad 1 \quad -1]^{\mathrm{T}} \\ &= 7.8 \\ \boldsymbol{D}_{Y_1Y_2} &= [3 \quad 0 \quad 1] \boldsymbol{D}_X [0 \quad 1 \quad -1]^{\mathrm{T}} \\ &= -13.4 \end{aligned}$$

例 1.2　假设轮船起始位置 A 的坐标为(1000.0, 1000.0)m，观测到轮船前进方向的坐标方位角为 $30°00' \pm 1'$，轮船行驶的速度为 50.0km/h±300m/h。求以这个方向行驶 10 分钟后轮船的坐标、坐标中误差和点位中误差。

解：根据航位推算，10 分钟后，船体所在位置为

$$\begin{cases} x_u = x_A + v \times t \times \cos\theta \\ y_u = y_A + v \times t \times \sin\theta \end{cases} \tag{1.5.34}$$

将已知点坐标和 $v = 50000\text{m/h}$，$t = 1/6\text{h}$，$\theta = 30°$ 代入上式

$$\begin{cases} x_u = 1000 + 50000 \times 1/6 \times \cos 30° = 8216.9\text{m} \\ y_u = 1000 + 50000 \times 1/6 \times \sin 30° = 5166.7\text{m} \end{cases}$$

由于观测量 v 和 θ 有误差，导致推算得到的点位 u 与实际点位 u' 的差异，如图 1.4 所示，这个差异也称为点位误差。将这个点位误差投影到 x 和 y 方向为

$$\begin{cases} \mathrm{d}x_u = t\cos\theta \mathrm{d}v - vt\sin\theta \mathrm{d}\theta \\ \mathrm{d}y_u = t\sin\theta \mathrm{d}v + vt\cos\theta \mathrm{d}\theta \end{cases}$$

根据误差传播率，并将 $\sigma_v^2 = (300\text{m/h})^2$ 和 $\sigma'_\theta = (1')^2$ 代入，有

$$\sigma_{y_u}{}^2 = (t \cdot \sin\theta)^2 \sigma_v^2 + (vt\cos\theta)^2 (\sigma'_\theta / 3437')^2 = 629.41\text{m}^2,\ \sigma_{y_u} = 25.1\text{m}$$

$$\sigma_{x_u}{}^2 = (t \cdot \cos\theta)^2 \sigma_v^2 + (-vt\sin\theta)^2 (\sigma'_\theta / 3437')^2 = 1876.47\text{m}^2,\ \sigma_{x_u} = 43.3\text{m}$$

在上面的计算中，要注意的是 σ'_θ 的单位为“分”，需要将其换算为弧度(Radian)：1rad = 3437′。船体的点位误差为

$$\mathrm{d}P_u = \sqrt{\mathrm{d}x_u^2 + \mathrm{d}y_u^2}$$

点位中误差为

$$\sigma_{P_u} = \sqrt{\sigma_{x_u}{}^2 + \sigma_{y_u}{}^2} = 50.0\text{m}$$

由于航向误差和航行时候的速度误差，导致在 10 分钟后的航位推算有 50.0m 的点位中误差。

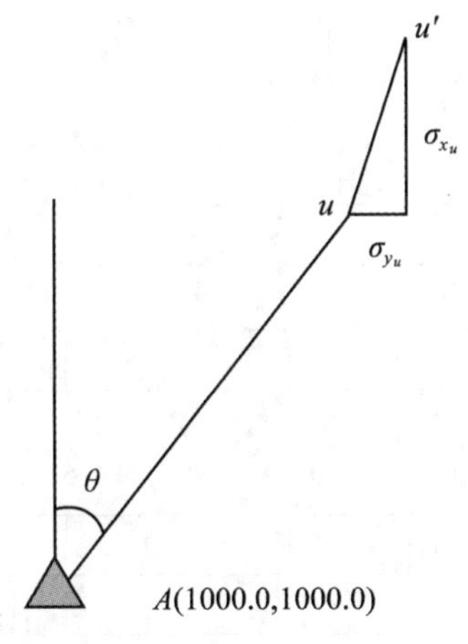

图 1.4 航位推算的误差

1.6 随机过程的概念

自然界变化的过程通常可以分为两大类，确定过程和随机过程。如果每次试验(观测)所得到的过程都相同，是时间 t 的一个确定函数，且有确定的变化规律，那么这样的过程就是确定的，如自由落体过程。反之，如果每次试验所得到的观测过程都不同，是时间 t 的不同函数，实验前又不能预知这次试验会出现什么样的结果，这样的过程称为随机过程。对连续时间的随机过程进行采样得到的序列称为离散时间随机过程，也称为随机序列。下面通过几个例子来说明什么是随机过程。

有信号

$$X(t,\ \Phi)=A\cos(\omega_0 t+\Phi) \tag{1.6.1}$$

其中 A 和 ω_0 为常数，Φ 为 $(-\pi,\ \pi)$ 上均匀分布的随机变量。由于起始相位 Φ 是一个在 $(-\pi,\ \pi)$ 内连续取值的均匀分布随机变量，在观测信号 $X(t,\ \Phi)$ 之前，并不能预知 Φ 究竟取何值，因此我们也不能预知 $X(t)$ 究竟取哪个样本，所以这是一个随机过程。对于任意一个 $\varphi_i(-\pi<\varphi_i<\pi)$，对应一个确定的函数式

$$x(t,\ \varphi_i)=A\cos(\omega_0 t+\varphi_i) \tag{1.6.2}$$

$x(t,\ \varphi_i)$ 是对应于 φ_i 的一个样本函数，φ_i 不同，对应的 $x(t,\ \varphi_i)$ 也不同，所以随机相位信号实际上是一族不同的时间序列 $\{x(n,\ \varphi_i)=A\cos(\omega_0 n+\varphi_i)\}$。图 1.5 给出 Φ 取不同值的四组样本。为了更好地理解随机过程，可以将图中四组样本想象为由四个正弦信号发生器同时产生的相位信号，每一个信号发生器产生的信号都不同于其他信号发生器产生的信号，这是由于 Φ 是随机变量，$X(t,\ \Phi)$ 就是一个随机函数。从时间上来看，在某一个时间点 t_i 处，$X(t_i)$ 有不同的取值，$X(t_i)$ 的取值是随机的，所以 $X(t_i)$ 就是一个随机变量。

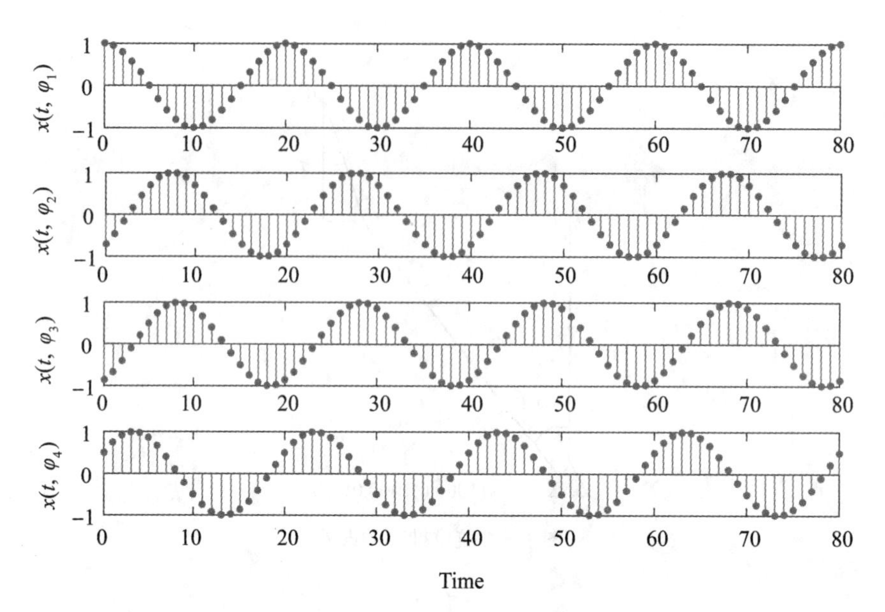

图 1.5　正弦型随机相位信号

以上的随机信号有固定的波形，而有些随机过程没有确定的波形，即使接收机输入端没有输入信号，但由于接收机内部元件的电阻和晶体管等发热产生热噪声，经过放大后也会有电压输出，如图 1.6 所示。假如对多台相同的示波器同时进行观测，那么第一台示波器观测到的条波形为 $x_1(t)$，第二台示波器观测到的条波形为 $x_2(t)$，…。示波器记录到的波形都各不相同，而在观测中究竟会记录到一条什么样的波形，事先不能预知。另外，对应固定的某个时刻 t_1，$x_1(t_1)$，$x_2(t_1)$，… 取值各不相同，也就是说，$X(t_1)$ 的可能取值

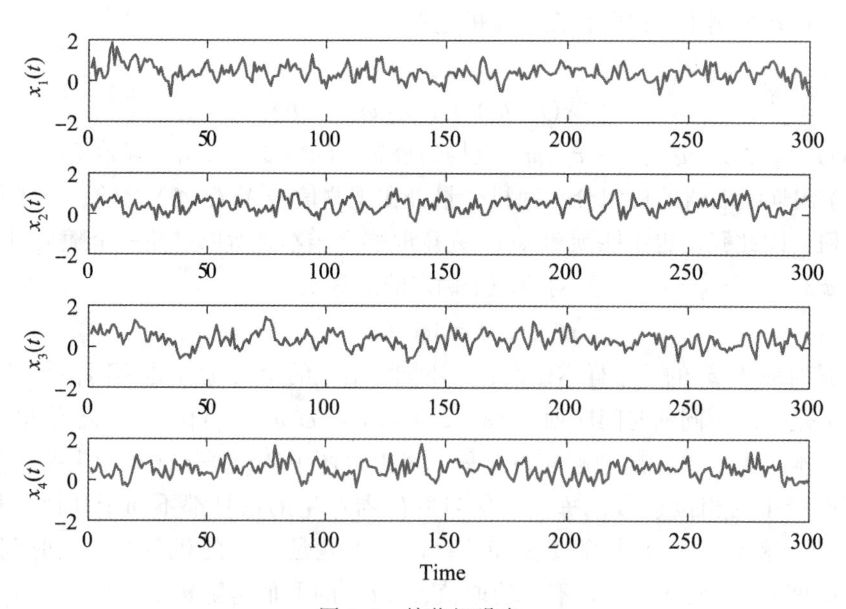

图 1.6　接收机噪声

是 $x_1(t_1)$，$x_2(t_1)$，… 之一，在 t_1 时刻究竟哪个值是不能预知的，故 $X(t_1)$ 是一个随机变量。由所有可能的结果 $x_1(t)$，$x_2(t)$，$x_3(t)$，… 构成了随机过程 $X(t)$。

在后面的学习中，我们用 $X(t)$ 表示随机过程，用 $x(t)$ 表示样本函数，将时间点 t_i 处的随机变量 $X(t_i)$ 称为随机过程 $X(t)$ 在 $t=t_i$ 的状态。当状态和时间都连续时，称为连续型随机过程，图 1.5 和图 1.6 都是连续型随机过程。当状态和时间都是离散的，称为离散的随机过程，如伯努利过程，我们用 $X(n)$ 来表示离散的随机过程。无论对连续随机过程还是对离散随机过程进行抽样观察，只能得到一些离散值，这样的离散值称为随机序列，如图 1.5 中的正弦随机信号的观测值就是离散的随机序列 $X(t_i)$。

为了认识随机过程，用实验方法观测样本函数，观测次数越多，过程的时间分割越细所得到的样本数目亦越多，也就越能掌握这个过程的统计规律。

1.7 随机过程的统计描述

尽管随机过程的变化是不确定的，但这不确定的变化过程中仍包含有规律性，这种规律从大量的样本经统计后呈现出来，并由概率分布(密度)函数和数字特征来描述。

1.7.1 随机过程的概率分布

随机过程实际上是一组随时间变化的随机变量，因此可以用多维随机变量的理论来描述随机过程的统计特性。

1. 随机过程的一维概率分布

对于某个特定的时刻 t，$X(t)$ 是一个随机变量，设 x 为任意实数，定义

$$F_X(x,\ t)=P\{X(t)\leqslant x\} \tag{1.7.1}$$

为 $X(t)$ 的一维分布。很显然，对不同的时刻 t，随机变量 $X(t)$ 是不同的，因而相应的也有不同的分布函数，因此，随机过程的一维分布不仅是 x 的函数，而且也是时间 t 的函数。

如果 $F_X(x,\ t)$ 的一阶导数存在，则定义

$$p_X(x,\ t)=\frac{\partial F_X(x,\ t)}{\partial x} \tag{1.7.2}$$

为随机过程 $X(t)$ 的一维概率密度函数。如果知道了随机过程的一维概率密度函数，也就知道了随机过程在任意时刻上随机变量的概率密度。

随机过程的一维分布具有普通随机变量分布的性质，如

$$0\leqslant F_X(x,\ t)\leqslant 1,\quad F_X(-\infty,\ t)=0,\quad F_X(+\infty,\ t)=1 \tag{1.7.3}$$

$$F_X(x,\ t)=\int_{-\infty}^{x}p(x,\ t)\mathrm{d}x,\quad \int_{-\infty}^{+\infty}p(x,\ t)\mathrm{d}x=1 \tag{1.7.4}$$

对于随机序列 $X(n)$，它的分布函数定义为

$$F_X(x,\ n)=P\{X(n)\leqslant x\} \tag{1.7.5}$$

如果 $F_X(x,\ n)$ 的一阶导数存在，则定义

$$p_X(x,\ n)=\frac{\partial F_X(x,\ n)}{\partial x} \tag{1.7.6}$$

为随机过程 $X(n)$ 的一维分布律。

例 1.3　设随机振幅信号

$$Y(t)=X\cos\omega_0 t$$

其中 ω_0 是常数，X 是均值为零，方差为 1 的正态随机变量，即 $p_X(x)=\frac{1}{\sqrt{2\pi}}\exp\left\{-\frac{x^2}{2}\right\}$。求 $t=0$，$\frac{2\pi}{3\omega_0}$ 和 $\frac{\pi}{2\omega_0}$ 时 $Y(t)$ 的概率密度函数，以及任意时刻 $Y(t)$ 的一维概率密度函数。

解： 当 $t=0$ 时，$Y(0)=X$。由于 X 是均值为零，方差为 1 的正态随机变量，所以

$$p_Y(y,\ 0)=\frac{1}{\sqrt{2\pi}}e^{-\frac{y^2}{2}}$$

当 $t=\frac{2\pi}{3\omega_0}$ 时，

$$Y\left(\frac{2\pi}{3\omega_0}\right)=-\frac{1}{2}X$$

有 $X=-2Y$。因此，Y 的概率密度函数为

$$p_Y\left(y,\ \frac{2\pi}{3\omega_0}\right)=p_X(-2y)\,|(-2y)'|=\sqrt{\frac{2}{\pi}}e^{-2y^2}$$

当 $t=\frac{\pi}{2\omega_0}$ 时，

$$Y\left(\frac{\pi}{2\omega_0}\right)=0$$

这表明当 $t=\frac{\pi}{2\omega_0}$ 时，Y 为常数 0，也就是 Y 在 0 以外的取值的可能性为零，它的概率密度函数用狄拉克 δ 函数（Dirac Delta Function）来描述

$$P_Y\left(y,\ \frac{\pi}{2\omega_0}\right)=\delta(y)$$

其中 $\delta(\cdot)$ 为狄拉克 δ 函数。$\delta(y)$ 表示 y 除了零以外取值都等于零（如图 1.7 如示），而其在整个定义域上的积分等于 1。这里给出狄拉克 δ 函数的定义：

$$\begin{cases}\delta(y-y_0)=0,\ y\neq y_0\\ \int_{-\infty}^{+\infty}\delta(y-y_0)\mathrm{d}y=1\end{cases} \tag{1.7.7}$$

更一般，若函数 $\rho(y)$ 在 $y=y_0$ 处连续，就有

$$\int_a^b\rho(y)\delta(y-y_0)\mathrm{d}y=\begin{cases}\rho(y_0), & y_0\in[a,\ b]\\ 0, & y_0\notin[a,\ b]\end{cases} \tag{1.7.8}$$

上式表明当 y_0 在积分区域内时，函数 $\rho(y)$ 与 $\delta(y-y_0)$ 乘积的积分为 $\rho(y_0)$；否则它的

积分为零。狄拉克 δ 函数通常在物理学中表示质点、点电荷、瞬时力等，在空间的某一点或某时刻的瞬时物理量。在实际应用中，$\delta(\cdot)$ 函数总是伴随着积分一起出现，也就是只有在积分运算中才有意义。

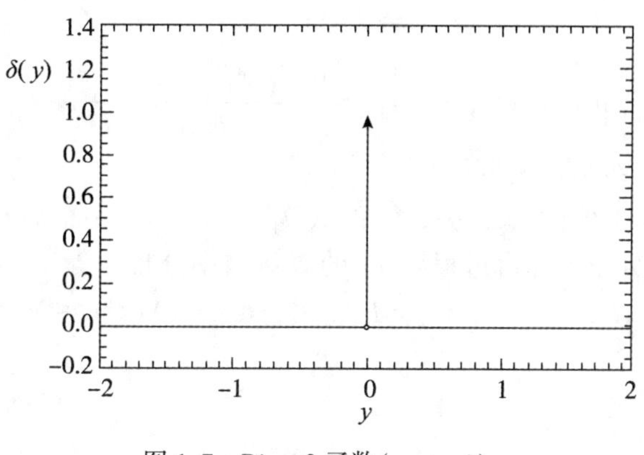

图 1.7 Dirac δ 函数($y_0=0$)

通过对随机振幅信号的分析可以看出，对于不同的时间 t，$Y(t)$ 的分布是不同的。下面给出当时间 t 为任意时刻的 $Y(t)$ 的概率密度函数。

当 $\cos\omega_0 t\neq 0$，则

$$X=g(y,\ t)=\frac{1}{\cos\omega_0 t}Y \tag{1.7.9}$$

在 t 时刻，$Y(t)$ 的概率密度函数为

$$p_Y(y,\ t)=p_X(g(y,\ t))\,|\dot{g}(y,\ t)| \tag{1.7.10}$$

在此问题中

$$\dot{g}(y,\ t)=\frac{1}{\cos\omega_0 t} \tag{1.7.11}$$

将式(1.7.11)和式(1.7.9)代入式(1.7.10)，得到

$$p_Y(y,\ t)=\frac{1}{\sqrt{2\pi}\,|\cos\omega_0 t|}\exp\left\{-\frac{1}{2}\left(\frac{y}{\cos\omega_0 t}\right)^2\right\} \tag{1.7.12}$$

当 $\cos\omega_0 t=0$，即 $t=\left(\pm k+\frac{1}{2}\right)\frac{\pi}{\omega_0}$，则 $Y(t)$ 的概率密度函数为

$$p_Y\left(y,\ \left(\pm k+\frac{1}{2}\right)\frac{\pi}{\omega_0}\right)=\delta(y)$$

从上面的例题可以看出，随机过程 $Y(t)$ 在每一个特定时刻都为一个随机变量，这些随机变量都有自己的分布。

2. 随机过程的多维概率分布

随机过程的一维概率分布只描述了随机过程在不同时间点处的分布，这里将给出不同

时间点处的随机变量之间的关系，即多维分布。

对于任意时刻 t_1、t_2 以及任意的两个实数 x_1、x_2，定义

$$F_X(x_1, x_2, t_1, t_2) = P\{X(t_1) \leqslant x_1, X(t_2) \leqslant x_2\} \tag{1.7.13}$$

式(1.7.13)为随机过程 $X(t)$ 的二维概率分布。如果 $F_X(x_1, x_2, t_1, t_2)$ 对 x_1、x_2 的偏导数存在，则定义

$$p_X(x_1, x_2, t_1, t_2) = \frac{\partial^2 F_X(x_1, x_2, t_1, t_2)}{\partial x_1 \partial x_2} \tag{1.7.14}$$

为随机过程 $X(t)$ 的二维概率密度函数。

同理，对于更多时刻 $t_1, t_2, \cdots, t_N$ 的 $X(t_1), X(t_2), \cdots, X(t_N)$ 是一组随机变量，这组随机变量的联合分布为随机过程 $X(t)$ 的 N 维概率分布：

$$F_X(x_1, x_2, \cdots, x_N, t_1, t_2, \cdots, t_N) = P\{X(t_1) \leqslant x_1, X(t_2) \leqslant x_2, \cdots, X(t_N) \leqslant x_N\} \tag{1.7.15}$$

概率密度函数为

$$p_X(x_1, x_2, \cdots, x_N, t_1, t_2, \cdots, t_N) = \frac{\partial^N F_X(x_1, x_2, \cdots x_N, t_1, t_2, \cdots, t_N)}{\partial x_1 \partial x_2 \cdots, \partial x_N} \tag{1.7.16}$$

对于离散时间随机信号 $X(n)$，它 N 维概率分布为

$$F_X(x_1, x_2, \cdots, x_N, n_1, n_2, \cdots, n_N) = P\{X(n_1) \leqslant x_1, X(n_2) \leqslant x_2, \cdots, X(n_N) \leqslant x_N\} \tag{1.7.17}$$

N 维概率密度定义为

$$p_X(x_1, x_2, \cdots x_N, n_1, n_2, \cdots, n_N) = \frac{\partial^N F_X(x_1, x_2, \cdots, x_N, n_1, n_2, \cdots, n_N)}{\partial x_1 \partial x_2 \cdots \partial x_N} \tag{1.7.18}$$

N 维分布可以描述任意 N 个时刻状态之间的统计规律，比一维、二维含有更多的 $X(t)$ 的统计信息，对随机过程的描述也更趋完善。一般说来，要完全描述一个过程的统计特性，应该 $N \to \infty$，但实际上我们无法获得随机过程的无穷维的概率分布，所以在工程应用上，通常只考虑它的二维概率分布。

1.7.2　随机过程的数字特征

随机变量的数字特征有均值、方差、相关系数等，在随机过程中这些数字特征称为均值函数、方差函数和相关函数，它们都是从随机变量的数字特征推广而来的，所不同的是，随机过程的数字特征一般不是常数，而是时间 t（或 n）的函数。

1. 均值函数

对于任意的时刻 t，$X(t)$ 是一个随机变量，我们把这个随机变量的均值定义为随机过程的均值，记为 $\mu_X(t)$，即

$$\mu_X(t) = E\{X(t)\} = \int_{-\infty}^{+\infty} x p_X(x, t) \mathrm{d}x \tag{1.7.19}$$

对于离散时间随机信号 $X(n)$，均值函数定义为

$$\mu_X(n)=E\{X(n)\}=\sum_{i=1}^{\infty}x_i(n)p_X(x_i,\ n) \tag{1.7.20}$$

对于某个时间 t_i，$\mu_X(t_i)$ 是随机变量 $X(t_i)$ 的样本的概率加权平均。$\mu_X(t)$ 反映了样本函数统计意义下的平均变化规律。图 1.8 中的两条实体曲线为两次实现的样本，中间的虚线为期望函数 $\mu_X(t)$。

随机过程的期望函数有如下特性：

(1)确定的函数 $C(t)$ 的数学期望为它本身：

$$E(C(t))=C(t) \tag{1.7.21}$$

(2)两个随机过程的和的数学期望为两者数学期望的和：

$$E(X(t)+Y(t))=\mu_X(t)+\mu_Y(t) \tag{1.7.22}$$

(3)随机过程与确定的函数 $G(t)$ 之积的期望为：

$$E(G(t)X(t))=G(t)\mu_X(t) \tag{1.7.23}$$

2. 方差函数

方差函数也是随机过程重要的数字特征之一，它定义为

$$\sigma_X^2(t)=E\{[X(t)-\mu_X(t)]^2\} \tag{1.7.24}$$

它表示随机过程与其数学期望之间的离散程度。图 1.8 中两条粗的虚线为 $\mu_X(t)-\sigma_X(t)$ 和 $\mu_X(t)+\sigma_X(t)$，它给出了 $X(t)$ 的一定置信度下的置信区间。方差函数通常也记为 $D_X(t)$，它是时间的函数。

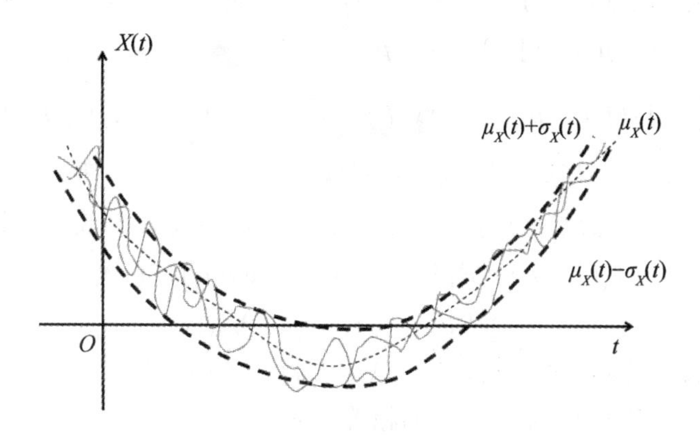

图 1.8 随机过程 $X(t)$ 的期望和方差

对于随机序列 $X(n)$，方差定义为：

$$\sigma_X^2(n)=E\{[X(n)-\mu_X(n)]^2\} \tag{1.7.25}$$

可以证明方差函数有如下特性：

(1)方差函数还可以表示为：

$$\sigma_X^2(t)=E\{X^2(t)\}-\mu_X^2(t) \tag{1.7.26}$$

(2)当$\mu_X(t)=0$时,

$$\sigma_X^2(t)=E\{X^2(t)\} \tag{1.7.27}$$

这时随机过程的方差函数就是均方值函数。

(3)对于确定的函数$C(t)$:

$$D(C(t)X(t))=C^2(t)D(X(t)) \tag{1.7.28}$$

$$D(X(t)+C(t))=D(X(t)) \tag{1.7.29}$$

(4)若$X(t)$与$Y(t)$相互独立:

$$D[X(t)+X(t)]=D[X(t)]+D[Y(t)] \tag{1.7.30}$$

同样，离散随机序列的方差也有如式(1.7.26)~(1.7.30)的特性。

3. 相关函数和协方差函数

均值函数和方差函数只描述了随机过程在某个特定时刻的统计特性，并不能反映随机过程在两个不同时刻状态之间的联系。为此，我们引入一个能反映两个不同时刻状态之间相关程度的数字特征——相关函数。

设任意两个时刻t_i，t_j，定义

$$R_X(t_i,\ t_j)=E\{X(t_i)X(t_j)\}=\int_{-\infty}^{+\infty}\int_{-\infty}^{+\infty}x_ix_jp(x_i,\ x_j,\ t_i,\ t_j)\mathrm{d}x_i\mathrm{d}x_j \tag{1.7.31}$$

为随机过程$X(t)$的自相关函数，通常简称为相关函数。相关函数是随机过程$X(t)$在两个时间变量t_i和t_j上的函数，它表示在两个时间截面t_i和t_j上，两个随机变量$X(t_i)$与$X(t_j)$的互相关程度。相关性的描述除了用相关函数外，有时也用协方差函数。我们定义

$$\begin{aligned}\mathrm{Cov}_X(t_i,\ t_j)&=E\{[X(t_i)-\mu_X(t_i)][X(t_j)-\mu_X(t_j)]\}\\&=\int_{-\infty}^{\infty}\int_{-\infty}^{\infty}[x(t_i)-\mu_X(t_i)][x(t_j)-\mu_X(t_j)]p(x_i,\ x_j,\ t_i,\ t_j)\mathrm{d}x_i\mathrm{d}x_j\end{aligned} \tag{1.7.32}$$

为随机过程的协方差函数。从协方差函数与相关函数的定义看出，协方差函数描述随机变量$X(t_i)$和$X(t_j)$相对各自数学期望差异的相关程度。推导式(1.7.32)可得到

$$\begin{aligned}\mathrm{Cov}_X(t_i,\ t_j)&=E\{X(t_i)X(t_j)\}-\mu_X(t_i)\mu_X(t_j)\\&=R_X(t_i,\ t_j)-\mu_X(t_i)\mu_X(t_j)\end{aligned} \tag{1.7.33}$$

上式表明协方差函数与相关函数的差异在于$X(t_i)$和$X(t_j)$的期望。

由协方差函数可求得$X(t_i)$和$X(t_j)$的相关系数

$$\rho(t_i,\ t_j)=\frac{\mathrm{Cov}_X(t_i,\ t_j)}{\sigma_X(t_i)\sigma_X(t_j)} \tag{1.7.34}$$

它的取值在[-1 1]，其绝对值越大，表示相关性越强。若$t_j=t_i$，那么$\mathrm{Cov}_X(t,\ t)=\sigma_X^2(t)$，相关系数为1。一般说来，如果$X(t)$中不含有周期分量，$t_i$与$t_j$相隔越远，相关性越弱。若$\mathrm{Cov}_X(t_i,\ t_j)=0$，那么相关系数为0，这就意味着随机过程$X(t)$在$t_i$和$t_j$处不相关。若$R_X(t_i,\ t_j)=0$，也称$X(t_i)$与$X(t_j)$正交。

与随机变量一样，随机过程的相关性和随机独立性是两个不同的概念。如果

$$p_X(x_i, x_j, t_i, t_j) = p_X(x_i, t_i)p_X(x_j, t_j) \tag{1.7.35}$$

那么随机过程在 t_i 和 t_j 时刻的状态是随机独立的。当状态 $X(t_i)$ 和 $X(t_j)$ 随机独立时，$X(t_i)$ 与 $X(t_j)$ 一定互不相关，但是反之不一定成立。

相关性是描述其随机特征的重要方面，这里给出相关函数、协方差和相关函数的性质：

(1)时间可对换，即

$$R_X(t_i, t_j) = R_X(t_j, t_i) \tag{1.7.36}$$

$$\mathrm{Cov}_X(t_i, t_j) = \mathrm{Cov}_X(t_j, t_i) \tag{1.7.37}$$

$$\rho(t_i, t_j) = \rho(t_j, t_i) \tag{1.7.38}$$

(2) $\Delta t = t_j - t_i = 0$ 时有最大值，即

$$R_X(0) \geqslant |R_X(t_i, t_j)| \tag{1.7.39}$$

$$\mathrm{Cov}_X(0) \geqslant |\mathrm{Cov}_X(t_i, t_j)| \tag{1.7.40}$$

$$\rho(0) = 1 \tag{1.7.41}$$

且

$$R_X(0) = E\{X^2(t)\} \tag{1.7.42}$$

$R(0)$ 也表示 $X(t)$ 的均方值。

(3)若 $\mu_X(t) = 0$，那么

$$\mathrm{Cov}_X(t_i, t_j) = R_X(t_i, t_j) \tag{1.7.43}$$

相关函数与协方差函数完全相等。在实际应用中，如果假设随机过程的期望为零，二者可以不加区别地使用。

例 1.4 有余弦随机相位信号 $X(t, \Phi) = A\cos(\omega_0 t + \Phi)$，其中 A 和 ω_0 为常数，Φ 为 $(-\pi, \pi)$ 上均匀分布的随机变量。求该随机相位信号的均值、方差和自相关函数。

解：根据题意知，Φ 的概率密度函数为

$$p(\Phi) = \begin{cases} \dfrac{1}{2\pi}, & -\pi < \Phi < \pi \\ 0, & \text{其他} \end{cases}$$

随机相位信号的均值函数为

$$\mu_X(t) = E\{X(t)\} = E\{A\cos(\omega_0 t + \Phi)\} = A\int_{-\pi}^{\pi} \cos(\omega_0 t + \varphi)\frac{1}{2\pi}\mathrm{d}\varphi = 0$$

相关函数为

$$\begin{aligned} R_X(t_1, t_2) &= E\{X(t_1)X(t_2)\} = E\{A\cos(\omega_0 t_1 + \Phi)A\cos(\omega_0 t_2 + \Phi)\} \\ &= \frac{1}{2}A^2 E\{\cos\omega_0(t_1 - t_2) + \cos[\omega_0(t_1 + t_2) + 2\Phi]\} \\ &= \frac{1}{2}A^2\cos\omega_0(t_1 - t_2) + \frac{1}{2}A^2\int_{-\pi}^{\pi}\frac{1}{2\pi}\cos\omega_0[(t_1 + t_2) + 2\varphi]\mathrm{d}\varphi \\ &= \frac{1}{2}A^2\cos\omega_0(t_1 - t_2) \end{aligned}$$

方差函数为

$$\sigma_X^2(t) = R_X(t,\ t) - \mu_X^2(t) = \frac{1}{2}A^2$$

该余弦信号的期望和方差不随着时间变化，自相关函数也只与时间差有关系，与时间的起点没有关系。

4. 互协方差函数和互相关函数

自相关函数表达了一个随机过程在不同时间截面上取值的相关性，这一概念也可以推广到两个不同的随机过程，以表示两个随机过程在不同时间截面上取值的相关性，即互协方差函数

$$\mathrm{Cov}_{XY}(t_1,\ t_2) = E\{[X(t_1) - \mu_x(t_1)][Y(t_2) - \mu_y(t_2)]\} \tag{1.7.44}$$

如果对于任意的 t_i 和 t_j，有 $\mathrm{Cov}_{XY}(t_1,\ t_2) = 0$，则称随机过程 $X(t)$ 与随机过程 $Y(t)$ 是不相关的。

随机过程 $X(t)$ 与随机过程 $Y(t)$ 的互相关函数为

$$R_{XY}(t_1,\ t_2) = E\{X(t_1)Y(t_2)\} = \int_{-\infty}^{+\infty}\int_{-\infty}^{+\infty} xyp_{XY}(x,\ y,\ t_1,\ t_2)\,\mathrm{d}x\mathrm{d}y \tag{1.7.45}$$

如果 $R_{XY}(t_1,\ t_2) = 0$，则称 $X(t)$ 与 $Y(t)$ 是相互正交的。

1.8　平稳随机过程

平稳过程是一种重要的随机过程，它分为严格平稳和广义平稳。由于严格平稳是条件苛刻的平稳性定义，一般情况无法判断一个随机过程是严格平稳的，所以将判断条件放宽，只要随机过程的某些特征值不随时间推移变化，就认为(宽)平稳，以便于进行统计推断、估计和时间序列分析。

1.8.1　严格平稳随机过程

如果随机过程 $X(t)$ 的任意 N 维分布在时间平移 τ 后，N 维概率密度不变，则称 $X(t)$ 是严格平稳的随机过程或称为狭义平稳随机过程。

在二维情况下，有

$$p_X(x_i,\ x_j,\ t_i,\ t_j) = p_X(x_i,\ x_j,\ t_i + \tau,\ t_j + \tau) \tag{1.8.1}$$

严格平稳随机过程与时间点 t_i 和 t_j 无关，只与 $\Delta t = t_j - t_i$ 有关。任意 N 维概率密度应满足

$$p_X(x_1,\ \cdots,\ x_N,\ t_1\cdots,\ t_N) = p_X(x_1,\ \cdots,\ x_N,\ t_1 + \tau,\ \cdots,\ t_N + \tau) \tag{1.8.2}$$

这说明当取样点在时间轴上任意平移时，随机过程的有限维分布函数是不变的。而特别地具体到它的一维分布

$$p_X(x,\ t) = p_X(x,\ t + \tau) \tag{1.8.3}$$

即严格平稳随机过程的一维分布不随时间变化，任何时间点上的 $X(t)$ 都属于同一分布，

那么它的期望和方差也不随着时间变化，所以严格平稳随机过程在一维情况下的数学期望函数为

$$\mu_X(t)=E\{X(t)\}=\int_{-\infty}^{+\infty}xp_X(x)\mathrm{d}x=\mu_X \tag{1.8.4}$$

方差函数为

$$\sigma_X^2(t)=\int_{-\infty}^{+\infty}(x-\mu_X)^2p_X(x)\mathrm{d}x=\sigma_X^2 \tag{1.8.5}$$

随机过程的相关函数为

$$R_X(t_i,\ t_j)=E\{X(t_i)X(t_j)\}=\int_{-\infty}^{+\infty}\int_{-\infty}^{+\infty}x_ix_jp(x_i,\ x_j,\ t_i,\ t_j)\mathrm{d}x_i\mathrm{d}x_j \tag{1.8.6}$$

由于 $f(x_i,\ x_j,\ t_i,\ t_j)$ 与时间的起点 t_i 和 t_j 无关，只与 $\Delta t=t_j-t_i$ 有关，所以上式可以表示为

$$R_X(t_i,\ t_j)=R_X(\Delta t) \tag{1.8.7}$$

协方差函数为

$$\mathrm{Cov}_X(t_i,\ t_j)=R_X(\Delta t)-{\mu_X}^2 \tag{1.8.8}$$

令

$$\mathrm{Cov}_X(\Delta t)=\mathrm{Cov}_X(t_i,\ t_j) \tag{1.8.9}$$

有

$$\mathrm{Cov}_X(\Delta t)=R_X(\Delta t)-\mu_X^2 \tag{1.8.10}$$

以上表明严格平稳随机过程的相关函数和协方差函数都只与时间间隔 Δt（或时间延迟）有关，与时间起点没有关系。严格平稳随机过程的相关函数 $R_X(\Delta t)$ 和协方差函数 $\mathrm{Cov}_X(\Delta t)$ 也称为延迟 Δt 的相关函数和协方差函数。

由此可见，对于严格平稳的随机过程，它的均值和方差是与时间无关的常数，而自相关函数和协方差只与时间间隔(延迟)有关，但这些并不是严格平稳随机过程的充分条件，只有当随机过程满足式(1.8.2)时，它才是严格平稳随机过程。同样，对于离散随机序列 $X(n)$，其严格平稳的定义是相同的。

由于严格平稳过程的定义过于严格，一般的随机过程很难满足，而且在实际问题中，利用随机过程的概率密度函数判断严格平稳过程是很困难的。在一般情况下，如果产生随机过程的物理条件不随时间的推移而变化，那么这个随机过程基本上被认为是平稳的。如接收机的噪声电压信号，开机经过一段时间后，温度变化趋于稳定，这时的噪声电压信号可以认为是平稳的，这就是较宽意义上的平稳过程，即广义平稳随机过程(宽平稳过程)。

1.8.2 广义平稳随机过程

如果随机过程 $X(t)$ 满足

$$R_X(t_i,\ t_j)=R_X(\Delta t) \tag{1.8.11}$$

并且

$$E[X(t)]=\mu_X \tag{1.8.12}$$

则称随机过程 $X(t)$ 是广义平稳的，也称为宽平稳。宽平稳过程并没有对随机分布有任何要求，它只要求均值函数和自相关函数不随着时间起点而变化，所以一个严平稳过程只要二阶矩存在，则一定是宽平稳过程。根据协方差函数与自协方差函数有

$$\mathrm{Cov}_X(\Delta t) = R_X(\Delta t) - \mu_X^2 \tag{1.8.13}$$

显然，协方差函数也不随着时间起点的变化而变化。另外，平稳随机过程的自相关系数也只与时间间隔有关

$$\rho(t_i, t_j) = \frac{\mathrm{Cov}_X(t_i, t_j)}{\sigma_X(t_i)\sigma_X(t_j)} = \frac{\mathrm{Cov}_X(\Delta t)}{\sigma_X^2} = \rho(\Delta t) \tag{1.8.14}$$

需要指出的是，任何平稳随机过程的协方差矩阵和相关系数矩阵都是正定的。

对于广义平稳随机序列 $X(n)$，其特征值与连续的随机过程有同样的定义。在后面的学习中，如果没有特别说明，平稳随机过程指的是广义平稳随机过程。

由于平稳随机过程的数字特征不随着时间起点的变化而变化，因此我们可以根据离散的观测值来求其数字特征。设有限的时间序列为 x_1，x_2，…，x_N，那么平稳随机过程的期望 μ_X 的估计为

$$\overline{X} = \sum_{i=1}^{N} \frac{1}{N} x_i \tag{1.8.15}$$

方差的估计为

$$\hat{\sigma}_X^2 = \frac{1}{N-1} \sum_{i=1}^{N} (x_i - \overline{X})^2 \tag{1.8.16}$$

协方差函数的估计为

$$\mathrm{Cov}(\Delta n) = \frac{1}{N} \sum_{i=1}^{N-\Delta n} (x_i - \overline{X})(x_{i+\Delta n} - \overline{X}), \quad \Delta n \leqslant N-1 \tag{1.8.17}$$

相关系数的样本估计为

$$\hat{\rho}(\Delta n) = \frac{\mathrm{Cov}(\Delta n)}{\hat{\sigma}_X^2} \tag{1.8.18}$$

例 1.5 余弦型随机相位信号

$$X(t, \Phi) = A\cos(\omega_0 t + \Phi)$$

其中 A 和 ω_0 为常数，起始相位 Φ 是一个在 $(-\pi, \pi)$ 内连续取值的均匀分布随机变量。判断 $X(t, \Phi)$ 是否为平稳随机过程。

解：根据例 1.4 得知其期望和方差不随时间变化，相关函数为

$$R_X(t_1, t_2) = \frac{1}{2} A^2 \cos\omega_0(t_1 - t_2)$$

相关函数是时间间隔 $(t_1 - t_2)$ 的函数，所以随机过程 $A\cos(\omega_0 t + \Phi)$ 是平稳随机过程。

例 1.6 设随机过程 $X(t)=tX$，其中 X 是服从均值为零，方差为 1 的标准正态分布随机变量，试判断它的平稳性。

解：

$$E\{Y(t)\} = E\{tX\} = tE\{X\} = 0$$

$$R_X(t_1,\ t_2) = E\{Y(t_1)Y(t_2)\} = t_1t_2E\{X^2\} = t_1t_2$$

由于相关函数与 t_1 和 t_2 的取值有关，所以 $X(t)$ 不是平稳的。

例 1.7 有平稳离散随机序列 $Z(n)$ 如图 1.9 所示。试分析 $Z(n)$ 的相关性。

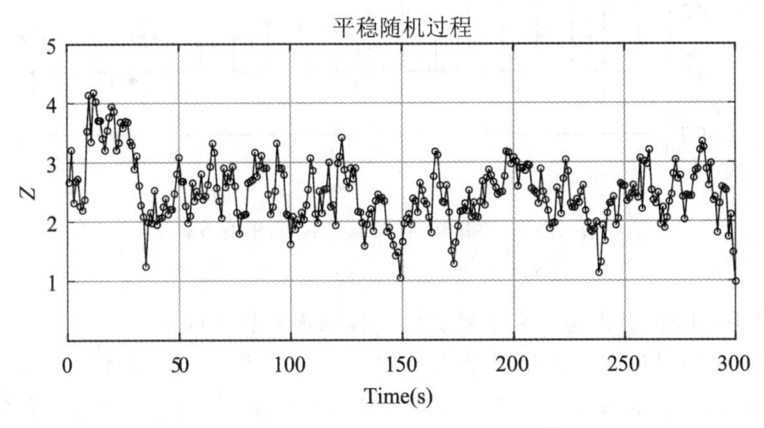

图 1.9 平稳随机序列 $Z(n)$

解： 图 1.10 给出了 $Z(n)$ 与 $Z(n-1)$、$Z(n)$ 与 $Z(n-2)$ 和 $Z(n)$ 与 $Z(n-3)$ 的散点图。从图中可以看出 $Z(n)$ 与其时间延迟为 $\Delta n = 1$ 的随机变量 $Z(n-1)$ 有明显的相关性；$Z(n)$ 与时间延迟为 $\Delta n = 2$ 和 $\Delta n = 3$ 的随机变量也有明显的相关性，但是相关性逐渐减弱。为了详细了解此随机过程的相关特性，根据式(1.8.18)计算了 $\Delta n = 1,\ \cdots,\ 24$ 的相关系数，相关系数的变化如图 1.11 所示。图 1.11 的结果表明 $Z(n)$ 随着时间的推移，相关性逐渐变弱。

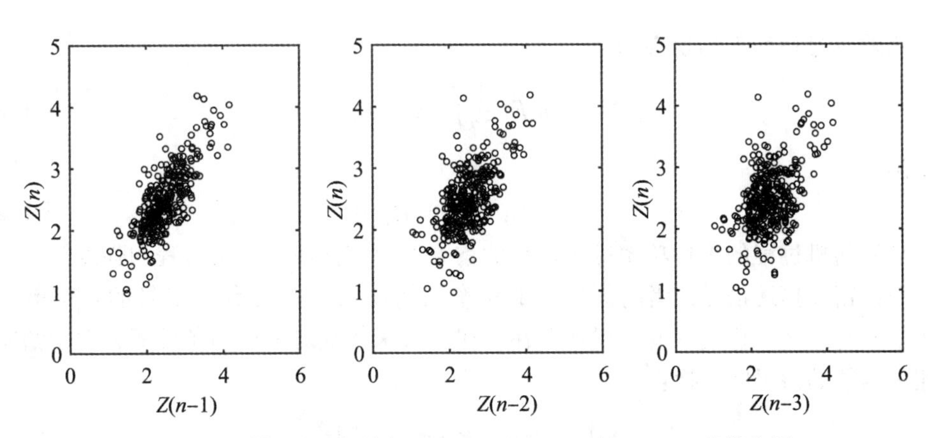

图 1.10 时间延迟分别为 $\Delta n = 1$、$\Delta n = 2$ 和 $\Delta n = 3$ 的散点图

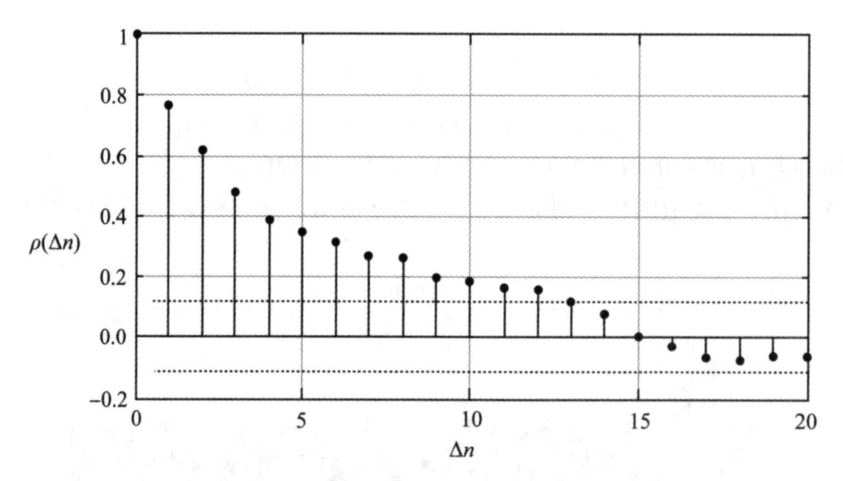

图 1.11　平稳随机序列 $Z(n)$ 的相关系数

现将严格平稳随机过程与广义平稳随机过程的关系总结如下：

(1)一个宽平稳过程不一定是严平稳过程，一个严平稳过程也不一定是宽平稳过程。如：$X(n)=\sin(nw)$，$n=0,1,2,\cdots$，其中 w 为 $(0,2\pi)$ 上均匀分布的随机变量。$X(n)$ 是宽平稳过程，但不是严平稳过程。又如：服从柯西分布的随机过程，它的二阶矩不存在，所以，虽然柯西过程是严平稳随机过程，但不是宽平稳随机过程。

(2)宽平稳随机过程只涉及与一维、二维分布有关的数字特征，所以一个严平稳过程只要二阶矩存在，则必定是宽平稳过程。但反过来，一般是不成立的。

(3)正态随机过程是一个重要特例，一个宽平稳的正态随机过程必定是严平稳的。这是因为：正态随机过程的概率密度是由均值函数和相关函数确定的，只要均值函数和自相关函数不随时间的起点而变化，则概率密度函数也不随时间的起点发生变化。

1.8.3　平均功率与功率谱密度

平稳随机过程的平均功率为

$$\Psi=\lim_{T\to\infty}E\left[\frac{1}{2T}\int_{-T}^{+T}X^2(t)\,\mathrm{d}t\right] \tag{1.8.19}$$

容易得到

$$\Psi=E[X^2(t)]=R_X(0) \tag{1.8.20}$$

所以，平稳随机过程的平均功率等于过程的均方值，它描述了随机过程的强度。

功率谱密度描述信号或者时间序列的功率如何随频率 ω 变化。信号的功率谱密度当且仅当信号是广义平稳过程的时候才存在，在相关函数绝对可积的条件下，功率谱密度就是自相关函数的傅里叶变换：

$$S_X(\omega)=\int_{-\infty}^{+\infty}R_X(\tau)\mathrm{e}^{-i\omega\tau}\mathrm{d}\tau \tag{1.8.21}$$

$S_X(\omega)$ 为功率谱密度矩阵，功率谱密度的单位通常用每赫兹的瓦特数(W/Hz)表示。功率谱密度与相关函数有逆变换

$$R_X(\tau)=\frac{1}{2\pi}\int_{-\infty}^{+\infty}S_X(\omega)\mathrm{e}^{i\omega\tau}\mathrm{d}\omega \tag{1.8.22}$$

上式也是维纳-辛钦公式，它揭示了从时间角度和从频率角度描述平稳过程的统计规律之间的联系。此外，还存在有

$$E[X^2(t)]=R_X(0)=\frac{1}{2\pi}\int_{-\infty}^{+\infty}S_X(\omega)\mathrm{d}\omega \tag{1.8.23}$$

上式从频域表明平稳过程的平均功率等于该过程的均方值。

1.9 随机过程的各态历经性

对于平稳随机过程，它的均值和方差都是常数，相关函数与时间起点无关，这些数字特征都是集合平均的概念，也就是说如果我们要得到这些数字特征的准确值，需要观测到所有样本函数，这在现实中是很难做到的。通常我们只是获得一条样本曲线，由于平稳过程的统计特性不随时间推移而变化，所以我们希望一个长时间观察到的样本曲线，可以体现出整个随机过程的数值特征。

辛钦证明：在具备一定的条件下，对平稳过程的一个样本函数取时间平均，当观测的时间足够长时，它在概率意义上趋近统计平均。设有平稳随机过程 $X(t)$，它的时间平均定义为

$$\overline{\mu_X}=\lim_{T\to\infty}\frac{1}{T}\int_{-T/2}^{T/2}X(t)\mathrm{d}t \tag{1.9.1}$$

若随机过程的平均以概率 1 趋近全集期望 $E(X(t))$，则称这样的平稳过程为均值历经过程。如果时间平均的相关函数

$$\overline{R_X(\Delta t)}=\lim_{T\to\infty}\frac{1}{T}\int_{-T/2}^{T/2}X(t+\Delta\mathrm{t})X(t)\mathrm{d}t \tag{1.9.2}$$

以概率 1 趋近全集相关函数，称这样的平稳随机过程为相关函数历经性。如果平稳随机过程 $X(t)$ 的均值和相关函数都具有历经性，则称 $X(t)$ 具有各态历经过程。

对于离散随机序列，均值历经性和相关函数历经性也有同样的定义。离散随机序列的时间平均为

$$\overline{\mu_X}=\lim_{N\to\infty}\frac{1}{N}\sum_{n=0}^{N}X(n) \tag{1.9.3}$$

时间平均的相关函数为

$$\overline{R_X(m)}=\lim_{N\to\infty}\frac{1}{N}\sum_{n=0}^{N}X(n+m)X(n) \tag{1.9.4}$$

各态历经可以理解为随机过程的任何一条样本函数都经历了随机过程的各种可能状态，即随机过程的任何一个样本的特性都充分地代表了随机过程的特性。因此，对于具有各态历经性的随机过程，对它的任意一个样本函数的时间平均和相关函数的研究都可以代替对整个过程的研究，这给随机过程的分析带来便利。图 1.12(a)所示的连续相位信号 $X(t)=A\cos(\omega_0 t+\Phi)$ 具有各态历经性，因为它的每一个样本都经历了过程中各种可能的状态，而图 1.12(b)所示的随机信号就不是各态历经过程。

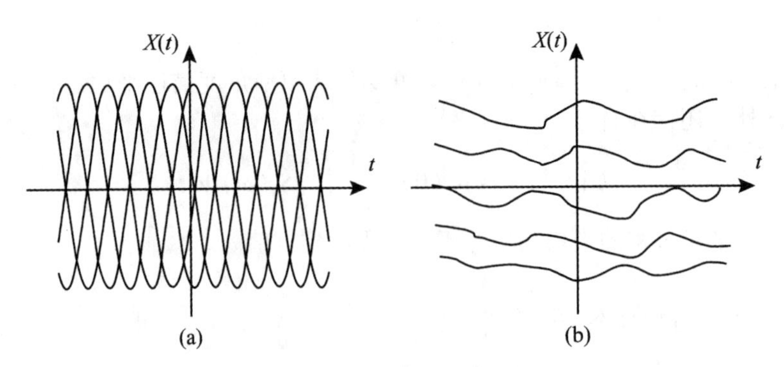

图 1.12　各态历经性和非各态历经性的随机过程

在实际应用中，要根据式(1.9.1)~式(1.9.4)来判断随机过程是否具有各态历经性是很困难的。由于现实中的大多数的平稳随机过程都是具有各态历经性的，如通信系统中遇到的随机信号和噪声，一般都能满足各态历经性，所以分析一个平稳随机信号的时候，我们都按各态历经随机过程处理，这使实际测量和计算大大简化。

随机过程、平稳随机过程和具有各态历经性的平稳随机过程的关系如图 1.13 所示。平稳随机过程是一般随机过程的特殊情况，它的时间平移不影响其统计特性，平稳随机过程的随机特性由它的一阶和二阶矩函数决定。平稳随机过程可能具有各态历经性，也可能不具有各态历经性，但有各态历经性的随机过程一定是平稳随机过程。

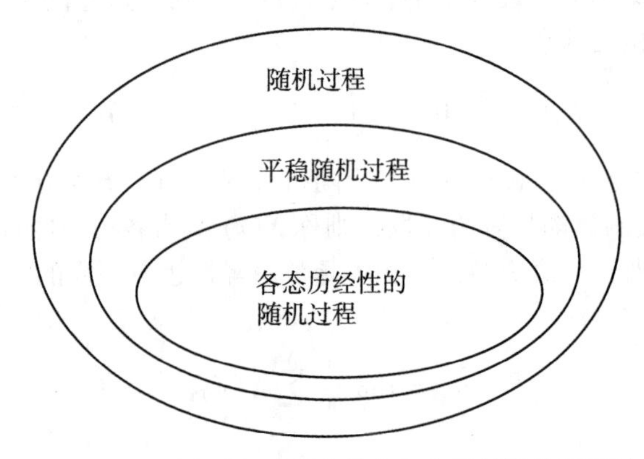

图 1.13　随机过程、平稳随机过程和具有各态历经性的随机过程的关系

1.10　典型的随机过程

本节将介绍几种常见的随机过程和它们的特性。首先介绍白噪声过程、高斯过程和高斯白噪声，在此基础上介绍几种有色噪声：随机常数、一阶高斯-马尔可夫过程、随机游走过程和随机斜坡过程。

本节介绍的有色噪声过程在现实有广泛的应用，如 GNSS 相位观测值中的整周数在解算中可用随机常数来表示；对卫星轨道的分析中，卫星运动中未模型化的加速度部分可以视为高斯-马尔可夫过程；在惯性导航系统中，陀螺和加速度计的零偏和比例因子可视为高斯-马尔可夫过程；GNSS 接收机钟的钟差和钟漂可以用随机游走过程来表示。

1.10.1 白噪声过程

若随机过程 $e(t)$ 的相关函数满足

$$R_e(t,\ \tau) = E[e(t)e(\tau)] = \sigma^2 \times \delta(t - \tau) \tag{1.10.1}$$

则称 $e(t)$ 为白噪声过程。在上式中，σ^2 为 $e(t)$ 的均方值；$\delta(t-\tau)$ 为狄拉克函数，狄拉克 δ 函数的定义见 1.7.1 节。它表明只要 $t \neq \tau$

$$R_e(t,\ \tau) = 0, \quad (t \neq \tau) \tag{1.10.2}$$

上式表明白噪声的自相关函数 $(t \neq \tau)$ 总为零，白噪声在任意两个不同时间点处都不相关。从图 1.14 所示的白噪声来看，白噪声随时间的起伏变化极快。

式(1.10.1)也可以表达为

$$R_e(t,\ \tau) = R_e(\Delta t) = \sigma^2 \times \delta(\Delta t) \tag{1.10.3}$$

其中 $\Delta t = \tau - t$ 。根据博里叶变换对，$e(t)$ 的功率谱为

$$S_e(\omega) = \int_{-\infty}^{+\infty} R_e(\Delta t)\mathrm{e}^{-i\omega\Delta t}\mathrm{d}\Delta t = \sigma^2 \tag{1.10.4}$$

这说明白噪声的功率谱密度函数 $S_e(\omega)$ 在整个频域上是均匀的。这与白色光的频谱是类似的：白光的频谱包含了所有的可见光，在各个频段的光谱有相同的强度，功率谱密度在整个频域内均匀分布，因此把具有这样特性的信号称为“白色的”。

白噪声是一种理想化的数学模型，是为了数学上处理方便而提出的。在现实中，如果噪声的功率谱密度在所关心的频带内是均匀的或变化较小，就可以把它近似地看作白噪声来处理，这样可以使问题处理得到简化。在电子设备中，器件的热噪声与散弹噪声起伏都非常快，具有极宽的功率谱，可以认为是白噪声。在测量中为了处理方便，通常假设观测值的随机误差也是白噪声。凡是不满足白噪声条件的噪声都是有色噪声，也就是说有色噪声过程的随机变量在时间上是相关的。

此外，白噪声的期望一定为零

$$E(e(t)) = 0 \tag{1.10.5}$$

容易得到白噪声的协方差函数与相关函数相等，都为零

$$\mathrm{Cov}_e(t,\ \tau) = R_e(t,\ \tau) = 0 \quad (t \neq \tau) \tag{1.10.6}$$

这也说明白噪声是稳定的随机过程。

白噪声是从功率谱的角度定义的，并未涉及概率分布，因此可以有各种不同分布的白噪声，如果白噪声过程服从高斯分布，则为高斯白噪声。类似的还有泊松白噪声、柯西白噪声等。根据中心极限定理，现实世界中的许多过程都可以近似地视为高斯白噪声。

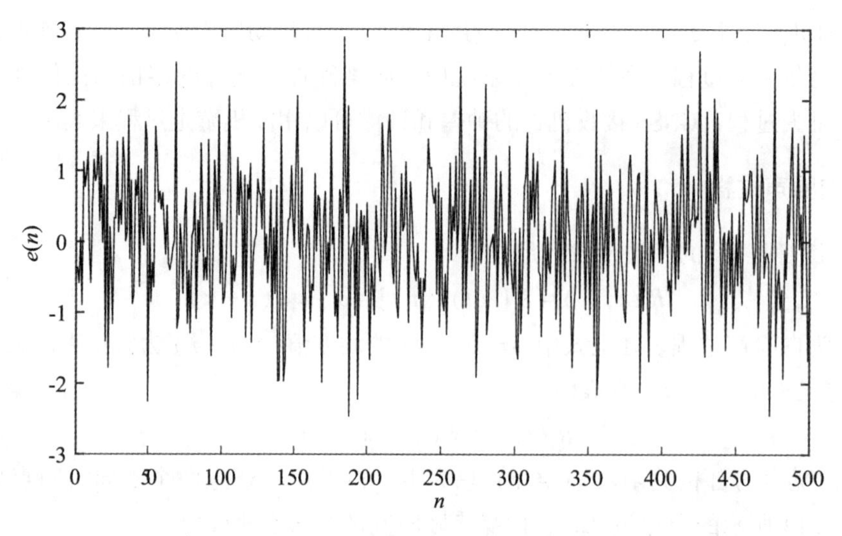

图 1.14　白噪声过程的样本序列

1.10.2　高斯过程

如果一个随机过程 $x(t)$ 的任意 N 维分布都服从正态分布，则称该随机过程为高斯过程(正态随机过程)。高斯过程对于任意时刻的 $x(t)$ 都是一个正态随机变量，它的概率密度函数为

$$p_X(x,\ t)=\frac{1}{\sqrt{2\pi}\,\sigma(t)}\exp\left[-\frac{(x-\mu(t))^2}{2\sigma^2(t)}\right] \tag{1.10.7}$$

式中，$\mu(t)$ 和 $\sigma^2(t)$ 分别为 $x(t)$ 的均值和方差。

$x(t)$ 的 $N(N\geqslant 2)$ 维概率密度函数为

$$p_X(\boldsymbol{x}(t))=\frac{1}{(2\pi)^{\frac{N}{2}}\ |\boldsymbol{D}(t)|^{\frac{1}{2}}}\exp\left[-\frac{1}{2}(\boldsymbol{x}(t)-\boldsymbol{\mu}(t))^{\mathrm{T}}\boldsymbol{D}(t)^{-1}(\boldsymbol{x}(t)-\boldsymbol{\mu}(t))\right] \tag{1.10.8}$$

式中

$$\boldsymbol{x}(t)=\begin{bmatrix} x(t_1)\\ x(t_2)\\ \vdots\\ x(t_N)\end{bmatrix},\quad \boldsymbol{\mu}(t)=\begin{bmatrix} \mu(t_1)\\ \mu(t_2)\\ \vdots\\ \mu(t_N)\end{bmatrix} \tag{1.10.9}$$

$$\boldsymbol{D}(t)=\begin{bmatrix} \mathrm{Cov}_X[x(t_1),\ x(t_1)] & \cdots & \mathrm{Cov}_X[x(t_1),\ x(t_N)]\\ \vdots & & \vdots\\ \mathrm{Cov}_X[x(t_N),\ X(t_1)] & \cdots & \mathrm{Cov}_X[x(t_N),\ x(t_N)]\end{bmatrix} \tag{1.10.10}$$

如果 $x(t)$ 不仅服从高斯分布，而且是广义平稳随机过程，那么 $x(t)$ 的均值和方差就为常数，协方差和相关函数与时间的起点无关，有：

$$\mu_X(t)=\mu_X \tag{1.10.11}$$

$$\sigma_X^2(t)=\sigma_X^2 \tag{1.10.12}$$

$$\mathrm{Cov}_X(t_i,\ t_j)=\mathrm{Cov}_X(t_j-t_i) \tag{1.10.13}$$

这时，$X(t)$ 的协方差矩阵为：

$$\boldsymbol{D}(t)=\begin{bmatrix}\sigma^2 & \cdots & \mathrm{Cov}_X(t_1-t_N)\\ \vdots & & \vdots\\ \mathrm{Cov}_X(t_N-t_1) & \cdots & \sigma^2\end{bmatrix} \tag{1.10.14}$$

由于正态随机过程的 N 维概率密度完全由期望和方差确定，所以 $x(t)$ 的任意维的概率密度函数都不随时间起点的不同而变化，故 $x(t)$ 也是严格平稳的。因此，对于正态随机过程而言，广义平稳和严格平稳是等价的。

例 1.8 设平稳正态随机过程 $x(t)$ 的均值为 0，方差为 1；自相关函数为 $R_X(\Delta t)=\dfrac{\sin(\pi\Delta t)}{\pi\Delta t}$。求 $t_1=0$、$t_2=\dfrac{1}{2}$、$t_3=1$ 时的三维概率密度。

解：由于其均值为零，所以 $R_X(t_i,\ t_j)=\mathrm{Cov}_X(t_i,\ t_j)$，因此 $x(t)$ 的协方差矩阵为

$$\begin{aligned}\boldsymbol{D}&=\begin{bmatrix}\sigma^2 & \mathrm{Cov}(t_1-t_2) & \mathrm{Cov}(t_1-t_3)\\ \mathrm{Cov}(t_2-t_1) & \sigma^2 & \mathrm{Cov}(t_2-t_3)\\ \mathrm{Cov}(t_3-t_1) & \mathrm{Cov}(t_3-t_2) & \sigma^2\end{bmatrix}\\ &=\begin{bmatrix}1 & \sin(\pi/2)/(\pi/2) & \sin\pi/\pi\\ \sin(\pi/2)/(\pi/2) & 1 & \sin(\pi/2)/(\pi/2)\\ \sin\pi/\pi & \sin(\pi/2)/(\pi/2) & 1\end{bmatrix}\end{aligned} \tag{1.10.15}$$

$$\boldsymbol{D}=\begin{bmatrix}1 & 2/\pi & 0\\ 2/\pi & 1 & 2/\pi\\ 0 & 2/\pi & 1\end{bmatrix}$$

$$|\boldsymbol{D}|=\begin{vmatrix}1 & 2/\pi & 0\\ 2/\pi & 1 & 2/\pi\\ 0 & 2/\pi & 1\end{vmatrix}=1-\frac{8}{\pi^2},\quad \boldsymbol{D}^{-1}=\frac{1}{\pi^2-8}\begin{bmatrix}\pi^2-4 & -2\pi & 4\\ -2\pi & \pi^2 & -2\pi\\ 4 & -2\pi & \pi^2-4\end{bmatrix}$$

令当 $t_1=0$、$t_2=\dfrac{1}{2}$ 和 $t_3=1$ 时刻的随机变量为 $\boldsymbol{x}=[x_1,\ x_2,\ x_3]^{\mathrm{T}}$，则 $\boldsymbol{x}$ 的概率密度为

$$\begin{aligned}p_X(\boldsymbol{x})&=\frac{1}{(2\pi)^{\frac{3}{2}}\ |\boldsymbol{D}|^{\frac{1}{2}}}\exp\left[-\frac{1}{2}x^{\mathrm{T}}\boldsymbol{D}^{-1}\boldsymbol{x}\right]\\ &=\frac{1}{2\sqrt{2\pi(\pi^2-8)}}\exp\left\{-\frac{1}{2(\pi^2-8)}[(\pi^2-4)(x_1^2+x_3^2)+\right.\\ &\qquad\left.\pi^2x_2^2-4\pi(x_1x_2+x_2x_3)+8x_1x_3]\right\}\end{aligned}$$

1.10.3 高斯白噪声

假定 $x(t)$ 是方差为 σ^2 的白噪声，且服从高斯分布，这样的噪声即为高斯白噪声。根据白噪声的特性，对于两个不同时刻 t_i 和 t_k，$x(t_i)$ 与 $x(t_k)$ 是不相关的，对于高斯随机变量而言，不相关即等于独立，而且式(1.10.14)中非对角线中的元素都为零，所以，$x(t)$ 的 N 维概率密度为

$$p_X(x_1, x_2, \cdots, x_N, t_1, t_2, \cdots, t_N) = \prod_{i=1}^{N} p_X(x_i, t_i) = \prod_{i=1}^{N} \frac{1}{(2\pi\sigma^2)^{\frac{1}{2}}} \exp\left[-\frac{x_i^2}{2\sigma^2}\right] \tag{1.10.16}$$

高斯白噪声是高斯过程的一种特例，当高斯过程的频谱不是一个常数的时候，即为高斯有色噪声。

1.10.4 随机常数

随机常数是指随机变量不随时间变化，设 $x(t)$ 为随机常数过程，其微分方程为

$$\dot{x}(t) = 0 \tag{1.10.17}$$

若已知 $x(t_0)$，式(1.10.17)的解为

$$x(t) = x(t_0) \tag{1.10.18}$$

如果 $E[x^2(t_0)] = \sigma^2$，容易得到

$$E[x^2(t)] = \sigma^2$$

$x(t)$ 的自相关函数为

$$R_x(t, \tau) = \sigma^2 \tag{1.10.19}$$

上式表明随机常数为有色噪声。

利用式(1.8.21)积博立叶变换对还可以得到随机常数的功率谱为

$$S_x(\omega) = 2\pi\sigma^2\delta(\omega)$$

1.10.5 随机游走过程

随机游走过程 $x(t)$ 为

$$\dot{x}(t) = e(t) \tag{1.10.20}$$

其中 $e(t)$ 为白噪声，并且

$$E[e(t)e(\tau)] = q^2 \cdot \delta(t - \tau) \tag{1.10.21}$$

$x(t)$ 的均值为

$$E[x(t)] = E\left[\int_{t_0}^{t} e(\tau)\mathrm{d}\tau\right] = \int_{t_0}^{t} E[e(\tau)]\,\mathrm{d}\tau = 0 \tag{1.10.22}$$

$x(t)$ 的均方值为

$$E[x^2(t)] = E\left[\int_{t_0}^{t} e(\tau)\mathrm{d}\tau \int_{t_0}^{t} e(s)\mathrm{d}s\right] = \int_{t_0}^{t}\int_{t_0}^{t} E[e(\tau)e(s)]\,\mathrm{d}\tau\mathrm{d}s \tag{1.10.23}$$

式(1.10.23)中的 $E[e(\tau)e(s)]$ 表示白噪声的相关函数，即 $q^2\delta(\tau - s)$，那么上式为

$$E[x^2(t)] = \int_{t_0}^{t} \int_{t_0}^{t} q^2 \delta(\tau - s) \mathrm{d}\tau \mathrm{d}s = \int_{t_0}^{t} q^2 \mathrm{d}s = q^2 (t - t_0) \tag{1.10.24}$$

$x(t)$ 的相关函数为

$$\begin{aligned} R_x(t_1, t_2) &= E[x(t_1)x(t_2)] \\ &= \int_{t_0}^{t_2} \int_{t_0}^{t_1} E[e(\tau)e(s)] \mathrm{d}\tau \mathrm{d}s \\ &= \int_{t_0}^{t_2} \int_{t_0}^{t_1} q^2 \delta(\tau - s) \mathrm{d}\tau \mathrm{d}s \end{aligned} \tag{1.10.25}$$

对上式进行双重积分得到

$$R_x(t_1, t_2) = \begin{cases} q^2 \times (t_1 - t_0), & t_1 \leqslant t_2 \\ q^2 \times (t_2 - t_0), & t_2 < t_1 \end{cases} \tag{1.10.26}$$

上式表明随机游走过程不仅是有色噪声，而且是非平稳过程，它与时间 t_1 和 t_2 有关。

1.10.6 高斯-马尔可夫过程

如果 $X(t)$ 对于时间

$$t_1 < t_2 < \cdots < t_k \tag{1.10.27}$$

总是有

$$P[x(t_k) \mid x(t_{k-1}), \cdots, x(t_1)] = P[x(t_k) \mid x(t_{k-1})] \tag{1.10.28}$$

它表明 $X(t_k)$ 的条件分布只与上一个时间的 $X(t_{k-1})$ 有关，这也称为马尔可夫性或无后效性。如果有

$$\dot{x}(t) + \beta x(t) = e(t) \tag{1.10.29}$$

其中 $e(t)$ 为高斯白噪声过程；β 为 τ（相关时间或时间常数）的倒数

$$\beta = \frac{1}{\tau} \tag{1.10.30}$$

则 $x(t)$ 为一阶高斯-马尔可夫过程。高斯-马尔可夫过程既具有马尔可夫性，又服从高斯分布。由于一阶高斯-马尔可夫过程适用性强，且数学模型简单，所以许多物理过程都用一阶高斯-马尔可夫过程来描述。

下面不加推导地给出一阶高斯-马尔可夫过程的功率谱函密度、均方值和自相关函数。

一阶高斯-马尔可夫过程的功率谱的密度为

$$S_x(\omega) = \frac{q^2}{\omega^2 + \beta^2} \tag{1.10.31}$$

均方值为

$$E[x^2(t)] = \frac{q^2}{2\beta} \tag{1.10.32}$$

自相关函数为

$$R_x(t_1, t_2) = \frac{q^2}{2\beta} \mathrm{e}^{-\beta(t_1 - t_2)} \tag{1.10.33}$$

上式表明一阶高斯-马尔可夫过程的相关性随着时间以指数函数递减。

若已知初始 $x(t_0)$，通过“常数变异法”可以求得微分方程(1.10.29)的解为

$$x(t)=x(t_0)e^{-\beta(t-t_0)}+\int_{t_0}^{t}e^{-\beta(t-s)}e(s)ds \tag{1.10.34}$$

若设

$$w(t_0)=\int_{t_0}^{t}e^{-\beta(t-s)}e(s)ds \tag{1.10.35}$$

那么式(1.10.34)为

$$x(t)=e^{-\beta(t-t_0)}x(t_0)+w(t_0) \tag{1.10.36}$$

$w(t_0)$ 为白噪声序列，并且与 $x(t_0)$ 无关。

例 1.9　随机序列 $x(k)$ 为一阶高斯-马尔可夫过程，其自相关函数为

$$R_x(i,\ j)=\sigma^2e^{-\frac{i-j}{\tau}} \tag{1.10.37}$$

其中 $e^{-\frac{i-j}{\tau}}$ 为指数函数，τ 为相关时间。上式表明 $x(k)$ 是有色噪声，其相关性按指数衰减。$x(k)$ 可以由高斯白噪声 $w(k)$ 驱动得到

$$x(k)=\Phi x(k-1)+\Gamma w(k-1) \tag{1.10.38}$$

其中 $w(k)$ 为均方值为 1 的白噪声序列。求此成型滤波器中的 Φ 和 Γ。

解： 将方程(1.10.38)的两边同时乘以 $x(k-1)$ 并求期望

$$E[x(k)x(k-1)]=\Phi E[x(k-1)x(k-1)]+\Gamma E[w(k-1)x(k-1)] \tag{1.10.39}$$

由于 $x(k-1)$ 与 $w(k-1)$ 无关，并考虑式(1.10.37)，上式为

$$\sigma^2e^{-\frac{1}{\tau}}=\Phi\sigma^2 \tag{1.10.40}$$

所以

$$\Phi=e^{-\frac{1}{\tau}} \tag{1.10.41}$$

将方程(1.10.38)的两边同时平方并求期望，考虑 $x(k-1)$ 与 $w(k-1)$ 无关，有

$$E[x^2(k)]=\Phi^2E[x^2(k-1)]+\Gamma^2E[w^2(k-1)] \tag{1.10.42}$$

将已知条件代入，得到

$$\sigma^2=\Phi^2\sigma^2+\Gamma^2 \tag{1.10.43}$$

所以

$$\Gamma=\sigma\sqrt{(1-e^{-2\frac{1}{\tau}})} \tag{1.10.44}$$

最后式(1.10.38)的线性模型为

$$x(k)=e^{-\frac{1}{\tau}}x(k-1)+\sigma\sqrt{(1-e^{-2\frac{1}{\tau}})}\,w(k-1) \tag{1.10.45}$$

上式中的 $w(k-1)$ 是均方值为 1 的高斯白噪声，也可以将 $\sigma\sqrt{(1-e^{-2\frac{1}{\tau}})}\,w(k-1)$ 记为 $w'(k-1)$，式(1.10.45)为

$$x(k)=e^{-\frac{1}{\tau}}x(k-1)+w'(k-1) \tag{1.10.46}$$

$w'(k-1)$ 仍然为白噪声，其协方差为

$$\mathrm{Cov}[w'(i),\ w'(j)]=\sigma_w^2{}'(k)\delta(i-j) \tag{1.10.47}$$

其中

$$\sigma_w^{2}{}'(k) = \sigma^2(1 - e^{-\frac{2}{\tau}}) \tag{1.10.48}$$

从此例题可以看出，只要已知得到有色噪声的相关函数，就可以得到如式(1.10.46)的递推表达式。

1.10.7 随机斜坡过程

随机斜坡过程经常用来表示随机误差随着时间线性递增，表示为

$$\begin{cases} \dot{x}_1(t) = x_2(t) \\ \dot{x}_2(t) = 0 \end{cases} \tag{1.10.49}$$

其中 $x_1(t)$ 表示这个随机斜坡过程；$x_2(t)$ 表示这个斜坡过程的斜率，并且斜率不随时间变化，即 $x_2(t)$ 为一随机常数，如在 1.10.4 节中介绍的，随机常数的均方值为初始均方值 $E[x_2^2(t_0)]$。

这里直接给出随机斜坡过程 $x_1(t)$ 的均方值为

$$E[x_1^2(t)] = E[x_2^2(t_0)]\,t^2 \tag{1.10.50}$$

$x_1(t)$ 的自相关函数为

$$R_{x_1}(t,\ \tau) = E[x_2^2(t_0)]\,t\tau \tag{1.10.51}$$

若已知初始值 $x_1(t_0)$ 和 $x_2(t_0)$，微分方程(1.10.49)的解为

$$\begin{cases} x_1(t) = x_1(t_0) + x_2(t_0)(t - t_0) \\ x_2(t) = x_2(t_0) \end{cases} \tag{1.10.52}$$

第2章　参数估计方法

在数据处理问题中，采集到的信息总受到观测噪声的干扰。从带有观测噪声的数据中得到所需要的各种参量的估计值，这就是估计问题。为了衡量估计的质量，必须有一个估计准则。估计准则是被估计参数的损失函数或目标函数，任何一种最优估计都是满足损失函数最小或目标函数最大的估计，估计准则不同，得到的估计也不同。常用的估计准则有：最小二乘、最小方差、极大似然、极大验后和贝叶斯风险最小。

最小二乘是以拟合误差为自变量来定义的损失函数，最小二乘估计是对损失函数极小化推导而得到的，它适用于对参数的统计规律未知的情况；最小方差估计以参数估计误差的二阶矩为损失函数，它需要已知观测值和参数有关的一阶和二阶矩；极大似然估计和极大验后估计以参数的概率密度为目标函数，并对目标函数极大为条件导出，因此它需要更多的先验统计信息。

通常在估计前，要确立观测值与参数的数学关系，以建立数学模型。如果实施的是线性估计，还需要对其中的函数模型进行线性化。为此，本章首先介绍如何建立参数估计的数学模型和模型的线性化过程，然后推导最小二乘估计、最小方差估计、极大似然估计和极大验后估计，最后介绍贝叶斯估计，并分析贝叶斯估计与其他估计方法之间的联系和各自的特性。

与第3章介绍的“状态”估计方法不同，本章介绍的估计方法不考虑被估计对象的变化或运动规律，因此在数学模型中没有描述被估计对象变化规律的状态方程，对当前时刻来说，被估计量是“静态”的，所以也被称为“参数估计”。

2.1　参数估计问题的数学模型

数学模型就是用数学的语言，如用变量、方程和不等式等来描述研究对象的特征及其各个变量内在联系，建立数学模型是实现估计的第一步。通常情况下，数学模型中的函数模型是非线性的，非线性函数模型的估计需要采用复杂的优化算法来求解，这给解决现实问题带来困难。在应用中，通常将非线性函数转化为线性函数，转化后的线性函数虽然是原来非线性函数模型的近似，给估计带来一定程度上的损失，但极大地简化了计算，使估计更容易实现。

2.1.1　数学模型的建立

在现实中，我们感兴趣的对象大多是不可以直接量测的，如GNSS卫星导航量测的是卫星到用户的距离，而不是用户的位置，因此，首先要建立观测值与用户位置的关系。我们用观测方程来描述观测值与被估计参数之间的关系，这个关系也称为函数模型。由于观测值是受到随机误差(噪声)干扰的随机变量，所以数学模型既要考虑观测值与待估参数的确定性关系，也要考虑观测值和待估参数的不确定性。在理想的情况下，用概率分布来描述随机误差；在分布未知的情况下，用随机变量的特征值，如方差来度量模型的不确定性，这些对观测噪声随机特性的描述称为随机模型。

在建立数学模型时，我们力求能够真实、系统和完整地反映现实问题，但在建模过程中，模型不易过于复杂而难以计算。所以在确保模型一定准确性的条件下，可以忽略那些非本质的、对客观真实程度影响不大的部分，从而使数学模型更加简明实用。

1. 观测方程和随机模型

首先通过直线估计问题来说明如何建立观测方程和随机模型。

例 2.1 如图 2.1 所示，某一质点沿着直线做匀速运动，其轨迹为图中的实体直线。质点的纵坐标与质点运动的速度 β 和在初始时刻($t_0=0$) 的位置 α 可以描述为

$$\tilde{Z}=\alpha+t\beta \tag{2.1.1}$$

为了估计 β 和 α，现在不同时刻 t_1，t_2，…，t_6 不等精度地观测了质点的纵坐标，观测值为 Z_1，Z_2，…，Z_6(图中的圆点)，且各观测值间随机独立。各观测值和观测中误差见表 2.1，试建立观测值与待估计参数 β 和 α 的数学关系。

表 2.1 **观测值和观测值中误差**

观测时刻 t_i (s)	观测值 Z_i (m)	观测值中误差(m)
1	4.2	0.5
2	4.5	0.4
3	5.0	0.4
4	6.8	0.5
5	9.2	0.5
6	9.3	0.5

若设参数为 $\boldsymbol{X}=[\alpha \quad \beta]^{\mathrm{T}}$，在时刻 t_1，t_2，…，t_ℓ 质点的实际坐标为 $\tilde{\boldsymbol{Z}}=[\tilde{Z}_1, \tilde{Z}_2, \cdots, \tilde{Z}_\ell]^{\mathrm{T}}$，其中 ℓ 是观测值的个数，这里 $\ell=6$。$\tilde{Z}_i(i=1, 2, \cdots, \ell)$ 与参数的关系表达为：

$$\begin{cases}\tilde{Z}_1=\alpha+t_1\beta \\ \cdots\cdots\cdots\cdots\cdots \\ \tilde{Z}_i=\alpha+t_i\beta \\ \cdots\cdots\cdots\cdots\cdots \\ \tilde{Z}_\ell=\alpha+t_l\beta\end{cases} \tag{2.1.2}$$

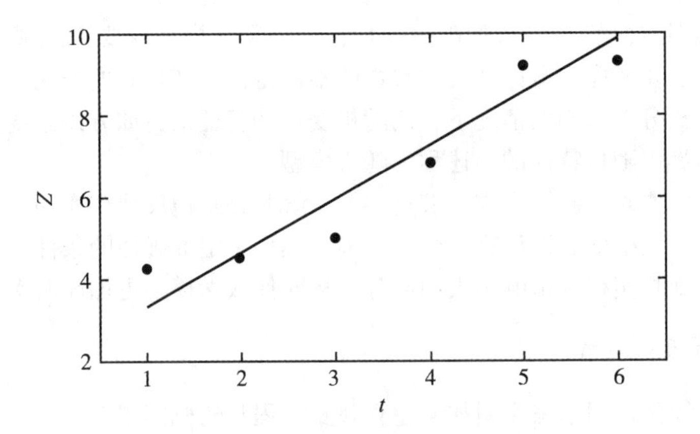

图 2.1　匀速运动的质点轨迹和观测值

令

$$H=\begin{bmatrix}1 & t_1\\ 1 & t_2\\ \vdots & \vdots\\ 1 & t_\ell\end{bmatrix} \tag{2.1.3}$$

那么

$$\tilde{Z}=HX \tag{2.1.4}$$

矩阵 $\boldsymbol{H}$ 反映了 $\tilde{Z}$ 与参数之间的关系，也称为“设计矩阵”。参数 $\boldsymbol{X}$ 与 $\tilde{Z}$ 有如上式的确定的函数关系，在这样确定的函数关系下，只需要知道在两个不同时刻 t_1 和 t_2 的观测 Z_1 和 Z_2 后，就可以解出参数 α 和 β。所以，对于此问题的必要观测值数为 $n=2$。但在对 $\tilde{Z}_i$ 进行观测时，不可避免地受到观测误差 Δ_i 的干扰，所以观测值 Z_i 为

$$Z_i=\tilde{Z}_i+\Delta_i \tag{2.1.5}$$

那么，观测值 Z_i 与参数的关系为

$$Z_i=\alpha+t_i\beta+\Delta_i \quad (i=1,\ 2,\ \cdots,\ \ell) \tag{2.1.6}$$

上式中，观测值 Z_i 是待估计参数的函数，这样的方程称为观测方程。设

$$\boldsymbol{Z}=\begin{bmatrix}Z_1\\ Z_2\\ \vdots\\ Z_\ell\end{bmatrix}\quad \boldsymbol{\Delta}=\begin{bmatrix}\Delta_1\\ \Delta_2\\ \vdots\\ \Delta_\ell\end{bmatrix} \tag{2.1.7}$$

观测方程可以表示为：

$$\underset{\ell\times 1}{\boldsymbol{Z}}=\underset{\ell\times n}{\boldsymbol{H}}\ \underset{\ell\times 1}{\boldsymbol{X}}+\underset{\ell\times 1}{\boldsymbol{\Delta}} \tag{2.1.8}$$

如果将 $\boldsymbol{X}$ 视为有用信号，Δ 就是对信号的干扰部分，估计问题就是如何将 $\boldsymbol{Z}$ 中的有用

信号部分提取出来，从而求得待估参数 $\boldsymbol{X}$。

在列立观测方程时，通常要求 $\boldsymbol{H}$ 为列满秩矩阵，即

$$\operatorname{rank}(\boldsymbol{H}) = n \tag{2.1.9}$$

观测误差 $\boldsymbol{\Delta}$ 的随机特性可由统计特征值给出。通常假设随机误差 $\boldsymbol{\Delta}$ 的期望为零，即

$$E(\boldsymbol{\Delta}) = \underset{\ell\times 1}{\mathbf{0}} = \begin{bmatrix} 0 \\ 0 \\ \vdots \\ 0 \end{bmatrix} \tag{2.1.10}$$

方差为

$$\operatorname{Var}(\boldsymbol{\Delta}) = \underset{\ell\times\ell}{\boldsymbol{D}} = \begin{bmatrix} \sigma_{z_1}^2 & \sigma_{z_1z_2} & \cdots & \sigma_{z_1z_\ell} \\ & \sigma_{z_2}^2 & \cdots & \sigma_{z_2z_\ell} \\ & & & \vdots \\ \text{symmetric} & & & \sigma_{z_\ell}^2 \end{bmatrix} \tag{2.1.11}$$

在式(2.1.8)中，如果不考虑 $\boldsymbol{X}$ 的随机特性或者先验随机特性未知，即认为 $\boldsymbol{X}$ 为非随机量，那么 $\boldsymbol{HX}$ 为确定的非随机部分，观测值 $\boldsymbol{Z}$ 的随机特性就由观测误差决定，所以

$$\begin{cases} E(\boldsymbol{Z}) = \boldsymbol{HX} \\ \operatorname{Var}(\boldsymbol{Z}) = \boldsymbol{D} \end{cases} \tag{2.1.12}$$

观测方程(2.1.8)是根据物理现实或者几何条件建立起的观测值与待估参数之间的函数关系，称为函数模型；式(2.1.12)给出了观测值的期望、观测值的精度和误差之间的相关性，它描述的是观测值的随机特性，称为随机模型。式(2.1.8)和式(2.1.12)一起给出了观测值与参数的关系，称为估计问题的数学模型，这样的数学模型也称为高斯-马尔可夫模型。

观察式(2.1.8)，未知量有参数 $\boldsymbol{X}$ 和观测误差 $\boldsymbol{\Delta}$，共有$(\ell+n)$个。若将式(2.1.8)表示为线性方程组

$$\begin{bmatrix} \underset{\ell\times n}{\boldsymbol{H}} & \underset{\ell\times\ell}{\boldsymbol{I}} \end{bmatrix} \begin{bmatrix} \underset{n\times 1}{\boldsymbol{X}} \\ \underset{\ell\times 1}{\boldsymbol{\Delta}} \end{bmatrix} = \underset{\ell\times 1}{\boldsymbol{Z}} \tag{2.1.13}$$

系数矩阵为行满秩矩阵：$\operatorname{rank}\begin{bmatrix} \underset{\ell\times n}{\boldsymbol{H}} & \underset{\ell\times\ell}{\boldsymbol{I}} \end{bmatrix} = \ell$。由于系数矩阵增广矩阵的秩也为 ℓ，方程组有解。又由于 ℓ 小于未知量的个数，所以式(2.1.13)有无穷多组解。如何在这无穷多组解中选取“最优”的解就是最优估计所要解决的问题。

根据表2.1中的观测值，可以依次给出例2.1的观测方程和随机模型。

观测方程为

$$\begin{cases} 4.16 = \alpha + 1\beta + \Delta_1 \\ 4.52 = \alpha + 2\beta + \Delta_2 \\ \cdots\cdots\cdots\cdots \\ 9.26 = \alpha + 6\beta + \Delta_6 \end{cases} \tag{2.1.14}$$

随机模型为：

$$E\begin{bmatrix}\Delta_1\\ \Delta_2\\ \vdots\\ \Delta_\ell\end{bmatrix}=\begin{bmatrix}0\\0\\ \vdots\\0\end{bmatrix}\qquad \boldsymbol{D}=\begin{bmatrix}0.5^2 &&&&&\\ &0.4^2&&&&\\ &&0.4^2&&&\\ &&&0.5^2&&\\ &&&&0.5^2&\\ &&&&&0.5^2\end{bmatrix}\mathrm{m}^2 \tag{2.1.15}$$

由于观测值相互随机独立，所以方差 $\boldsymbol{D}$ 矩阵即为对角矩阵。

例 2.2　我国自主建设的全球导航卫星系统(GNSS)北斗(BDS)三号已于 2020 年 7 月 31 日正式为全球用户提供定位、导航和授时(PNT)服务，并于 2023 年 11 月正式加入国际民航组织(ICAO)标准，成为全球民航通用的卫星导航系统，这极大地推动了 BDS 在民航领域的市场化、产业化和国际化，从而掌握我国发展和安全的主动权。

在北斗定位中，设信号发送时刻可见卫星的坐标为(CGGS2000) $(X^{s_i},\ Y^{s_i},\ Z^{s_i})$ $(i=1,\ 2,\ \cdots,\ \ell)$。为了得到 BDS 接收机在接收信号时的位置 $(X_r\quad Y_r\quad Z_r)$，观测了接收机与每颗卫星的距离 $\boldsymbol{Z}=[\rho_1\quad \rho_2\quad \cdots\quad \rho_\ell]^{\mathrm{T}}$(假设观测量已经根据经验模型进行了卫星钟差和传播路径中的系统误差改正)。试建立观测值与待估计参数 $(X_r\quad Y_r\quad Z_r)$ 的数学关系。

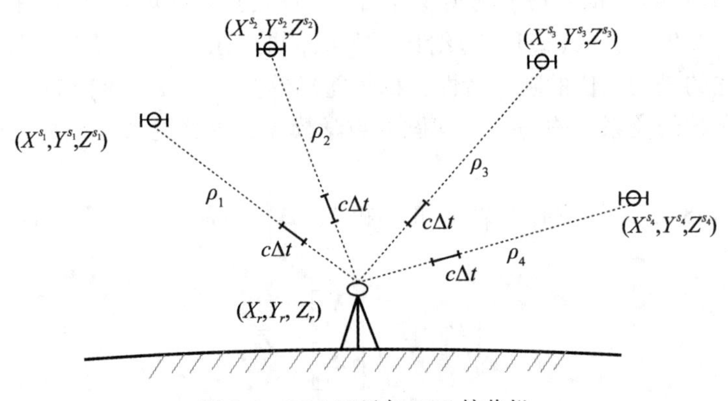

图 2.2　BDS 卫星与 BDS 接收机

由几何知识可知，距离交汇可以得到 BDS 接收机的位置。现在取其中的观测值 ρ_i 来建立与 $(X_r\quad Y_r\quad Z_r)$ 的函数关系：

$$\rho_i=\sqrt{(X^{s_i}-X_r)^2+(Y^{s_i}-Y_r)^2+(Z^{s_i}-Z_r)^2}+\Delta_i\,,\qquad i=1,\ 2,\ \cdots,\ \ell \tag{2.1.16}$$

式中，Δ_i 为观测值 ρ_i 的随机误差。在 BDS 观测中，要求接收机钟与卫星钟同步，但实际上接收机钟的稳定性较差，无法做到与导航系统时间同步，所以在建模时需要对这部分系统误差进行补偿。由于接收机钟差造成的测距误差对所有卫星观测值是一样的，所以这里

用参数 τ 来吸收接收机钟差造成的测距误差：$\tau = c \cdot \Delta t$，c 为信号在真空中传播的速度，Δt 为接收机钟与导航系统时间不同步的误差，单位为秒。因此，观测方程为

$$\rho_i = \sqrt{(X^{s_i} - X_r)^2 + (Y^{s_i} - Y_r)^2 + (Z^{s_i} - Z_r)^2} + \tau + \Delta_i, \quad i = 1, 2, \cdots, \ell \tag{2.1.17}$$

这时需要估计的参数为 $\boldsymbol{X} = [X_r \quad Y_r \quad Z_r \quad \tau]^{\mathrm{T}}$，若令

$$f_i(\boldsymbol{X}) = \sqrt{(X^{s_i} - X_r)^2 + (Y^{s_i} - Y_r)^2 + (Z^{s_i} - Z_r)^2} + \tau \tag{2.1.18}$$

式(2.1.17)为：

$$\rho_i = f_i(\boldsymbol{X}) + \Delta_i \tag{2.1.19}$$

令

$$\boldsymbol{Z} = \begin{bmatrix} \rho_1 \\ \rho_2 \\ \vdots \\ \rho_\ell \end{bmatrix}, \quad \boldsymbol{\Delta} = \begin{bmatrix} \Delta_1 \\ \Delta_2 \\ \vdots \\ \Delta_\ell \end{bmatrix}, \quad \boldsymbol{F}(\boldsymbol{X}) = \begin{bmatrix} f_1(\boldsymbol{X}) \\ f_2(\boldsymbol{X}) \\ \vdots \\ f_\ell(\boldsymbol{X}) \end{bmatrix} \tag{2.1.20}$$

那么，观测方程为

$$\boldsymbol{Z} = \boldsymbol{F}(\boldsymbol{X}) + \boldsymbol{\Delta} \tag{2.1.21}$$

观测值的随机特性为：

$$\begin{aligned} E(\boldsymbol{\Delta}) &= 0 \\ E(\boldsymbol{Z}) &= \boldsymbol{HX} \\ \mathrm{Var}(\boldsymbol{Z}) &= \boldsymbol{D} \end{aligned} \tag{2.1.22}$$

$\boldsymbol{D}$ 为观测误差 $\boldsymbol{\Delta}$ 的方差矩阵，由于 $\boldsymbol{F}(\boldsymbol{X})$ 为非随机量，所以 $\boldsymbol{D}$ 也是观测值的方差矩阵。如果假设观测值相互随机独立，那么 $\boldsymbol{D}$ 为对角矩阵。在 BDS 观测中，观测值的方差可以通过与卫星的高度角或者信噪比等相关的经验公式得到。式(2.1.21)的函数描述了观测量与待估计参数间的关系，随机模型(2.1.22)描述了观测值间的相关关系和不确定性，它们一起构成了参数估计的数学模型。

2. 参数的约束方程

在上面的举例中，待估计参数之间没有联系，也就是在没有观测值前，这些参数没有确定的函数关系。但在有些情况下，要求强制参数估计满足某种条件，这时应该将这个条件描述出来，在估计时与观测方程一并考虑。

例 2.3　如图 2.3 所示，已知基站 A_1，A_2 和 A_3 坐标，为了得到目标 P_1 和 P_2 的平面坐标，在这三个基站上分别观测了基站与 P_1 和 P_2 的距离，各观测值随机独立，观测误差均为 0.05m，基站已知坐标和观测值见表 2.2。此外，已经用高精度仪器观测得到 P_1 和 P_2 的距离为 80.50m。设目标 P_1 和 P_2 的平面坐标为参数 $\boldsymbol{X} = [X_{P_1} \quad Y_{P_1} \quad X_{P_2} \quad Y_{P_2}]^{\mathrm{T}}$，给出观测值与参数的函数关系，并给出参数所应该满足的约束条件。

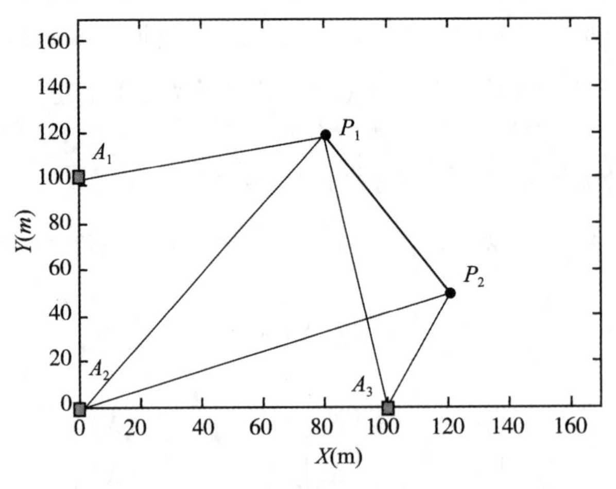

图 2.3　基站与目标 P

表 2.2　**基站坐标和观测信息**

		基站坐标 (X_i, Y_i) (m)	观测距离(m)	
			P_1	P_2
基站名	1	(0, 100.00)	82.41	
	2	(0, 0)	144.22	130.05
	3	(100.00, 0)	121.68	53.92

解：将基站 i 的已知坐标表示为 $(X^i \quad Y^i)$；设目标为 P_j，并设基站 i 与目标 P_j 之间的距离观测值为 Z_{ij}，那么观测值 Z_{ij} 可用参数和已知基站的坐标表示

$$Z_{ij} = \left(\sqrt{(X^i - X_{P_j})^2 + (Y^i - Y_{P_j})^2}\right) + \Delta_{ij}$$

共观测了 5 条边，所以共有 5 个如上的观测方程。此外，已经用高精度仪器得到了目标 P_1 和 P_2 的距离为 80.50m，那么 P_1 和 P_2 两点的坐标参数需要满足条件

$$\sqrt{(X_{P_1} - X_{P_2})^2 + (Y_{P_1} - Y_{P_2})^2} - 80.50 = 0$$

将这个方程表示为更一般的形式

$$\underset{c\times 1}{\boldsymbol{\varphi}}(\boldsymbol{X}) = 0 \tag{2.1.23}$$

在上式中 c 为约束条件方程的个数。式(2.1.23)中没有观测值，给出的是参数应该满足的函数关系，也被称为参数的约束条件方程。

此时，完整地描述此问题的函数模型为：

$$\begin{cases} \boldsymbol{Z} = \boldsymbol{F}(\boldsymbol{X}) + \boldsymbol{\Delta} \\ \boldsymbol{\varphi}(\boldsymbol{X}) = 0 \end{cases} \tag{2.1.24}$$

由于观测值随机独立，中误差为 5cm，所以随机模型为

$$
\boldsymbol{D}=\begin{bmatrix} 5^2 & & & & \\ & 5^2 & & & \\ & & 5^2 & & \\ & & & 5^2 & \\ & & & & 5^2 \end{bmatrix}\mathrm{cm}^2 \tag{2.1.25}
$$

式(2.1.24)和式(2.1.25)一起构成了参数估计的数学模型。在这样的模型上对参数进行估计，得到的参数估计值一定满足式(2.1.23)的约束条件。

2.1.2 函数模型的线性化

1. 函数模型的线性化

在例2.1的观测方程式(2.1.8)中，观测值是参数的线性函数，但在更一般的情况下，观测量是参数的非线性函数，如例2.2的观测方程就是非线性的，例2.3中的观测方程和限制条件都是非线性的，在最小二乘估计前需要对方程进行线性化。

函数模型的线性化通常采用泰勒级数将函数展开，舍弃高阶项后得到。设 $\boldsymbol{X}$ 的近似值为 $\boldsymbol{X}^*$，将 $f_i(\boldsymbol{X})$ 在 $\boldsymbol{X}^*$ 处展开：

$$
\begin{aligned}
f_i(\boldsymbol{X})=&f_i(X_1^* \quad \cdots X_j^* \quad \cdots X_n^*)+\left(\frac{\partial f_i}{\partial X_1}\right)_*(X_1-X_1^*)+\cdots \\
&+\left(\frac{\partial f_i}{\partial X_j}\right)_*(X_j-X_j^*)+\cdots+\left(\frac{\partial f_i}{\partial X_n}\right)_*(X_n-X_n^*)+h(\boldsymbol{X}_n-\boldsymbol{X}_n^*)
\end{aligned} \tag{2.1.26}
$$

其中 $\left(\frac{\partial f_i}{\partial X_j}\right)_*$ 为 X_j 对函数 f_i 的一阶导数，然后代入 $\boldsymbol{X}^*$ 后的值；$h(\boldsymbol{X}_n-\boldsymbol{X}_n^*)$ 为高阶项。设 $x_j=X_j-X_j^*$，并忽略高阶项，上式为

$$
\begin{aligned}
f_i(\boldsymbol{X})=&\left(\frac{\partial f_i}{\partial X_1}\right)_* x_1\cdots+\left(\frac{\partial f_i}{\partial X_j}\right)_* x_j\cdots+\left(\frac{\partial f_i}{\partial X_n}\right)_* x_n+ \\
&f_i(X_1^*\cdots \quad X_j^* \quad \cdots X_n^*)+\Delta_i
\end{aligned} \tag{2.1.27}
$$

若记：

$$
\boldsymbol{h}_i=[h_{i1} \quad h_{i2} \quad \cdots \quad h_{in}]=\left[\left(\frac{\partial f_i}{\partial X_1}\right)_* \quad \left(\frac{\partial f_i}{\partial X_2}\right)_* \quad \cdots \quad \left(\frac{\partial f_i}{\partial X_n}\right)_*\right] \tag{2.1.28}
$$

和

$$
f_i(\boldsymbol{X}^*)=f_i(X_1^* \quad X_2^* \quad \cdots \quad X_n^*) \tag{2.1.29}
$$

以及

$$
\boldsymbol{x}=\boldsymbol{X}-\boldsymbol{X}^*=\begin{bmatrix} x_1 \\ x_2 \\ \vdots \\ x_n \end{bmatrix}=\begin{bmatrix} X_1-X_1^* \\ X_2-X_2^* \\ \vdots \\ X_n-X_n^* \end{bmatrix} \tag{2.1.30}
$$

那么，观测方程为：

$$Z_i = \boldsymbol{h}_i \boldsymbol{x} + f_i(\boldsymbol{X}^*) + \Delta_i \tag{2.1.31}$$

从式(2.1.29)可以看出，$f_i(\boldsymbol{X}^*)$ 是由参数的近似值 $\boldsymbol{X}^*$ 计算得到，也可以看作近似观测值

$$Z_i^* = f_i(\boldsymbol{X}^*) = f_i(X_1^* \quad X_2^* \quad \cdots \quad X_n^*) \tag{2.1.32}$$

将其从观测值 Z_i 中减去，得到：

$$z_i = Z_i - f_i(\boldsymbol{X}^*) = \boldsymbol{h}_i \boldsymbol{x} + \Delta_i \tag{2.1.33}$$

令：

$$\boldsymbol{z} = \begin{bmatrix} z_1 \\ z_2 \\ \vdots \\ z_\ell \end{bmatrix}, \quad \boldsymbol{H} = \begin{bmatrix} \boldsymbol{h}_1 \\ \boldsymbol{h}_2 \\ \vdots \\ \boldsymbol{h}_l \end{bmatrix}, \quad \boldsymbol{F}(\boldsymbol{X}^*) = \begin{bmatrix} f_1(\boldsymbol{X}^*) \\ f_2(\boldsymbol{X}^*) \\ \vdots \\ f_l(\boldsymbol{X}^*) \end{bmatrix} \tag{2.1.34}$$

观测方程可表示为

$$\boldsymbol{z} = \boldsymbol{Z} - \boldsymbol{F}(\boldsymbol{X}^*) = \boldsymbol{H}\boldsymbol{x} + \boldsymbol{\Delta} \tag{2.1.35}$$

其中 $\boldsymbol{H}$ 是 $\boldsymbol{X}$ 的一阶偏导数矩阵，也称为雅阁比矩阵，代入近似值 $\boldsymbol{X}^*$ 计算得到 $\boldsymbol{H}$ 矩阵被称为观测方程的“设计矩阵”；z 是观测值减去近似值观测值向量 $\boldsymbol{F}(\boldsymbol{X}^*)$ 得到的，也被称为 OMC(Observed Minus Computed)观测值。观察式(2.1.35)，它与线性观测方程(2.1.8)完全一样，这样就将非线性观测方程转化为了线性方程。

现在按照以上线性化方法将式(2.1.17)在 $\boldsymbol{X}^* = [X^* \quad Y^* \quad Z^* \quad \tau^*]$ 处线性化，得到

$$\begin{aligned} \Delta\rho_i &= \rho_i - \rho_i^* \\ &= \frac{(-\Delta X_i^*)}{S_i^*} x + \frac{(-\Delta Y_i^*)}{S_i^*} y + \frac{(-\Delta Z_i^*)}{S_i^*} z + \Delta\tau + \Delta_i \end{aligned} \tag{2.1.36}$$

其中

$$\begin{cases} S_i^* = \sqrt{(X^{s_i} - X^*)^2 + (Y^{s_i} - Y^*)^2 + (Z^{s_i} - Z^*)^2} \\ \rho_i^* = \sqrt{(X^{s_i} - X^*)^2 + (Y^{s_i} - Y^*)^2 + (Z^{s_i} - Z^*)^2} + \tau^* \\ \Delta X_i^* = X^{s_i} - X^* \\ \Delta Y_i^* = Y^{s_i} - Y^* \\ \Delta Z_i^* = Z^{s_i} - Z^* \\ x = X - X^* \\ y = Y - Y^* \\ z = Z - Z^* \\ \Delta\tau = \tau - \tau^* \end{cases} \tag{2.1.37}$$

x，y 和 z 前的系数也是卫星视线方向投影到坐标轴的余弦分量，被称为方向余弦。

例 2.2 的观测方程写成矩阵形式为：

$$\begin{bmatrix}\Delta\rho_1\\ \Delta\rho_2\\ \vdots\\ \Delta\rho_\ell\end{bmatrix}=\begin{bmatrix}\rho_1-\rho_1^*\\ \rho_2-\rho_2^*\\ \vdots\\ \rho_\ell-\rho_\ell^*\end{bmatrix}=\begin{bmatrix}\dfrac{-\Delta X_1^*}{S_1^*} & \dfrac{-\Delta Y_1^*}{S_1^*} & \dfrac{-\Delta Z_1^*}{S_1^*} & 1\\ \dfrac{-\Delta X_2^*}{S_2^*} & \dfrac{-\Delta Y_2^*}{S_2^*} & \dfrac{-\Delta Z_2^*}{S_2^*} & 1\\ \vdots & \vdots & \vdots & \vdots\\ \dfrac{-\Delta X_\ell^*}{S_\ell^*} & \dfrac{-\Delta Y_\ell^*}{S_\ell^*} & \dfrac{-\Delta Z_\ell^*}{S_\ell^*} & 1\end{bmatrix}\begin{bmatrix}x\\ y\\ z\\ \Delta\tau\end{bmatrix}+\begin{bmatrix}\Delta_1\\ \Delta_2\\ \vdots\\ \Delta_\ell\end{bmatrix} \tag{2.1.38}$$

若函数模型除了观测方程外，还有如式(2.1.23)的约束条件，且约束条件为非线性函数，那么约束条件也要与观测方程一并进行线性化。线性化方法与观测方程的线性化一样，在近似值 $\boldsymbol{X}^*$ 处用泰勒级数展开，舍去二阶和二阶以上的高阶项，有

$$\underset{c\times n}{\boldsymbol{C}}\ \underset{n\times 1}{\boldsymbol{x}}+\underset{c\times 1}{\boldsymbol{\varphi}}(\boldsymbol{X}^*)=0 \tag{2.1.39}$$

其中，

$$\boldsymbol{C}=\begin{bmatrix}C_1\\ C_1\\ \vdots\\ C_c\end{bmatrix}=\begin{bmatrix}\dfrac{\partial\varphi_1(\boldsymbol{X})}{\partial X_1} & \dfrac{\partial\varphi_1(\boldsymbol{X})}{\partial X_2} & \cdots & \dfrac{\partial\varphi_1(\boldsymbol{X})}{\partial X_n}\\ \dfrac{\partial\varphi_2(\boldsymbol{X})}{\partial X_1} & \dfrac{\partial\varphi_2(\boldsymbol{X})}{\partial X_2} & \cdots & \dfrac{\partial\varphi_2(\boldsymbol{X})}{\partial X_n}\\ \vdots & \vdots & & \vdots\\ \dfrac{\partial\varphi_c(\boldsymbol{X})}{\partial X_1} & \dfrac{\partial\varphi_c(\boldsymbol{X})}{\partial X_2} & \cdots & \dfrac{\partial\varphi_c(\boldsymbol{X})}{\partial X_n}\end{bmatrix}_{\boldsymbol{X}=\boldsymbol{X}^*} \tag{2.1.40}$$

$$\boldsymbol{\varphi}(\boldsymbol{X}^*)=\begin{bmatrix}\varphi_1(\boldsymbol{X}^*)\\ \varphi_2(\boldsymbol{X}^*)\\ \vdots\\ \varphi_c(\boldsymbol{X}^*)\end{bmatrix} \tag{2.1.41}$$

例 2.4 将例 2.3 中的观测方程和约束条件方程线性化。

解：此问题中的未知参数为 $\boldsymbol{X}=[X_{P_1}\quad Y_{P_1}\quad X_{P_2}\quad Y_{P_2}]^{\mathrm{T}}$，观测方程为

$$Z_{ij}=\left(\sqrt{(X^i-X_{P_j})^2+(Y^i-Y_{P_j})^2}\right)+\Delta_{ij}$$

设待估计参数的近似值为 $\boldsymbol{X}=[X_{P_1}^*\quad Y_{P_1}^*\quad X_{P_2}^*\quad Y_{P_2}^*]^{\mathrm{T}}$，现以基站 A_1 与目标 P_1 的边长观测值 $Z_{A_1P_1}$ 为例进行线性化。用泰勒公式将上式展开并舍去二阶和高阶项：

$$Z_{A_1P_1}=Z_{A_1P_1}^*+\begin{bmatrix}\dfrac{-(X^{A_1}-X_{P_1}^*)}{Z_{A_1P_1}^*} & \dfrac{-(Y^{A_1}-Y_{P_1}^*)}{Z_{A_1P_1}^*} & 0 & 0\end{bmatrix}\begin{bmatrix}x_{P_1}\\ y_{P_1}\\ x_{P_2}\\ y_{P_2}\end{bmatrix}+\Delta_{A_1P_1} \tag{2.1.42}$$

其中，

$$Z_{A_1P_1}^* = \left(\sqrt{(X^{A_1} - X_{P_1}^*)^2 + (Y^{A_1} - Y_{P_1}^*)^2}\right)$$

$$\boldsymbol{x} = \begin{bmatrix} x_{P_1} \\ y_{P_1} \\ x_{P_2} \\ y_{P_2} \end{bmatrix} = \begin{bmatrix} X_{P_1} - X_{P_1}^* \\ Y_{P_1} - Y_{P_1}^* \\ X_{P_2} - X_{P_2}^* \\ Y_{P_2} - Y_{P_2}^* \end{bmatrix} \tag{2.1.43}$$

设

$$z_{A_1P_1} = Z_{A_1P_1} - Z_{A_1P_1}^*$$

那么，观测方程为

$$z_{A_1P_1} = \begin{bmatrix} \dfrac{-(X^{A_1} - X_{P_1}^*)}{Z_{A_1P_1}^*} & \dfrac{-(Y^{A_1} - Y_{P_1}^*)}{Z_{A_1P_1}^*} & 0 & 0 \end{bmatrix} \begin{bmatrix} x_{P_1} \\ y_{P_1} \\ x_{P_2} \\ y_{P_2} \end{bmatrix} + \Delta_{A_1P_1} \tag{2.1.44}$$

例 2.3 中约束条件为

$$\boldsymbol{\varphi}(\boldsymbol{X}) = \sqrt{(X_{P_1} - X_{P_2})^2 + (Y_{P_1} - Y_{P_2})^2} - 80.50 = 0$$

线性化后的约束条件为

$$\boldsymbol{\varphi}(\boldsymbol{X}) = \varphi(\boldsymbol{X}^*) + \left(\frac{\partial \varphi}{\partial \boldsymbol{X}}\right)_* x = 0 \tag{2.1.45}$$

其中

$$\varphi(\boldsymbol{X}^*) = \sqrt{(X_{P_1}^* - X_{P_2}^*)^2 + (Y_{P_1}^* - Y_{P_2}^*)^2} - 80.50$$

$$\left(\frac{\partial \varphi}{\partial \boldsymbol{X}}\right)_* \boldsymbol{x} = \begin{bmatrix} \dfrac{(X_{P_1}^* - X_{P_2}^*)}{S_{P_1P_2}^*} & \dfrac{(Y_{P_1}^* - Y_{P_2}^*)}{S_{P_1P_2}^*} & \dfrac{-(X_{P_1}^* - X_{P_2}^*)}{S_{P_1P_2}^*} & \dfrac{-(Y_{P_1}^* - Y_{P_2}^*)}{S_{P_1P_2}^*} \end{bmatrix} \begin{bmatrix} x_{P_1} \\ y_{P_1} \\ x_{P_2} \\ y_{P_2} \end{bmatrix}$$

$$S_{P_1P_2}^* = \sqrt{(X_{P_1}^* - X_{P_2}^*)^2 + (Y_{P_1}^* - Y_{P_2}^*)^2} \tag{2.1.46}$$

2. 线性化带来的模型误差

以上的线性化过程舍弃了高阶项，是原方程的近似。舍弃的高阶项即为线性化带来的模型误差，如图 2.4 所示。图中的曲线为参数在一维情况下的非线性函数 $f(X)$，点 X^*

处为函数值$f(X^*)$，虚线是函数在X^*处的切线。可以看出，线性化后舍去高阶项后的取值在b点处，即

$$f_b(X)=f(X^*)+\left(\frac{\mathrm{d}f}{\mathrm{d}X}\right)_*(X-X^*) \tag{2.1.47}$$

而未线性化的函数值$f(X)=f(X^*+\Delta X)$在c处取值。线性化前后的差异为

$$\mathrm{bc}=f(X)-\left[f(X^*)+\left(\frac{\mathrm{d}f}{\mathrm{d}X}\right)_*(X-X^*)\right] \tag{2.1.48}$$

bc即为泰勒级数中舍去的高阶项。函数的非线性化程度越高，bc越大，即线性化带来的模型误差就越大。此外，X^*与X的差异越大，bc也就越大。所以在实际应用时，一般根据经验或者预测方法取得参数的初始值X^*，然后在估计时采用迭代方法使X^*尽可能地接近X来减小线性化带来的误差。在后面的最小二乘估计中，将介绍如何通过迭代计算来减小线性化带来的模型误差。

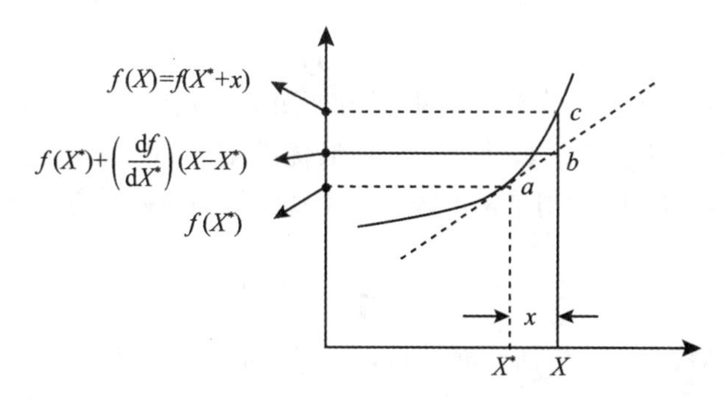

图 2.4　线性化带来的模型误差

2.2　最小二乘估计

最小二乘估计方法是由德国数学家高斯(C. F. Gauss，1777—1855)提出的，它的准则是使得残差(估计值与观测值差异)的加权平方和最小。

在现实应用中，最小二乘估计有不同的实现方式：仅利用当前时刻观测值进行的最小二乘估计，也被称为“snapshot”最小二乘估计；利用所有观测值，将所有观测值“堆放”在一起，被称为“batch”最小二乘估计；利用当前观测值对参数不断地进行更新，被称为“递推”的最小二乘估计。无论哪一种实现方式，其实质都是基于高斯-马尔可夫模型并且使残差的加权平方和最小的估计。本节将推导“snapshot”最小二乘估计和它的特性，并给出例2.1，2.2和2.3的最小二乘估计解算。

2.2.1　最小二乘估计

1. 最小二乘准则

上一节得到的高斯-马尔可夫模型为：

$$\underset{\ell\times1}{\boldsymbol{Z}} = \underset{\ell\times n}{\boldsymbol{H}}\underset{n\times1}{\boldsymbol{X}} + \underset{\ell\times1}{\boldsymbol{\Delta}} \tag{2.2.1}$$

$$E(\boldsymbol{Z}) = \boldsymbol{HX}$$
$$\mathrm{Var}(\boldsymbol{Z}) = \boldsymbol{D} \tag{2.2.2}$$

现假设通过某种方法估计得到参数 $\boldsymbol{X}$ 的估计 $\hat{\boldsymbol{X}}$，代入观测方程后可得到估计的观测值

$$\underset{\ell\times1}{\hat{\boldsymbol{Z}}} = \underset{\ell\times n}{\boldsymbol{H}}\underset{n\times1}{\hat{\boldsymbol{X}}} \tag{2.2.3}$$

设估计观测值 $\hat{\boldsymbol{Z}}$ 与观测值 $\boldsymbol{Z}$ 的差异为：

$$\boldsymbol{v} = \hat{\boldsymbol{Z}} - \boldsymbol{Z} = \boldsymbol{H}\hat{\boldsymbol{X}} - \boldsymbol{Z} \tag{2.2.4}$$

其中

$$\boldsymbol{v} = \begin{bmatrix} v_1 \\ v_2 \\ \vdots \\ v_\ell \end{bmatrix} \tag{2.2.5}$$

上式中的 v_i 表示观测值 Z_i 的“残差”，$\boldsymbol{v}$ 也称为观测值的残差向量。由 2.1.1 节的分析可知，式(2.2.4)有无穷多组解，如果给它某种最优准则，那么满足这种准则下的解就是“最优”解。最小二乘估计的准则是：参数估计使观测值的残差平方和最小，表达为：

$$L(\hat{\boldsymbol{X}}) = \sum_{i=1}^{i=\ell} v_i^2 = \min \tag{2.2.6}$$

其中 $L(\hat{\boldsymbol{X}})$ 为目标函数，也称为估计损失函数。用向量的形式表示为：

$$L(\hat{\boldsymbol{X}}) = \boldsymbol{v}^{\mathrm{T}}\boldsymbol{v} = \min \tag{2.2.7}$$

在方程(2.2.4)的无穷多组解中，能够满足上式的解即为最小二乘解 $\hat{\boldsymbol{X}}_{LS}$

$$\hat{\boldsymbol{X}}_{LS} = \arg\min_{\hat{X}} L(\hat{\boldsymbol{X}}) \tag{2.2.8}$$

上式中的 $\arg\min L(\hat{\boldsymbol{X}})$ 表示使 $L(\hat{\boldsymbol{X}})$ 最小值的变量的取值。

准则(2.2.7)视所有的观测值 Z_1，Z_2，…，Z_ℓ 对参数的估计的影响是相同的，但有时观测值的精度不同，所以在估计时我们希望精度好的观测值能比精度差的观测值对参数估计产生的影响大，即方差小的观测值对参数估计的影响大，反之亦然。如果观测值随机独立，Z_i 的方差为 σ_i^2，那么给观测值 Z_i 赋予的影响因子为

$$w_i = \frac{\sigma_0^2}{\sigma_i^2} \tag{2.2.9}$$

上式中 σ_0^2 为任意正实数，w_i 与方差 σ_i^2 成反比，称为观测值 Z_i 的权。从后面的证明也可以看到 σ_0^2 的取值并不影响最小二乘参数估计值。考虑权因子，最小二乘准则为

$$\sum_{i=1}^{i=\ell} v_i^2 w_i = \min \tag{2.2.10}$$

上式也称为加权最小二乘准则。若将观测值的权表述为矩阵

$$W=\begin{bmatrix} w_1 & & & \\ & w_2 & & \\ & & \ddots & \\ & & & w_\ell \end{bmatrix}=\begin{bmatrix} \dfrac{\sigma_0^2}{\sigma_1^2} & & & \\ & \dfrac{\sigma_0^2}{\sigma_2^2} & & \\ & & \ddots & \\ & & & \dfrac{\sigma_0^2}{\sigma_\ell^2} \end{bmatrix} \tag{2.2.11}$$

取 $\sigma_0^2=\sigma_i^2$，那么观测值 Z_i 的权就为 1，所以 σ_0^2 也被称为“单位权方差”。权矩阵 $\boldsymbol{W}$ 给出了观测值间精度的比例关系，当我们无法确定观测值的绝对精度的时候，可以根据经验给出观测值精度的比例关系。例如，知道观测值 Z_1 的观测中误差为 Z_2 的两倍，那么在 $\boldsymbol{W}$ 矩阵中，$w_1=\dfrac{1}{4}w_2$。当观测值 Z_i 的中误差非常大，甚至无穷大时，可将其对应的观测值的权 w_i 设为零，这意味着 Z_i 对参数估计的影响为“零”，这与剔除观测值 Z_i 进行参数估计的效果是一样的。

在更一般的情况下，观测值随机相关，设观测值的方差矩阵为 $\boldsymbol{D}$，那么观测值向量的权矩阵为

$$\boldsymbol{W}=\sigma_0^2\boldsymbol{D}^{-1} \tag{2.2.12}$$

这时，更一般的最小二乘准则为

$$L(\boldsymbol{v})=\boldsymbol{v}^{\mathrm{T}}\boldsymbol{W}\boldsymbol{v}=\min \tag{2.2.13}$$

2. 最小二乘估计

设满足式(2.2.13)的参数估计为 $\hat{\boldsymbol{X}}_{LS}$，它满足目标函数：

$$L(\hat{\boldsymbol{X}}_{LS})=\boldsymbol{v}^{\mathrm{T}}\boldsymbol{W}\boldsymbol{v}=\min \tag{2.2.14}$$

将误差方程(2.2.4)代入目标函数式(2.2.14)

$$\begin{aligned} L(\hat{\boldsymbol{X}}_{LS}) &= (\boldsymbol{H}\hat{\boldsymbol{X}}_{LS}-\boldsymbol{Z})^{\mathrm{T}}\boldsymbol{W}(\boldsymbol{H}\hat{\boldsymbol{X}}_{LS}-\boldsymbol{Z}) \\ &= \hat{\boldsymbol{X}}_{LS}^{\mathrm{T}}\boldsymbol{H}^{\mathrm{T}}\boldsymbol{W}\boldsymbol{H}\hat{\boldsymbol{X}}_{LS}-\hat{\boldsymbol{X}}_{LS}^{\mathrm{T}}\boldsymbol{H}^{\mathrm{T}}\boldsymbol{W}\boldsymbol{Z}-\boldsymbol{Z}^{\mathrm{T}}\boldsymbol{W}\boldsymbol{H}\hat{\boldsymbol{X}}_{LS}+\boldsymbol{Z}^{\mathrm{T}}\boldsymbol{W}\boldsymbol{Z} \end{aligned} \tag{2.2.15}$$

$L(\hat{\boldsymbol{X}}_{LS})$ 是 $\hat{\boldsymbol{X}}_{LS}$ 的函数，为了使其最小，由函数极值方法得到

$$\frac{\partial L(\hat{\boldsymbol{X}}_{LS})}{\partial\hat{\boldsymbol{X}}_{LS}}=2\boldsymbol{H}^{\mathrm{T}}\boldsymbol{W}\boldsymbol{H}\hat{\boldsymbol{X}}_{LS}-2\boldsymbol{H}^{\mathrm{T}}\boldsymbol{W}\boldsymbol{Z}=0 \tag{2.2.16}$$

即

$$\boldsymbol{H}^{\mathrm{T}}\boldsymbol{W}\boldsymbol{H}\hat{\boldsymbol{X}}_{LS}-\boldsymbol{H}^{\mathrm{T}}\boldsymbol{W}\boldsymbol{Z}=0 \tag{2.2.17}$$

上式也称为“法方程”。由于 $\boldsymbol{H}$ 为列满秩矩阵，且 $\boldsymbol{W}$ 为满秩方阵，所以 $\boldsymbol{H}^{\mathrm{T}}\boldsymbol{W}\boldsymbol{H}$ 为满秩方阵

$$\mathrm{rank}(\boldsymbol{H}^{\mathrm{T}}\boldsymbol{W}\boldsymbol{H})=n \tag{2.2.18}$$

由式(2.2.16)解出参数估计 $\hat{\boldsymbol{X}}_{LS}$

$$\hat{\boldsymbol{X}}_{LS} = (\boldsymbol{H}^{\mathrm{T}}\boldsymbol{W}\boldsymbol{H})^{-1}\boldsymbol{H}^{\mathrm{T}}\boldsymbol{W}\boldsymbol{Z} \tag{2.2.19}$$

现令

$$\boldsymbol{Q}_{\hat{X}_{LS}} = (\boldsymbol{H}^{\mathrm{T}}\boldsymbol{W}\boldsymbol{H})^{-1} \tag{2.2.20}$$

那么

$$\hat{\boldsymbol{X}}_{LS} = \boldsymbol{Q}_{\hat{X}_{LS}}\boldsymbol{H}^{\mathrm{T}}\boldsymbol{W}\boldsymbol{Z} \tag{2.2.21}$$

上式中的 $\boldsymbol{Q}_{\hat{X}_{LS}}$ 为参数解 $\hat{\boldsymbol{X}}_{LS}$ 的协因数矩阵。

将 $\boldsymbol{W} = \sigma_0^2\boldsymbol{D}^{-1}$ 代入式(2.2.19)得到

$$\hat{\boldsymbol{X}}_{LS} = (\boldsymbol{H}^{\mathrm{T}}(\sigma_0^2\boldsymbol{D}^{-1})\boldsymbol{H})^{-1}\boldsymbol{H}^{\mathrm{T}}(\sigma_0^2\boldsymbol{D}^{-1})\boldsymbol{Z} \tag{2.2.22}$$

将上式中的 σ_0^2 约去，得到

$$\hat{\boldsymbol{X}}_{LS} = (\boldsymbol{H}^{\mathrm{T}}\boldsymbol{D}^{-1}\boldsymbol{H})^{-1}\boldsymbol{H}^{\mathrm{T}}\boldsymbol{D}^{-1}\boldsymbol{Z} \tag{2.2.23}$$

从上面的推导看出，无论用式(2.2.19)，还是用式(2.2.23)，得到的参数估计都是等价的。上面的推导过程也说明了确定权矩阵时 σ_0^2 的数值并不影响 $\hat{\boldsymbol{X}}_{LS}$，$\hat{\boldsymbol{X}}_{LS}$ 的估计值由设计矩阵 $\boldsymbol{H}$、观测值 $\boldsymbol{Z}$ 和观测值的精度比例关系决定。当方差矩阵 $\boldsymbol{D}$ 未知时，可用根据经验确定观测值精度的比例关系，用式(2.2.19)计算 $\hat{\boldsymbol{X}}_{LS}$。在已知方差矩阵 $\boldsymbol{D}$ 时，可用式(2.2.22)进行估计，这时的 σ_0^2 默认为“1”。

将式(2.2.19)代入误差方程式(2.2.4)中可计算残差

$$\boldsymbol{v} = (\boldsymbol{H}(\boldsymbol{H}^{\mathrm{T}}\boldsymbol{W}\boldsymbol{H})^{-1}\boldsymbol{H}^{\mathrm{T}}\boldsymbol{W} - \boldsymbol{I})\boldsymbol{Z} \tag{2.2.24}$$

令 $\boldsymbol{P}_H = \boldsymbol{H}(\boldsymbol{H}^{\mathrm{T}}\boldsymbol{W}\boldsymbol{H})^{-1}\boldsymbol{H}^{\mathrm{T}}\boldsymbol{W}$，并将观测方程式(2.2.1)代入上式可以得到

$$\boldsymbol{v} = -(\boldsymbol{I} - \boldsymbol{P}_H)\boldsymbol{\Delta} \tag{2.2.25}$$

上式表明矩阵 $-(\boldsymbol{I} - \boldsymbol{P}_H)$ 将观测误差映射于残差向量，当观测误差有异常时，如有粗差(错误观测)，粗差将会在残差向量上有所体现，所以我们可以通过观察残差向量或者对残差向量进行假设检验来发现观测值中是否有粗差。

可以证明，上式中的矩阵 $(\boldsymbol{I} - \boldsymbol{P}_H)$ 为幂等矩阵(见附录 A.8)，幂等矩阵的秩等于其矩阵的迹，因此

$$\begin{aligned} \mathrm{rank}(\boldsymbol{I} - \boldsymbol{P}_H) &= (\mathrm{tr}(\boldsymbol{I} - \boldsymbol{H}(\boldsymbol{H}^{\mathrm{T}}\boldsymbol{W}\boldsymbol{H})^{-1}\boldsymbol{H}^{\mathrm{T}}\boldsymbol{W}) \\ &= (\mathrm{tr}(\boldsymbol{I}) - \mathrm{tr}((\boldsymbol{H}^{\mathrm{T}}\boldsymbol{W}\boldsymbol{H})^{-1}\boldsymbol{H}^{\mathrm{T}}\boldsymbol{W}\boldsymbol{H}) \\ &= (\ell - n) \end{aligned} \tag{2.2.26}$$

上式中的 $\ell - n$ 也是此估计问题的多余观测数，即自由度。只有当有多余观测的时候，在估计中才有发现和剔除错误观测的可能。

3. 最小二乘估计的统计特性

最小二乘参数估计的期望为

$$\begin{aligned} E(\hat{\boldsymbol{X}}_{LS}) &= E[(\boldsymbol{H}^{\mathrm{T}}\boldsymbol{W}\boldsymbol{H})^{-1}\boldsymbol{H}^{\mathrm{T}}\boldsymbol{W}\boldsymbol{Z}] \\ &= E[(\boldsymbol{H}^{\mathrm{T}}\boldsymbol{W}\boldsymbol{H})^{-1}\boldsymbol{H}^{\mathrm{T}}\boldsymbol{W}(\boldsymbol{H}\boldsymbol{X} + \boldsymbol{\Delta})] \\ &= (\boldsymbol{H}^{\mathrm{T}}\boldsymbol{W}\boldsymbol{H})^{-1}\boldsymbol{H}^{\mathrm{T}}\boldsymbol{W}\boldsymbol{H}E(\boldsymbol{X}) + (\boldsymbol{H}^{\mathrm{T}}\boldsymbol{W}\boldsymbol{H})^{-1}\boldsymbol{H}^{\mathrm{T}}\boldsymbol{W}E(\boldsymbol{\Delta}) \\ &= \boldsymbol{X} \end{aligned} \tag{2.2.27}$$

上式表明最小二乘估计 $\hat{\boldsymbol{X}}_{LS}$ 的期望为 $\boldsymbol{X}$，即最小二乘估计为无偏估计。

残差的期望为

$$\begin{aligned} E(\boldsymbol{v}) &= E(\hat{\boldsymbol{Z}} - \boldsymbol{Z}) \\ &= \boldsymbol{H}E(\hat{\boldsymbol{X}}_{LS}) - E(\boldsymbol{Z}) \\ &= \boldsymbol{HX} - \boldsymbol{HX} \\ &= \boldsymbol{0} \end{aligned} \tag{2.2.28}$$

上式表明残差期望为零，这与观测误差 $\boldsymbol{\Delta}$ 的期望一致。

由于最小二乘估计为无偏估计，所以最小二乘估计的方差也为均方差：

$$\mathrm{Var}(\hat{\boldsymbol{X}}_{LS}) = E[(\hat{\boldsymbol{X}}_{LS} - \boldsymbol{X})(\hat{\boldsymbol{X}}_{LS} - \boldsymbol{X})^{\mathrm{T}}] \tag{2.2.29}$$

由于

$$\begin{aligned} \hat{\boldsymbol{X}}_{LS} - \boldsymbol{X} &= (\boldsymbol{H}^{\mathrm{T}}\boldsymbol{WH})^{-1}\boldsymbol{H}^{\mathrm{T}}\boldsymbol{W}(\boldsymbol{HX} + \boldsymbol{\Delta}) - \boldsymbol{X} \\ &= \boldsymbol{X} + (\boldsymbol{H}^{\mathrm{T}}\boldsymbol{WH})^{-1}\boldsymbol{H}^{\mathrm{T}}\boldsymbol{W\Delta} - \boldsymbol{X} \\ &= (\boldsymbol{H}^{\mathrm{T}}\boldsymbol{WH})^{-1}\boldsymbol{H}^{\mathrm{T}}\boldsymbol{W\Delta} \end{aligned} \tag{2.2.30}$$

将式(2.2.30)代入式(2.2.29)，得到

$$\mathrm{Var}(\hat{\boldsymbol{X}}_{LS}) = (\boldsymbol{H}^{\mathrm{T}}\boldsymbol{WH})^{-1}\boldsymbol{H}^{\mathrm{T}}\boldsymbol{W}E(\boldsymbol{\Delta\Delta}^{\mathrm{T}})\boldsymbol{WH}(\boldsymbol{H}^{\mathrm{T}}\boldsymbol{WH})^{-1} \tag{2.2.31}$$

上式中的 $E(\boldsymbol{\Delta\Delta}^{\mathrm{T}})$ 即为随机误差的方差 $\mathrm{Var}(\boldsymbol{\Delta})$

$$\mathrm{Var}(\boldsymbol{\Delta}) = \boldsymbol{D} \tag{2.2.32}$$

考虑

$$\boldsymbol{W} = \sigma_0^2\boldsymbol{D}^{-1} \tag{2.2.33}$$

得到

$$\begin{aligned} \mathrm{Var}(\hat{\boldsymbol{X}}_{LS}) &= (\boldsymbol{H}^{\mathrm{T}}\boldsymbol{WH})^{-1}\boldsymbol{H}^{\mathrm{T}}\boldsymbol{WDWH}(\boldsymbol{H}^{\mathrm{T}}\boldsymbol{WH})^{-1} \\ &= \sigma_0^2(\boldsymbol{H}^{\mathrm{T}}\boldsymbol{WH})^{-1} \end{aligned} \tag{2.2.34}$$

考虑式(2.2.33)，$\mathrm{Var}(\hat{\boldsymbol{X}}_{LS})$ 也为

$$\mathrm{Var}(\hat{\boldsymbol{X}}_{LS}) = (\boldsymbol{H}^{\mathrm{T}}\boldsymbol{D}^{-1}\boldsymbol{H})^{-1} \tag{2.2.35}$$

根据误差传播规律，可以求得残差的方差为

$$\mathrm{Var}(\boldsymbol{v}) = \boldsymbol{D} - \boldsymbol{H}(\boldsymbol{H}^{\mathrm{T}}\boldsymbol{D}^{-1}\boldsymbol{H})^{-1}\boldsymbol{H}^{\mathrm{T}} \tag{2.2.36}$$

残差 $\boldsymbol{V}$ 与 $\hat{\boldsymbol{X}}_{LS}$ 的协方差为

$$\begin{aligned} \mathrm{Cov}(\boldsymbol{v}, \hat{\boldsymbol{X}}_{LS}) &= (\boldsymbol{P}_H - \boldsymbol{I})\boldsymbol{D}[(\boldsymbol{H}^{\mathrm{T}}\boldsymbol{WH})^{-1}\boldsymbol{H}^{\mathrm{T}}W]^{\mathrm{T}} \\ &= (\boldsymbol{H}(\boldsymbol{H}^{\mathrm{T}}\boldsymbol{WH})^{-1}\boldsymbol{H}^{\mathrm{T}}\boldsymbol{W} - \boldsymbol{I})\boldsymbol{D}[(\boldsymbol{H}^{\mathrm{T}}\boldsymbol{WH})^{-1}\boldsymbol{H}^{\mathrm{T}}\boldsymbol{W}]^{\mathrm{T}} \\ &= -\boldsymbol{DWH}(\boldsymbol{H}^{\mathrm{T}}\boldsymbol{WH})^{-1} + \boldsymbol{H}(\boldsymbol{H}^{\mathrm{T}}\boldsymbol{WH})^{-1}\boldsymbol{H}^{\mathrm{T}}\boldsymbol{WDWH}(\boldsymbol{H}^{\mathrm{T}}\boldsymbol{WH})^{-1} \\ &= -\sigma^2\boldsymbol{H}(\boldsymbol{H}^{\mathrm{T}}\boldsymbol{WH})^{-1} + \sigma^2\boldsymbol{H}(\boldsymbol{H}^{\mathrm{T}}\boldsymbol{WH})^{-1}\boldsymbol{H}^{\mathrm{T}}\boldsymbol{WH}(\boldsymbol{H}^{\mathrm{T}}\boldsymbol{WH})^{-1} \\ &= \boldsymbol{0} \end{aligned} \tag{2.2.37}$$

上式表明残差 $\boldsymbol{V}$ 与 $\hat{\boldsymbol{X}}_{LS}$ 不相关。

4. 验后估计单位权方差 $\hat{\sigma}_0^2$ 和应用

在确定权矩阵时，由于不知道观测值的绝对精度，可以设定任意数值的单位权中误差 σ_0^2，这并不影响最小二乘估计。在得到最小二乘估计后，我们可以利用权矩阵和残差对单位权中误差 σ_0^2 进行估计，从而了解观测值的绝对精度。通过观测值估计得到的单位权方差称为验后单位权中误差 $\hat{\sigma}_0^2$。下面推导如何利用观测值估计验后单位权中误差 $\hat{\sigma}_0^2$。

最小二乘估计准则的目标函数 $L(\hat{\boldsymbol{X}})$ 的期望为

$$E(L(\hat{\boldsymbol{X}}))=E(\boldsymbol{v}^{\mathrm{T}}\boldsymbol{W}\boldsymbol{v}) \tag{2.2.38}$$

根据二次型定理(附录 C-4)有

$$\begin{aligned} E(L(\hat{\boldsymbol{X}})) &= E(\boldsymbol{v}^{\mathrm{T}}\boldsymbol{W}\boldsymbol{v}) \\ &= \mathrm{tr}(\boldsymbol{W}\mathrm{Var}(\boldsymbol{v}))+E^{\mathrm{T}}(\boldsymbol{v})\boldsymbol{W}E(\boldsymbol{v})) \end{aligned} \tag{2.2.39}$$

将式(2.2.36)和式(2.2.28)代入上式，得

$$\begin{aligned} E(\boldsymbol{v}^{\mathrm{T}}\boldsymbol{W}\boldsymbol{v}) &= \sigma_0^2\mathrm{tr}(\boldsymbol{I}-\boldsymbol{W}\boldsymbol{H}(\boldsymbol{H}^{\mathrm{T}}\boldsymbol{W}\boldsymbol{H})^{-1}\boldsymbol{H}^{\mathrm{T}}) \\ &= \sigma_0^2[\mathrm{tr}(\boldsymbol{I})-\mathrm{tr}(\boldsymbol{H}^{\mathrm{T}}\boldsymbol{W}\boldsymbol{H})^{-1}\boldsymbol{H}^{\mathrm{T}}\boldsymbol{W}\boldsymbol{H})] \\ &= \sigma_0^2(\ell-n) \end{aligned} \tag{2.2.40}$$

上式表明 $\dfrac{\boldsymbol{v}^{\mathrm{T}}\boldsymbol{W}\boldsymbol{v}}{\ell-n}$ 是单位权方差 σ_0^2 的无偏估计，因此有

$$\begin{aligned} \hat{\sigma}_0^2 &= \frac{\boldsymbol{v}^{\mathrm{T}}\boldsymbol{W}\boldsymbol{v}}{\ell-n} \\ &= \frac{\sigma_0^2\boldsymbol{v}^{\mathrm{T}}\boldsymbol{D}^{-1}\boldsymbol{v}}{\ell-n} \end{aligned} \tag{2.2.41}$$

$\hat{\sigma}_0^2$ 由残差计算得到，包含有观测值的信息，当观测值中有粗差，或者数学模型与实际不符时，在 $\hat{\sigma}_0^2$ 上都可以得到体现。

设

$$\begin{aligned} t &= \boldsymbol{v}^{\mathrm{T}}\boldsymbol{D}^{-1}\boldsymbol{v} \\ &= \frac{\boldsymbol{v}^{\mathrm{T}}\boldsymbol{W}\boldsymbol{v}}{\sigma_0^2} \end{aligned} \tag{2.2.42}$$

这里不加证明的给出，当数学模型符合如式(2.2.1)和式(2.1.2)给出的高斯-马尔可夫模型时，t 服从自由度为 $(\ell-n)$，非中心化参数 $\lambda=0$ 的卡方分布 $\chi^2_{(\ell-n,\ \lambda=0)}$，这为异常观测的探测和剔除(Fault Detection and Exclusion，FDE)及质量控制提供了理论依据。FDE 的原假设为

$$H_0：观测值无异常，有\ t\sim\chi^2_{(\ell-n,\ \lambda=0)} \tag{2.2.43}$$

备选假设为

$$H_\alpha：观测值存在异常，有\ t\sim\chi^2_{(\ell-n,\ \lambda\neq0)} \tag{2.2.44}$$

给定显著性水平 α (误警概率)，根据原假设分布可得到分位置 $T_{1-\alpha}$ (检测限值)。如果

$$t<T_{1-\alpha} \tag{2.2.45}$$

则接受原假设，这时可以计算得到验后的参数估计精度

$$\begin{aligned}\mathrm{Var}(\hat{\mathbf{X}}_{LS}) &= \hat{\sigma}_0^2(\boldsymbol{H}^{\mathrm{T}}\boldsymbol{W}\boldsymbol{H})^{-1} \\ &= \frac{\hat{\sigma}_0^2}{\sigma_0^2}(\boldsymbol{H}^{\mathrm{T}}\boldsymbol{D}^{-1}\boldsymbol{H})^{-1}\end{aligned} \tag{2.2.46}$$

如果 $t \geqslant T_{1-\alpha}$ ，则接受备选假设，认为观测值向量中有异常。接下来需要对异常观测值进行剔除。异常观测值的剔除方法有多种，比较简单的做法是假设只有一个观测异常发生，利用巴尔达(Baarda)检测来识别异常观测值，将识别的异常观测值剔除后重新进行最小二乘解算。但当存在两个或两个以上的异常观测时，会错误识别或者无法识别异常观测。这就需要采用多元备选假设并逐一解算每种假设情况下的最小二乘解，并构建以上的卡方检验量 t ，最后取 t 值最小并通过检验的解作为最后的估计值。以上 FDE 也是质量控制和完好性监测的重要内容。

需要注意的是，只有当有多余观测的时候，才有可能发现异常观测；只有当多余观测数多于异常观测值数的时候，才有可能正确识别异常观测值。在安全性能要求较高的导航应用中，如 GNSS 为民航提供导航时，如果无法识别和剔除故障卫星(粗差观测)，应对用户提出告警，此时的 GNSS 不能为用户提供导航服务。此外，以上假设检验是假设验前方差矩阵 $\boldsymbol{D}$ 已知，并能正确描述观测值的不确定性才会有比较好的 FDE 效果。如果 $\boldsymbol{D}$ 与实际情况不符，那么假设检验并不能辨别到底是哪种原因导致了拒绝原假设，这就会产生较多的漏警或误警。所以，随机模型是否能准确描述观测值的随机特性是完好性监测的关键。

5. 最小二乘估计的正交特性

最小二乘估计的正交特性在理论证明中有广泛的应用，了解它的正交特性对最小二乘估计理论也有更好的理解。

由式(2.2.25)得到

$$\boldsymbol{v} = (\boldsymbol{P}_H - \boldsymbol{I})\boldsymbol{Z} \tag{2.2.47}$$

根据式(2.2.3)可得到改正后的观测值为

$$\begin{aligned}\hat{\boldsymbol{Z}} &= \boldsymbol{H}(\boldsymbol{H}^{\mathrm{T}}\boldsymbol{W}\boldsymbol{H})^{-1}\boldsymbol{H}^{\mathrm{T}}\boldsymbol{W}\boldsymbol{Z} \\ &= \boldsymbol{P}_H\boldsymbol{Z}\end{aligned} \tag{2.2.48}$$

由于 $\boldsymbol{P}_H$ 为幂等矩阵，所以有

$$(\boldsymbol{P}_H - \boldsymbol{I})\boldsymbol{P}_H = 0 \tag{2.2.49}$$

上式表明矩阵 $(\boldsymbol{P}_H - \boldsymbol{I})$ 的行与矩阵 $\boldsymbol{P}_H$ 的列的内积为零，这意味着 $(\boldsymbol{P}_H - \boldsymbol{I})$ 与 $\boldsymbol{P}_H$ 正交。又由于

$$\mathrm{rank}(\boldsymbol{I} - \boldsymbol{P}_H) = \ell - n \tag{2.2.50}$$

和

$$\mathrm{rank}(\boldsymbol{P}_H) = n \tag{2.2.51}$$

这表明由矩阵 $\boldsymbol{P}_H$ 构成的 n 维向量空间 $\boldsymbol{V}_H$ 与由 $(\boldsymbol{P}_H - \boldsymbol{I})$ 构成的 $\ell - n$ 维向量空间 $\boldsymbol{V}_H^{\perp}$ 正交，$\boldsymbol{V}_H^{\perp}$ 为 $\boldsymbol{V}_H$ 的正交补。$\boldsymbol{V}_H$ 和 $\boldsymbol{V}_H^{\perp}$ 构成了 ℓ 维的向量空间 $\boldsymbol{V}^{\ell}$， 即

$$\boldsymbol{V}^{\ell} = \boldsymbol{V}_H^{\perp} \oplus \boldsymbol{V}_H \tag{2.2.52}$$

由于 $\hat{\boldsymbol{Z}}$ 为 $\boldsymbol{P}_H$ 的线性组合，$\boldsymbol{v}$ 为 $(\boldsymbol{P}_H - \boldsymbol{I})$ 的线性组合，所以 $\hat{\boldsymbol{Z}}$ 与 $\boldsymbol{v}$ 必然正交，有

$$\underbrace{\boldsymbol{Z}^{\mathrm{T}}\boldsymbol{P}_H^{\mathrm{T}}}_{\hat{\boldsymbol{Z}}^{\mathrm{T}}}\boldsymbol{W}\underbrace{(\boldsymbol{P}_H - \boldsymbol{I})\boldsymbol{Z}}_{\boldsymbol{v}} = 0 \tag{2.2.53}$$

上式也表示为 $\hat{\boldsymbol{Z}}$ 与 $\boldsymbol{v}$ 的广义内积为零，即

$$(\hat{\boldsymbol{Z}},\ \boldsymbol{v})_W = \hat{\boldsymbol{Z}}^{\mathrm{T}}\boldsymbol{W}\boldsymbol{v} = 0 \tag{2.2.54}$$

观测值 $\boldsymbol{Z}$、改正后的观测值 $\hat{\boldsymbol{Z}}$ 和残差向量 $\boldsymbol{v}$ 之间的几何关系可以用图 2.5 表示：矩阵 $\boldsymbol{P}_H$ 将观测值 Z 投影到空间 $\boldsymbol{V}_H$ 上得到 $\hat{\boldsymbol{Z}}$，矩阵 $(\boldsymbol{P}_H - \boldsymbol{I})$ 将观测值投影到空间 $\boldsymbol{V}_H^{\perp}$ 得到 $\boldsymbol{v}$，所以 $\hat{\boldsymbol{Z}}$ 与 $\boldsymbol{v}$ 正交。

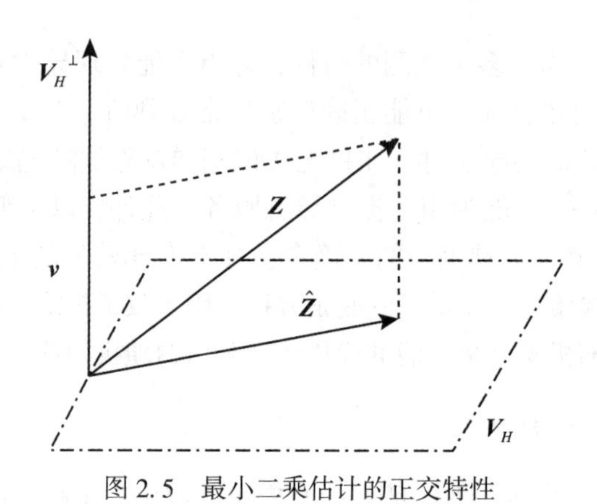

图 2.5　最小二乘估计的正交特性

2.2.2　附有约束条件的最小二乘估计

1. 参数估计

这里以线性化后的函数模型来推导附有约束条件的最小二乘估计。

观测方程为

$$\boldsymbol{z} = \boldsymbol{H}\boldsymbol{x} + \boldsymbol{\Delta} \tag{2.2.55}$$

约束条件为

$$\boldsymbol{C}\boldsymbol{x} + \varphi(\boldsymbol{X}^*) = 0 \tag{2.2.56}$$

随机模型为

$$\begin{aligned} E(\boldsymbol{\Delta}) &= 0 \\ \mathrm{Var}(\boldsymbol{\Delta}) &= \boldsymbol{D} \end{aligned} \tag{2.2.57}$$

其中 $\boldsymbol{H}$ 为列满秩矩阵；矩阵 $\boldsymbol{C}$ 为行满秩矩阵，其秩为参数的约束条件数，表明若有多个约束条件，各个条件函数之间线性无关，而且 $c < n$。有了参数约束条件后，必要观测值数为 $n - c$，多余观测数为 $\ell - (n - c)$。

设附有约束条件的 $\boldsymbol{x}$ 的最小二乘估计 $\hat{\boldsymbol{x}}_C$，那么误差修正后的观测值

$$\hat{z} = \boldsymbol{H}\hat{\boldsymbol{x}}_C \tag{2.2.58}$$

观测值的残差为

$$\boldsymbol{v} = \boldsymbol{H}\hat{\boldsymbol{x}}_C - z \tag{2.2.59}$$

约束条件为

$$\boldsymbol{C}\hat{\boldsymbol{x}}_C + \boldsymbol{\varphi}(\boldsymbol{X}^*) = 0 \tag{2.2.60}$$

联立式(2.2.60)和式(2.2.59)得到

$$\begin{bmatrix} \boldsymbol{I} & -\boldsymbol{H} \\ \boldsymbol{0} & \boldsymbol{C} \end{bmatrix} \begin{bmatrix} \boldsymbol{v} \\ \hat{\boldsymbol{x}}_C \end{bmatrix} = \begin{bmatrix} -z \\ -\boldsymbol{\varphi}(\boldsymbol{X}^*) \end{bmatrix} \tag{2.2.61}$$

在式(2.2.61)中，方程的个数为 $l+c$，被估计量的个数为 $l+n$，所以方程的个数小于估计量的个数，且系数矩阵的秩等于其增广矩阵的秩，即

$$\text{rank}\begin{bmatrix} \boldsymbol{I} & -\boldsymbol{H} \\ \boldsymbol{0} & \boldsymbol{C} \end{bmatrix} = \text{rank}\begin{bmatrix} \boldsymbol{I} & -\boldsymbol{H} & \vdots & -z \\ \boldsymbol{0} & \boldsymbol{C} & \vdots & -\boldsymbol{\varphi}(\boldsymbol{X}^*) \end{bmatrix} \tag{2.2.62}$$

这表明式(2.2.62)是有无穷组解的相容方程。现在要在这无穷多组解中找出能够满足最小二乘准则 $L(\hat{x}) = \boldsymbol{v}^{\mathrm{T}}\boldsymbol{W}\boldsymbol{v} = \min$，并且满足式(2.2.60)的一组解，即

$$\hat{\boldsymbol{x}}_C = \arg\min_{x} L(\boldsymbol{x})$$

$$\text{subject to } \boldsymbol{C}\hat{\boldsymbol{x}} + \boldsymbol{\varphi}(\boldsymbol{X}^*) = 0$$

按照拉格朗日乘数法，目标函数为

$$L(\hat{\boldsymbol{x}}_C) = \boldsymbol{v}^{\mathrm{T}}\boldsymbol{W}\boldsymbol{v} + 2\boldsymbol{K}^{\mathrm{T}}[\boldsymbol{C}\hat{\boldsymbol{x}} + \boldsymbol{\varphi}(\boldsymbol{X}^*)] \tag{2.2.63}$$

式中 $\boldsymbol{K}$ 是对应于约束条件方程的联系数向量。现将式(2.2.59)代入上式得到

$$L(\hat{\boldsymbol{x}}) = \hat{\boldsymbol{x}}^{\mathrm{T}}\boldsymbol{H}^{\mathrm{T}}\boldsymbol{W}\boldsymbol{H}\hat{\boldsymbol{x}} - \hat{\boldsymbol{x}}^{\mathrm{T}}\boldsymbol{H}^{\mathrm{T}}\boldsymbol{W}z - z^{\mathrm{T}}\boldsymbol{W}\boldsymbol{H}\hat{\boldsymbol{x}} + z^{\mathrm{T}}\boldsymbol{W}z + 2\boldsymbol{K}^{\mathrm{T}}(\boldsymbol{C}\hat{\boldsymbol{x}} + \boldsymbol{\varphi}(\boldsymbol{X}^*)) \tag{2.2.64}$$

为了求 $\boldsymbol{L}(\hat{\boldsymbol{x}})$ 的极小值，将其对 $\hat{\boldsymbol{x}}$ 求导并令其为零，整理后则有

$$\boldsymbol{H}^{\mathrm{T}}\boldsymbol{W}\boldsymbol{H}\hat{\boldsymbol{x}}_C - \boldsymbol{H}^{\mathrm{T}}\boldsymbol{W}z + \boldsymbol{C}^{\mathrm{T}}\boldsymbol{K} = 0 \tag{2.2.65}$$

与约束条件(2.2.60)联立有

$$\begin{bmatrix} \boldsymbol{H}^{\mathrm{T}}\boldsymbol{W}\boldsymbol{H} & \boldsymbol{C}^{\mathrm{T}} \\ \boldsymbol{C} & \boldsymbol{0} \end{bmatrix} \begin{bmatrix} \hat{\boldsymbol{x}}_C \\ \boldsymbol{K} \end{bmatrix} = \begin{bmatrix} \boldsymbol{H}^{\mathrm{T}}\boldsymbol{W}z \\ -\boldsymbol{\varphi}(\boldsymbol{X}^*) \end{bmatrix} \tag{2.2.66}$$

上式是在有约束条件下得到的法方程，方程的个数为 $n+c$，未知数的个数也为 $n+c$，$[\hat{\boldsymbol{x}}_C \quad \boldsymbol{K}]^{\mathrm{T}}$ 前的系数矩阵满秩，所以可以直接对法方程系数矩阵求逆来求解。

令

$$\boldsymbol{N} = \boldsymbol{H}^{\mathrm{T}}\boldsymbol{W}\boldsymbol{H} \tag{2.2.67}$$

解得

$$\begin{bmatrix} \hat{\boldsymbol{x}}_C \\ \boldsymbol{K} \end{bmatrix} = \begin{bmatrix} \boldsymbol{N} & \boldsymbol{C}^{\mathrm{T}} \\ \boldsymbol{C} & \boldsymbol{0} \end{bmatrix}^{-1} \begin{bmatrix} \boldsymbol{H}^{\mathrm{T}}\boldsymbol{W}z \\ -\boldsymbol{\varphi}(\boldsymbol{X}^*) \end{bmatrix} \tag{2.2.68}$$

以上是 $[\hat{\boldsymbol{x}}_C \quad \boldsymbol{K}]^{\mathrm{T}}$ 的整体求解。也可以分步求解：先解出 $\boldsymbol{K}$，再求解 $\hat{\boldsymbol{x}}_C$。求解步骤如下。

用矩阵 $\boldsymbol{C}(\boldsymbol{H}^{\mathrm{T}}\boldsymbol{W}\boldsymbol{H})^{-1}$ 左乘式(2.2.65)后减去式(2.2.60)消去 $\hat{\boldsymbol{x}}_C$，可先解出联系数矩阵 $\boldsymbol{K}$

$$\boldsymbol{K}=(\boldsymbol{C}\boldsymbol{N}^{-1}\boldsymbol{C}^{\mathrm{T}})^{-1}(\boldsymbol{C}\boldsymbol{N}^{-1}\boldsymbol{H}^{\mathrm{T}}\boldsymbol{W}\boldsymbol{z}+\boldsymbol{\varphi}(\boldsymbol{X}^*)) \tag{2.2.69}$$

令

$$\boldsymbol{N}_{CC}=\boldsymbol{C}\boldsymbol{N}^{-1}\boldsymbol{C}^{\mathrm{T}} \tag{2.2.70}$$

并将式(2.2.69)代入式(2.2.65)，可解出参数 $\hat{\boldsymbol{x}}_{LS}$

$$\hat{\boldsymbol{x}}_C=(\boldsymbol{N}^{-1}-\boldsymbol{N}^{-1}\boldsymbol{C}^{\mathrm{T}}\boldsymbol{N}_{CC}{}^{-1}\boldsymbol{C}\boldsymbol{N}^{-1})\boldsymbol{H}^{\mathrm{T}}\boldsymbol{W}\boldsymbol{z}-\boldsymbol{N}^{-1}\boldsymbol{C}^{\mathrm{T}}\boldsymbol{N}_{CC}{}^{-1}\boldsymbol{\varphi}(\boldsymbol{X}^*)$$

注意到 $\hat{\boldsymbol{x}}_{LS}=\boldsymbol{N}^{-1}\boldsymbol{H}^{\mathrm{T}}\boldsymbol{W}\boldsymbol{z}$，上式为

$$\hat{\boldsymbol{x}}_C=\hat{\boldsymbol{x}}_{LS}-\boldsymbol{N}^{-1}\boldsymbol{C}^{\mathrm{T}}\boldsymbol{N}_{CC}{}^{-1}(\boldsymbol{C}\hat{\boldsymbol{x}}_{LS}-\boldsymbol{\varphi}(\boldsymbol{X}^*)) \tag{2.2.71}$$

上式表明 $\hat{\boldsymbol{x}}_C$ 可以通过约束条件对 $\hat{\boldsymbol{x}}_{LS}$ 更新得到。将 $\hat{\boldsymbol{x}}_C$ 代入式(2. 2. 59)进而可以得到残差 $\boldsymbol{v}$ 。

这样分步解算的 $\hat{\boldsymbol{x}}_C$ 的估计与式(2.2.68)的解是等价的，但求解中矩阵求逆的阶数减少了，所以可以提高计算机的解算效率和数值的准确性。最后，参数估计为

$$\hat{\boldsymbol{X}}_C=\boldsymbol{X}^*+\hat{\boldsymbol{x}}_C \tag{2.2.72}$$

2. 估计的统计特性

将式(2.2.71)取期望

$$E(\hat{\boldsymbol{x}}_C)=\boldsymbol{x}-\boldsymbol{N}^{-1}\boldsymbol{C}^{\mathrm{T}}\boldsymbol{N}_{CC}{}^{-1}(\boldsymbol{C}\boldsymbol{x}+\boldsymbol{\varphi}(\boldsymbol{X}^*)) \tag{2.2.73}$$

考虑式(2.2.56)，上式的第二项为零，则

$$E(\hat{\boldsymbol{x}}_C)=\boldsymbol{x} \tag{2.2.74}$$

上式表明，附有约束条件的最小二乘参数估计为无偏估计。

$\hat{\boldsymbol{x}}_C$ 的方差可以根据方差传播定律求得

$$\begin{aligned}\mathrm{Var}(\hat{\boldsymbol{x}}_C)&=(\boldsymbol{N}^{-1}-\boldsymbol{N}^{-1}\boldsymbol{C}^{\mathrm{T}}\boldsymbol{N}_{CC}{}^{-1}\boldsymbol{C}\boldsymbol{N}^{-1})\boldsymbol{H}^{\mathrm{T}}\boldsymbol{W}\boldsymbol{D}\boldsymbol{W}\boldsymbol{H}(\boldsymbol{N}^{-1}-\boldsymbol{N}^{-1}\boldsymbol{C}^{\mathrm{T}}\boldsymbol{N}_{CC}{}^{-1}\boldsymbol{C}\boldsymbol{N}^{-1})^{\mathrm{T}}\\&=\sigma_0^2(\boldsymbol{N}^{-1}-\boldsymbol{N}^{-1}\boldsymbol{C}^{\mathrm{T}}\boldsymbol{N}_{CC}{}^{-1}\boldsymbol{C}\boldsymbol{N}^{-1})\end{aligned} \tag{2.2.75}$$

注意到 $\boldsymbol{N}^{-1}$ 为 $\boldsymbol{Q}_{\hat{x}_{LS}}$，并设 $\hat{\boldsymbol{x}}_C$ 的协因数为 $\boldsymbol{Q}_{\hat{x}_C}$，那么

$$\boldsymbol{Q}_{\hat{x}_C}=\boldsymbol{Q}_{\hat{x}_{LS}}-\boldsymbol{Q}_{\hat{x}_{LS}}\boldsymbol{C}^{\mathrm{T}}\boldsymbol{N}_{CC}^{-1}\boldsymbol{C}\boldsymbol{Q}_{\hat{x}_{LS}} \tag{2.2.76}$$

显然，$\boldsymbol{Q}_{\hat{x}_C}$ 可由对无约束条件的参数估计协因数 $\boldsymbol{Q}_{\hat{x}_{LS}}$ 更新得到。与无约束的最小二乘估计一样，$\boldsymbol{v}^{\mathrm{T}}\boldsymbol{W}\boldsymbol{v}$ 除以自由度 $(\ell-n+c)$ 是单位权方差的无偏估计，这里不加证明地给出

$$\hat{\sigma}_0^2=\frac{\boldsymbol{v}^{\mathrm{T}}\boldsymbol{W}\boldsymbol{v}}{\ell-n+c} \tag{2.2.77}$$

2.2.3　最小二乘估计的迭代计算

在 2.1 节中介绍了模型的线性化，在线性化后得到 OMC 观测方程

$$\boldsymbol{z}=\boldsymbol{Z}-\boldsymbol{F}(\boldsymbol{X}^*)=\boldsymbol{H}\boldsymbol{x}+\boldsymbol{\Delta} \tag{2.2.78}$$

$$\hat{\boldsymbol{x}}_{LS}=(\boldsymbol{H}^{\mathrm{T}}\boldsymbol{W}\boldsymbol{H})^{-1}\boldsymbol{H}^{\mathrm{T}}\boldsymbol{W}\boldsymbol{z} \tag{2.2.79}$$

参数估计为

$$\hat{\boldsymbol{X}}_{LS} = \boldsymbol{X}^{*} + \hat{\boldsymbol{x}}_{\mathrm{LS}} \tag{2.2.80}$$

如2.1节中介绍的，由于线性化时忽略了模型中的高阶项，给模型带来了误差，模型误差的大小不仅与函数的非线性化程度有关，还与 $\boldsymbol{X}$ 和近似值 $\boldsymbol{X}^{*}$ 的差异有关。一般在线性化时，根据经验或者预测给出 $\boldsymbol{X}^{*}$，近似值 $\boldsymbol{X}^{*}$ 与 $\boldsymbol{X}$ 的差异越大，模型误差就越大。为了减小近似值 $\boldsymbol{X}^{*}$ 选取带来的模型误差，这里介绍通过迭代计算来减小模型误差的方法。

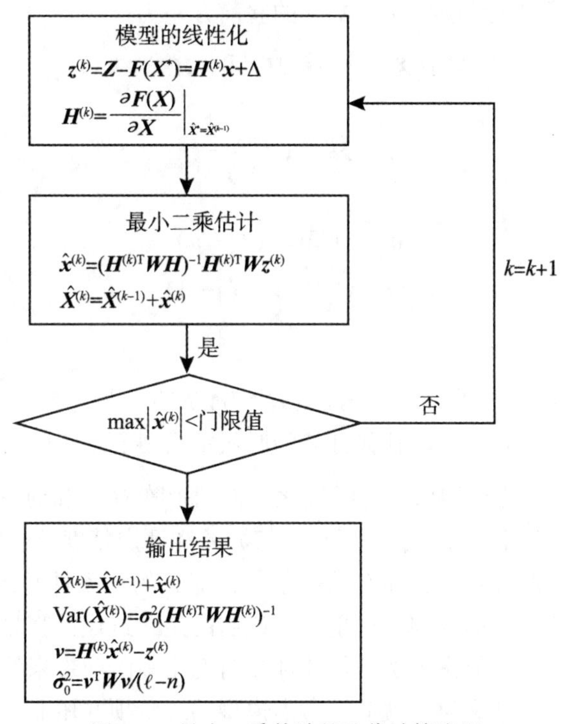

图2.6 最小二乘估计的迭代计算流程

如图2.6所示，设第一次估计前线性化时近似值取值为 $\boldsymbol{X}^{*(1)}$，得到线性化模型

$$\boldsymbol{z}^{(1)} = \boldsymbol{Z} - \boldsymbol{F}(\boldsymbol{X}^{*(1)}) = \boldsymbol{H}^{(1)}\boldsymbol{x} + \boldsymbol{\Delta} \tag{2.2.81}$$

其中 $\boldsymbol{H}^{(1)}$ 是将 $\boldsymbol{X}^{*(1)}$ 作为近似值得到的设计矩阵。在这个模型上进行第一次估计，设估计值为 $\hat{\boldsymbol{x}}^{(1)}$，那么第一次迭代估计的参数为

$$\hat{\boldsymbol{X}}^{(1)} = \boldsymbol{X}^{*(1)} + \hat{\boldsymbol{x}}^{(1)} \tag{2.2.82}$$

为了获得与参数 $\boldsymbol{X}$ 数值更为接近的近似值，可以将 $\hat{\boldsymbol{X}}^{(1)}$ 作为第二次线性化的近似值

$$\boldsymbol{X}^{*(2)} = \hat{\boldsymbol{X}}^{(1)} = \boldsymbol{X}^{*(1)} + \hat{\boldsymbol{x}}^{(1)} \tag{2.2.83}$$

那么第二次线性化函数模型为

$$\boldsymbol{z}^{(2)} = \boldsymbol{Z} - \boldsymbol{F}(\boldsymbol{X}^{*(2)}) = \boldsymbol{H}^{(2)}\boldsymbol{x} + \boldsymbol{\Delta} \tag{2.2.84}$$

在此模型上再进行估计。重复以上的步骤，在第 k 次线性化后有估计值：

$$\hat{\boldsymbol{X}}^{(k)} = \boldsymbol{X}^{*(k)} + \hat{\boldsymbol{x}}^{(k)} \tag{2.2.85}$$

若得到的 $\hat{\boldsymbol{x}}^{(k)}$ 足够小，说明 $\hat{\boldsymbol{X}}^{(k)}$ 已无明显的变化，即可终止迭代。在实际计算时可以将 $\hat{\boldsymbol{x}}^{(k)}$ 中绝对值最大的值(无穷范数)或者将 $\hat{\boldsymbol{x}}^{(k)}$ 的长度(2 范数)与预先设定好的限值进行比较，来判断是否停止迭代计算。$\hat{\boldsymbol{x}}^{(k)}$ 的限值可以根据观测值的精度来确定。最后的参数估计为

$$\hat{\boldsymbol{X}}_{LS}=\hat{\boldsymbol{X}}^{(k)}=\boldsymbol{X}^{(1)*}+\hat{\boldsymbol{x}}^{(1)}\cdots+\hat{\boldsymbol{x}}^{(k)} \tag{2.2.86}$$

在得到参数估计 $\hat{\boldsymbol{X}}^{(k)}$ 后进行精度评定。$\hat{\boldsymbol{X}}^{(k)}$ 的验前方差为

$$\mathrm{Var}(\hat{\boldsymbol{X}}_{LS})=\sigma_0^2(\boldsymbol{H}^{(k)\mathrm{T}}\boldsymbol{W}\boldsymbol{H}^{(k)})^{-1} \tag{2.2.87}$$

残差为

$$\boldsymbol{v}=\boldsymbol{H}^{(k)}\hat{\boldsymbol{x}}^{(k)}-\boldsymbol{z}^{(k)} \tag{2.2.88}$$

验后单位权方差为

$$\begin{aligned}\hat{\sigma}_0^2&=\boldsymbol{v}^{\mathrm{T}}\boldsymbol{W}\boldsymbol{v}/(\ell-n)\\&=\sigma_0^2\boldsymbol{v}^{\mathrm{T}}\boldsymbol{D}^{-1}\boldsymbol{v}/(\ell-n)\end{aligned} \tag{2.2.89}$$

$\hat{\boldsymbol{X}}^{(k)}$ 的验后方差为

$$\mathrm{Var}(\hat{\boldsymbol{X}}_{LS})=\hat{\sigma}_0^2(\boldsymbol{H}^{(k)\mathrm{T}}\boldsymbol{W}\boldsymbol{H}^{(k)})^{-1} \tag{2.2.90}$$

这里需要注意的是，在每一次迭代计算的时候都需要更新矩阵 $\boldsymbol{H}$ 和向量 $\boldsymbol{z}$。如第 i 次迭代计算时，以 $\hat{\boldsymbol{X}}^{(i-1)}$ 作为近似值进行线性化，得到矩阵 $\boldsymbol{H}^{(i)}$ 和向量 $\boldsymbol{z}^{(i)}$，然后估计得到 $\hat{\boldsymbol{x}}^{(i)}$。迭代结束后，最后计算残差、验后单位权方差和评定精度。

如果模型中除了观测方程外，还有约束条件，那么约束条件与观测方程一并线性化，其迭代过程和估计方法与上面相同。这里需要说明的是，迭代计算只是在一定程度上减小了线性化带来的模型误差，但它无法补偿线性化时忽略高阶项带来的模型误差，尤其当函数模型的非线性化程度非常高时，就应该考虑模型的二阶项并用非线性最小二乘来估计。

2.2.4　算例分析

例 2.5　用最小二乘估计法估计例 2.1 中的参数，并求估计参数的验后精度。

解：此问题的观测方程为

$$\underset{6\times1}{\boldsymbol{Z}}=\underset{6\times2}{\boldsymbol{H}}\ \underset{2\times1}{\boldsymbol{X}}+\underset{6\times1}{\boldsymbol{\Delta}}$$

未知参数为

$$\boldsymbol{X}=[\alpha\quad\beta]^{\mathrm{T}}$$

观测值数 ℓ 为 6，必要观测值数为 2，所以此估计问题的自由度为 $r=\ell-n=4$。由式(2.1.14)得到

$$\boldsymbol{Z}=\begin{bmatrix}4.16\\4.52\\\vdots\\9.26\end{bmatrix},\qquad\boldsymbol{H}=\begin{bmatrix}1&1\\1&2\\\vdots&\vdots\\1&6\end{bmatrix}$$

式(2.1.15)给出了随机模型。根据式(2.2.23)

$$\hat{\boldsymbol{X}}_{LS} = (\boldsymbol{H}^{\mathrm{T}} \boldsymbol{D}^{-1} \boldsymbol{H})^{-1} \boldsymbol{H}^{\mathrm{T}} \boldsymbol{D}^{-1} \boldsymbol{Z}$$

得到

$$\hat{\boldsymbol{X}}_{LS} = \begin{bmatrix} \hat{\alpha} \\ \hat{\beta} \end{bmatrix} = \begin{bmatrix} 2.23 \\ 1.20 \end{bmatrix} \mathrm{m} \tag{2.2.91}$$

估计得到的质点轨迹为

$$\hat{Z} = \hat{\alpha} + t\hat{\beta} \tag{2.2.92}$$

如图 2.7 所示，图中实线为质点的实际轨迹；圆点为观测值；虚线为估计的质点轨迹。

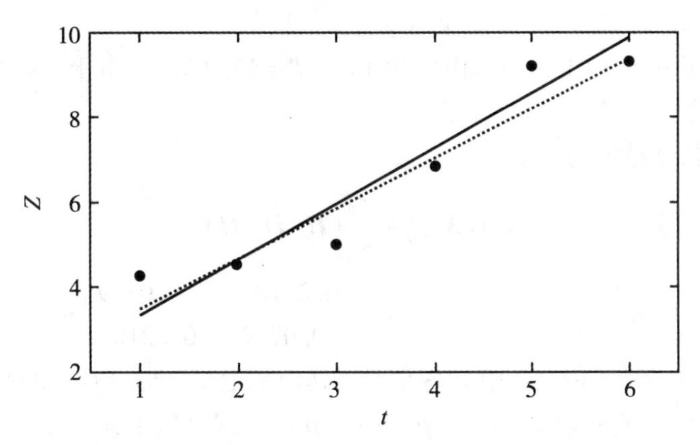

图 2.7　匀速运动质点轨迹的最小二乘估计

$[\hat{\alpha}\quad\hat{\beta}]^{\mathrm{T}}$ 的验前方差为

$$\begin{aligned} \mathrm{Var}(\hat{\boldsymbol{X}}_{LS}) &= (\boldsymbol{H}^{\mathrm{T}} \boldsymbol{D}^{-1} \boldsymbol{H})^{-1} \\ &= \begin{bmatrix} \sigma_{\hat{\alpha}}^2 & \sigma_{\hat{\alpha}}\sigma_{\hat{\beta}} \\ \sigma_{\hat{\alpha}}\sigma_{\hat{\beta}} & \sigma_{\hat{\beta}}^2 \end{bmatrix} \\ &= \begin{bmatrix} 0.1842 & -0.046 \\ -0.046 & 0.0133 \end{bmatrix} \mathrm{m}^2 \end{aligned} \tag{2.2.93}$$

其中

$$\sigma_{\hat{\alpha}} = 0.43\mathrm{m}$$

$$\sigma_{\hat{\beta}} = 0.16\mathrm{m}$$

以上得到的是参数估计 $[\hat{\alpha}\quad\hat{\beta}]^{\mathrm{T}}$ 的验前精度，在精度评定的时候默认单位权方差为 $\sigma_0^2 = 1\mathrm{m}^2$。下面用观测值来估计验后精度。

将式(2.2.91)代入式(2.2.4)可得到残差

$$\boldsymbol{v} = [-0.73\quad 0.09\quad 0.77\quad 0.23\quad -0.97\quad 0.13]^{\mathrm{T}}\mathrm{m}$$

验后单位权方差 $\hat{\sigma}_0^2$ 为：

$$
\begin{aligned}
\hat{\sigma}_0^2 &= \frac{\boldsymbol{v}^{\mathrm{T}} \boldsymbol{D}^{-1} \boldsymbol{v}}{\ell - n} \\
&= 9.9722/4 \\
&= 2.4930\mathrm{m}^2
\end{aligned}
$$

最后，

$$\hat{\sigma}_0 = 1.58\mathrm{m}$$

构造假设检验量

$$t = \boldsymbol{v}^{\mathrm{T}} \boldsymbol{D}^{-1} \boldsymbol{v} = 9.9722$$

若观测值无异常，那么

$$t \sim \chi^2_{(\ell - n,\ \lambda = 0)}$$

给定的显著性水平 $\alpha = 0.01$，当自由度为 4 时，$T = 13.2767$。由于 $t < T$，假设检验表明观测值中没有显著异常。

验后的参数估计精度为

$$
\begin{aligned}
\mathrm{Var}(\hat{\boldsymbol{X}}_{LS}) &= \frac{\hat{\sigma}_0^2}{\sigma_0^2} (\boldsymbol{H}^{\mathrm{T}} \boldsymbol{D}^{-1} \boldsymbol{H})^{-1} \\
&= \begin{bmatrix} 0.2910 & -0.0729 \\ -0.0729 & 0.0210 \end{bmatrix} \mathrm{m}^2
\end{aligned}
$$

例 2.6　表 2.3 给出了例 2.2 中 BDS 信号发送时的卫星坐标(CGCS2000) $(X^{s_i} \quad Y^{s_i} \quad Z^{s_i})$ $(i = 1, 2, \cdots, \ell)$、观测值 $\boldsymbol{Z} = (\rho_1 \quad \rho_2 \quad \cdots \quad \rho_\ell)$ 和观测值中误差 σ_{ρ_i}。假设各观测值间相互独立，用最小二乘法估计接收机的坐标 $(X_r \quad Y_r \quad Z_r)$。

表 2.3　**BDS 卫星坐标、伪距观测值和观测值中误差**

	X^{s_i}(m)	Y^{s_i}(m)	Z^{s_i}(m)	ρ_i(m)	σ_{ρ_i}(m)
Sat1	-14519465.035	22155460.810	109032.298	21181846.253	1.067
Sat2	-25329823.123	2724976.257	7945399.896	23534460.494	1.653
Sat3	9749158.131	15484193.095	19584884.212	22736794.994	1.285
Sat4	-12173719.797	22942640.626	6327838.409	20603720.447	0.989
Sat5	-13172684.306	5462660.521	21886360.961	21511485.746	1.168
Sat6	-17933137.959	3031289.604	20075537.160	22983180.386	1.273
Sat7	4100823.97900	24726990.968	-8739276.900	23805565.312	1.972

BDS 测距定位的原理是距离交汇，但由于观测误差的存在，如图 2.8 所示，各卫星的距离观测值并不相交于用户所在的位置。最小二乘估计的目的是对有误差的观测值进行改正，改正后的观测值相交于一点，并满足残差加权平方和最小。

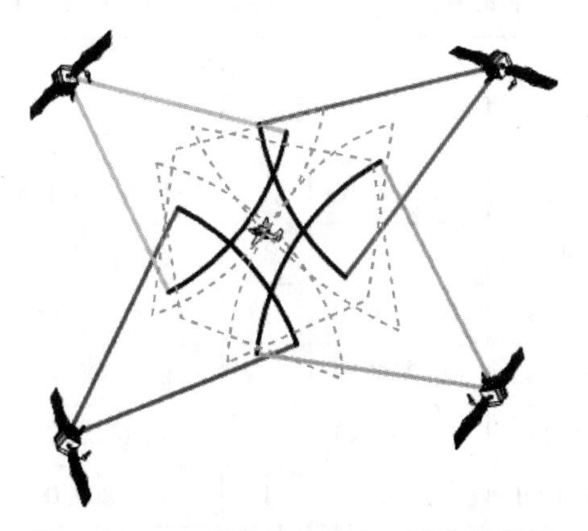

图 2.8 GPS 观测值和最小二乘定位结果

式(2.1.16)给出了观测值ρ_i与$(X_r \quad Y_r \quad Z_r)$的函数关系，观测方程为：

$$\rho_i = \left(\sqrt{(X^{s_i} - X_r)^2 + (Y^{s_i} - Y_r)^2 + (Z^{s_i} - Z_r)^2} + \tau\right) + \Delta_i, \quad i = 1, 2, \cdots, \ell$$

被估计参数为$\boldsymbol{X} = [X_r \quad Y_r \quad Z_r \quad \tau]^{\mathrm{T}}$，观测值数为$\ell = 7$，必要观测值数为4，多余观测数为3。显然，估计参数$(X_r \quad Y_r \quad Z_r)$与观测值$\rho_i$呈非线性关系，所以需要先进行线性化，线性化后的观测方程为式(2.1.38)：

$$\Delta\boldsymbol{\rho} = \begin{bmatrix} \Delta\rho_1 \\ \Delta\rho_2 \\ \vdots \\ \Delta\rho_\ell \end{bmatrix} = \begin{bmatrix} \rho_1 - \rho_1^* \\ \rho_2 - \rho_2^* \\ \vdots \\ \rho_\ell - \rho_\ell^* \end{bmatrix} = \begin{bmatrix} \dfrac{-\Delta X_1^*}{S_1^*} & \dfrac{-\Delta Y_1^*}{S_1^*} & \dfrac{-\Delta Z_1^*}{S_1^*} & 1 \\ \dfrac{-\Delta X_2^*}{S_2^*} & \dfrac{-\Delta Y_2^*}{S_2^*} & \dfrac{-\Delta Z_2^*}{S_2^*} & 1 \\ \vdots & \vdots & \vdots & \vdots \\ \dfrac{-\Delta X_\ell^*}{S_\ell^*} & \dfrac{-\Delta Y_\ell^*}{S_\ell^*} & \dfrac{-\Delta Z_\ell^*}{S_\ell^*} & 1 \end{bmatrix} \begin{bmatrix} x \\ y \\ z \\ \Delta\tau \end{bmatrix} + \begin{bmatrix} \Delta_1 \\ \Delta_2 \\ \vdots \\ \Delta_\ell \end{bmatrix}$$

现在取参数$\boldsymbol{X} = [X_r \quad Y_r \quad Z_r \quad \tau]^{\mathrm{T}}$的近似值为$\boldsymbol{X}^{*(1)} = [0 \quad 0 \quad 0 \quad 0]^{\mathrm{T}}$，将观测值、卫星坐标和近似值代入式(2.1.38)，得到第一次线性化后$[x \quad y \quad z \quad \Delta\tau]^{\mathrm{T}}$的系数矩阵$\boldsymbol{H}$和OMC观测值$\Delta\boldsymbol{\rho}$。第一次线性化系数矩阵$\boldsymbol{H}$、观测值$\Delta\boldsymbol{\rho}$见表2.4。

根据表2.3给出的中误差构成对角方差矩阵$\boldsymbol{D}$：

$$\boldsymbol{D} = \mathrm{diag}([1.139 \quad 2.732 \quad 1.651 \quad 0.978 \quad 1.364 \quad 1.620 \quad 3.893])\,\mathrm{m}^2$$

设单位权中方差为$\sigma_0^2 = 1\mathrm{m}^2$，按照图2.6的迭代流程，进行第1次迭代解算，结果如表2.4所示。由于第一次迭代估计时，对接收机的位置没有任何了解，所以取参数的近似值为$\boldsymbol{X}^{*(1)} = [0 \quad 0 \quad 0 \quad 0]^{\mathrm{T}}$，得到的$\hat{\boldsymbol{x}}^{(1)}$的绝对值和$\boldsymbol{v}^{\mathrm{T}}\boldsymbol{D}^{-1}\boldsymbol{v}$都非常大，这是因为$\boldsymbol{X}^{*(1)}$与用户实际位置相差很大。在接下来的迭代计算中，$|\hat{\boldsymbol{x}}^{(k)}|$和$\boldsymbol{v}^{\mathrm{T}}\boldsymbol{D}^{-1}\boldsymbol{v}$的数值迅速减小，表明迭代计算快速收敛。设置$\max|\hat{\boldsymbol{x}}^{(k)}| < 0.1\mathrm{m}$时停止迭代。此算例共迭代了5次后终止了迭代。第5次迭代的结果见表2.4。在此问题中选取0.1m作为迭代计算的门限值，是因为

表 2.4　　**线性化后的观测方程系数矩阵和最小二乘估计结果**

第一次迭代结果						
卫星号	x	y	z	τ	$\Delta\rho_i$	估计结果
Sat1	0.548122	−0.836387	−0.004116	1	−5307608.189	$\hat{X}^{(1)} = X^{*(1)} + \hat{x}^{(1)} = \begin{bmatrix}0\\0\\0\\0\end{bmatrix} + \begin{bmatrix}-2720779.534\\6003000.243\\3801692.521\\1189093.826\end{bmatrix}$ $v^{T}D^{-1}v = 9.008\times10^{8}$
Sat2	0.949172	−0.102111	−0.297734	1	−3151768.436	
Sat3	−0.363740	−0.577714	−0.730710	1	−4065705.069	
Sat4	0.455396	−0.858242	−0.236710	1	−6128390.422	
Sat5	0.504270	−0.209118	−0.837849	1	−4610785.746	
Sat6	0.662008	−0.111901	−0.741098	1	−4105809.000	
Sat7	−0.154488	−0.931526	0.329229	1	−2739034.899	
第五次迭代结果						
Sat1	0.578203	−0.809348	0.146581	1	−2.657	$\hat{X}^{(5)} = X^{*(5)} + \hat{x}^{(5)} = \begin{bmatrix}-2272054.565\\5011962.999\\3213898.699\\-114600.929\end{bmatrix} + \begin{bmatrix}-0.268\\0.584\\0.373\\0.054\end{bmatrix}$ $v^{T}D^{-1}v = 5.273$
Sat2	0.979744	0.0971760	−0.201045	1	0.071	
Sat3	−0.528711	−0.460585	−0.720021	1	−0.632	
Sat4	0.480576	−0.870264	−0.151134	1	1.100	
Sat5	0.506735	−0.020951	−0.868022	1	−1.828	
Sat6	0.681415	0.0861792	−0.733651	1	1.080	
Sat7	−0.267705	−0.828168	0.502116	1	0.780	

根据经验已知伪距观测值的精度为米级，所以 0.1m 为门限值就足够了，选取更小的迭代门限值进行迭代是徒劳的，甚至会引起迭代发散。需要注意的是，不是所有迭代计算都可以如此例题中将近似值取为零，当近似值取值偏差太大，不能满足收敛条件时，会出现迭代发散，这时就不能得到正确的估计了。所以在解决实际问题时，如果对待估计参数有所了解，例如已知 GNSS 用户在武汉市的某个位置，就可以取任何已知的武汉某一点的坐标作为近似值，这样不仅可以保证收敛，也可以减少迭代计算的次数。

终止迭代后，输出最后一次迭代的结果，并进行精度评定。参数的验前方差为

$$\mathrm{Var}(\hat{X}_{LS}) = (H^{T}D^{-1}H)^{-1} = \begin{bmatrix} 2.619401 & -2.271051 & -1.617138 & -2.487159 \\ -2.271051 & 6.785561 & 4.615868 & 5.258552 \\ -1.617138 & 4.615868 & 5.179831 & 4.284823 \\ -2.487159 & 5.258552 & 4.284823 & 4.983638 \end{bmatrix} \mathrm{m}^2$$

接收机三维坐标的中误差分别为：$\sigma_{\hat{X}} = 1.62\mathrm{m}$，$\sigma_{\hat{Y}} = 2.60\mathrm{m}$，$\sigma_{\hat{Z}} = 2.27\mathrm{m}$，接收机钟差的中误差为 $\sigma_{\hat{\delta t}} = 2.23\mathrm{m}$。

验后的单位权方差为

$$\hat{\sigma}_0^2 = v^{T}D^{-1}v/(7-4) = 1.758\mathrm{m}^2$$

验后估计方差

$$\mathrm{Var}(\hat{\boldsymbol{X}}_{LS})=\frac{\hat{\sigma}_0^2}{\sigma_0^2}(\boldsymbol{H}^{\mathrm{T}}\boldsymbol{D}^{-1}\boldsymbol{H})^{-1}=\begin{bmatrix}4.6049 & -3.9925 & -2.8429 & -4.3724\\ -3.9925 & 11.9290 & 8.1147 & 9.2445\\ -2.8429 & 8.1147 & 9.1061 & 7.5327\\ -4.3724 & 9.2445 & 7.5327 & 8.7612\end{bmatrix}\mathrm{m}^2$$

将最后一次迭代计算得到的参数估计 $\hat{\boldsymbol{X}}=[\hat{X}_r \quad \hat{Y}_r \quad \hat{Z}_r \quad \hat{\tau}]^{\mathrm{T}}$ 代入观测方程，可得到改正后的观测值

$$\hat{\rho}_i=\left(\sqrt{(X^{s_i}-\hat{X}_r)^2+(Y^{s_i}-\hat{Y}_r)^2+(Z^{s_i}-\hat{Z}_r)^2}+\hat{\tau}\right),\ i=1,\ 2,\ \cdots,\ \ell$$

从迭代过程看，在最小二乘估计前，如图 2.8 所示，由于观测误差的干扰，观测值并不交会于一点。在估计后，改正后的观测值(如图 2.8 中虚线所示)交于一点，这就是 $\hat{\boldsymbol{X}}_{LS}$ 所在的位置。此外，验前估计方差与验后的方差略有不同。这里的验前单位权方差默认为 $1\mathrm{m}^2$，验后的单位权方差由观测值计算得到，所以验后的估计方差更能客观地体现估计精度。

例 2.7 用附有约束条件的最小二乘法估计例 2.3 中 P 点的坐标。

解：解决此问题的数学模型如例 2.3 所述，共有 5 个观测值和 1 个约束条件，估计 P_1 和 P_2 平面坐标的必要观测值数为 3，所以多余观测值数为 2。设参数的近似值为

$$\begin{aligned}\boldsymbol{X}^{(1)*}&=[X_{P_1}^* \quad Y_{P_1}^* \quad X_{P_2}^* \quad Y_{P_2}^*]^{\mathrm{T}}\\ &=[79.00 \quad 121.00 \quad 120.00 \quad 52.00]^{\mathrm{T}}\mathrm{m}\end{aligned}$$

近似值可以用任意从已知基站观测的两条距离观测值交汇得到，如 P_1 的近似值可以用 $Z_{A_1P_1}$ 和 $Z_{A_2P_1}$ 交汇得到，也可以用 $Z_{A_2P_1}$ 和 $Z_{A_3P_1}$ 交汇得到。设验前的单位权方差为 $\sigma_0^2=5\mathrm{cm}^2$，那么观测值权矩阵为单位矩阵。

表 2.5 **例 2.7 的第一次最小二乘估计结果**

		线性化后的系数				$F(x^{*(1)})$ (m)	OMC (m)
		x_{P_1}	y_{P_1}	x_{P_2}	y_{P_2}		
观测方程	$Z_{A_1P_1}$	0.966	0.256	0	0	81.743	0.664
	$Z_{A_2P_1}$	0.546	0.837	0	0	144.506	-0.282
	$Z_{A_3P_1}$	-0.170	0.985	0	0	122.809	-1.125
	$Z_{A_2P_2}$	0	0	0.917	0.397	130.782	-0.727
	$Z_{A_3P_2}$	0	0	0.358	0.933	55.713	-1.784
约束条件		-0.510	0.859	0.510	-0.859	$\varphi(\boldsymbol{X}^{*(1)})=-0.259$	
第一次迭代结果		$\hat{\boldsymbol{x}}^{(1)\mathrm{T}}=[0.973 \quad -0.991 \quad -0.021 \quad -1.859]\mathrm{m}$ $\boldsymbol{X}^{(1)\mathrm{T}}=(\boldsymbol{X}^{*(1)}+\hat{\boldsymbol{x}}^{(1)})^{\mathrm{T}}=[79.97\ 120.00\ 119.97\ 50.13]\mathrm{m}$				$\hat{\sigma}_0^2=\boldsymbol{v}^{\mathrm{T}}\boldsymbol{W}\boldsymbol{v}/2$ $=2.751\mathrm{m}^2$	

在例 2.4 中已将观测方程和约束条件进行了线性化，按照附有约束条件的最小二乘估计方法进行估计并迭代计算，当 $\max(|\boldsymbol{x}|)<0.01\mathrm{m}$ 时停止迭代。本例共进行了三次迭代

计算，现以表格(表 2.5 和表 2.6)的形式给出第一次和最后一次迭代计算时的观测方程、约束条件和估计结果。由于表 2.5 和表 2.6 只将计算结果截断到千分位，所以当显示为 0.000 时，表示数值接近于零。

表 2.6　　**例 2.7 的第三次最小二乘估计结果**

		线性化后的系数				$F(x^{*(3)})$ (m)	OMC (m)
		x_{P_1}	y_{P_1}	x_{P_2}	y_{P_2}		
观测方程	$Z_{A_1P_1}$	0.970	0.242	0	0	82.430	−0.022
	$Z_{A_2P_1}$	0.554	0.832	0	0	144.206	0.017
	$Z_{A_3P_1}$	−0.164	0.986	0	0	121.665	0.018
	$Z_{A_2P_2}$	0	0	0.922	0.385	130.021	0.033
	$Z_{A_3P_2}$	0	0	0.369	0.929	53.971	−0.042
约束条件		−0.496	0.868	0.496	−0.868	$\varphi(\boldsymbol{X}^{*(3)}) = 0.000$	
第三次迭代结果		$\hat{\boldsymbol{x}}^{(3)\mathrm{T}} = [0.000 \quad -0.000 \quad 0.000 \quad 0.000]\mathrm{m}$ $\hat{\boldsymbol{X}}^{(3)\mathrm{T}} = (\boldsymbol{X}^{(3)*} + \hat{\boldsymbol{x}}^{(3)})^{\mathrm{T}} = [97.99 \quad 120.00 \quad 119.96 \quad 50.14]\mathrm{m}$				$\hat{\sigma}_0^2 = \boldsymbol{v}^{\mathrm{T}}\boldsymbol{W}\boldsymbol{v}/2 = 0.002\mathrm{m}^2$ $\hat{\sigma}_0 = 0.05\mathrm{m}$	

第三次(最后一次)迭代得到参数估计的协因数矩阵为

$$\boldsymbol{Q}_{\hat{x}} = (\boldsymbol{N}^{-1} - \boldsymbol{N}^{-1}\boldsymbol{C}^{\mathrm{T}}\boldsymbol{N}_{CC}{}^{-1}\boldsymbol{C}\boldsymbol{N}^{-1}) = \begin{bmatrix} 0.880 & -0.243 & 0.020 & -0.035 \\ -0.257 & 0.629 & -0.021 & 0.037 \\ 0.064 & -0.112 & 1.917 & -1.257 \\ -0.069 & 0.122 & -1.299 & 1.812 \end{bmatrix}$$

验后的协方差矩阵为

$$\mathrm{Var}(\hat{\boldsymbol{x}}) = \hat{\sigma}_0^2\boldsymbol{Q}_{\hat{x}} = \begin{bmatrix} 0.001 & -0.000 & 0.000 & 0.000 \\ -0.000 & 0.001 & -0.000 & 0.000 \\ 0.000 & -0.0004 & 0.003 & -0.002 \\ -0.000 & 0.000 & -0.002 & 0.003 \end{bmatrix}$$

从上式中可以得到 P_1 和 P_2 点平面坐标的验后估计精度为

$$\sigma_{\hat{X}_{P_1}} = 0.04\mathrm{m}$$

$$\sigma_{\hat{Y}_{P_1}} = 0.04\mathrm{m}$$

$$\sigma_{\hat{X}_{P_2}} = 0.06\mathrm{m}$$

$$\sigma_{\hat{Y}_{P_2}} = 0.06\mathrm{m}$$

由于附加了约束条件，估计的参数一定满足约束条件

$$\sqrt{(\hat{X}_{P_1}-\hat{X}_{P_2})^2+(\hat{Y}_{P_1}-\hat{Y}_{P_2})^2}-80.50=0$$

读者可自行对此进行验证(忽略计算误差)。

2.3 递推最小二乘估计

本章2.2节介绍的是“snapshot”最小二乘估计，每次估计解算只用到了当前时刻的观测值。在现实应用中，观测量并不是一次采集完成的，而是在不同时间点上获得，我们可以等所有的观测完成后，利用所有观测值一次对参数进行估计，这也被称为“批处理”的最小二乘估计。批处理方法占用了计算机的大量内存，不能实时对数据进行处理，解决这个问题的方法是使用实时数据对参数估计不断进行更新，实现递推解算。

递推最小二乘算法与最小二乘批处理的关系见图2.9。图2.9的左边表示批处理过程：假定在第k次观测后，得到第k次和所有之前的观测值，组成了观测值向量$\boldsymbol{Z}_k=[\boldsymbol{z}_1^{\mathrm{T}}\quad \boldsymbol{z}_2^{\mathrm{T}}\quad \cdots\quad \boldsymbol{z}_k^{\mathrm{T}}]^{\mathrm{T}}$，用观测值向量$\boldsymbol{Z}_k$得到最小二乘估计$\hat{\boldsymbol{X}}_{B(k)}$，下标$B$表示当前所有观测值批处理得到的最小二乘估计。在第$k+1$次观测后，又得到了一组观测值向量$\boldsymbol{z}_{k+1}$，集合所有的观测值$\boldsymbol{Z}_{k+1}=[\boldsymbol{Z}^{\mathrm{T}}{}_k\quad \boldsymbol{z}^{\mathrm{T}}{}_{k+1}]^{\mathrm{T}}$，估计得到的参数估计$\hat{\boldsymbol{X}}_{B(k+1)}$。按照批处理方法，每次得到新的观测值都需要重新集合所有的历史观测值进行参数估计，占用了较多的内存。递推过程如图2.9的右边所示：在估计得到$\hat{\boldsymbol{X}}_k$后，释放所有历史观测值，仅利用$\boldsymbol{z}_{k+1}$对$\hat{\boldsymbol{X}}_k$进行更新得到$\hat{\boldsymbol{X}}_{k+1}$，得到的$\hat{\boldsymbol{X}}_{k+1}$与$\hat{\boldsymbol{X}}_{B(k+1)}$完全等价。依此类推，当新的观测值到来时，只需要对上个历元的参数估计进行更新，就能得到与批处理等价的参数估计。

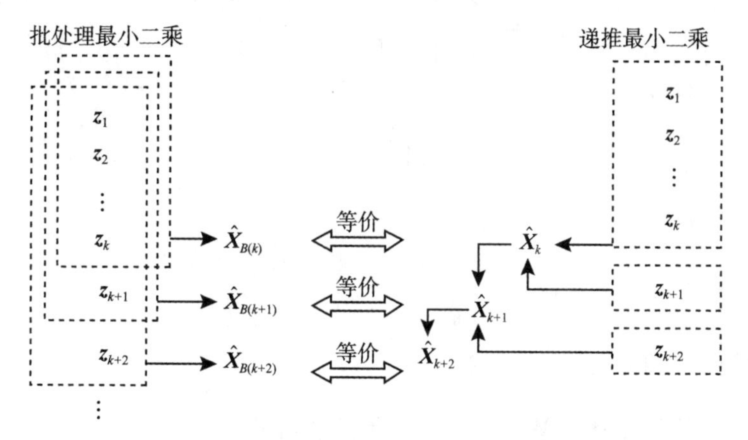

图2.9 批处理最小二乘估计与递推最小二乘估计的关系

与第4章介绍的Kalman滤波比较，递推的最小二乘估计是当状态方程“静止”情况下特殊的Kalman滤波。下面推导如何用$\boldsymbol{z}_{k+1}$对已有的估计$\hat{\boldsymbol{X}}_{B(k)}$进行更新修正得到$\hat{\boldsymbol{X}}_{B(k+1)}$。在推导中，为了简单起见，最小二乘的批处理结果不再带有下标B。

2.3.1 递推最小二乘估计的推导

1. 参数的递推估计

在第 k 次观测后，观测值向量 $\boldsymbol{Z}_k$ 的观测方程为

$$\boldsymbol{Z}_k = \boldsymbol{H}_k\boldsymbol{X} + \boldsymbol{\Delta}_k \tag{2.3.1}$$

观测值向量 $\boldsymbol{Z}_k$ 的方差阵为 $\boldsymbol{D}_k$，权矩阵为 $\boldsymbol{W}_k = \sigma_0^2 \boldsymbol{D}_k^{-1}$。最小二乘估计 $\hat{\boldsymbol{X}}_k$ 为

$$\hat{\boldsymbol{X}}_k = (\boldsymbol{H}_k^{\mathrm{T}} \boldsymbol{W}_k \boldsymbol{H}_k)^{-1} \boldsymbol{H}_k^{\mathrm{T}} \boldsymbol{W}_k \boldsymbol{Z}_k \tag{2.3.2}$$

$\hat{\boldsymbol{X}}_k$ 的协因数矩阵为

$$\boldsymbol{Q}_{\hat{X}_k} = (\boldsymbol{H}_k^{\mathrm{T}} \boldsymbol{W}_k \boldsymbol{H}_k)^{-1} \tag{2.3.3}$$

残差向量为

$$\boldsymbol{V}_k = \boldsymbol{H}_k \hat{\boldsymbol{X}}_k - \boldsymbol{Z}_k \tag{2.3.4}$$

验后单位权中误差为

$$\hat{\sigma}_{0,\ k}^2 = \boldsymbol{V}_k^{\mathrm{T}} \boldsymbol{W}_k \boldsymbol{V}_k / (\ell_k - n) \tag{2.3.5}$$

其中 ℓ_k 是 $\boldsymbol{Z}_k$ 中的观测值个数。

$k+1$ 次观测值向量为 $\boldsymbol{z}_{k+1}$，观测方程为

$$\boldsymbol{z}_{k+1} = \boldsymbol{h}_{k+1}\boldsymbol{X} + \boldsymbol{\Delta}_{k+1} \tag{2.3.6}$$

观测值 $\boldsymbol{z}_{k+1}$ 的方差阵为 $\boldsymbol{d}_{k+1}$，权矩阵为 $\boldsymbol{w}_{k+1} = \sigma_0^2 \boldsymbol{d}_{k+1}^{-1}$。集合所有的观测值构成观测值向量 $\boldsymbol{Z}_{k+1} = [\boldsymbol{Z}_k^{\mathrm{T}} \quad \boldsymbol{z}_{k+1}^{\mathrm{T}}]^{\mathrm{T}}$，$\boldsymbol{Z}_{k+1}$ 的观测方程为

$$\boldsymbol{Z}_{k+1} = \begin{bmatrix} \boldsymbol{Z}_k \\ \boldsymbol{z}_{k+1} \end{bmatrix} = \begin{bmatrix} \boldsymbol{H}_k \\ \boldsymbol{h}_{k+1} \end{bmatrix} \boldsymbol{X} + \begin{bmatrix} \boldsymbol{\Delta}_k \\ \boldsymbol{\Delta}_{k+1} \end{bmatrix} \tag{2.3.7}$$

观测值向量 $\boldsymbol{Z}_{k+1}$ 的权矩阵为

$$\boldsymbol{W}_{k+1} = \begin{bmatrix} \boldsymbol{W}_k & \\ & \boldsymbol{w}_{k+1} \end{bmatrix} \tag{2.3.8}$$

设

$$\boldsymbol{H}_{k+1} = \begin{bmatrix} \boldsymbol{H}_k \\ \boldsymbol{h}_{k+1} \end{bmatrix} \quad \boldsymbol{Z}_{k+1} = \begin{bmatrix} \boldsymbol{Z}_k \\ \boldsymbol{z}_{k+1} \end{bmatrix} \tag{2.3.9}$$

那么，批处理最小二乘估计为

$$\begin{aligned} \hat{\boldsymbol{X}}_{k+1} &= (\boldsymbol{H}_{k+1}^{\mathrm{T}} \boldsymbol{W}_{k+1} \boldsymbol{H}_{k+1})^{-1} \boldsymbol{H}_{k+1}^{\mathrm{T}} \boldsymbol{W}_{k+1} \boldsymbol{Z}_{k+1} \\ &= (\boldsymbol{H}_k^{\mathrm{T}} \boldsymbol{W}_k \boldsymbol{H}_k + \boldsymbol{h}_{k+1}^{\mathrm{T}} \boldsymbol{w}_{k+1} \boldsymbol{h}_{k+1})^{-1} (\boldsymbol{H}_k^{\mathrm{T}} \boldsymbol{W}_k \boldsymbol{Z}_k + \boldsymbol{h}_{k+1}^{\mathrm{T}} \boldsymbol{w}_{k+1} \boldsymbol{z}_{k+1}) \end{aligned} \tag{2.3.10}$$

残差向量为

$$\boldsymbol{V}_{k+1} = \begin{bmatrix} \bar{\boldsymbol{V}}_k \\ \boldsymbol{v}_{k+1} \end{bmatrix} = \begin{bmatrix} \boldsymbol{H}_k \\ \boldsymbol{h}_{k+1} \end{bmatrix} \hat{\boldsymbol{X}}_{k+1} - \begin{bmatrix} \boldsymbol{Z}_k \\ \boldsymbol{z}_{k+1} \end{bmatrix} \tag{2.3.11}$$

注意，这里的 $\overline{\boldsymbol{V}}_k$ 与式(2.3.4) 中的 V_k 并不相同。

$\hat{\boldsymbol{X}}_{k+1}$ 的协因数矩阵为

$$\begin{aligned}\boldsymbol{Q}_{\hat{X}_{k+1}} &= (\boldsymbol{H}_k^{\mathrm{T}}\boldsymbol{W}_k\boldsymbol{H}_k + \boldsymbol{h}_{k+1}^{\mathrm{T}}\boldsymbol{w}_{k+1}\boldsymbol{h}_{k+1})^{-1} \\ &= (\boldsymbol{Q}_{\hat{X}_k}^{-1} + \boldsymbol{h}_{k+1}^{\mathrm{T}}\boldsymbol{W}_{k+1}\boldsymbol{h}_{k+1})^{-1}\end{aligned} \tag{2.3.12}$$

式(2.3.10)可表示为

$$\hat{\boldsymbol{X}}_{k+1} = \boldsymbol{Q}_{\hat{X}_{k+1}}\boldsymbol{H}_k^{\mathrm{T}}\boldsymbol{W}_k\boldsymbol{Z}_k + \boldsymbol{Q}_{\hat{X}_{k+1}}\boldsymbol{h}_{k+1}^{\mathrm{T}}\boldsymbol{w}_{k+1}\boldsymbol{z}_{k+1} \tag{2.3.13}$$

由于

$$\boldsymbol{H}_k^{\mathrm{T}}\boldsymbol{W}_k\boldsymbol{Z}_k = \boldsymbol{Q}_{X_k}^{-1}\hat{\boldsymbol{X}}_k \tag{2.3.14}$$

式(2.3.13)为

$$\hat{\boldsymbol{X}}_{k+1} = \boldsymbol{Q}_{\hat{X}_{k+1}}\boldsymbol{Q}_{\hat{X}_k}^{-1}\hat{\boldsymbol{X}}_k + \boldsymbol{Q}_{\hat{X}_{k+1}}\boldsymbol{h}_{k+1}^{\mathrm{T}}\boldsymbol{w}_{k+1}\boldsymbol{z}_{k+1} \tag{2.3.15}$$

从式(2.3.12)可以得到

$$\boldsymbol{Q}_{\hat{X}_k}^{-1} = \boldsymbol{Q}_{\hat{X}_{k+1}}^{-1} - \boldsymbol{h}_{k+1}^{\mathrm{T}}\boldsymbol{w}_{k+1}\boldsymbol{h}_{k+1} \tag{2.3.16}$$

将式(2.3.16)代入式(2.3.15)

$$\begin{aligned}\hat{\boldsymbol{X}}_{k+1} &= \boldsymbol{Q}_{\hat{X}_{k+1}}(\boldsymbol{Q}_{\hat{X}_{k+1}}^{-1} - \boldsymbol{h}_{k+1}^{\mathrm{T}}\boldsymbol{w}_{k+1}\boldsymbol{h}_{k+1})\hat{\boldsymbol{X}}_k + \boldsymbol{Q}_{\hat{X}_{k+1}}\boldsymbol{h}_{k+1}^{\mathrm{T}}\boldsymbol{w}_{k+1}\boldsymbol{z}_{k+1} \\ &= \hat{\boldsymbol{X}}_k - \boldsymbol{Q}_{\hat{X}_{k+1}}\boldsymbol{h}_{k+1}^{\mathrm{T}}\boldsymbol{w}_{k+1}\boldsymbol{h}_{k+1}\hat{\boldsymbol{X}}_k + \boldsymbol{Q}_{\hat{X}_{k+1}}\boldsymbol{h}_{k+1}^{\mathrm{T}}\boldsymbol{w}_{k+1}\boldsymbol{z}_{k+1} \\ &= \hat{\boldsymbol{X}}_k + \boldsymbol{Q}_{\hat{X}_{k+1}}\boldsymbol{h}_{k+1}^{\mathrm{T}}\boldsymbol{w}_{k+1}(\boldsymbol{z}_{k+1} - \boldsymbol{h}_{k+1}\hat{\boldsymbol{X}}_k)\end{aligned} \tag{2.3.17}$$

令

$$\boldsymbol{K}_{k+1} = \boldsymbol{Q}_{\hat{X}_{k+1}}\boldsymbol{h}_{k+1}^{\mathrm{T}}\boldsymbol{w}_{k+1} \tag{2.3.18}$$

那么式 (2.3.17)为

$$\hat{\boldsymbol{X}}_{k+1} = \hat{\boldsymbol{X}}_k + \boldsymbol{K}_{k+1}(\boldsymbol{z}_{k+1} - \boldsymbol{h}_{k+1}\hat{\boldsymbol{X}}_k) \tag{2.3.19}$$

若设

$$\Delta\boldsymbol{z}_{k+1} = \boldsymbol{z}_{k+1} - \boldsymbol{h}_{k+1}\hat{\boldsymbol{X}}_k \tag{2.3.20}$$

式(2.3.19)成为

$$\hat{\boldsymbol{X}}_{k+1} = \hat{\boldsymbol{X}}_k + \boldsymbol{K}_{k+1}\Delta\boldsymbol{z}_{k+1} \tag{2.3.21}$$

式(2.3.19)是从批处理结果式(2.3.10)推导得到，它将 $\hat{\boldsymbol{X}}_{k+1}$ 表示为观测值 $\boldsymbol{z}_{k+1}$ 对 $\hat{\boldsymbol{X}}_k$ 的更新，其中 $\boldsymbol{K}_{k+1}$ 将 $\boldsymbol{z}_{k+1} - \boldsymbol{h}_{k+1}\hat{\boldsymbol{X}}_k$ 映射到 $\hat{\boldsymbol{X}}_{k+1}$，被称为增益矩阵。

由于增益矩阵 $\boldsymbol{K}_{k+1}$ 由 $\boldsymbol{Q}_{\hat{X}_{k+1}}$ 计算得到，这给计算带来不便，下面推导由 $\boldsymbol{Q}_{\hat{X}_k}$ 和 $\boldsymbol{w}_{k+1}$ 来计算 $\boldsymbol{Q}_{\hat{X}_{k+1}}$ 和 $\boldsymbol{K}_{k+1}$ 的递推式。

将式(2.3.12)代入式(2.3.18)

$$\begin{aligned}\boldsymbol{K}_{k+1} &= \boldsymbol{Q}_{\hat{X}_{k+1}}\boldsymbol{h}_{k+1}^{\mathrm{T}}\boldsymbol{w}_{k+1} \\ &= (\boldsymbol{Q}_{\hat{X}_k}^{-1} + \boldsymbol{h}_{k+1}^{\mathrm{T}}\boldsymbol{w}_{k+1}\boldsymbol{h}_{k+1})^{-1}\boldsymbol{h}_{k+1}^{\mathrm{T}}\boldsymbol{w}_{k+1}\end{aligned} \tag{2.3.22}$$

由矩阵的恒等式(A-53)可得到

$$\boldsymbol{K}_{k+1}=\boldsymbol{Q}_{\hat{X}_k}\boldsymbol{h}_{k+1}^{\mathrm{T}}(\boldsymbol{w}_{k+1}^{-1}+\boldsymbol{h}_{k+1}\boldsymbol{Q}_{\hat{X}_k}\boldsymbol{h}_{k+1}^{\mathrm{T}})^{-1} \tag{2.3.23}$$

由附录中式(A-52)，式(2.3.12)可表示为

$$\boldsymbol{Q}_{\hat{X}_{k+1}}=\boldsymbol{Q}_{\hat{X}_k}-\boldsymbol{Q}_{\hat{X}_k}\boldsymbol{h}_{k+1}^{\mathrm{T}}(\boldsymbol{w}_{k+1}^{-1}+\boldsymbol{h}_{k+1}\boldsymbol{Q}_{\hat{X}_k}\boldsymbol{h}_{k+1}^{\mathrm{T}})^{-1}\boldsymbol{h}_{k+1}\boldsymbol{Q}_{\hat{X}_k} \tag{2.3.24}$$

根据式(2.3.23)，式(2.3.24)为

$$\boldsymbol{Q}_{\hat{X}_{k+1}}=\boldsymbol{Q}_{\hat{X}_k}-\boldsymbol{K}_{k+1}\boldsymbol{h}_{k+1}\boldsymbol{Q}_{\hat{X}_k} \tag{2.3.25}$$

式(2.3.23)和式(2.3.25)即为由历史信息 $\boldsymbol{Q}_{\hat{X}_k}$ 和新的观测信息 $\boldsymbol{h}_{k+1}$ 和 $\boldsymbol{w}_{k+1}$ 计算 $\boldsymbol{Q}_{\hat{X}_{k+1}}$ 和 $\boldsymbol{K}_{k+1}$ 的递推式。

2. 验后单位权方差的递推

将估计得到的 $\hat{\boldsymbol{X}}_{k+1}$ 代入误差方程(2.3.11)得到残差 $\boldsymbol{V}_{k+1}$，从而可以计算验后单位权方差

$$\hat{\sigma}_{0,\,k+1}^2=\boldsymbol{V}_{k+1}^{\mathrm{T}}\boldsymbol{W}_{k+1}\boldsymbol{V}_{k+1}/(\ell_{k+1}-n) \tag{2.3.26}$$

这里的 ℓ_{k+1} 为观测值向量 $\boldsymbol{Z}_{k+1}=[\boldsymbol{Z}_k^{\mathrm{T}}\quad \boldsymbol{z}_{k+1}^{\mathrm{T}}]^{\mathrm{T}}$ 的观测值的个数。上式中的残差加权平方和为

$$\begin{aligned}\boldsymbol{V}_{k+1}^{\mathrm{T}}\boldsymbol{W}_{k+1}\boldsymbol{V}_{k+1}&=[\bar{\boldsymbol{V}}_k^{\mathrm{T}}\quad \boldsymbol{v}_{k+1}^{\mathrm{T}}]\begin{bmatrix}\boldsymbol{W}_k & \\ & \boldsymbol{w}_{k+1}\end{bmatrix}\begin{bmatrix}\bar{\boldsymbol{V}}_k\\ \boldsymbol{v}_{k+1}\end{bmatrix}\\&=\bar{\boldsymbol{V}}_k^{\mathrm{T}}\boldsymbol{W}_k\bar{\boldsymbol{V}}_k+\boldsymbol{v}_{k+1}^{\mathrm{T}}\boldsymbol{w}_{k+1}\boldsymbol{v}_{k+1}\end{aligned} \tag{2.3.27}$$

根据式(2.3.11)、式(2.3.21)和式(2.3.4)得到

$$\begin{aligned}\bar{\boldsymbol{V}}_k&=\boldsymbol{H}_k\hat{\boldsymbol{X}}_{k+1}-\boldsymbol{Z}_k\\&=\boldsymbol{H}_k(\hat{\boldsymbol{X}}_k+\boldsymbol{K}_{k+1}\Delta\boldsymbol{z}_{k+1})-\boldsymbol{Z}_k\\&=\boldsymbol{V}_k+\boldsymbol{H}_k\boldsymbol{K}_{k+1}\Delta\boldsymbol{z}_{k+1}\end{aligned} \tag{2.3.28}$$

将式(2.3.28)代入式(2.3.27)

$$\begin{aligned}\boldsymbol{V}_{k+1}^{\mathrm{T}}\boldsymbol{W}_{k+1}\boldsymbol{V}_{k+1}=&\boldsymbol{V}_k^{\mathrm{T}}\boldsymbol{W}_k\boldsymbol{V}_k+(\boldsymbol{H}_k\boldsymbol{K}_{k+1}\Delta\boldsymbol{z}_{k+1})^{\mathrm{T}}\boldsymbol{W}_k\boldsymbol{V}_k+\boldsymbol{V}_k^{\mathrm{T}}\boldsymbol{W}_k\boldsymbol{H}_k\boldsymbol{K}_{k+1}\Delta\boldsymbol{z}_{k+1}\\&+\Delta\boldsymbol{z}_{k+1}^{\mathrm{T}}\boldsymbol{K}_{k+1}^{\mathrm{T}}\boldsymbol{Q}_{\hat{X}_k}^{-1}\boldsymbol{K}_{k+1}\Delta\boldsymbol{z}_{k+1}+\boldsymbol{v}_{k+1}^{\mathrm{T}}\boldsymbol{w}_{k+1}\boldsymbol{v}_{k+1}\end{aligned} \tag{2.3.29}$$

将式(2.3.4)代入上式中的 $(\boldsymbol{H}_k\boldsymbol{K}_{k+1}\Delta\boldsymbol{z}_{k+1})^{\mathrm{T}}\boldsymbol{W}_k\boldsymbol{V}_k$，得到

$$\begin{aligned}(\boldsymbol{H}_k\boldsymbol{K}_{k+1}\Delta\boldsymbol{z}_{k+1})^{\mathrm{T}}\boldsymbol{W}_k\boldsymbol{V}_k&=\Delta\boldsymbol{z}_{k+1}^{\mathrm{T}}\boldsymbol{K}_{k+1}^{\mathrm{T}}\boldsymbol{H}_k^{\mathrm{T}}\boldsymbol{W}_k(\boldsymbol{H}_k\hat{\boldsymbol{X}}_k-\boldsymbol{Z}_k)\\&=\Delta\boldsymbol{z}_{k+1}^{\mathrm{T}}\boldsymbol{K}_{k+1}^{\mathrm{T}}(\boldsymbol{H}_k^{\mathrm{T}}\boldsymbol{W}_k\boldsymbol{H}_k\hat{\boldsymbol{X}}_k-\boldsymbol{H}_k^{\mathrm{T}}\boldsymbol{W}_k\boldsymbol{Z}_k)\end{aligned} \tag{2.3.30}$$

由式(2.3.2)可知，上式等于零，同理，$\boldsymbol{V}_k^{\mathrm{T}}\boldsymbol{W}_k\boldsymbol{H}_k\boldsymbol{K}_{k+1}\Delta\boldsymbol{z}_{k+1}$ 也等于零，所以

$$\boldsymbol{V}_{k+1}^{\mathrm{T}}\boldsymbol{W}_{k+1}\boldsymbol{V}_{k+1}=\boldsymbol{V}_k^{\mathrm{T}}\boldsymbol{W}_k\boldsymbol{V}_k+\Delta\boldsymbol{z}_{k+1}^{\mathrm{T}}\boldsymbol{K}_{k+1}^{\mathrm{T}}\boldsymbol{Q}_{\hat{X}_k}^{-1}\boldsymbol{K}_{k+1}\Delta\boldsymbol{z}_{k+1}+\boldsymbol{v}_{k+1}^{\mathrm{T}}\boldsymbol{w}_{k+1}\boldsymbol{v}_{k+1} \tag{2.3.31}$$

其中 $\boldsymbol{V}_k^{\mathrm{T}}\boldsymbol{W}_k\boldsymbol{V}_k$ 是由观测值向量 $\boldsymbol{Z}_k$ 估计得到的残差加权平方和。将式(2.3.5)代入上式

$$\boldsymbol{V}_{k+1}^{\mathrm{T}}\boldsymbol{W}_{k+1}\boldsymbol{V}_{k+1}=\hat{\sigma}_{0,\,k}^2(\ell_k-n)+\Delta\boldsymbol{z}_{k+1}^{\mathrm{T}}\boldsymbol{K}_{k+1}^{\mathrm{T}}\boldsymbol{Q}_{\hat{X}_k}^{-1}\boldsymbol{K}_{k+1}\Delta\boldsymbol{z}_{k+1}+\boldsymbol{v}_{k+1}^{\mathrm{T}}\boldsymbol{w}_{k+1}\boldsymbol{v}_{k+1} \tag{2.3.32}$$

将上式代入式(2.3.26)，得到

$$\hat{\sigma}_{0,\ k+1}^{2}=\frac{1}{(\ell_{k+1}-n)}\boldsymbol{V}_{k+1}^{\mathrm{T}}\boldsymbol{W}_{k+1}\boldsymbol{V}_{k+1}$$
$$=\frac{1}{(\ell_{k+1}-n)}[\hat{\sigma}_{0,\ k}^{2}(\ell_{k}-n)+\Delta\boldsymbol{z}_{k+1}^{\mathrm{T}}\boldsymbol{K}_{k+1}^{\mathrm{T}}\boldsymbol{Q}_{\hat{X}_k}^{-1}\boldsymbol{K}_{k+1}\Delta\boldsymbol{z}_{k+1}+\boldsymbol{v}_{k+1}^{\mathrm{T}}\boldsymbol{w}_{k+1}\boldsymbol{v}_{k+1}]$$
(2.3.33)

式(2.3.33)即为递推最小二乘估计的验后单位权方差。

在得到 $\hat{\sigma}_{0,\ k+1}^{2}$ 后，进而得到

$$\mathrm{Var}(\hat{\boldsymbol{X}}_{k+1})=\hat{\sigma}_{0,\ k+1}^{2}\boldsymbol{Q}_{\hat{X}_{k+1}} \tag{2.3.34}$$

2.3.2 计算流程

递推的最小二乘估计解算流程见图2.10所示。

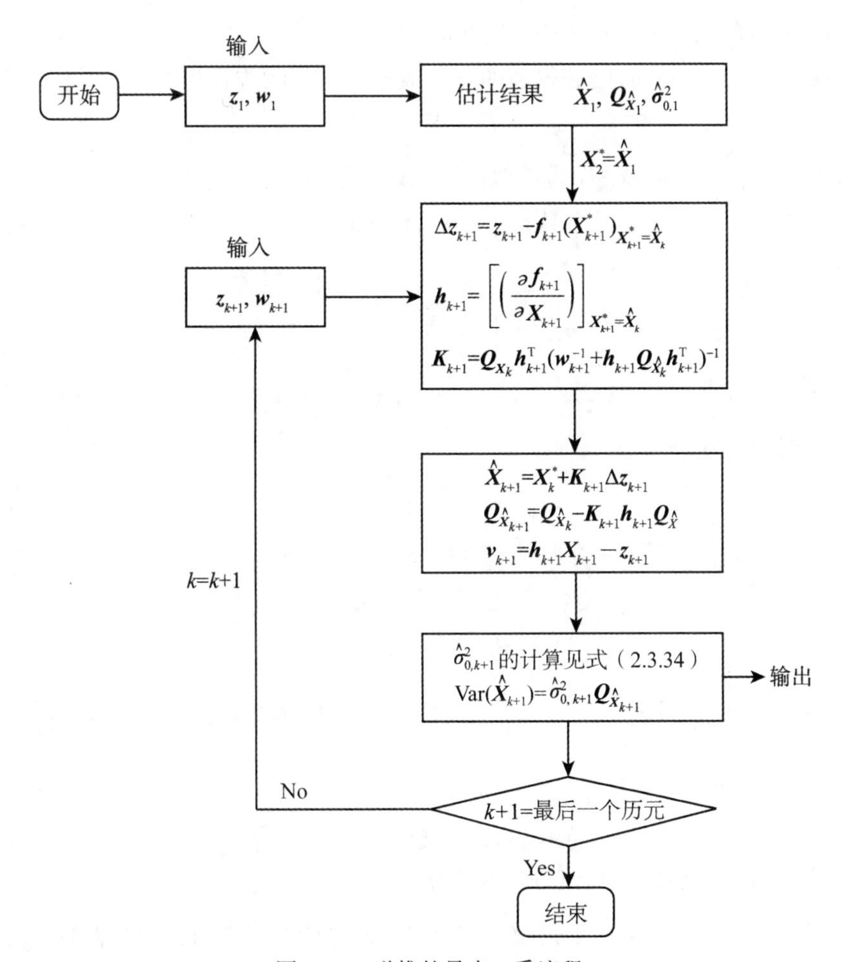

图2.10　递推的最小二乘流程

在时刻 t_1，有观测值向量 $\boldsymbol{Z}_1$，设参数近似值为 $\boldsymbol{X}_1^*$，其 OMC 观测方程为

$$\Delta \boldsymbol{z}_1 = \boldsymbol{h}_1 \boldsymbol{x} + \boldsymbol{\Delta}_1 \tag{2.3.35}$$

观测值向量 $\boldsymbol{Z}_1$ 的方差阵为 $\boldsymbol{D}_1$，权矩阵为 $\boldsymbol{W}_1 = \sigma_0^2 \boldsymbol{D}_1^{-1}$，最小二乘迭代计算后有

$$\begin{aligned} \hat{\boldsymbol{x}}_1 &= (\boldsymbol{h}_1^{\mathrm{T}} \boldsymbol{W}_1 \boldsymbol{h}_1)^{-1} \boldsymbol{h}_1^T \boldsymbol{W}_1 \Delta \boldsymbol{z}_1 \\ \hat{\boldsymbol{X}}_1 &= \boldsymbol{X}_1^* + \hat{\boldsymbol{x}}_1 \end{aligned} \tag{2.3.36}$$

协因数矩阵为

$$\boldsymbol{Q}_{\hat{X}_1} = (\boldsymbol{h}_1^{\mathrm{T}} \boldsymbol{W}_1 \boldsymbol{h}_1)^{-1} \tag{2.3.37}$$

残差向量为

$$\boldsymbol{v}_1 = \boldsymbol{h}_1 \hat{\boldsymbol{x}}_1 - \Delta \boldsymbol{z}_1 \tag{2.3.38}$$

验后单位权中误差

$$\hat{\sigma}_{0,1}^2 = \frac{\boldsymbol{v}_1^T \boldsymbol{W}_1 \boldsymbol{v}_1}{(\ell_1 - n)} \tag{2.3.39}$$

保存 $\hat{\boldsymbol{X}}_1$，$\boldsymbol{Q}_{\hat{X}_1}$ 和 $\hat{\sigma}_{0,1}^2$，并传递给下一个历元。

在 $t_{k+1}(k = 1, 2, \cdots)$ 时刻获得新的观测值 $\boldsymbol{z}_{k+1}$，观测方程为

$$\boldsymbol{z}_{k+1} = \boldsymbol{f}_{k+1}(\boldsymbol{X}_{k+1}) + \boldsymbol{\Delta}_{k+1} \tag{2.3.40}$$

设参数近似值为 $\boldsymbol{X}_{k+1}^*$（可将 $\hat{\boldsymbol{X}}_k$ 作为近似值），线性化后的方程为

$$\Delta \boldsymbol{z}_{k+1} = \boldsymbol{h}_{k+1} \boldsymbol{x} + \boldsymbol{\Delta}_{k+1} \tag{2.3.41}$$

其中 $\boldsymbol{h}_{k+1}$ 和 $\Delta \boldsymbol{z}_{k+1}$ 为

$$\boldsymbol{h}_{k+1} = \left[\left(\frac{\partial \boldsymbol{f}_{k+1}}{\partial \boldsymbol{X}_{k+1}} \right) \right]_{X_{k+1}^* = \hat{X}_k} \tag{2.3.42}$$

$$\Delta \boldsymbol{z}_{k+1} = \boldsymbol{z}_{k+1} - \boldsymbol{f}_{k+1}(\boldsymbol{X}_{k+1}^*)_{X_{k+1}^* = \hat{X}_k} \tag{2.3.43}$$

对 k 时刻的估计进行更新

$$\hat{\boldsymbol{X}}_{k+1} = \hat{\boldsymbol{X}}_k + \boldsymbol{K}_{k+1} \Delta \boldsymbol{z}_{k+1} \tag{2.3.44}$$

$$\boldsymbol{K}_{k+1} = \boldsymbol{Q}_{\hat{X}_k} \boldsymbol{h}_{k+1}^{\mathrm{T}} (\boldsymbol{w}_{k+1}^{-1} + \boldsymbol{h}_{k+1} \boldsymbol{Q}_{\hat{X}_k} \boldsymbol{h}_{k+1}^{\mathrm{T}})^{-1} \tag{2.3.45}$$

$$\boldsymbol{Q}_{\hat{X}_{k+1}} = \boldsymbol{Q}_{\hat{X}_k} - \boldsymbol{K}_{k+1} \boldsymbol{h}_{k+1} \boldsymbol{Q}_{\hat{X}_k} \tag{2.3.46}$$

$$\boldsymbol{v}_{k+1} = \boldsymbol{h}_{k+1} \hat{\boldsymbol{x}}_{k-1} - \Delta \boldsymbol{z}_{k-1} \tag{2.3.47}$$

$$\hat{\sigma}_{0,k+1}^2 = \frac{1}{(\ell_{k+1} - n)} [\hat{\sigma}_{0,k}^2 (\ell_k - n) + \Delta \boldsymbol{z}_{k+1}^{\mathrm{T}} \boldsymbol{K}_{k+1}^{\mathrm{T}} \boldsymbol{Q}_{\hat{X}_k} \boldsymbol{K}_{k+1} \Delta \boldsymbol{z}_{k+1} + \boldsymbol{v}_{k+1}^{\mathrm{T}} \boldsymbol{w}_{k+1} \boldsymbol{v}_{k+1}] \tag{2.3.48}$$

$$\mathrm{Var}(\hat{\boldsymbol{X}}_{k+1}) = \boldsymbol{Q}_{\hat{X}_{k+1}} \hat{\sigma}_{0,k+1}^2 \tag{2.3.49}$$

如此进行下去，直到所有的观测值对参数更新完毕。

从上面的计算过程可以看出，每次最小二乘估计只需存储估计结果 $\hat{\boldsymbol{X}}_k$、$\boldsymbol{Q}_{\hat{X}_k}$ 和 $\hat{\sigma}_{0,k}^2$，当有新的观测值 $\boldsymbol{z}_{k+1}$ 后，只需对 $\hat{\boldsymbol{X}}_k$、$\boldsymbol{Q}_{\hat{X}_k}$ 和 $\hat{\sigma}_{0,k}^2$ 进行更新计算，这给大样本的观

测数据处理带来了便利。

在递推的最小二乘估计中，若将 $\hat{\boldsymbol{X}}_k$ 看作是 t_{k+1} 时刻参数估计的先验信息，$\sigma_0^2\boldsymbol{Q}_{\hat{X}_k}$ 为先验方差，那么上面的递推实际上是 t_{k+1} 时刻的观测值 z_{k+1} 对先验信息的更新，所以递推的最小二乘也被称为“最小二乘滤波”。如果被估计目标是静态的，这样获得的参数估计与将集合所有观测对参数进行一次估计的结果等价；如果系统处于运动状态，那么每一次更新得到的 $\hat{\boldsymbol{X}}_k$ 就是对当前状态的估计值。

2.3.3 算例分析

例 2.8 为了估计例 2.5 中匀速运动质点的轨迹，除了已有的 6 个观测值外(第一期观测值见表 2.1)，现又观测了如表 2.7 的观测值(第二期观测值)。请利用表 2.1 和表 2.7 的所有观测值重新估计运动质点的轨迹。

表 2.7 **新增观测值及其中误差**

观测时刻(s)	观测值(m)	观测值中误差(m)
7	11.3	0.4
8	12.8	0.4
9	14.0	0.4

第一期的观测值有 6 个，被估计参数有 2 个，所以多余观测有 $\ell_1 - n = 4$。第二期又增加了 3 个，可以构成 9 个观测方程估计运动质点的轨迹，多余观测有 $\ell_2 - n = 7$。现用本节中介绍的递推最小二乘算法来解决此问题。在例 2.5 中用已有 6 个观测值估计得到参数为

$$\hat{\boldsymbol{X}}_1 = \begin{bmatrix} \hat{\alpha} \\ \hat{\beta} \end{bmatrix} = \begin{bmatrix} 2.23 \\ 1.20 \end{bmatrix} \text{m}$$

$$\boldsymbol{Q}_{\hat{X}_1} = \begin{bmatrix} 0.1842 & -0.046 \\ -0.046 & 0.0133 \end{bmatrix}$$

$$\hat{\sigma}_{0,1} = 1.6\text{m}$$

新增观测值的观测方程为

$$z_2 = \boldsymbol{h}_2\boldsymbol{X} + \Delta_2$$

其中

$$\boldsymbol{h}_2 = \begin{bmatrix} 1 & 7 \\ 1 & 8 \\ 1 & 9 \end{bmatrix}, \quad z_2 = \begin{bmatrix} 11.3 \\ 12.8 \\ 14.0 \end{bmatrix}$$

单位权方差与第一期观测值进行最小二乘估计的单位权方差一致，$\sigma_0^2 = 1$，那么新增观测值的权阵为

$$w_2 = 1 \times \begin{bmatrix} 0.16 & & \\ & 0.16 & \\ & & 0.16 \end{bmatrix}^{-1}$$

现用新增观测值对参数估计进行更新修正。首先计算

$$\Delta z_2 = z_2 - h_2 \hat{X}_1 = \begin{bmatrix} 0.7 \\ 1.0 \\ 1.0 \end{bmatrix}$$

将 $Q_{\hat{X}_1}$， w_2 和 h_2 代入式(2.3.45)，得到增益矩阵

$$K_2 = \begin{bmatrix} -0.0441 & -0.1416 & -0.2391 \\ 0.0340 & 0.0528 & 0.0715 \end{bmatrix}$$

由式(2.3.44)得到

$$\hat{X}_2 = \begin{bmatrix} 1.81 \\ 1.34 \end{bmatrix} \text{m}$$

利用式(2.3.46)，得到

$$Q_{\hat{X}_2} = \begin{bmatrix} 0.1021 & -0.0156 \\ -0.0156 & 0.0030 \end{bmatrix}$$

z_2 的残差为

$$\begin{aligned} v_2 &= h_2 \hat{X}_2 - z_2 \\ &= \begin{bmatrix} v_7 \\ v_8 \\ v_9 \end{bmatrix} = \begin{bmatrix} -0.07 \\ -0.24 \\ -0.07 \end{bmatrix} \text{m} \end{aligned}$$

残差平方和为

$$v_2^{\mathrm{T}} w_2 v_2 = 0.4305$$

验后单位权方差为

$$\begin{aligned} \hat{\sigma}_{0,2}^2 &= \frac{1}{(\ell_2 - n)} [\hat{\sigma}_{0,1}^2 (\ell_1 - n) + \Delta z_2^{\mathrm{T}} K_2^{\mathrm{T}} Q_{\hat{X}_1} K_2 \Delta z_2 + v_2^{\mathrm{T}} w_2 v_2] \\ &= 12.2929/7 \\ &= 1.75\text{m}^2 \end{aligned}$$

验后单位权方差估计为

$$\hat{\sigma}_{0,2} = 1.4\text{m}$$

在得到验后单位权方差后，代入式(2.3.49)，即可计算 $\hat{X}_2$ 的验后方差。

在此例中，新增观测值通过递推最小二乘算法对已有的参数估计 $\hat{X}_1$ 进行更新，重新得到的参数估计 $\hat{X}_2$、方差矩阵和验后单位权方差估计，结果与集合所有观测值(批处理)进行估计的结果一致，读者可自行进行计算验证。

2.4 极大似然估计

极大似然估计是遗传学家和统计学家罗纳德·费雪爵士(Ronald Aylmer Fisher)在1912年至1922年间提出并开始使用的。

2.4.1 极大似然估计

极大似然估计提供了一种给定观测值来评估模型参数的方法，即“模型已定，参数未知”。例如，我们已经知道观测值服从某一分布 $p(\boldsymbol{z} \mid \boldsymbol{x})$，其中

$$\begin{aligned} \boldsymbol{z} &= [z_1,\ z_2,\ \cdots,\ z_\ell]^{\mathrm{T}} \\ \boldsymbol{x} &= [x_1,\ x_2,\ \cdots,\ x_n]^{\mathrm{T}} \end{aligned} \tag{2.4.1}$$

如观测值服从正态分布：$\boldsymbol{Z} \sim N(\boldsymbol{\mu}_Z,\ \boldsymbol{D})$，但是该分布函数中的参数$\boldsymbol{\mu}_Z$和$\boldsymbol{D}$未知，就可以通过采样，即观测值$\boldsymbol{Z}=[Z_1,\ Z_2,\ \cdots,\ Z_\ell]$，来求分布函数中的未知参数$\boldsymbol{\mu}_Z$和$\boldsymbol{D}$。为了能估计得到分布中的未知参数$\boldsymbol{x}$，一个合理想法是参数的估值使得概率密度函数$p(\boldsymbol{z} \mid \boldsymbol{x})$最大。

记满足使似然函数最大的估计为$\hat{\boldsymbol{X}}_{ML}$，那么

$$\hat{\boldsymbol{X}}_{ML} = \arg \max_{x}(p(\boldsymbol{z} \mid \boldsymbol{x})) \tag{2.4.2}$$

极大似然估计可以理解为：“在什么样的状态下，最可能产生现在的观测数据”，在这样的准则下，得到的参数估计是最符合观测值的估计。Fisher学派认为参数$\boldsymbol{x}$虽然未知，但是固定的常数，为非随机量，此时的$p(\boldsymbol{z} \mid \boldsymbol{x})$是观测值$\boldsymbol{z}$的概率密度函数，所以

$$p(\boldsymbol{z} \mid \boldsymbol{x}) = p_z(\boldsymbol{z}) \tag{2.4.3}$$

在这里为了突出$\boldsymbol{x}$是未知待求解的参数，仍然用$p(\boldsymbol{z} \mid \boldsymbol{x})$来表示$\boldsymbol{z}$的分布。

为了求得似然函数的最大值，对似然函数求导并求解

$$\left.\frac{\partial p(\boldsymbol{z} \mid \boldsymbol{x})}{\partial \boldsymbol{x}}\right|_{x=\hat{x}_{ML}} = 0 \tag{2.4.4}$$

得到$\hat{\boldsymbol{X}}_{ML}$。由于很多时候似然函数含有指数函数，为了方便解得$\hat{\boldsymbol{X}}_{ML}$，可先对似然函数求对数，然后求导解得$\hat{\boldsymbol{X}}_{ML}$

$$\left.\frac{\partial \ln p(\boldsymbol{z} \mid \boldsymbol{x})}{\partial \boldsymbol{x}}\right|_{x=\hat{x}_{ML}} = 0 \tag{2.4.5}$$

上式中的$\ln p(\boldsymbol{z} \mid \boldsymbol{x})$称为对数似然函数。

从以上过程来看，极大似然估计$\hat{\boldsymbol{X}}_{ML}$就是使似然函数$p(\boldsymbol{z} \mid \boldsymbol{x})$或者对数似然函数$\ln p(\boldsymbol{z} \mid \boldsymbol{x})$最大的估计。

2.4.2 算例分析

例2.9 设观测值$\boldsymbol{Z}=[Z_1,\ Z_2,\ \cdots,\ Z_n]$相互独立，$Z_i(i=1,\ 2,\ \cdots,\ n)$服从$N(\mu,\ \sigma^2)$，其中$\mu$，$\sigma^2$未知。试求$\mu$，$\sigma^2$的极大似然估计。

解：由于观测值相互独立，$[Z_1, Z_2, \cdots, Z_n]$ 的联合分布为各个观测值分布函数的乘积，所以似然函数为：

$$L(\mu, \sigma^2) = \prod_{i=1}^{n} \frac{1}{\sqrt{2\pi}\sigma} e^{-\frac{(z_i-\mu)^2}{2\sigma^2}} = (2\pi\sigma^2)^{-\frac{n}{2}} e^{-\frac{\sum_{i=1}^{n}(z_i-\mu)^2}{2\sigma^2}} \tag{2.4.6}$$

对数似然函数为：

$$l(\mu, \sigma^2) = -\frac{n}{2}\ln(2\pi\sigma^2) - \frac{1}{2\sigma^2}\sum_{i=1}^{n}(z_i - \mu)^2 \tag{2.4.7}$$

将 $l(\mu, \sigma^2)$ 分别对 μ、σ^2 求偏导，并令它们都为 0，得似然方程组为：

$$\begin{cases} \dfrac{\partial l(\mu, \sigma^2)}{\partial \mu} = \dfrac{1}{\sigma^2}\sum_{i=1}^{n}(z_i - \mu) = 0 \\ \dfrac{\partial l(\mu, \sigma^2)}{\partial \sigma^2} = -\dfrac{n}{2\sigma^2} + \dfrac{1}{2\sigma^4}\sum_{i=1}^{n}(z_i - \mu)^2 = 0 \end{cases} \tag{2.4.8}$$

解似然方程组得：

$$\hat{\mu}_{ML} = \bar{z}, \qquad \hat{\sigma}^2_{ML} = \frac{1}{n}\sum_{i=1}^{n}(z_i - \bar{z})^2 \tag{2.4.9}$$

上述过程对一切样本成立，故用观测值 Z_i 代替 z_i，μ 和 σ^2 的极大似然估计分别为：

$$\hat{\mu}_{ML} = \bar{Z}, \qquad \hat{\sigma}^2_{ML} = \frac{1}{n}\sum_{i=1}^{n}(Z_i - \bar{Z})^2 \tag{2.4.10}$$

上述参数估计的期望为

$$E(\hat{\mu}_{ML}) = \frac{1}{n}\sum_{k=1}^{n}E(Z_k) = \mu \tag{2.4.11}$$

$$E(\hat{\sigma}^2_{ML}) = \frac{1}{n}E\left\{\sum_{k=1}^{n}(Z_k - \hat{\mu}_{ML})^2\right\} = \frac{n-1}{n}\sigma^2 \tag{2.4.12}$$

这表明 $\hat{\mu}_{ML}$ 是 μ 的无偏估计量，而 $\hat{\sigma}^2_{ML}$ 是 σ^2 的有偏估计量，但当 $n \to \infty$ 时，$E(\hat{\sigma}^2_{ML}) \to \sigma^2$，因此，$\hat{\sigma}^2_{ML}$ 是 σ^2 的渐近无偏估计量。

从结果看，极大似然估计结果并不总是线性估计，而且也不总是无偏估计。

例 2.10　设有观测方程 $\boldsymbol{Z} = \boldsymbol{HX} + \boldsymbol{\Delta}$，$\boldsymbol{\Delta}$ 为正态随机向量，$\boldsymbol{\Delta} \sim N(0, \boldsymbol{D}_\Delta)$，$\boldsymbol{X}$ 为常量，求参数 $\boldsymbol{X}$ 的最大似然估计 $\hat{\boldsymbol{X}}_{ML}$。

解：由于 $\boldsymbol{X}$ 为常量，有 $\boldsymbol{Z} \sim N(\boldsymbol{HX}, \boldsymbol{D}_\Delta)$，观测值向量的概率密度函数为

$$p_{\boldsymbol{Z}|\boldsymbol{X}}(\boldsymbol{z} \mid \boldsymbol{x}) = \frac{1}{(2\pi)^{\ell/2}\left|\boldsymbol{D}_\Delta\right|^{1/2}}\exp\left\{-\frac{1}{2}(\boldsymbol{z} - \boldsymbol{Hx})^{\mathrm{T}}\boldsymbol{D}_\Delta^{-1}(\boldsymbol{z} - \boldsymbol{Hx})\right\} \tag{2.4.13}$$

当上式中的指数部分最小时，$p_{\boldsymbol{Z}|\boldsymbol{X}}(\boldsymbol{z} \mid \boldsymbol{x})$ 可以得到最大值，即

$$(\boldsymbol{z} - \boldsymbol{Hx})^{\mathrm{T}}\boldsymbol{D}_\Delta^{-1}(\boldsymbol{z} - \boldsymbol{Hx}) = \min \tag{2.4.14}$$

将上式对 $\boldsymbol{x}$ 的导数，并令导数等于 0

$$2\boldsymbol{H}^{\mathrm{T}}\boldsymbol{D}_\Delta^{-1}(\boldsymbol{z} - \boldsymbol{Hx}) = 0 \tag{2.4.15}$$

设极大似然解为 $\hat{\boldsymbol{x}}_{ML}$，那么

$$\hat{\boldsymbol{x}}_{ML} = (\boldsymbol{H}^{\mathrm{T}} \boldsymbol{D}_{\Delta}{}^{-1} \boldsymbol{H})^{-1} \boldsymbol{H}^{\mathrm{T}} \boldsymbol{D}_{\Delta}{}^{-1} \boldsymbol{z} \tag{2.4.16}$$

用样本代替以上变量

$$\hat{\boldsymbol{x}}_{ML} = (\boldsymbol{H}^{\mathrm{T}} \boldsymbol{D}_{\Delta}{}^{-1} \boldsymbol{H})^{-1} \boldsymbol{H}^{\mathrm{T}} \boldsymbol{D}_{\Delta}{}^{-1} \boldsymbol{Z} \tag{2.4.17}$$

上例说明，对于线性模型 $\boldsymbol{Z} = \boldsymbol{HX} + \boldsymbol{\Delta}$，且观测值误差 $\boldsymbol{\Delta}$ 在正态分布的情况下，极大似然估计与最小二乘估计等价。

例 2.11　设有观测方程 $\boldsymbol{Z} = \boldsymbol{HX} + \boldsymbol{\Delta}$，随机误差 $\boldsymbol{\Delta}$ 服从拉普拉斯分布

$$p(\Delta) = (1/2a)\mathrm{e}^{-\frac{\|\boldsymbol{\Delta}\|_1}{a}} \tag{2.4.18}$$

上式中 $a(a > 0)$ 为常数；$\|\cdot\|_1$ 表示向量的1-范数。求参数 $\boldsymbol{X}$ 的极大似然估计。

解：已知 $\boldsymbol{\Delta}$ 的分布，可求得 $\boldsymbol{Z}$ 的分布为

$$p(\boldsymbol{Z} \mid \boldsymbol{X}) = (1/2a)\mathrm{e}^{-\frac{\|\boldsymbol{Z}-\boldsymbol{HX}\|_1}{a}} \tag{2.4.19}$$

将上式取对数

$$\ln p(\boldsymbol{Z} \mid \boldsymbol{X}) = \ln(1/2a) - \|\boldsymbol{Z} - \boldsymbol{HX}\|_1 / a \tag{2.4.20}$$

上式的 $\|\boldsymbol{Z} - \boldsymbol{HX}\|_1$ 最小的时候，有最大的 $\ln p(\boldsymbol{Z} \mid \boldsymbol{X})$。所以

$$\hat{\boldsymbol{X}}_{ML} = \arg\min \|\boldsymbol{Z} - \boldsymbol{HX}\|_1 \tag{2.4.21}$$

从结果来看，$\hat{\boldsymbol{X}}_{ML}$ 是使 $\boldsymbol{Z} - \boldsymbol{HX}$ 的1-范数最小的解，由于无法给出 $\hat{\boldsymbol{X}}_{ML}$ 的解析解，只能通过数值方法求得。

将极大似然估计与最小二乘估计比较分析可以看到：

(1)极大似然估计和最小二乘估计都不考虑参数的先验分布，也就是说在极大似然估计和最小二乘估计中，都将 $\boldsymbol{X}$ 视为非随机变量；

(2)极大似然估计需要已知观测值的概率密度函数，即通过已知观测值的分布来建立似然函数，而最小二乘估计只需要知道观测值与参数的函数关系和观测值的特征值。

(3)极大似然估计不总是无偏估计，也并不是线性估计，有时甚至不能得到解析解，但在例 2.10 中的特殊情况下：观测值误差服从正态分布，并且观测值与参数之间是线性关系时，极大似然估计与最小二乘估计等价。

2.5　极大验后估计

极大似然估计是以“$p(\boldsymbol{z} \mid \boldsymbol{x}) = \max$”为准则的估计，在估计中并没有考虑参数 $\boldsymbol{X}$ 的先验信息。如果我们事先从经验和历史资料中已经知道了参数 $\boldsymbol{X}$ 的信息，就希望在对参数进行估计的时候能够利用这些已知的先验信息，以得到对参数更为准确的估计和判断。验后估计是基于贝叶斯定理的参数估计，它将先验概率分布纳入考虑范围，在给定观测信息的情况下，找到一个参数向量，使其后验概率最大，即 $p(\boldsymbol{x} \mid \boldsymbol{z}) = \max$。

2.5.1　极大验后估计

设 $p(\boldsymbol{x})$ 是 $\boldsymbol{x}$ 的先验概率密度函数，$p_z(\boldsymbol{z})$ 是观测值 Z 的概率密度函数，$p(\boldsymbol{z} \mid \boldsymbol{x})$ 是观测值的条件概率密度函数，根据贝叶斯定理有

$$p(\boldsymbol{x} \mid z) = \frac{p(z \mid \boldsymbol{x}) p_x(\boldsymbol{x})}{p_z(z)} \tag{2.5.1}$$

$p(\boldsymbol{x} \mid z)$ 是验后条件概率密度函数。极大验后估计就是使

$$p(\boldsymbol{x} \mid z) = \max \tag{2.5.2}$$

它的含义是：给定了观测值 $\boldsymbol{Z} = [Z_1, Z_2, \cdots, Z_\ell]$ 的条件下使得验后分布的 $\boldsymbol{x}$ 有最大的概率。记极大验后估计为 $\hat{\boldsymbol{X}}_{\mathrm{MAP}}$

$$\hat{\boldsymbol{X}}_{\mathrm{MAP}} = \arg\max_x p(\boldsymbol{x} \mid z) \tag{2.5.3}$$

由于式(2.5.2)是求 $\boldsymbol{x}$ 使得 $p(\boldsymbol{x} \mid z)$ 最大，与 $p(z)$ 没有关系，所以

$$p(\boldsymbol{x} \mid z) \propto p(z \mid \boldsymbol{x}) p_x(\boldsymbol{x}) \tag{2.5.4}$$

上式的 $\propto$ 表示“正比例于”，因此极大验后估计也为

$$\hat{\boldsymbol{X}}_{\mathrm{MAP}} = \arg\max_x p(z \mid \boldsymbol{x}) p_x(\boldsymbol{x}) \tag{2.5.5}$$

式(2.5.4)和式(2.5.5)表明：求解最大验后概率相当于最大化似然概率 $p(z \mid \boldsymbol{x})$ 和先验概率 $p_x(\boldsymbol{x})$ 的乘积。当直接求解后验概率分布 $p(\boldsymbol{x} \mid z)$ 困难时，就可以通过式(2.5.5)来求解 $\hat{\boldsymbol{X}}_{\mathrm{MAP}}$。

在很多时候，$p(\boldsymbol{x} \mid z)$ 和 $p(z \mid \boldsymbol{x}) p_x(\boldsymbol{x})$ 中有指数函数，所以先对其取自然对数后再求极大值更加方便，即

$$\left.\frac{\partial \ln[p(\boldsymbol{x} \mid z)]}{\partial \boldsymbol{x}}\right|_{x = \hat{x}_{\mathrm{MAP}}} = 0 \tag{2.5.6}$$

或者

$$\left.\left[\frac{\partial \ln[p(z \mid \boldsymbol{x})]}{\partial \boldsymbol{x}} + \frac{\partial \ln[p_x(\boldsymbol{x})]}{\partial \boldsymbol{x}}\right]\right|_{x = \hat{x}_{\mathrm{MAP}}} = 0 \tag{2.5.7}$$

2.5.2　算例分析

例 2.12　某随机变量 z 的概率密度函数为 $p_{z/\theta}(z/\theta) = \begin{cases} \theta \mathrm{e}^{-\theta z}, & z \geqslant 0 \\ 0, & \text{其他} \end{cases}$，其中参数 θ 为随机量，概率密度函数为 $p_\theta(\theta) = \begin{cases} \dfrac{1}{2}\theta^{-\frac{1}{2}}, & 0 < \theta < 1 \\ 0, & \text{其他} \end{cases}$。现在对随机变量 z 进行独立观测，$Z_1, \cdots, Z_\ell$ 为观测值，且观测值 $Z_1, \cdots, Z_\ell$ 条件随机独立。求参数 θ 的极大验后估计。

解：由于各观测值相互随机独立，所以 $\boldsymbol{Z} = [Z_1 \quad \cdots \quad Z_\ell]^{\mathrm{T}}$ 的概率密度函数为

$$p_{z \mid \theta}(z_1, z_2, \cdots, z_\ell \mid \theta) = \prod_{i=1}^{\ell} p_{z_i \mid \theta}(z_i \mid \theta)$$

$$\begin{cases} \theta^\ell \mathrm{e}^{-\theta \sum_1^\ell z_i}, & z_1, z_2, \cdots, z_\ell \geqslant 0 \\ 0, & \text{其他} \end{cases} \tag{2.5.8}$$

设 $p(z,\theta)$ 为 z 和 θ 的联合概率密度函数

$$p(z,\theta)=p_{z|\theta}(z_1,z_2,\cdots,z_\ell\mid\theta)p_\theta(\theta)$$
$$=\begin{cases}\dfrac{1}{2}\theta^{\ell-\frac{1}{2}}\mathrm{e}^{-\theta\sum\limits_1^\ell z_i}, & z_1,z_2,\cdots,z_\ell\geqslant 0,\ 0<\theta<1\\ 0, & \text{其他}\end{cases}\tag{2.5.9}$$

对其取自然对数并求导有

$$\frac{\partial\ \ln[p(z,\theta)]}{\partial\theta}=\frac{\ell-\dfrac{1}{2}}{\theta}-\sum_{i=1}^{\ell}z_i\tag{2.5.10}$$

令其为零得到 θ，并将观测值代入即得到极大验后估计 $\hat{\theta}_{\text{MAP}}$，

$$\hat{\theta}_{\text{MAP}}=\frac{\ell-1/2}{\sum\limits_1^\ell Z_i}\tag{2.5.11}$$

例 2.13 设有观测方程 $\boldsymbol{Z}=\boldsymbol{HX}+\boldsymbol{\Delta}$，且 $\boldsymbol{\Delta}\sim N_\ell(\boldsymbol{0},\boldsymbol{D}_\Delta)$ 和 $\boldsymbol{X}\sim N_n(\boldsymbol{\mu}_x,\boldsymbol{D}_X)$，$\boldsymbol{\Delta}$ 与 $\boldsymbol{X}$ 独立，求参数 $\boldsymbol{X}$ 的极大验后估计和它的方差。

解：由于 $\boldsymbol{\Delta}\sim N_\ell(\boldsymbol{0},\boldsymbol{D}_\Delta)$ 和 $\boldsymbol{X}\sim N_n(\boldsymbol{\mu}_x,\boldsymbol{D}_X)$，$\boldsymbol{\Delta}$ 与 $\boldsymbol{X}$ 独立，所以 $\boldsymbol{Z}$ 也服从正态分布，即 $\boldsymbol{Z}\sim N_\ell(\boldsymbol{\mu}_Z,\boldsymbol{D}_Z)$，其中

$$\boldsymbol{\mu}_Z=E(\boldsymbol{Z})=\boldsymbol{H}\boldsymbol{\mu}_x\tag{2.5.12}$$

$$\boldsymbol{D}_Z=\boldsymbol{H}\boldsymbol{D}_X\boldsymbol{H}^{\mathrm{T}}+\boldsymbol{D}_\Delta\tag{2.5.13}$$

容易求得

$$\boldsymbol{D}_{XZ}=\boldsymbol{D}_X\boldsymbol{H}^{\mathrm{T}}\tag{2.5.14}$$

根据 1.4.6 节可知，已知 $\boldsymbol{X}\sim N_n(\boldsymbol{\mu}_X,\boldsymbol{D}_X)$ 和 $\boldsymbol{Z}\sim N_\ell(\boldsymbol{\mu}_Z,\boldsymbol{D}_Z)$，那么以 $\boldsymbol{Z}$ 为条件，$\boldsymbol{X}$ 的概率密度函数为

$$p(\boldsymbol{X}\mid\boldsymbol{Z})=(2\pi)^{-\frac{n}{2}}\left|\boldsymbol{D}_{x/z}\right|^{-\frac{1}{2}}\exp\left\{-\frac{1}{2}(\boldsymbol{X}-\boldsymbol{\mu}_{x/z})^{\mathrm{T}}\boldsymbol{D}_{x/z}^{-1}(\boldsymbol{X}-\boldsymbol{\mu}_{x/z})\right\}\tag{2.5.15}$$

当 $p(\boldsymbol{X}\mid\boldsymbol{Z})$ 中的指数部分 $(\boldsymbol{X}-\boldsymbol{\mu}_{x/z})^{\mathrm{T}}\boldsymbol{D}_{x/z}^{-1}(\boldsymbol{X}-\boldsymbol{\mu}_{x/z})$ 最小时，$p(\boldsymbol{X}\mid\boldsymbol{Z})$ 有最大值，所以极大验后估计为

$$\hat{\boldsymbol{X}}_{\text{MAP}}=\boldsymbol{\mu}_{x/z}\tag{2.5.16}$$

$\hat{\boldsymbol{X}}_{\text{MAP}}$ 的估计误差为

$$\begin{aligned}\Delta\hat{\boldsymbol{X}}_{\text{MAP}}&=\boldsymbol{X}-\hat{\boldsymbol{X}}_{\text{MAP}}\\&=\boldsymbol{X}-\boldsymbol{\mu}_{x/z}\end{aligned}\tag{2.5.17}$$

那么 $\hat{\boldsymbol{X}}_{\text{MAP}}$ 的方差为

$$\begin{aligned}\mathrm{Var}(\hat{\boldsymbol{X}}_{\text{MAP}})&=E[\Delta\hat{\boldsymbol{X}}_{\text{MAP}}\Delta\hat{\boldsymbol{X}}_{\text{MAP}}{}^{\mathrm{T}}]\\&=E[(\boldsymbol{X}-\boldsymbol{\mu}_{x/z})(\boldsymbol{X}-\boldsymbol{\mu}_{x/z})^{\mathrm{T}}]\end{aligned}\tag{2.5.18}$$

注意到 $E[(\boldsymbol{X}-\boldsymbol{\mu}_{x/z})(\boldsymbol{X}-\boldsymbol{\mu}_{x/z})^{\mathrm{T}}]$ 为 $\boldsymbol{X}$ 的验后方差的定义

$$\boldsymbol{D}_{x/z}=E[(\boldsymbol{X}-\boldsymbol{\mu}_{x/z})(\boldsymbol{X}-\boldsymbol{\mu}_{x/z})^{\mathrm{T}}]\tag{2.5.19}$$

所以

$$\mathrm{Var}(\hat{\boldsymbol{X}}_{\mathrm{MAP}}) = \boldsymbol{D}_{x/z} \tag{2.5.20}$$

式(2.5.16)和式(2.5.20)说明，当 $\boldsymbol{X}$ 和 $\boldsymbol{Z}$ 都是正态分布时，$\boldsymbol{X}$ 的极大验后估计即为验后期望 $\boldsymbol{\mu}_{x/z}$，其方差为验后方差 $\boldsymbol{D}_{x/z}$。

根据 1.4.6 节可知

$$\begin{aligned}\hat{\boldsymbol{X}}_{\mathrm{MAP}} &= \boldsymbol{\mu}_{x/z} \\ &= \boldsymbol{\mu}_{x} + \boldsymbol{D}_{XZ}\boldsymbol{D}_{Z}^{-1}(\boldsymbol{Z} - \boldsymbol{\mu}_{Z})\end{aligned} \tag{2.5.21}$$

$$\begin{aligned}\mathrm{Var}(\hat{\boldsymbol{X}}_{\mathrm{MAP}}) &= \boldsymbol{D}_{x/z} \\ &= \boldsymbol{D}_{X} - \boldsymbol{D}_{XZ}\boldsymbol{D}_{Z}^{-1}\boldsymbol{D}_{ZX}\end{aligned} \tag{2.5.22}$$

将式(2.5.12)、式(2.5.13)和式(2.5.14)代入式(2.5.21)和式(2.5.22)，得到

$$\hat{\boldsymbol{X}}_{\mathrm{MAP}} = \boldsymbol{\mu}_{x} + \boldsymbol{D}_{X}\boldsymbol{H}^{\mathrm{T}}(\boldsymbol{H}\boldsymbol{D}_{X}\boldsymbol{H}^{\mathrm{T}} + \boldsymbol{D}_{\Delta})^{-1}(\boldsymbol{Z} - \boldsymbol{H}\boldsymbol{\mu}_{x}) \tag{2.5.23}$$

$$\mathrm{Var}(\hat{\boldsymbol{X}}_{\mathrm{MAP}}) = \boldsymbol{D}_{X} - \boldsymbol{D}_{X}\boldsymbol{H}^{\mathrm{T}}(\boldsymbol{H}\boldsymbol{D}_{X}\boldsymbol{H}^{\mathrm{T}} + \boldsymbol{D}_{\Delta})^{-1}\boldsymbol{H}\boldsymbol{D}_{X} \tag{2.5.24}$$

上式中的 $\boldsymbol{\mu}_{x}$ 和 $\boldsymbol{D}_{X}$ 是参数的先验信息。在实际应用中，从历史观测中得到的参数估计都可以看作先验信息，如在 t_k 时刻的估计视为先验信息，并设 $\boldsymbol{X} \sim N(\hat{\boldsymbol{X}}_k, \boldsymbol{D}_{\hat{X}_k})$。在 t_k 时刻对 $\boldsymbol{X}$ 的估计为 $\hat{\boldsymbol{X}}_k$ 和 $\boldsymbol{D}_{\hat{X}_k}$，在 t_{k+1} 时刻有观测方程

$$\boldsymbol{z}_{k+1} = \boldsymbol{h}_{k+1}\boldsymbol{X} + \boldsymbol{\Delta}_{k+1} \tag{2.5.25}$$

根据式(2.5.23)和式(2.5.24)，可得到 t_{k+1} 时刻的极大验后估计为

$$\hat{\boldsymbol{X}}_{k+1} = \hat{\boldsymbol{X}}_k + \boldsymbol{D}_{\hat{X}_k}\boldsymbol{h}_{k+1}^{\mathrm{T}}(\boldsymbol{h}_{k+1}\boldsymbol{D}_{\hat{X}_k}\boldsymbol{h}_{k+1}^{\mathrm{T}} + \boldsymbol{D}_{\Delta_k})^{-1}(\boldsymbol{z}_{k+1} - \boldsymbol{h}_{k+1}\hat{\boldsymbol{X}}_k) \tag{2.5.26}$$

$$\boldsymbol{D}_{\hat{X}_{k+1}} = \boldsymbol{D}_{\hat{X}_k} - \boldsymbol{D}_{\hat{X}_k}\boldsymbol{h}_{k+1}^{\mathrm{T}}(\boldsymbol{h}_{k+1}\boldsymbol{D}_{\hat{X}_k}\boldsymbol{h}_{k+1}^{\mathrm{T}} + \boldsymbol{D}_{\Delta_k})^{-1}\boldsymbol{h}_{k+1}\boldsymbol{D}_{\hat{X}_k} \tag{2.5.27}$$

观察式(2.5.26)和式(2.5.27)可知它们即为递推的最小二乘公式。

比较已经介绍的几种估计方法，可以总结得到：

(1)极大验后估计将待估计参数 $\boldsymbol{X}$ 视为随机量，在估计时考虑参数的先验随机信息，最大化似然概率 $p(\boldsymbol{z} \mid \boldsymbol{x})$ 和先验概率 $p(\boldsymbol{x})$ 的乘积：$\hat{\boldsymbol{X}}_{\mathrm{MAP}} = \arg\max\limits_{x} p(\boldsymbol{z} \mid \boldsymbol{x})p_x(\boldsymbol{x})$。如果先验概率 $p_x(\boldsymbol{x})$ 未知，或者简单地认为先验概率为均匀分布，那么极大验后估计就退化为极大似然估计了。

(2)极大验后估计和极大似然估计一样，不总是观测值的线性函数，也没有如最小二乘估计那样固定的解析表达式。

(3)当 $\boldsymbol{X}$ 和 $\boldsymbol{Z}$ 都是正态分布时，$\boldsymbol{X}$ 极大验后估计为验后期望 $\boldsymbol{\mu}_{x|z}$，其方差为验后方差 $\boldsymbol{D}_{x/z}$。

2.6　最小方差估计

2.6.1　最小方差估计

准确地讲，最小方差估计指的是均方差最小估计。均方差指的是估计值与其真值之间

的密集程度或者估计值的真误差在零附近的密集程度，它是评价估计质量的重要指标。由于这里的最小方差估计得到的是无偏估计，均方差就是其方差，所以也被称为最小方差估计。

1. 最小方差估计

最小方差估计的准则为：

$$\mathrm{L}_0(\hat{\boldsymbol{X}}(\boldsymbol{Z}))=E[(\hat{\boldsymbol{X}}-\boldsymbol{X})(\hat{\boldsymbol{X}}-\boldsymbol{X})^{\mathrm{T}}]=\min \tag{2.6.1}$$

上式中 $\hat{\boldsymbol{X}}$ 是通过观测值 $\boldsymbol{Z}$ 得到的对 $\boldsymbol{X}$ 的估计，它是 $\boldsymbol{Z}$ 的函数，所以 $(\hat{\boldsymbol{X}}-\boldsymbol{X})(\hat{\boldsymbol{X}}-\boldsymbol{X})^{\mathrm{T}}$ 是 $\boldsymbol{X}$ 和 $\boldsymbol{Z}$ 的函数，假设 $p(\boldsymbol{x},\ \boldsymbol{z})$ 为 $\boldsymbol{X}$ 和 $\boldsymbol{Z}$ 的联合分布，那么

$$\begin{aligned}L_0(\hat{\boldsymbol{X}})&=\iint(\hat{\boldsymbol{x}}-\boldsymbol{x})(\hat{\boldsymbol{x}}-\boldsymbol{x})^{\mathrm{T}}p(\boldsymbol{x},\ z)\mathrm{d}\boldsymbol{x}\mathrm{d}z\\&=\int\left\{\int(\hat{\boldsymbol{x}}-\boldsymbol{x})(\hat{\boldsymbol{x}}-\boldsymbol{x})^{\mathrm{T}}p(\boldsymbol{x}\mid z)\mathrm{d}\boldsymbol{x}\right\}p_z(z)\mathrm{d}z\end{aligned} \tag{2.6.2}$$

设上式花括号部分为

$$L(\hat{\boldsymbol{X}})=\int(\hat{\boldsymbol{x}}-\boldsymbol{x})(\hat{\boldsymbol{x}}-\boldsymbol{x})^{\mathrm{T}}p(\boldsymbol{x}\mid z)\mathrm{d}\boldsymbol{x}$$

那么

$$L_0(\hat{\boldsymbol{X}})=\int L(\hat{\boldsymbol{X}})p_z(z)\mathrm{d}z$$

上式中的 $p(z)$ 是非负的，所以 $L_0(\hat{\boldsymbol{X}}(\boldsymbol{Z}))=\min$ 等价于

$$L(\hat{\boldsymbol{X}})=\int(\hat{\boldsymbol{x}}-\boldsymbol{x})(\hat{\boldsymbol{x}}-\boldsymbol{x})^{\mathrm{T}}p(\boldsymbol{x}\mid z)\mathrm{d}\boldsymbol{x}=\min \tag{2.6.3}$$

将 $L(\hat{\boldsymbol{X}})$ 展开为

$$\begin{aligned}L(\hat{\boldsymbol{X}})=&\int\{(\hat{\boldsymbol{x}}-E(\boldsymbol{X}\mid\boldsymbol{Z})+E(\boldsymbol{X}\mid\boldsymbol{Z})-\boldsymbol{x})((\hat{\boldsymbol{x}}-E(\boldsymbol{X}\mid\boldsymbol{Z})+E(\boldsymbol{X}\mid\boldsymbol{Z})-\boldsymbol{x})^{\mathrm{T}})\}p(\boldsymbol{x}/z)\mathrm{d}\boldsymbol{x}\\&=\int(E(\boldsymbol{X}\mid\boldsymbol{Z})-x)(E(\boldsymbol{X}\mid\boldsymbol{Z})-\boldsymbol{x})^{\mathrm{T}}p(\boldsymbol{x}\mid z)\mathrm{d}\boldsymbol{x}\\&\quad+(\hat{\boldsymbol{x}}-E(\boldsymbol{X}\mid\boldsymbol{Z}))(\hat{\boldsymbol{x}}-E(\boldsymbol{X}\mid\boldsymbol{Z}))^{\mathrm{T}}\int p(\boldsymbol{x}\mid z)\mathrm{d}\boldsymbol{x}\\&\quad+\left\{\int(E(\boldsymbol{X}\mid\boldsymbol{Z})-\boldsymbol{x})p(\boldsymbol{x}\mid z)\mathrm{d}\boldsymbol{x}\right\}(\hat{\boldsymbol{x}}-E(\boldsymbol{X}\mid\boldsymbol{Z}))^{\mathrm{T}}\\&\quad+(\hat{\boldsymbol{x}}-E(\boldsymbol{X}\mid\boldsymbol{Z}))\int(E(\boldsymbol{X}\mid\boldsymbol{Z})-x)^{\mathrm{T}}p(\boldsymbol{x}\mid z)\mathrm{d}\boldsymbol{x}\end{aligned} \tag{2.6.4}$$

上式中的 $(\hat{\boldsymbol{x}}-E(\boldsymbol{X}\mid\boldsymbol{Z}))(\hat{\boldsymbol{x}}-E(\boldsymbol{X}\mid\boldsymbol{Z}))^{\mathrm{T}}$ 之所以可以放在积分外，是因为 $\hat{\boldsymbol{x}}$ 和 $E(\boldsymbol{X}\mid\boldsymbol{Z})$ 都是 z 的函数，与 $\boldsymbol{x}$ 无关；上式中的第三项为

$$\begin{aligned}&\left\{\int(E(\boldsymbol{X}\mid\boldsymbol{Z})-\boldsymbol{x})p(\boldsymbol{x}\mid z)\mathrm{d}\boldsymbol{x}\right\}(\hat{\boldsymbol{x}}-E(\boldsymbol{X}\mid\boldsymbol{Z}))^{\mathrm{T}}\\&=\left\{\int E(\boldsymbol{X}\mid\boldsymbol{Z})p(\boldsymbol{x}\mid z)\mathrm{d}\boldsymbol{x}-\boldsymbol{x}p(\boldsymbol{x}\mid z)\mathrm{d}\boldsymbol{x}\right\}(E(\boldsymbol{X}\mid\boldsymbol{Z})-\hat{\boldsymbol{x}})^{\mathrm{T}}\\&=\{E(\boldsymbol{X}\mid\boldsymbol{Z})-E(\boldsymbol{X}\mid\boldsymbol{Z})\}(E(\boldsymbol{X}\mid\boldsymbol{Z})-\hat{\boldsymbol{x}})^{\mathrm{T}}\\&=\boldsymbol{0}\end{aligned} \tag{2.6.5}$$

同理，第四项也为零，所以

$$L(\hat{\boldsymbol{X}})=\int(E(\boldsymbol{X}\mid\boldsymbol{Z})-\boldsymbol{x})(E(\boldsymbol{X}\mid\boldsymbol{Z})-\boldsymbol{x})^{\mathrm{T}}p(\boldsymbol{x}\mid z)\mathrm{d}\boldsymbol{x} + (\hat{\boldsymbol{x}}-E(\boldsymbol{X}\mid\boldsymbol{Z}))(\hat{\boldsymbol{x}}-E(\boldsymbol{X}\mid\boldsymbol{Z}))^{\mathrm{T}}\int p(\boldsymbol{x}\mid z)\mathrm{d}\boldsymbol{x} \tag{2.6.6}$$

上式中的第一项为非负矩阵，第二项中的 $\int p(\boldsymbol{x}\mid z)\mathrm{d}\boldsymbol{x}=1$，所以使 $L(\hat{\boldsymbol{X}})$ 最小就是使第二项为零矩阵，那么

$$E(\boldsymbol{X}\mid\boldsymbol{Z})-\hat{\boldsymbol{x}}=0 \tag{2.6.7}$$

若记在最小方差准则下的参数估计为 $\hat{\boldsymbol{X}}_{\mathrm{MV}}$，$\hat{\boldsymbol{X}}_{\mathrm{MV}}$ 为

$$\hat{\boldsymbol{X}}_{\mathrm{MV}}=E(\boldsymbol{X}\mid\boldsymbol{Z}) \tag{2.6.8}$$

由于方差矩阵迹最小的估计与方差矩阵最小的估计完全相同，所以也可以用方差矩阵迹最小的准则来代替方差最小准则得到 $\hat{\boldsymbol{X}}_{\mathrm{MV}}$，下面给出证明过程：

$$\mathrm{tr}(L_0(\hat{\boldsymbol{X}}(\boldsymbol{Z})))=\min \tag{2.6.9}$$

那么，

$$\mathrm{tr}(L_0(\hat{\boldsymbol{X}}(\boldsymbol{Z})))=E[(\hat{\boldsymbol{X}}-\boldsymbol{X})^{\mathrm{T}}(\hat{\boldsymbol{X}}-\boldsymbol{X})]=\min \tag{2.6.10}$$

根据期望的定义

$$\begin{aligned}\mathrm{tr}(L_0(\hat{\boldsymbol{X}}(\boldsymbol{Z})))&=\iint(\hat{\boldsymbol{x}}-\boldsymbol{x})^{\mathrm{T}}(\hat{\boldsymbol{x}}-\boldsymbol{x})p(\boldsymbol{x},z)\mathrm{d}\boldsymbol{x}\mathrm{d}z\\&=\int\left\{\int(\hat{\boldsymbol{x}}-\boldsymbol{x})^{\mathrm{T}}(\hat{\boldsymbol{x}}-\boldsymbol{x})p(\boldsymbol{x}\mid z)\mathrm{d}\boldsymbol{x}\right\}p_z(z)\mathrm{d}z\end{aligned} \tag{2.6.11}$$

这等价于

$$\int(\hat{\boldsymbol{x}}-\boldsymbol{x})^{\mathrm{T}}(\hat{\boldsymbol{x}}-\boldsymbol{x})p(\boldsymbol{x}\mid z)\mathrm{d}\boldsymbol{x}=\min \tag{2.6.12}$$

展开上式为

$$\hat{\boldsymbol{x}}^{\mathrm{T}}\hat{\boldsymbol{x}}+\int\boldsymbol{x}^{\mathrm{T}}\boldsymbol{x}p(\boldsymbol{x}\mid z)\mathrm{d}x-2\hat{\boldsymbol{x}}^{\mathrm{T}}\int\boldsymbol{x}p(\boldsymbol{x}\mid z)\mathrm{d}x=\min \tag{2.6.13}$$

将上式对 $\hat{\boldsymbol{x}}$ 求导并令其为零得到

$$2\hat{\boldsymbol{x}}-2\int\boldsymbol{x}p(\boldsymbol{x}\mid z)\mathrm{d}x=0 \tag{2.6.14}$$

注意到 $\int\boldsymbol{x}p(\boldsymbol{x}\mid z)\mathrm{d}\boldsymbol{x}=E(\boldsymbol{X}\mid\boldsymbol{Z})$，所以从方差矩阵迹最小也证明了最小方差估计为

$$\hat{\boldsymbol{X}}_{\mathrm{MV}}=E(\boldsymbol{X}\mid\boldsymbol{Z}) \tag{2.6.15}$$

2. 最小方差估计的统计特性

式(2.6.15)表明，最小方差估计是在 $\boldsymbol{Z}$ 的条件下 $\boldsymbol{X}$ 的期望，它是 $\boldsymbol{Z}$ 的函数，所以 $\hat{\boldsymbol{X}}_{\mathrm{MV}}$ 的期望为

$$E(\hat{\boldsymbol{X}}_{\mathrm{MV}})=E(E(\boldsymbol{X}\mid\boldsymbol{Z})) \tag{2.6.16}$$

由1.4.5节中介绍的重期望的特性知 $E(\hat{\boldsymbol{X}}_{\mathrm{MV}})=E(\boldsymbol{X})$，所以 $\hat{\boldsymbol{X}}_{\mathrm{V}}$ 是 $\boldsymbol{X}$ 的无偏估计。

$\hat{\boldsymbol{X}}_{\mathrm{MV}}$ 的方差为

$$\boldsymbol{D}(\hat{\boldsymbol{X}}_{\mathrm{MV}}) = E\{(\hat{\boldsymbol{X}}_{\mathrm{MV}} - \boldsymbol{X})(\hat{\boldsymbol{X}}_{\mathrm{MV}} - \boldsymbol{X})^{\mathrm{T}}\} \tag{2.6.17}$$

将式(2.6.15)代入上式

$$\boldsymbol{D}(\hat{\boldsymbol{X}}_{\mathrm{MV}}) = E\{(E(\boldsymbol{X} \mid \boldsymbol{Z}) - \boldsymbol{X}))(E(\boldsymbol{X} \mid \boldsymbol{Z}) - \boldsymbol{X})^{\mathrm{T}}\} \tag{2.6.18}$$

$E\{(E(\boldsymbol{X} \mid \boldsymbol{Z}) - \boldsymbol{X}))(E(\boldsymbol{X} \mid \boldsymbol{Z}) - \boldsymbol{X})^{\mathrm{T}}\}$ 即为 $\boldsymbol{X}$ 的验后方差的定义，所以

$$\boldsymbol{D}(\hat{\boldsymbol{X}}_{\mathrm{MV}}) = \boldsymbol{D}(\boldsymbol{X} \mid \boldsymbol{Z}) \tag{2.6.19}$$

从上面的分析看出，无论何种分布，最小方差估计 $\hat{\boldsymbol{X}}_{\mathrm{MV}}$ 都为其分布的验后期望 $E(\boldsymbol{X} \mid \boldsymbol{Z})$，$\hat{\boldsymbol{X}}_{\mathrm{MV}}$ 的方差为其验后方差 $\boldsymbol{D}(\boldsymbol{X} \mid \boldsymbol{Z})$。在上一节的分析中我们看到，在正态分布情况下，极大验后估计也为 $E(\boldsymbol{X} \mid \boldsymbol{Z})$，也就是说，在正态分布情况下，极大验后估计与最小方差估计等价，如果 $\boldsymbol{X}$ 和 $\boldsymbol{Z}$ 不是正态分布随机向量，极大验后估计就不一定是其验后期望，也就不与最小方差估计等价了。

2.6.2 线性最小方差估计

最小方差估计是其分布的验后期望，不同的分布函数有不同的验后期望，它可能是关于观测值的线性函数，也可能是非线性函数。如果估计是关于观测值的线性函数，并且满足均方差最小，这样的估计称为线性最小方差估计。

线性最小方差估计是一种特殊的最小方差估计，它是指估计值 $\hat{\boldsymbol{X}}_{\mathrm{MV}}$ 是观测量 $\boldsymbol{Z}$ 的线性函数，估计量具有如下形式

$$\underset{n\times 1}{\hat{\boldsymbol{X}}} = \underset{n\times 1}{\boldsymbol{a}_L} + \underset{n\times \ell}{\boldsymbol{B}_L}\ \underset{\ell\times 1}{\boldsymbol{Z}} \tag{2.6.20}$$

且 $\hat{\boldsymbol{X}}$ 的均方误差最小

$$\begin{aligned} L_0(\hat{\boldsymbol{X}}) &= \mathrm{MSE}(\hat{\boldsymbol{X}}) \\ &= E[(\boldsymbol{X} - \hat{\boldsymbol{X}})(\boldsymbol{X} - \hat{\boldsymbol{X}})^{\mathrm{T}}] = \min \end{aligned} \tag{2.6.21}$$

从上一节分析知道 $L_0(\hat{\boldsymbol{X}}) = \min$ 等价于

$$\mathrm{tr}[L_0(\hat{\boldsymbol{X}})] = tr\{E[(\boldsymbol{X} - \hat{\boldsymbol{X}})(\boldsymbol{X} - \hat{\boldsymbol{X}})^{\mathrm{T}}]\} = \min \tag{2.6.22}$$

将式(2.6.20)代入式(2.6.22)有

$$\mathrm{tr}(L_0(\hat{\boldsymbol{X}})) = E[(\boldsymbol{X} - \boldsymbol{a}_L - \boldsymbol{B}_L\boldsymbol{Z})^{\mathrm{T}}(\boldsymbol{X} - \boldsymbol{a}_L - \boldsymbol{B}_L\boldsymbol{Z})] = \min \tag{2.6.23}$$

根据极值理论将 $\mathrm{tr}(L_0(\hat{\boldsymbol{X}}))$ 对 $\boldsymbol{a}_L$ 和 $\boldsymbol{B}_L$ 分别求偏导并令其为零

$$E(\boldsymbol{X} - \boldsymbol{a}_L - \boldsymbol{B}_L\boldsymbol{Z}) = 0 \tag{2.6.24}$$

$$E((\boldsymbol{X} - \boldsymbol{a}_L - \boldsymbol{B}_L\boldsymbol{Z})\boldsymbol{Z}^{\mathrm{T}}) = 0 \tag{2.6.25}$$

将式(2.6.24)和式(2.6.25)联立，解得

$$\left.\begin{aligned} \boldsymbol{a}_L &= E(\boldsymbol{X}) - \boldsymbol{D}_{XZ}\boldsymbol{D}_Z^{-1}E(\boldsymbol{Z}) \\ \boldsymbol{B}_L &= \boldsymbol{D}_{XZ}\boldsymbol{D}_Z^{-1} \end{aligned}\right\} \tag{2.6.26}$$

将 $\boldsymbol{a}_L$ 和 $\boldsymbol{B}_L$ 代入式(2.6.20)，得到最小方差估计

$$\begin{aligned}\hat{\boldsymbol{X}}_L &= \boldsymbol{a}_L + \boldsymbol{B}_L\boldsymbol{Z} \\ &= E(\boldsymbol{X}) + \boldsymbol{D}_{XZ}\boldsymbol{D}_Z^{-1}(\boldsymbol{Z} - E(\boldsymbol{Z}))\end{aligned} \tag{2.6.27}$$

由于线性最小方差估计是最小方差估计的特殊形式，所以具有最小方差估计的无偏性。

$\hat{\boldsymbol{X}}_L$ 的估计误差为

$$\begin{aligned}\Delta\hat{\boldsymbol{X}}_L &= \boldsymbol{X} - \hat{\boldsymbol{X}}_L \\ &= \boldsymbol{X} - E(\boldsymbol{X}) - \boldsymbol{D}_{XZ}\boldsymbol{D}_Z^{-1}(\boldsymbol{Z} - E(\boldsymbol{Z}))\end{aligned} \tag{2.6.28}$$

由于 $\boldsymbol{X}$ 与 $\boldsymbol{Z}$ 不相关，容易得到 $\hat{\boldsymbol{X}}_L$ 的方差

$$\mathrm{Var}(\hat{\boldsymbol{X}}_L) = E(\Delta\hat{\boldsymbol{X}}_L\Delta\hat{\boldsymbol{X}}_L^{\mathrm{T}}) = \boldsymbol{D}_X - \boldsymbol{D}_{XZ}\boldsymbol{D}_Z^{-1}\boldsymbol{D}_{ZX} \tag{2.6.29}$$

2.7 贝叶斯估计

贝叶斯估计和贝叶斯相关理论由英国神甫托马斯·贝叶斯(1702–1761 年)提出，它对统计学界和估计理论产生了深远的影响，广泛地应用于模式识别和人工智能等领域。本节将介绍贝叶斯理论中的贝叶斯估计方法。

在参数估计中，不考虑参数的先验信息，这是统计学中频率学派的观点，他们认为参数虽然未知，但参数是固定的常数。在已经学习的估计方法中，最小二乘估计和极大似然估计都不考虑参数的先验信息，最小二乘估计甚至不需要任何随机变量的分布，所以在工程中有最广泛的应用。贝叶斯学派认为参数不是常数，它是变化的随机量，它的变化可以用一个概率分布来描述，并且在参数估计时应该利用参数的先验信息。前面介绍的极大验后和最小方差估计都利用了参数的先验随机信息或分布，在本质上它们都属于贝叶斯估计。下面将从贝叶斯风险最小为准则来给出不同损失函数的贝叶斯估计，从中可以看到贝叶斯估计与极大验后和最小方差估计的关系。

在估计某个量时，随机误差的干扰使估计产生误差

$$\boldsymbol{\Delta}\hat{\boldsymbol{X}} = \boldsymbol{X} - \hat{\boldsymbol{X}}(\boldsymbol{Z}) \tag{2.7.1}$$

这种差异造成估计的“损失”，我们可以定义损失函数对其进行量化

$$L(\boldsymbol{\Delta}\hat{\boldsymbol{X}}) = L(\boldsymbol{X}, \hat{\boldsymbol{X}}(\boldsymbol{Z})) \tag{2.7.2}$$

在具体应用中根据需要可以定义不同的损失函数。一般而言，估计误差越大，损失就越大，典型的损失函数有平方损失函数、绝对值损失函数和均值损失函数，这三种损失函数如图 2.11 所示。

(1)平方损失函数：

$$L(\boldsymbol{\Delta}\hat{\boldsymbol{X}}) = (\boldsymbol{X} - \hat{\boldsymbol{X}}(\boldsymbol{Z}))(\boldsymbol{X} - \hat{\boldsymbol{X}}(\boldsymbol{Z}))^{\mathrm{T}} \tag{2.7.3}$$

(2)绝对值损失函数：

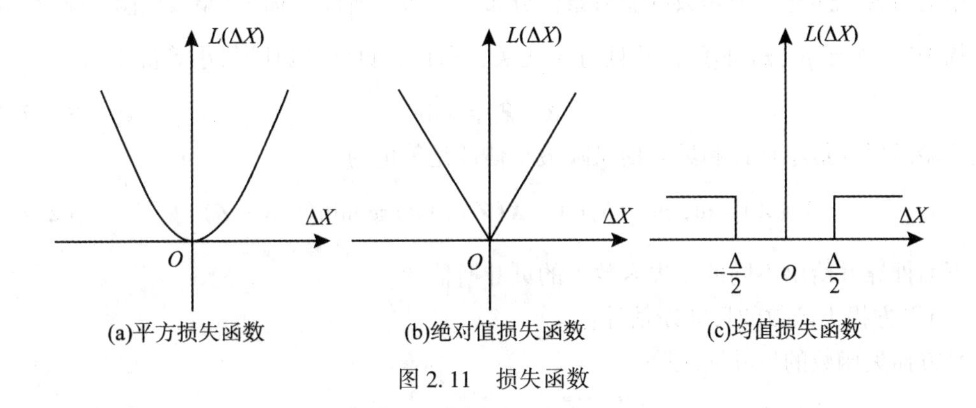

(a)平方损失函数 (b)绝对值损失函数 (c)均值损失函数

图 2.11 损失函数

$$L(\boldsymbol{\Delta}\hat{\boldsymbol{X}}) = |\boldsymbol{X} - \hat{\boldsymbol{X}}(\boldsymbol{Z})| \tag{2.7.4}$$

(3)均值损失函数：

$$L(\boldsymbol{\Delta}\hat{\boldsymbol{X}}) = \begin{cases} 0, & |\boldsymbol{\Delta}\hat{\boldsymbol{X}}| \leqslant \dfrac{\Delta}{2} \\ 1, & |\boldsymbol{\Delta}\hat{\boldsymbol{X}}| > \dfrac{\Delta}{2} \end{cases} \tag{2.7.5}$$

以上的 $\hat{\boldsymbol{X}}(\boldsymbol{Z})$ 表示 $\hat{\boldsymbol{X}}$ 是由 $\boldsymbol{Z}$ 估计得到，是 $\boldsymbol{Z}$ 的函数。为了简洁起见，下面直接用 $\hat{\boldsymbol{X}}$ 表示参数估计。

由于 $L(\boldsymbol{\Delta}\hat{\boldsymbol{X}})$ 是 $\boldsymbol{X}$ 和 $\boldsymbol{Z}$ 的函数，所以损失函数的期望为

$$E[L(\boldsymbol{\Delta}\hat{\boldsymbol{X}})] = \int_{-\infty}^{+\infty}\int_{-\infty}^{+\infty} L(\boldsymbol{\Delta}\hat{\boldsymbol{X}})p(\boldsymbol{x}, z)\mathrm{d}\boldsymbol{x}\mathrm{d}z \tag{2.7.6}$$

损失函数的期望 $E[L(\boldsymbol{\Delta}\hat{\boldsymbol{X}})]$ 即为贝叶斯风险(Bayes Risk)，

$$R_B(\boldsymbol{X}, \hat{\boldsymbol{X}}) = \int_{-\infty}^{+\infty}\int_{-\infty}^{+\infty} L(\boldsymbol{\Delta}\hat{\boldsymbol{X}})p(\boldsymbol{x}, z)\mathrm{d}\boldsymbol{x}\mathrm{d}z \tag{2.7.7}$$

它表示损失函数的平均值。在决策论中，使贝叶斯风险最小的决策是最优决策。贝叶斯估计就是得到使贝叶斯风险值最小的估计 $\hat{\boldsymbol{X}}_B$：

$$\hat{\boldsymbol{X}}_B = \arg\min_{\hat{X}}(R_B(\boldsymbol{X}, \hat{\boldsymbol{X}})) \tag{2.7.8}$$

式(2.7.7)可以表示为

$$R_B(\boldsymbol{X}, \hat{\boldsymbol{X}}) = \int_{-\infty}^{+\infty}\left\{\int_{-\infty}^{+\infty} L(\boldsymbol{X}, \hat{\boldsymbol{X}})p_{X/Z}(\boldsymbol{x} \mid z)\mathrm{d}\boldsymbol{x}\right\}p_Z(z)\mathrm{d}z \tag{2.7.9}$$

记上式中的花括号部分为

$$r(\hat{\boldsymbol{X}} \mid \boldsymbol{Z}) = \int_{-\infty}^{+\infty} L(\boldsymbol{X}, \hat{\boldsymbol{X}})p(\boldsymbol{x} \mid z)\mathrm{d}\boldsymbol{x} \tag{2.7.10}$$

所以

$$R_B(\boldsymbol{X}, \hat{\boldsymbol{X}}) = \int_{-\infty}^{+\infty} r(\hat{\boldsymbol{X}} \mid \boldsymbol{Z})p_z(z)\mathrm{d}z \tag{2.7.11}$$

上式中的 $r(\hat{\boldsymbol{X}} \mid \boldsymbol{z})$ 是损失函数的验后条件分布的期望，所以也称为“验后风险”或者“验后期望损失”。由于 $p_Z(z)$ 非负，并且与 $\hat{\boldsymbol{X}}$ 无关，所以，贝叶斯风险最小等价于

$$r(\hat{\boldsymbol{X}} \mid \boldsymbol{Z}) = \min \tag{2.7.12}$$

这说明验后风险最小估计和贝叶斯风险最小估计是等价的

$$\hat{\boldsymbol{X}}_B(\boldsymbol{Z}) = \arg\min_{\hat{X}}(R_B(\boldsymbol{X},\ \hat{\boldsymbol{X}}(\boldsymbol{Z}))) = \arg\min_{\hat{X}}(r(\hat{\boldsymbol{X}} \mid \boldsymbol{Z})) \tag{2.7.13}$$

下面推导并给出不同的损失函数下的贝叶斯估计。

(1)平方损失函数的贝叶斯估计：

平方损失函数的贝叶斯风险

$$R_B(\boldsymbol{X},\ \hat{\boldsymbol{X}}) = \int_{-\infty}^{+\infty}\int_{-\infty}^{+\infty}[\boldsymbol{x} - \hat{\boldsymbol{x}}][\boldsymbol{x} - \hat{\boldsymbol{x}}]^{\mathrm{T}} p(\boldsymbol{x},\ z)\mathrm{d}\boldsymbol{x}\mathrm{d}z \tag{2.7.14}$$

将上式与式(2.6.2)比较发现，平方损失函数的贝叶斯风险就是其均方差，所以当损失函数为平方损失函数时，贝叶斯风险最小的参数估计 $\hat{\boldsymbol{X}}_B$ 就是方差最小估计

$$\hat{\boldsymbol{X}}_B = \hat{\boldsymbol{X}}_{\mathrm{MV}} = E(\boldsymbol{X} \mid \boldsymbol{Z}) \tag{2.7.15}$$

(2)绝对值损失函数的贝叶斯估计：

绝对值损失函数的验后风险为

$$\begin{aligned} r_{abs}(\hat{\boldsymbol{X}} \mid \boldsymbol{Z}) &= \int_{-\infty}^{+\infty}|\boldsymbol{x} - \hat{\boldsymbol{x}}|p(\boldsymbol{x} \mid z)\mathrm{d}\boldsymbol{x} \\ &= \int_{-\infty}^{\hat{x}}(\hat{\boldsymbol{x}} - \boldsymbol{x})p(\boldsymbol{x} \mid z)\mathrm{d}\boldsymbol{x} + \int_{\hat{x}}^{+\infty}(\boldsymbol{x} - \hat{\boldsymbol{x}})p(\boldsymbol{x} \mid z)\mathrm{d}\boldsymbol{x} \end{aligned} \tag{2.7.16}$$

将上式对 $\hat{\boldsymbol{x}}$ 求导

$$\begin{aligned} \frac{\mathrm{d}r_{abs}(\hat{\boldsymbol{X}}/\boldsymbol{Z})}{\mathrm{d}\hat{\boldsymbol{X}}} &= \int_{-\infty}^{\hat{x}} p(\boldsymbol{x} \mid z)\mathrm{d}x + \hat{\boldsymbol{x}}p(\hat{\boldsymbol{x}} \mid z) - \hat{\boldsymbol{x}}p(\hat{\boldsymbol{x}} \mid z) - \hat{\boldsymbol{x}}p(\hat{\boldsymbol{x}} \mid z) - \int_{\hat{x}}^{\infty} p(\boldsymbol{x} \mid z)\mathrm{d}x + \hat{\boldsymbol{x}}p(\hat{\boldsymbol{x}} \mid z) \\ &= \int_{-\infty}^{\hat{x}} p(\boldsymbol{x} \mid \boldsymbol{z})\mathrm{d}x - \int_{\hat{x}}^{+\infty} p(\boldsymbol{x} \mid \boldsymbol{z})\mathrm{d}\boldsymbol{x} \end{aligned} \tag{2.7.17}$$

使 $\dfrac{\mathrm{d}r_{abs}(\hat{\boldsymbol{X}} \mid \boldsymbol{Z})}{\mathrm{d}\hat{\boldsymbol{X}}} = 0$，得到

$$\int_{-\infty}^{\hat{x}} p(\boldsymbol{x} \mid z)\mathrm{d}\boldsymbol{x} = \int_{\hat{x}}^{+\infty} p(\boldsymbol{x} \mid z)\mathrm{d}\boldsymbol{x} \tag{2.7.18}$$

记绝对值损失函数的贝叶斯估计为 $\hat{\boldsymbol{X}}_{abs}$，那么

$$\int_{-\infty}^{\hat{X}_{abs}} p(\boldsymbol{x} \mid z)\mathrm{d}\boldsymbol{x} = \int_{\hat{X}_{abs}}^{+\infty} p(\boldsymbol{x} \mid z)\mathrm{d}\boldsymbol{x} \tag{2.7.19}$$

它表示 $\hat{\boldsymbol{X}}_{abs}$ 两侧的积分相等，这也是积分中数 $\hat{\boldsymbol{X}}_{med}$，即 $\hat{\boldsymbol{X}}_{abs} = \hat{\boldsymbol{X}}_{med}$。

(3)均匀损失价函数的贝叶斯估计：

当损失函数为均匀损失函数时，验后风险为

$$
\begin{aligned}
r_{unf}(\hat{\boldsymbol{X}} \mid \boldsymbol{Z}) &= \int_{-\infty}^{\hat{X}-\frac{\Delta}{2}} p(\boldsymbol{x} \mid z)\mathrm{d}\boldsymbol{x} + \int_{\hat{X}+\frac{\Delta}{2}}^{+\infty} p(\boldsymbol{x} \mid z)\mathrm{d}x \\
&= 1 - \int_{\hat{X}-\frac{\Delta}{2}}^{\hat{X}+\frac{\Delta}{2}} p(\boldsymbol{x} \mid z)\mathrm{d}\boldsymbol{x}
\end{aligned}
\tag{2.7.20}
$$

将 $r_{unf}(\hat{\boldsymbol{X}} \mid \mathrm{Z})$ 对 $\hat{\boldsymbol{X}}$ 求导并使导数为零，得到

$$
p\left(\left(\hat{\boldsymbol{X}} + \frac{\Delta}{2}\right) \mid z\right) - p\left(\left(\hat{\boldsymbol{X}} - \frac{\Delta}{2}\right) \mid z\right) = 0 \tag{2.7.21}
$$

显然，只有当 $p(\boldsymbol{x} \mid z)$ 在 $\hat{\boldsymbol{X}}$ 处有极大值时，才会有上式成立(如图 2.12 所示)，即

$$
p(\boldsymbol{x} \mid z) \mid_{x=\hat{x}} = \max \tag{2.7.22}
$$

这与极大验后估计的准则一致，这说明当损失函数为均匀损失价函数时，贝叶斯估计就是极大验后估计 $\hat{\boldsymbol{X}}_{\mathrm{MAP}}$。

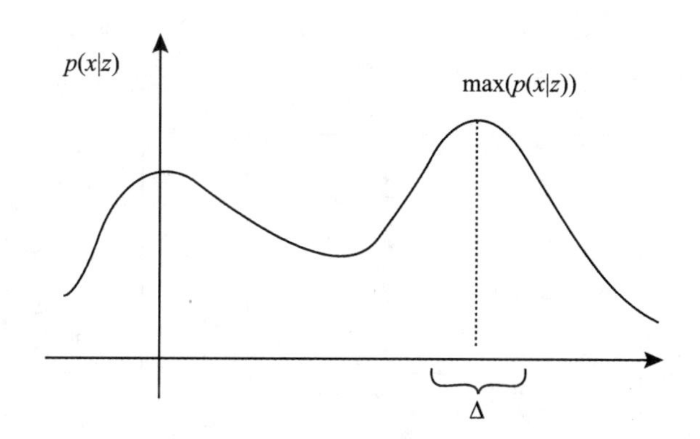

图 2.12　$\boldsymbol{X}$ 的验后分布和极大值

2.8　参数估计方法的相互关系

本章学习了统计论中的经典估计方法：最小二乘估计、极大似然估计、极大验后估计、最小方差估计和贝叶斯估计。这些估计方法都有各自的估计准则：最小二乘估计和最小方差估计是使损失函数最小的估计；极大似然和极大验后是以其相关的分布函数最大的估计。每种估计准则下得到的估计不同，但在某些情况下，不同估计准则下结果又是等价的。表 2.8 给出了这五种估计方法各自的准则，估计时需要的随机变量的先验信息和估计结果。从表中的各项比较可以看出：

(1)最小二乘估计是使以残差定义的损失函数最小的估计，在估计时，将参数 $\boldsymbol{X}$ 视为非随机量，只需要已知观测值与参数的函数关系和观测值误差的方差矩阵。

表 2.8　**参数估计方法的比较**

估计方法	最小二乘	最大似然	最大验后	最小方差	线性最小方差	贝叶斯
已知条件	$E(\boldsymbol{Z})=\boldsymbol{HX}$ $\mathrm{Var}(\boldsymbol{Z})=\boldsymbol{D}$	$p(z\mid \boldsymbol{x})$	$p(z\mid \boldsymbol{x})$和$p_x(\boldsymbol{x})$	$E(\boldsymbol{X}/\boldsymbol{Z})$	$\boldsymbol{\mu}_x$，$\boldsymbol{D}_{XZ}$和$\boldsymbol{D}_Z$	$p(\boldsymbol{x}\mid z)$
估计准则	$\boldsymbol{v}^{\mathrm{T}}\boldsymbol{D}^{-1}\boldsymbol{v}=\min$	$p(z\mid \boldsymbol{x})=\max$	$p(\boldsymbol{x}\mid z)=\max$　or $p(z\mid \boldsymbol{x})p_x(\boldsymbol{x})=\max$	$E[(\hat{\boldsymbol{X}}-\boldsymbol{X})(\hat{\boldsymbol{X}}-\boldsymbol{X})^{\mathrm{T}}]$ $=\min$	$\hat{\boldsymbol{X}}=\boldsymbol{a}+\mathrm{B}\boldsymbol{Z}$ 同时 $E[(\hat{\boldsymbol{X}}-\boldsymbol{X})(\hat{\boldsymbol{X}}-\boldsymbol{X})^{\mathrm{T}}]$ $=\min$	$R_B(\boldsymbol{X},\ \hat{\boldsymbol{X}})=\min$
估计结果	$\hat{\boldsymbol{X}}_{LS}=(\boldsymbol{H}^{\mathrm{T}}\ \boldsymbol{D}^{-1}\ \boldsymbol{H})^{-1}$ $\boldsymbol{H}^{\mathrm{T}}\ \boldsymbol{D}^{-1}\boldsymbol{Z}$	$\hat{\boldsymbol{X}}_{ML}=\arg\max\limits_{\hat{x}}p(z\mid \boldsymbol{x})$	$\hat{\boldsymbol{X}}_{\mathrm{MAP}}=\arg\max\limits_{\hat{x}}p(\boldsymbol{x}\mid$ $z)$	$\hat{\boldsymbol{X}}_{\mathrm{MV}}(\boldsymbol{Z})=E(\boldsymbol{X}\mid \boldsymbol{Z})$	$\hat{\boldsymbol{X}}_L=E(\boldsymbol{X})+\boldsymbol{D}_{XZ}\boldsymbol{D}_Z^{-1}$ $(\boldsymbol{Z}-E(\boldsymbol{Z}))$	$\hat{\boldsymbol{X}}_B=\arg\max\limits_{\hat{x}}R_B(\boldsymbol{X},\ \hat{\boldsymbol{X}})$ $\hat{\boldsymbol{X}}_B=\hat{\boldsymbol{X}}_{\mathrm{MV}}(1)$ $\hat{\boldsymbol{X}}_B=\hat{\boldsymbol{X}}_{med}(2)$ $\hat{\boldsymbol{X}}_B=\hat{\boldsymbol{X}}_{\mathrm{MAP}}(3)$
正态分布	$\hat{\boldsymbol{X}}_{LS}=(\boldsymbol{H}^{\mathrm{T}}\ \boldsymbol{D}^{-1}\ \boldsymbol{H})^{-1}$ $\boldsymbol{H}^{\mathrm{T}}\ \boldsymbol{D}^{-1}\boldsymbol{Z}$	$\hat{\boldsymbol{X}}_{LS}=(\boldsymbol{H}^{\mathrm{T}}\ \boldsymbol{D}^{-1}\ \boldsymbol{H})^{-1}$ $\boldsymbol{H}^{\mathrm{T}}\ \boldsymbol{D}^{-1}Z$	$\hat{\boldsymbol{X}}_{\mathrm{MAP}}=E(\boldsymbol{X}\mid \boldsymbol{Z})$	$\hat{\boldsymbol{X}}_{\mathrm{MV}}(\boldsymbol{Z})=E(\boldsymbol{X}\mid \boldsymbol{Z})$	$\hat{\boldsymbol{X}}_L(\boldsymbol{Z})=E(\boldsymbol{X}\mid \boldsymbol{Z})$	$\hat{\boldsymbol{X}}_B(\boldsymbol{Z})=E(\boldsymbol{X}\mid \boldsymbol{Z})$
$\boldsymbol{Z}=\boldsymbol{HX}+\Delta E(\Delta)=\boldsymbol{0}$	$\hat{\boldsymbol{X}}_{LS}=(\boldsymbol{H}^{\mathrm{T}}\ \boldsymbol{D}^{-1}\ \boldsymbol{H})^{-1}$ $\boldsymbol{H}^{\mathrm{T}}\ \boldsymbol{D}^{-1}\boldsymbol{Z}$	$\hat{\boldsymbol{X}}_{LS}=(\boldsymbol{H}^{\mathrm{T}}\ \boldsymbol{D}^{-1}\ \boldsymbol{H})^{-1}$ $\boldsymbol{H}^{\mathrm{T}}\ \boldsymbol{D}^{-1}\boldsymbol{Z}$	$\hat{\boldsymbol{X}}_{MA}=\boldsymbol{\mu}_x+\boldsymbol{D}_X\boldsymbol{H}^{\mathrm{T}}(\boldsymbol{HD}_X$ $\boldsymbol{H}^{\mathrm{T}}+\boldsymbol{D})^{-1}(\boldsymbol{Z}-\boldsymbol{H}\boldsymbol{\mu}_x)$	$\hat{\boldsymbol{X}}_{\mathrm{MSE}}=\boldsymbol{\mu}_x+\boldsymbol{D}_X\ \boldsymbol{H}^{\mathrm{T}}$ $(\boldsymbol{HD}_X\boldsymbol{H}^{\mathrm{T}}+\boldsymbol{D})^{-1}(\boldsymbol{Z}-\boldsymbol{H}$ $\boldsymbol{\mu}_x)$	$\hat{\boldsymbol{X}}_L=\boldsymbol{\mu}_x+\boldsymbol{D}_X\boldsymbol{H}^{\mathrm{T}}(\boldsymbol{HD}_X$ $\boldsymbol{H}^{\mathrm{T}}+\boldsymbol{D})^{-1}(\boldsymbol{Z}-\boldsymbol{H}\boldsymbol{\mu}_x)$	$\hat{\boldsymbol{X}}_L=\boldsymbol{\mu}_x+\boldsymbol{D}_X\boldsymbol{H}^{\mathrm{T}}(\boldsymbol{HD}_X\boldsymbol{H}^{\mathrm{T}}+\boldsymbol{D})^{-1}(\boldsymbol{Z}-$ $\boldsymbol{H}\boldsymbol{\mu}_x)$

(1)平方损失函数；(2)绝对值损失函数；(3)均匀损失函数。

(2)极大似然估计为：$\hat{\boldsymbol{X}}_{ML}=\arg\max\limits_{x} p(\boldsymbol{z}\mid\boldsymbol{x})$；当观测值与参数呈线性关系并且正态分布时，极大似然估计与最小二乘估计等价。

(3)极大验后估计为：$\hat{\boldsymbol{X}}_{\mathrm{MAP}}=\arg\max\limits_{x} p(\boldsymbol{x}\mid\boldsymbol{z})$；当 $\boldsymbol{X}$ 和 $\boldsymbol{Z}$ 都是正态分布时，估计值为 $\hat{\boldsymbol{X}}_{\mathrm{MAP}}=E(\boldsymbol{X}\mid\boldsymbol{Z})$。

(4)最小方差估计是使以估计误差定义的损失函数最小的估计，其估计为：$\hat{\boldsymbol{X}}_{\mathrm{MV}}=E(\boldsymbol{X}\mid\boldsymbol{Z})$；线性最小方差估计是最小方差估计的特殊形式。

(5)贝叶斯估计使估计误差造成的损失平均值最小，是使损失函数的验后期望最小的估计。不同的损失函数得到不同的估计，如当损失函数为平方损失函数时，贝叶斯估计与最小方差估计等价；当损失函数为均匀损失函数时，贝叶斯估计与极大验后估计等价。

(6)在所有的估计中，最小二乘估计不需要参数的任何先验信息；极大似然估计也不需要参数的任何先验信息，但需要已知观测值的概率分布函数；除了最小二乘估计和极大似然估计外，其他估计方法都将 $\boldsymbol{X}$ 视为随机变量，在估计时需要已知 $\boldsymbol{X}$ 的分布或者先验随机信息。

(7)从是否为线性估计的角度来说，最小二乘估计和线性最小方差估计是线性估计，其他估计方法不一定是线性估计，也不一定有解析解，有时需要用数值方法得到满足其准则的估计。

本章介绍的经典最优估计方法之间的关系如图 2.13 所示。从本章的学习中也可以看出，贝叶斯估计并不是某一种估计方法，而是利用验后概率分布的一系列估计方法，它也可以推演出极大似然估计和最小二乘估计。当对 $\boldsymbol{X}$ 毫无所知，没有任何先验信息的时候，可以简单地认为 $\boldsymbol{X}$ 在其数值域内均匀分布，这时极大验后估计准则

$$p(\boldsymbol{z}\mid\boldsymbol{x})p_x(\boldsymbol{x})=\max \tag{2.8.1}$$

就退化为

$$p(\boldsymbol{z}\mid\boldsymbol{x})=\max \tag{2.8.2}$$

满足上式的估计即为极大似然估计。当 $\boldsymbol{X}$ 为正态分布时，根据例 2.10，上式等价于

$$(\boldsymbol{z}-\boldsymbol{Hx})^{\mathrm{T}}\boldsymbol{D}_{\Delta}^{-1}(\boldsymbol{z}-\boldsymbol{Hx})=\min \tag{2.8.3}$$

即为最小二乘估计准则。

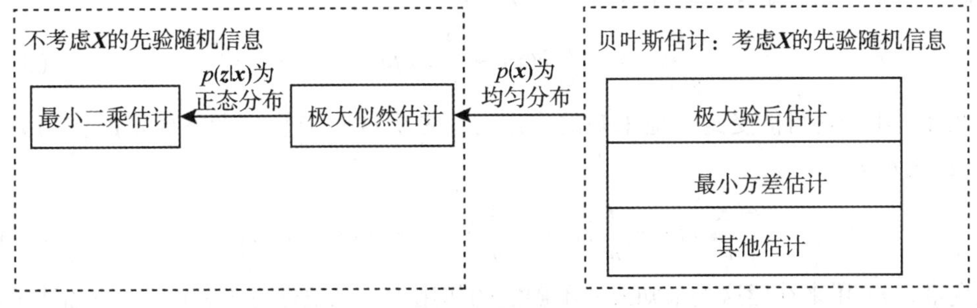

图 2.13　各种估计方法之间的关系

第 3 章　随机线性动态系统的数学模型

第 2 章介绍的数学模型描述了观测值与参数之间的关系，是静态估计模型。静态估计模型不考虑研究对象自身的运动规律，仅用观测值来估计参数。而事实上，我们的研究对象更多的是一个动态系统，有自身的运动特性和规律。如果用数学的语言来描述这些运动规律，就可以在估计时利用这些信息。本章首先介绍描述运动规律的微分方程并将其线性化，得到随机线性连续系统的数学模型。然后，介绍状态转移矩阵和随机连续线性系统的解，并将随机连续线性系统离散化为特定时间点上的状态。最后，给出随机线性系统的可控性和可测性的概念和判定条件。

3.1　随机连续线性系统的数学模型

微分方程是描述现实世界连续变化的数学语言，也称为连续动态系统的状态方程。本节先以两个例子来说明如何利用微分方程对运动系统进行描述，得到随机连续动态系统状态方程的一般表达式，然后对连续动态系统状态方程进行线性化，最后得到随机线性连续系统的数学模型。

3.1.1　随机连续系统的数学模型

例 3.1　如图 3.1 所示，设一个质量为 m 的长方体被弹簧吊着，从平衡状况开始在空气中作垂直方向的振动，用 $y(t)$ 表示质点在时刻 t 的位置，质点在运动中受到的力有：弹簧的恢复力 F_K、阻尼器阻力 $F_V(t)$ 和外力 $F(t)$。弹簧的恢复力 F_K 与位移成正比，方向与位移相反，大小为 $-K_y(t)y(t)(K>0$ 为常数)；阻尼器阻力 $F_V(t)$ 与速度成正比，方向相反，大小为 $-f\dot{y}(t)(f>0$ 为常数)。试建立弹簧阻尼系统的运动方程。

解：由牛顿第二定律得到弹簧的运动方程为

$$\frac{-K}{m}y(t)-\frac{f}{m}\dot{y}(t)+\frac{1}{m}F(t)=\ddot{y}(t) \tag{3.1.1}$$

此外，小球还可能受到其他未知的作用力，考虑这些未知或者不确定的作用力，式(3.1.1)表示为

$$\frac{-K}{m}y(t)-\frac{f}{m}\dot{y}(t)+\frac{1}{m}F(t)+e(t)=\ddot{y}(t) \tag{3.1.2}$$

随机变量 $e(t)$ 用来补偿这些未知或者不确定的作用力。二阶微分方程(3.1.2)描述了弹簧阻尼系统的运动规律。这样的二阶线性微分方程可以转换为一阶线性微分方程。设状态变

量

$$X(t)=[X_1(t) \quad X_2(t)]^{\mathrm{T}}=[y(t) \quad \dot{y}(t)]^{\mathrm{T}} \tag{3.1.3}$$

式(3.1.2)可以表示为

$$\begin{aligned}
&\dot{X}_1(t)=X_2(t)\\
&\dot{X}_2(t)=-\frac{K}{m}X_1(t)-\frac{f}{m}X_2(t)+\frac{1}{m}F(t)+e(t)
\end{aligned} \tag{3.1.4}$$

将上式表达为向量形式

$$\frac{\mathrm{d}}{\mathrm{d}t}\begin{bmatrix}X_1(t)\\X_2(t)\end{bmatrix}=\begin{bmatrix}0 & 1\\ -\frac{K_K}{m} & -\frac{f}{m}\end{bmatrix}\begin{bmatrix}X_1(t)\\X_2(t)\end{bmatrix}+\begin{bmatrix}0\\ \frac{1}{m}\end{bmatrix}F(t)+\begin{bmatrix}0\\1\end{bmatrix}e(t) \tag{3.1.5}$$

这样就将一个动态系统的二阶微分方程转化为了一组一阶微分方程组，它表达了外力 $F(t)$（即输入）与状态变量 $X(t)$ 以及状态变量之间的关系。

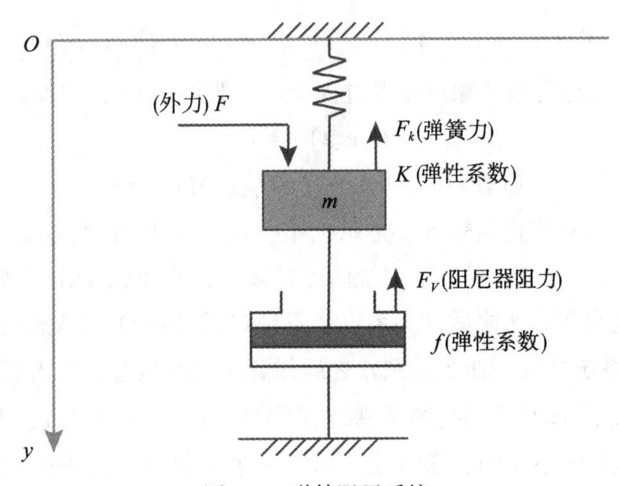

图 3.1 弹簧阻尼系统

例 3.2 设有 n 阶线性微分方程

$$\frac{\mathrm{d}^n y(t)}{\mathrm{d}t^n}=-a_0(t)y(t)-a_1(t)\frac{\mathrm{d}y(t)}{\mathrm{d}t}-\cdots-a_{n-1}(t)\frac{\mathrm{d}^{n-1}y(t)}{\mathrm{d}t^{n-1}}+e(t) \tag{3.1.6}$$

其中 $e(t)$ 为补偿系统不确定因素的随机部分。设置状态变量，将其转化为一组一阶微分方程。

解： 设

$$\begin{aligned}
X(t)&=[y(t) \quad \dot{y}(t) \quad \cdots \quad y^{(n-1)}(t)]^{\mathrm{T}}\\
&=[X_1(t) \quad X_2(t) \quad \cdots \quad X_n(t)]^{\mathrm{T}}
\end{aligned} \tag{3.1.7}$$

那么描述这个系统运动规律的微分方程为

$$\begin{bmatrix} \dot{X}_1(t) \\ \dot{X}_2(t) \\ \vdots \\ \dot{X}_n(t) \end{bmatrix} = \begin{bmatrix} 0 & 1 & 0 & \cdots & 0 \\ 0 & 0 & 1 & \cdots & 0 \\ \vdots & \vdots & \vdots & & \vdots \\ 0 & 0 & 0 & \cdots & 1 \\ -a_0(t) & -a_1(t) & -a_2(t) & \cdots & -a_{n-1}(t) \end{bmatrix} \begin{bmatrix} X_1(t) \\ X_2(t) \\ \vdots \\ X_{n-1}(t) \\ X_n(t) \end{bmatrix} + \begin{bmatrix} 0 \\ 0 \\ \vdots \\ 0 \\ 1 \end{bmatrix} e(t) \tag{3.1.8}$$

综合例 3.1 和例 3.2，如果设控制输入向量为

$$\underset{p\times 1}{\boldsymbol{u}}(t) = [u_1(t) \quad u_2(t) \quad \cdots \quad u_p(t)]^{\mathrm{T}} \tag{3.1.9}$$

微分方程中不确定的随机部分为

$$\underset{q\times 1}{\boldsymbol{e}}(t) = [e_1(t) \quad e_2(t) \quad \cdots \quad e_q(t)]^{\mathrm{T}} \tag{3.1.10}$$

并且设 $\boldsymbol{X}(t)$ 前的系数矩阵为 $\boldsymbol{A}(t)$，控制输入 $\boldsymbol{u}(t)$ 前的系数矩阵为 $\boldsymbol{B}(t)$，$\boldsymbol{e}(t)$ 前的系数为 $\boldsymbol{C}(t)$，那么微分方程的一般表达形式为

$$\underset{n\times 1}{\dot{\boldsymbol{X}}}(t) = \underset{n\times n}{\boldsymbol{A}}(t)\ \underset{n\times 1}{\boldsymbol{X}}(t) + \underset{n\times p}{\boldsymbol{B}}(t)\ \underset{p\times 1}{\boldsymbol{u}}(t) + \underset{n\times q}{\boldsymbol{C}(t)}\ \underset{q\times 1}{\boldsymbol{e}}(t) \tag{3.1.11}$$

随机变量部分 $\boldsymbol{e}(t)$ 也称为系统噪声或者过程噪声。假设 $\boldsymbol{e}(t)$ 为白噪声过程，即

$$E[\boldsymbol{e}(t)] = 0 \tag{3.1.12}$$

$$\mathrm{Cov}[\boldsymbol{e}(t), \boldsymbol{e}(\tau)] = \boldsymbol{D}_e(t)\delta(t-\tau) \tag{3.1.13}$$

其中 $\boldsymbol{D}_e(t)$ 为 $q \times q$ 维对称正定矩阵，是系统噪声 $\boldsymbol{e}(t)$ 的均方值；$\delta(t-\tau)$ 为狄拉克 δ 函数。式(3.1.11)~式(3.1.13)描述了系统的运动规律，它不仅给出了外部输入 $\boldsymbol{u}(t)$ 与状态 $\boldsymbol{X}(t)$ 的关系，也表明状态之间的关系以及不确定因素 $\boldsymbol{e}(t)$ 对状态的影响。

如果希望了解系统从某一初始时刻 t_0 之后任意时刻的状态，就需要知道系统在 t_0 时刻的状态值 $\boldsymbol{X}(t_0) = \boldsymbol{X}_0$，即状态的初始条件。式(3.1.11)、式(3.1.12)和式(3.1.13)加上初始值 $\boldsymbol{X}_0$ 称为随机连续系统的状态方程。对于一个 n 阶微分方程的动态系统至少需要 n 个状态变量来描述，这些状态变量应选取最少但能够描述系统必需的变量。

如果式(3.1.11)中的 $\boldsymbol{A}(t)$、$\boldsymbol{B}(t)$ 和 $\boldsymbol{C}(t)$ 不随时间变化，就退化为常数矩阵 $\boldsymbol{A}$、$\boldsymbol{B}$ 和 $\boldsymbol{C}$，式(3.1.11)成为

$$\dot{\boldsymbol{X}}(t) = \boldsymbol{A}\boldsymbol{X}(t) + \boldsymbol{B}\boldsymbol{u}(t) + \boldsymbol{C}\boldsymbol{e}(t) \tag{3.1.14}$$

上式被称为连续时不变系统(定常系统)的状态方程。

如果式(3.1.11)的控制输入为零，即动态系统无输入，或者不考虑系统的输入，那么无输入的状态方程为

$$\dot{\boldsymbol{X}}(t) = \boldsymbol{A}(t)\boldsymbol{X}(t) + \boldsymbol{C}(t)\boldsymbol{e}(t) \tag{3.1.15}$$

它表明系统本身在无外力的作用下自由运动。

在没有控制输入，并且 $\boldsymbol{A}(t)$ 和 $\boldsymbol{C}(t)$ 不随时间变化的情况下，状态方程为

$$\dot{\boldsymbol{X}}(t)=\boldsymbol{AX}(t)+\boldsymbol{Ce}(t) \tag{3.1.16}$$

例 3.3 卫星的轨迹可以用 $r(t)$ 和 $\theta(t)$ 两个极坐标变量表示，其中 $r(t)$ 是卫星到地心的距离，$\theta(t)$ 是卫星和地心的连线相对于参考坐标轴的角度。假定卫星具有在轨道径向和切向的推力控制 $u_r(t)$ 和 $u_l(t)$，试建立卫星轨迹控制系统的模型。

解：根据力学规律，卫星的运动方程可以写为

$$\begin{cases}\ddot{r}(t)=r(t)[\dot{\theta}(t)]^2-\dfrac{GM}{r^2(t)}+u_r(t)+e_r(t)\\ \ddot{\theta}(t)=-\dfrac{2}{r(t)}\dot{\theta}(t)\dot{r}(t)+\dfrac{1}{r(t)}u_l(t)+e_\theta(t)\end{cases} \tag{3.1.17}$$

其中，G 为万有引力常数，M 为地球的质量；随机变量 $e_r(t)$ 和 $e_\theta(t)$ 用来补偿卫星在轨道径向和切向方向上未知或者难以描述的作用力。选择状态变量为

$$\boldsymbol{X}(t)=\begin{bmatrix}X_1(t)\\X_2(t)\\X_3(t)\\X_4(t)\end{bmatrix}=\begin{bmatrix}r(t)\\\dot{r}(t)\\\theta(t)\\\dot{\theta}(t)\end{bmatrix} \tag{3.1.18}$$

可将式(3.1.17)表达成向量的形式

$$\begin{bmatrix}\dot{X}_1(t)\\\dot{X}_2(t)\\\dot{X}_3(t)\\\dot{X}_4(t)\end{bmatrix}=\begin{bmatrix}X_2(t)\\X_1(t)X_4^2(t)-\dfrac{GM}{X_1^2(t)}+u_r(t)\\X_4(t)\\-\dfrac{2}{X_1(t)}X_4(t)X_2(t)+\dfrac{1}{X_1(t)}u_l(t)\end{bmatrix}+\begin{bmatrix}0&0\\1&0\\0&0\\0&1\end{bmatrix}\begin{bmatrix}e_r(t)\\e_\theta(t)\end{bmatrix} \tag{3.1.19}$$

显然式(3.1.19)是非线性的微分方程式。将非线性的微分方程表达为更一般形式

$$\begin{bmatrix}\dot{X}_1(t)\\\dot{X}_2(t)\\\vdots\\\dot{X}_n(t)\end{bmatrix}=\begin{bmatrix}g_1(X_1(t),\ \cdots X_n(t),\ u_1(t),\ \cdots u_p(t),\ e_1(t),\ \cdots e_q(t))\\g_2(X_1(t),\ \cdots X_n(t),\ u_1(t),\ \cdots u_p(t),\ e_1(t),\ \cdots e_q(t))\\\vdots\\g_n(X_1(t),\ \cdots X_n(t),\ u_1(t),\ \cdots u_p(t),\ e_1(t),\ \cdots e_q(t))\end{bmatrix} \tag{3.1.20}$$

或表示为

$$\underset{n\times1}{\dot{\boldsymbol{X}}}(t)=\underset{n\times1}{\boldsymbol{g}}[\boldsymbol{X}(t),\ \underset{p\times1}{\boldsymbol{u}}(t),\ \underset{q\times1}{\boldsymbol{e}}(t)] \tag{3.1.21}$$

其中

$$\underset{n\times 1}{\boldsymbol{g}}[\cdot] == \begin{bmatrix} g_1(\cdot) \\ g_2(\cdot) \\ \vdots \\ g_n(\cdot) \end{bmatrix} \tag{3.1.22}$$

和

$$\begin{cases} E[\boldsymbol{e}(t)] = 0 \\ \mathrm{Cov}[\boldsymbol{e}(t),\ \boldsymbol{e}(\tau)] = \boldsymbol{D}_e(t)\delta(t-\tau) \end{cases} \tag{3.1.23}$$

如果还对系统进行了观测，观测方程为

$$\underset{\ell\times 1}{\boldsymbol{Z}(t)} = \underset{\ell\times 1}{\boldsymbol{F}}[\boldsymbol{X}(t)] + \underset{\ell\times 1}{\boldsymbol{\Delta}(t)} \tag{3.1.24}$$

其中 $\boldsymbol{\Delta}(t)$ 为白噪声过程，与系统噪声 $\boldsymbol{e}(t)$ 无关，所以

$$\begin{cases} E[\boldsymbol{\Delta}(t)] = 0 \\ \mathrm{Cov}[\boldsymbol{\Delta}(t),\ \boldsymbol{\Delta}(\tau)] = \boldsymbol{D}_{\Delta}(t)\delta(t-\tau) \end{cases} \tag{3.1.25}$$

和

$$\mathrm{Cov}[\boldsymbol{\Delta}(t),\ \boldsymbol{e}(\tau)] = \boldsymbol{0} \tag{3.1.26}$$

其中，$\boldsymbol{D}_{\Delta}(t)$ 为 $\boldsymbol{\Delta}(t)$ 的均方值。

以上的状态方程和观测方程一起构成了随机连续系统的数学模型。对于这样的非线性状态方程和观测方程，首先需要将其线性化，得到线性的数学模型。

3.1.2　随机连续系统数学模型的线性化

在第 2 章中我们讨论了用泰勒级数法展开观测方程，并舍去高阶项来得到线性的观测方程，这里采用同样的方法将随机非线性系统模型线性化。

设状态方程为

$$\dot{\boldsymbol{X}}(t) = \boldsymbol{g}[\boldsymbol{X}(t),\ \boldsymbol{u}(t),\ \boldsymbol{e}(t)] \tag{3.1.27}$$

假设 $\boldsymbol{X}(t)$ 的近似值(参考值)为 $\boldsymbol{X}^*(t)$，系统噪声 $\boldsymbol{e}(t)$ 的近似值为 $\boldsymbol{e}^*(t)$，用泰勒级数将式(3.1.27)在近似值处展开，并忽略高阶项(二阶和二阶以上项)：

$$\dot{\boldsymbol{X}}(t) = \boldsymbol{g}[\boldsymbol{X}^*(t),\ \boldsymbol{u}(t),\ \boldsymbol{e}^*(t)] + \left[\frac{\partial \boldsymbol{g}}{\partial \boldsymbol{X}(t)}\right]^* [\boldsymbol{X}(t) - \boldsymbol{X}^*(t)] + \left[\frac{\partial \boldsymbol{g}}{\partial \boldsymbol{e}(t)}\right]^* [\boldsymbol{e}(t) - \boldsymbol{e}^*(t)] \tag{3.1.28}$$

这里的 $[\cdot]^*$ 表示将近似值代入得到的雅各比矩阵。由于 $\boldsymbol{e}(t)$ 的期望为零，所以这里取得近似值为 $\boldsymbol{e}^*(t) = 0$，得到

$$\dot{\boldsymbol{X}}(t) = \boldsymbol{g}[\boldsymbol{X}^*(t),\ \boldsymbol{u}(t),\ 0] + \left[\frac{\partial \boldsymbol{g}}{\partial \boldsymbol{X}(t)}\right]^* [\boldsymbol{X}(t) - \boldsymbol{X}^*(t)] + \left[\frac{\partial \boldsymbol{g}}{\partial \boldsymbol{e}(t)}\right]^* \boldsymbol{e}(t) \tag{3.1.29}$$

令

$$\begin{cases} \boldsymbol{A}(t) = \left[\dfrac{\partial \boldsymbol{g}}{\partial \boldsymbol{X}(t)}\right]^* \\ \boldsymbol{C}(t) = \left[\dfrac{\partial \boldsymbol{g}}{\partial \boldsymbol{e}(t)}\right]^* \end{cases} \tag{3.1.30}$$

得到

$$\dot{\boldsymbol{X}}(t)=\boldsymbol{A}(t)\boldsymbol{X}(t)+\boldsymbol{g}[\boldsymbol{X}^*(t),\ \boldsymbol{u}(t),\ 0]-\boldsymbol{A}(t)\boldsymbol{X}^*(t)+\boldsymbol{C}(t)\boldsymbol{e}(t) \tag{3.1.31}$$

上式的 $\boldsymbol{g}[\boldsymbol{X}^*(t),\ \boldsymbol{u}(t),\ 0]-\boldsymbol{A}(t)\boldsymbol{X}^*(t)$ 是关于 $\boldsymbol{X}^*(t)$ 和 $\boldsymbol{u}(t)$ 的函数，也是已知的常数项，为简单起见，在后面的推导中用 $\boldsymbol{G}(t)$ 来代替所有的与状态和系统噪声无关的项

$$\boldsymbol{G}(t)\rightarrow\boldsymbol{g}[\boldsymbol{X}^*(t),\ \boldsymbol{u}(t),\ 0]-\boldsymbol{A}(t)\boldsymbol{X}^*(t) \tag{3.1.32}$$

式(3.1.31)为

$$\dot{\boldsymbol{X}}(t)=\boldsymbol{A}(t)\boldsymbol{X}(t)+\boldsymbol{G}(t)+\boldsymbol{C}(t)\boldsymbol{e}(t) \tag{3.1.33}$$

这样就得到了线性的微分方程。

如果 $\boldsymbol{G}(t)$ 是 $\boldsymbol{u}(t)$ 的线性函数，那么可以将式(3.1.33)表示为

$$\dot{\boldsymbol{X}}(t)=\boldsymbol{A}(t)\boldsymbol{X}(t)+\boldsymbol{B}(t)\boldsymbol{u}(t)+\boldsymbol{C}(t)\boldsymbol{e}(t) \tag{3.1.34}$$

同样，对于非线性的观测方程(3.1.24)来说，以 $\boldsymbol{X}^*(t)$ 作为近似值将观测方程展开，舍去二阶和二阶以上的高阶项，得到

$$\boldsymbol{Z}(t)=\boldsymbol{F}[\boldsymbol{X}^*(t)]+\left.\frac{\partial\boldsymbol{F}[\boldsymbol{X}(t)]}{\partial\boldsymbol{X}(t)}\right|_{\boldsymbol{X}(t)=\boldsymbol{X}^*(t)}[\boldsymbol{X}(t)-\boldsymbol{X}^*(t)]+\boldsymbol{\Delta}(t) \tag{3.1.35}$$

设

$$\boldsymbol{H}(t)=\left.\frac{\partial\boldsymbol{F}[\boldsymbol{X}(t)]}{\partial\boldsymbol{X}(t)}\right|_{\boldsymbol{X}(t)=\boldsymbol{X}^*(t)} \tag{3.1.36}$$

并将已知常量部分都移到方程的左边

$$\boldsymbol{Z}(t)-\boldsymbol{F}[\boldsymbol{X}^*(t)]+\boldsymbol{H}(t)\boldsymbol{X}^*(t)=\boldsymbol{H}(t)\boldsymbol{X}(t)+\boldsymbol{\Delta}(t) \tag{3.1.37}$$

令

$$\boldsymbol{z}(t)=\boldsymbol{Z}(t)-\boldsymbol{F}[\boldsymbol{X}^*(t)]+\boldsymbol{H}(t)\boldsymbol{X}^*(t) \tag{3.1.38}$$

最后，有观测方程

$$\boldsymbol{z}(t)=\boldsymbol{H}(t)\boldsymbol{X}(t)+\boldsymbol{\Delta}(t) \tag{3.1.39}$$

3.1.3 算例分析

例 3.4 例 3.3 中的微分方程为

$$\begin{bmatrix}\dot{X}_1(t)\\ \dot{X}_2(t)\\ \dot{X}_3(t)\\ \dot{X}_4(t)\end{bmatrix}=\begin{bmatrix}X_2(t)\\ X_1(t)X_4^2(t)-\dfrac{GM}{X_1^2(t)}+u_r(t)\\ X_4(t)\\ -\dfrac{2}{X_1(t)}X_4(t)X_2(t)+\dfrac{1}{X_1(t)}u_l(t)\end{bmatrix}+\begin{bmatrix}0&0\\1&0\\0&0\\0&1\end{bmatrix}\begin{bmatrix}e_r(t)\\ e_\theta(t)\end{bmatrix}$$

已知状态的近似值为 $\boldsymbol{X}^*(t)=[X_1^*(t)\quad X_2^*(t)\quad X_3^*(t)\quad X_4^*(t)]^{\mathrm{T}}$，将此微分方程线性化。

解： 设原微分方程为

$$\dot{\boldsymbol{X}}(\boldsymbol{t})=\boldsymbol{g}[\boldsymbol{X}(\boldsymbol{t}),\ \boldsymbol{u}(t)]+\boldsymbol{Ce}(\boldsymbol{t})$$

将上式在 $\boldsymbol{X}^*[t]$ 处用泰勒级数展开，略去高阶项后为

$$\dot{\boldsymbol{X}}(t)=\boldsymbol{g}[\boldsymbol{X}^*(t),\ \boldsymbol{u}(t)]+\boldsymbol{A}(t)[\boldsymbol{X}(t)-\boldsymbol{X}^*(t)]+\boldsymbol{C}\cdot\boldsymbol{e}(t)$$

其中

$$\boldsymbol{g}[\boldsymbol{X}^*(t),\ \boldsymbol{u}(t)]=\begin{bmatrix} X_2^*(t) \\ X_1^*(t)[X_4^*(t)]^2-\dfrac{GM}{(X_1^*)^2}+u_r(t) \\ X_4^*(t) \\ -\dfrac{2}{X_1^*(t)}X_4^*(t)X_2^*(t)+\dfrac{1}{X_1^*(t)}u_l(t) \end{bmatrix}$$

$\boldsymbol{A}(t)$ 为以 $\boldsymbol{X}(t)$ 对 $\boldsymbol{g}[\cdot]$ 依次求导后的雅各比矩阵

$$\boldsymbol{A}(t)=\begin{bmatrix} 0 & 1 & 0 & 0 \\ X_4^{*2}(t)+\dfrac{2GM}{[X_1^*(t)]^3} & 0 & 0 & 2X_1^*(t)X_4^*(t) \\ 0 & 0 & 0 & 1 \\ \dfrac{2X_2^*(t)X_4^*(t)-u_l(t)}{[X_1^*(t)]^2} & -\dfrac{2X_4^*(t)}{X_1^*(t)} & 0 & -\dfrac{2X_2^*(t)}{X_1^*(t)} \end{bmatrix}$$

$\boldsymbol{C}$ 矩阵为

$$\boldsymbol{C}=\begin{bmatrix} 0 & 0 \\ 1 & 0 \\ 0 & 0 \\ 0 & 1 \end{bmatrix}$$

3.2　状态转移矩阵和随机连续线性系统的解

随机连续线性系统的状态方程(3.1.11)是微分方程，这样的微分方程在估计离散时间点上的状态值和分析状态的误差时并不方便，所以需要求解带有随机量的微分方程，得到状态在不同时间点上的递推转移关系。

求解微分方程(无随机量)的方法有解析解法和数值解法。解析解法有多种，如初等积分法、级数展开法、拉氏变换法、对角化方法和利用 Caylay-Hamilton 定律计算(待定系数法)等方法。但实际上很多微分方程的解是不能用初等函数来表示的，有时即便是形式上非常简单的微分方程也不能用解析方法得到。所以在现实应用中，通常需要用数值法得到微分方程的解。用数值法得到的是在离散时间点上的状态近似值，其近似程度与步长和阶数有关。无论采用哪种方法解微分方程都将得到状态转移矩阵从而实现状态在不同时间点上的递推。

本节首先介绍状态转移矩阵和状态转移矩阵的性质；在此基础上，假设状态转移矩阵已知并将其扩展到有控制输入和噪声影响的随机连续线性系统，得到有噪声输入的线性系

统的解，为后面的随机连续线性系统离散化做准备。

3.2.1 状态转移矩阵

设某系统的微分方程为

$$\dot{\boldsymbol{X}}(t)=\boldsymbol{A}(t)\boldsymbol{X}(t)+\boldsymbol{B}(t)\boldsymbol{u}(t)+\boldsymbol{C}(t)\boldsymbol{e}(t) \tag{3.2.1}$$

初始值为 $\boldsymbol{X}(t_0)=\boldsymbol{X}_0$。式(3.2.1)是一阶线性非齐次微分方程，当不考虑控制输入和噪声影响时

$$\boldsymbol{B}(t)\boldsymbol{u}(t)+\boldsymbol{C}(t)\boldsymbol{e}(t)=0 \tag{3.2.2}$$

式(3.2.1)就成为齐次微分方程

$$\dot{\boldsymbol{X}}(t)=\boldsymbol{A}(t)\boldsymbol{X}(t) \tag{3.2.3}$$

设上式的解为

$$\boldsymbol{X}(t)=\boldsymbol{\Phi}(t,\ t_0)\boldsymbol{X}(t_0) \tag{3.2.4}$$

只要得到了 $\boldsymbol{\Phi}(t,\ t_0)$，那么就可以通过常数变易法来求式(3.2.1)的解。

式(3.2.4)也表明微分方程的解实质上是 $\boldsymbol{\Phi}(t,\ t_0)$ 将状态从初始时刻 t_0 到时刻 t 的转移，转移过程和转移的结果完全由 $\boldsymbol{\Phi}(t,\ t_0)$ 和初始状态 $\boldsymbol{X}(t_0)$ 所决定，所以称 $\boldsymbol{\Phi}(t,\ t_0)$ 为状态转移矩阵，$\boldsymbol{\Phi}(t,\ t_0)$ 也是求解微分方程(3.2.1)的关键。

将式(3.2.4)代入式(3.2.3)得到

$$\dot{\boldsymbol{\Phi}}(t,\ t_0)\boldsymbol{X}(t_0)=\boldsymbol{A}(t)\boldsymbol{\Phi}(t,\ t_0)\boldsymbol{X}(t_0) \tag{3.2.5}$$

由于有初值问题的微分方程的解是唯一的，所以

$$\dot{\boldsymbol{\Phi}}(t,\ t_0)=\boldsymbol{A}(t)\boldsymbol{\Phi}(t,\ t_0) \tag{3.2.6}$$

可见，满足式(3.2.6)的 $\boldsymbol{\Phi}(t,\ t_0)$ 就是齐次方程(3.2.3)的解。

1. 差分法求状态转移矩阵

差分法是最简单的一种解微分方程的数值方法。通过这样简单的差分方法，我们可以看到如何用数值方法得到状态转移矩阵。

对于微分方程

$$\dot{\boldsymbol{X}}(t)=\boldsymbol{A}(t)\boldsymbol{X}(t) \tag{3.2.7}$$

如果 $\Delta t=t-t_0$ 较小，那么

$$\dot{\boldsymbol{X}}(t)=\frac{1}{\Delta t}[\boldsymbol{X}(t)-\boldsymbol{X}(t_0)] \tag{3.2.8}$$

将式(3.2.8)代入式(3.2.7)

$$\frac{1}{\Delta t}[\boldsymbol{X}(t)-\boldsymbol{X}(t_0)]=\boldsymbol{A}(t_0)\boldsymbol{X}(t_0) \tag{3.2.9}$$

得到

$$\boldsymbol{X}(t)=(\boldsymbol{I}+\boldsymbol{A}(t_0)\Delta t)\boldsymbol{X}(t_0) \tag{3.2.10}$$

显然 $(\boldsymbol{I}+\boldsymbol{A}(t_0)\Delta t)$ 将 $\boldsymbol{X}(t_0)$ 转移得到 $\boldsymbol{X}(t)$，所以 $(\boldsymbol{I}+\boldsymbol{A}(t_0)\Delta t)$ 就是状态转移矩阵。

设

$$\boldsymbol{\Phi}(t,\ t_0)=\boldsymbol{I}+\boldsymbol{A}(t_0)\Delta \mathrm{t} \tag{3.2.11}$$

式(3.2.10)成为

$$\boldsymbol{X}(t)=\boldsymbol{\Phi}(t,\ t_0)\boldsymbol{X}(t_0) \tag{3.2.12}$$

如果动态系统为时不变系统，那么式(3.2.11)为

$$\boldsymbol{\Phi}(t,\ t_0)=\boldsymbol{I}+\boldsymbol{A}\Delta t \tag{3.2.13}$$

差分方法是最简单的数值解法，它舍去了 Δt 的高阶项。除了差分法，还有很多其他数值解算微分方程的方法，其数值计算结果与原模型的近似程度、步长 Δt 和阶数有关，步长越小，阶数越高，近似程度越高，但计算量也越大。在实际应用中，需要综合考虑计算负荷和近似程度，当近似造成的误差可以忽略，就不需要无谓地增加阶数和减小步长了。常用的数值解法有 Euler 改进方法和四阶 Runge-Kutta 方法。此外，在实际的数值计算过程中，是通过

$$\dot{\boldsymbol{\Phi}}(t,\ t_0)=\boldsymbol{A}(t)\boldsymbol{\Phi}(t,\ t_0)$$

直接求解 $\boldsymbol{\Phi}(t_k,\ t_{k-1})$ 来确定 $\boldsymbol{X}(t_{k-1})$ 与 $\boldsymbol{X}(t_k)$ 的递推关系，$\boldsymbol{\Phi}(t_k,\ t_{k-1})$ 也将用于后面的滤波计算。

2. 时不变系统状态转移矩阵的解析解

当系统为时不变系统时，式(3.2.3)成为

$$\dot{\boldsymbol{X}}(t)=\boldsymbol{A}\boldsymbol{X}(t) \tag{3.2.14}$$

它的解为

$$\boldsymbol{X}(t)=\mathrm{e}^{\int \boldsymbol{A}\mathrm{d}t}\times C=\mathrm{e}^{\boldsymbol{A}t}\times C \tag{3.2.15}$$

根据初值 $\boldsymbol{X}(t_0)=\boldsymbol{X}_0$ 可以得到

$$C=\mathrm{e}^{-\boldsymbol{A}t_0}\boldsymbol{X}(t_0) \tag{3.2.16}$$

因此式(3.2.14)的解为

$$\boldsymbol{X}(t)=\mathrm{e}^{\boldsymbol{A}\times(t-t_0)}\boldsymbol{X}(t_0) \tag{3.2.17}$$

这时状态转移矩阵为

$$\boldsymbol{\Phi}(t,\ t_0)=\mathrm{e}^{\int_{t_0}^{t}\boldsymbol{A}\mathrm{d}\tau} \tag{3.2.18}$$

也为

$$\boldsymbol{\Phi}(t-t_0)=\mathrm{e}^{\boldsymbol{A}\times(t-t_0)} \tag{3.2.19}$$

上式表明时不变系统的状态转移只与 $\Delta t=t-t_0$ 有关。

将 $\boldsymbol{\Phi}(t-t_0)$ 用级数展开

$$\begin{aligned}\boldsymbol{\Phi}(t-t_0)&=\boldsymbol{I}+\boldsymbol{A}\times(t-t_0)+\frac{1}{2!}\boldsymbol{A}^2\times(t-t_0)^2+\cdots+\frac{1}{k!}\boldsymbol{A}^k\times(t-t_0)^k+\cdots\\&=\sum_{k=0}^{\infty}\frac{1}{k!}\boldsymbol{A}^k\times(t-t_0)^k\end{aligned} \tag{3.2.20}$$

当 $t_0=0$ 时，有

$$\boldsymbol{\Phi}(t)=\mathrm{e}^{\boldsymbol{A}t}=\boldsymbol{I}+\boldsymbol{A}t+\frac{1}{2!}\boldsymbol{A}^2t^2+\cdots+\frac{1}{k!}\boldsymbol{A}^kt^k+\cdots=\sum_{k=0}^{\infty}\frac{1}{k!}\boldsymbol{A}^kt^k \tag{3.2.21}$$

将上式与差分方法得到的状态转移矩阵比较，容易发现差分方法忽略了上式的高阶项，只考虑了零阶项和一阶项的数值。

3. 状态转移矩阵的性质

状态转移矩阵有如下性质：

(1) 分段转移：
$$\boldsymbol{\Phi}(t_2, t_0)=\boldsymbol{\Phi}(t_2, t_1)\boldsymbol{\Phi}(t_1, t_0) \tag{3.2.22}$$

(2) 转移可逆：
$$\boldsymbol{\Phi}(t, t_0)=\boldsymbol{\Phi}^{-1}(t_0, t) \tag{3.2.23}$$

(3) 时间不变：
$$\boldsymbol{\Phi}(t_0, t_0)=\boldsymbol{I} \tag{3.2.24}$$

现给出以上性质的证明。

根据式(3.2.12)，有

$$\boldsymbol{X}(t_1)=\boldsymbol{\Phi}(t_1, t_0)\boldsymbol{X}(t_0) \tag{3.2.25}$$

$$\boldsymbol{X}(t_2)=\boldsymbol{\Phi}(t_2, t_1)\boldsymbol{X}(t_1) \tag{3.2.26}$$

将式(3.2.25)代入式(3.2.26)

$$\boldsymbol{X}(t_2)=\boldsymbol{\Phi}(t_2, t_1)\boldsymbol{\Phi}(t_1, t_0)\boldsymbol{X}(t_0) \tag{3.2.27}$$

又由于

$$\boldsymbol{X}(t_2)=\boldsymbol{\Phi}(t_2, t_0)\boldsymbol{X}(t_0) \tag{3.2.28}$$

根据微分方程解的唯一性

$$\boldsymbol{\Phi}(t_2, t_0)=\boldsymbol{\Phi}(t_2, t_1)\boldsymbol{\Phi}(t_1, t_0) \tag{3.2.29}$$

这说明了状态可以从 t_0 转移到 t_2，也可以分步进行：先从 t_0 转移到 t_1，再从 t_1 转移到 t_2。图3.2表示了以上的转移过程。

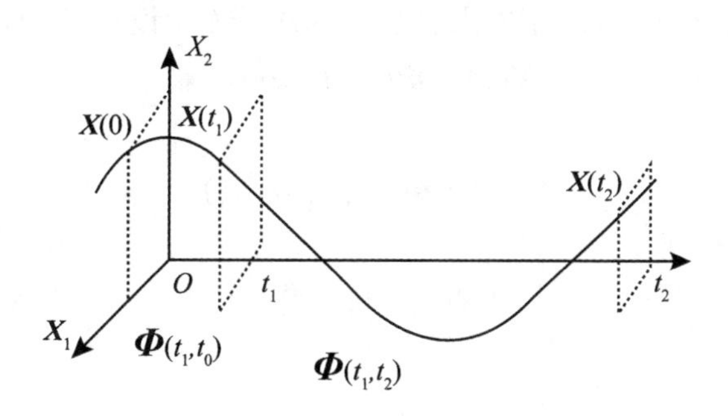

图3.2　状态变量的转移过程

将式(3.2.4)的两边同时左乘 $\boldsymbol{\Phi}^{-1}(t, t_0)$，得到

$$\boldsymbol{X}(t_0)=\boldsymbol{\Phi}^{-1}(t, t_0)\boldsymbol{X}(t) \tag{3.2.30}$$

因为有

$$\boldsymbol{X}(t_0)=\boldsymbol{\Phi}(t_0, t)\boldsymbol{X}(t) \tag{3.2.31}$$

所以

$$\boldsymbol{\Phi}(t,\ t_0)=\boldsymbol{\Phi}^{-1}(t_0,\ t) \tag{3.2.32}$$

上式也说明了 $\boldsymbol{\Phi}(t,\ t_0)$ 必须是可逆矩阵。

如果时间 $t=t_0$，那么式(3.2.4)为

$$\boldsymbol{X}(t_0)=\boldsymbol{\Phi}(t_0,\ t_0)\boldsymbol{X}(t_0) \tag{3.2.33}$$

因此，

$$\boldsymbol{\Phi}(t_0,\ t_0)=\boldsymbol{I} \tag{3.2.34}$$

状态转移矩阵 $\boldsymbol{\Phi}(t,\ t_0)$ 除了有以上的性质，它的行列式还满足

$$\frac{\mathrm{d}}{\mathrm{d}t}|\boldsymbol{\Phi}(t,\ t_0)|=\mathrm{trace}[\boldsymbol{A}(t)]\ |\boldsymbol{\Phi}(t,\ t_0)| \tag{3.2.35}$$

和

$$|\boldsymbol{\Phi}(t,\ t_0)|=\int_{t_0}^{t}\mathrm{trace}[\boldsymbol{A}(\tau)]\,\mathrm{d}\tau \tag{3.2.36}$$

时不变系统的状态转移矩阵 $\boldsymbol{\Phi}(t-t_0)$ 除了具有 $\boldsymbol{\Phi}(t,\ t_0)$ 的性质外，还具有以下性质

$$[\boldsymbol{\Phi}(\Delta t)]^k=\boldsymbol{\Phi}(k\cdot\Delta t) \tag{3.2.37}$$

3.2.2　连续线性系统的解

连续线性系统的微分方程为：

$$\dot{\boldsymbol{X}}(t)=\boldsymbol{A}(t)\boldsymbol{X}(t)+\boldsymbol{B}(t)\boldsymbol{u}(t)+\boldsymbol{C}(t)\boldsymbol{e}(t) \tag{3.2.38}$$

其中 $\boldsymbol{e}(t)$ 为白噪声，且

$$E[\boldsymbol{e}(t)]=0 \tag{3.2.39}$$

$$\mathrm{Cov}[\boldsymbol{e}(t),\ \boldsymbol{e}(\tau)]=\boldsymbol{D}_e(t)\delta(t-\tau) \tag{3.2.40}$$

如式(3.2.38)的非齐次微分方程，可以用“常数变易法”求解。设状态方程(3.2.38)的解为

$$\boldsymbol{X}(t)=\boldsymbol{\Phi}(t,\ t_0)\xi(t) \tag{3.2.41}$$

当 $t=t_0$ 时，有

$$\boldsymbol{X}(t_0)=\boldsymbol{\Phi}(t_0,\ t_0)\xi(t_0) \tag{3.2.42}$$

由于 $\boldsymbol{\Phi}(t_0,\ t_0)=\boldsymbol{I}$，得到

$$\boldsymbol{X}(t_0)=\xi(t_0) \tag{3.2.43}$$

对式(3.2.41)求微分

$$\dot{\boldsymbol{X}}(t)=\boldsymbol{\Phi}(t,\ t_0)\dot{\xi}(t)+\dot{\boldsymbol{\Phi}}(t,\ t_0)\xi(t) \tag{3.2.44}$$

将式(3.2.41)和(3.2.44)代入式(3.2.38)，并考虑式(3.2.6)得到

$$\boldsymbol{\Phi}(t,\ t_0)\dot{\xi}(t)+\boldsymbol{A}(t)\boldsymbol{\Phi}(t,\ t_0)\xi(t)=\boldsymbol{A}(t)\boldsymbol{\Phi}(t,\ t_0)\xi(t)+\boldsymbol{B}(t)\boldsymbol{u}(t)+\boldsymbol{C}(t)\boldsymbol{e}(t) \tag{3.2.45}$$

消去共同项并左乘以 $\boldsymbol{\Phi}^{-1}(t,\ t_0)$ 后

$$\dot{\xi}(t)=\boldsymbol{\Phi}^{-1}(t,\ t_0)\boldsymbol{B}(t)\boldsymbol{u}(t)+\boldsymbol{\Phi}^{-1}(t,\ t_0)\boldsymbol{C}(t)\boldsymbol{e}(t) \tag{3.2.46}$$

由于 $\boldsymbol{\Phi}^{-1}(t, t_0)=\boldsymbol{\Phi}(t_0, t)$，所以有

$$\dot{\xi}(t)=\boldsymbol{\Phi}(t_0, t)\boldsymbol{B}(t)\boldsymbol{u}(t)+\boldsymbol{\Phi}(t_0, t)\boldsymbol{C}(t)\boldsymbol{e}(t) \tag{3.2.47}$$

将上式积分并根据初始条件，得到

$$\xi(t)-\xi(t_0)=\int_{t_0}^{t}\boldsymbol{\Phi}(t_0, \tau)\boldsymbol{B}(\tau)\boldsymbol{u}(\tau)\mathrm{d}\tau+\int_{t_0}^{t}\boldsymbol{\Phi}(t_0, \tau)\boldsymbol{C}(\tau)\boldsymbol{e}(\tau)\mathrm{d}\tau \tag{3.2.48}$$

由于 $\xi(t_0)=\boldsymbol{X}(t_0)$，

$$\xi(t)=\boldsymbol{X}(t_0)+\int_{t_0}^{t}\boldsymbol{\Phi}(t_0, \tau)\boldsymbol{B}(\tau)\boldsymbol{u}(\tau)\mathrm{d}\tau+\int_{t_0}^{t}\boldsymbol{\Phi}(t_0, \tau)\boldsymbol{C}(\tau)\boldsymbol{e}(\tau)\mathrm{d}\tau \tag{3.2.49}$$

将式(3.2.49)代入式(3.2.41)得到微分方程的解

$$\boldsymbol{X}(t)=\boldsymbol{\Phi}(t, t_0)\boldsymbol{X}(t_0)+\int_{t_0}^{t}\boldsymbol{\Phi}(t, \tau)\boldsymbol{B}(\tau)\boldsymbol{u}(\tau)\mathrm{d}\tau+\int_{t_0}^{t}\boldsymbol{\Phi}(t, \tau)\boldsymbol{C}(\tau)\boldsymbol{e}(\tau)\mathrm{d}\tau \tag{3.2.50}$$

式(3.2.50)即为连续线性系统的解。

3.2.3 算例分析

例 3.5 已知系统的微分方程为 $\begin{bmatrix}\dot{x}_1(t)\\ \dot{x}_2(t)\end{bmatrix}=\begin{bmatrix}0 & 1\\ 0 & 0\end{bmatrix}\begin{bmatrix}x_1(t)\\ x_2(t)\end{bmatrix}$，初始时刻 $t_0=0$ 的状态为 $\boldsymbol{x}(0)=\begin{bmatrix}x_1(0)\\ x_2(0)\end{bmatrix}$，试求微分方程的解。

解：此系统为时不变系统

$$\boldsymbol{A}=\begin{bmatrix}0 & 1\\ 0 & 0\end{bmatrix}$$

并且 $t_0=0$。可设微分方程的解为

$$\boldsymbol{x}(t)=\boldsymbol{\Phi}(t)\boldsymbol{x}(0) \tag{3.2.51}$$

状态转移矩阵 $\boldsymbol{\Phi}(t)$ 为

$$\boldsymbol{\Phi}(t)=\mathrm{e}^{\boldsymbol{A}t}=\boldsymbol{I}+\boldsymbol{A}t+\frac{1}{2!}\boldsymbol{A}^2t^2+\cdots+\frac{1}{k!}\boldsymbol{A}^kt^k+\cdots=\sum_{k=0}^{\infty}\frac{1}{k!}\boldsymbol{A}^kt^k$$

由于

$$\boldsymbol{A}^2=\boldsymbol{A}^3=\cdots=\boldsymbol{A}^k=\begin{bmatrix}0 & 0\\ 0 & 0\end{bmatrix}$$

所以，状态转移矩阵为

$$\boldsymbol{\Phi}(t)=\boldsymbol{I}+\boldsymbol{A}t=\begin{bmatrix}1 & 0\\ 0 & 1\end{bmatrix}+\begin{bmatrix}0 & t\\ 0 & 0\end{bmatrix}=\begin{bmatrix}1 & t\\ 0 & 1\end{bmatrix}$$

微分方程的解为

$$\begin{bmatrix}x_1(t)\\ x_2(t)\end{bmatrix}=\begin{bmatrix}1 & t\\ 0 & 1\end{bmatrix}\times\begin{bmatrix}x_1(0)\\ x_2(0)\end{bmatrix} \tag{3.2.52}$$

在此问题中，如果视 $x_1(t)$ 为位移，$x_2(t)$ 为速度，从式(3.2.52)来看，此系统显然处于匀速运动状态。如果已知初始时刻的位移和速度，由式(3.2.52)可以求得任何时刻的状态 $\boldsymbol{x}(t)$。更一般的，如果

$$\underset{n\times n}{\boldsymbol{A}} = \begin{bmatrix} 0 & 1 & 0 & & 0 \\ 0 & 0 & 1 & & 0 \\ \vdots & \vdots & \vdots & \ddots & \vdots \\ 0 & 0 & 0 & \cdots & 1 \\ 0 & 0 & 0 & \cdots & 0 \end{bmatrix} \tag{3.2.53}$$

矩阵 $\boldsymbol{A}$ 的 $k(k \leqslant n)$ 次幂为

$$\underset{n\times n}{\boldsymbol{A}^k} = \begin{bmatrix} \underset{(n-k)\times k}{\boldsymbol{0}} & \underset{(n-k)\times(n-k)}{\boldsymbol{I}} \\ \underset{k\times k}{\boldsymbol{0}} & \underset{k\times(n-k)}{\boldsymbol{0}} \end{bmatrix} \tag{3.2.54}$$

当 $k = n$ 时，

$$\underset{n\times n}{\boldsymbol{A}^n} = \boldsymbol{0} \tag{3.2.55}$$

代入式(3.2.20)得到状态转移矩阵

$$\boldsymbol{\Phi}(t-t_0) = \begin{bmatrix} 1 & t-t_0 & \frac{1}{2}(t-t_0)^2 & \frac{1}{1\cdot 2\cdot 3}(t-t_0)^3 & \cdots & \frac{1}{(n-1)!}(t-t_0)^{n-1} \\ 0 & 1 & t-t_0 & \frac{1}{2}(t-t_0)^2 & \cdots & \frac{1}{(n-2)!}(t-t_0)^{n-2} \\ 0 & 0 & 1 & t-t_0 & \cdots & \frac{1}{(n-3)!}(t-t_0)^{n-3} \\ 0 & 0 & 0 & 1 & \cdots & \frac{1}{(n-4)!}(t-t_0)^{n-4} \\ \vdots & \vdots & \vdots & \vdots & & \vdots \\ 0 & 0 & 0 & 0 & 0 & 1 \end{bmatrix} \tag{3.2.56}$$

当 $\boldsymbol{A}$ 为 2×2 维矩阵时，状态转移矩阵就是其中的前两行和前两列；当 $\boldsymbol{A}$ 为 3×3 维矩阵时，状态为位置、速度和加速度，转移矩阵就是其中的前三行和前三列，依次类推。

例 3.6　已知 $\boldsymbol{X}(t_0)$，试给出连续时间系统 $\dot{\boldsymbol{X}}(t) = \begin{bmatrix} 0 & 1 \\ 0 & -\beta \end{bmatrix}\boldsymbol{X}(t)$ 的解。

解：状态变量为 $\boldsymbol{X}(t) = [X_1(t) \quad X_2(t)]^{\mathrm{T}}$，只要求得 $\boldsymbol{\Phi}(t, t_0)$，就得到了此微分方程的解。由系统的微分方程可知

$$\dot{X}_1(t) = X_2(t) \qquad ①$$

$$\dot{X}_2(t) = -\beta X_2(t) \qquad ②$$

由②和初始值，可得

$$\begin{aligned} X_2(t) &= \mathrm{e}^{\int_{t_0}^{t}(-\beta)\mathrm{d}t} X_2(t_0) \\ &= \mathrm{e}^{-\beta(t-t_0)} X_2(t_0) \qquad ③ \end{aligned}$$

将③代入①得

$$\dot{X}_1(t) = = e^{-\beta(t-t_0)} X_2(t_0)$$

积分得到

$$X_1(t) = -\frac{1}{\beta} e^{-\beta(t-t_0)} X_2(t_0) + C$$

当 $t = t_0$ 时

$$X_1(t_0) = -\frac{1}{\beta} X_2(t_0) + C$$

解得到

$$C = X_1(t_0) + \frac{1}{\beta} X_2(t_0)$$

所以

$$X_1(t) = X_1(t_0) + \frac{1}{\beta}(1 - e^{-\beta(t-t_0)}) X_2(t_0)$$

综上所述

$$\boldsymbol{\Phi}(t, t_0) = \begin{bmatrix} 1 & \frac{1}{\beta}(1 - e^{-\beta(t-t_0)}) \\ 0 & e^{-\beta(t-t_0)} \end{bmatrix}$$

最后，微分方程的解为

$$\boldsymbol{X}(t) = \begin{bmatrix} 1 & \frac{1}{\beta}(1 - e^{-\beta(t-t_0)}) \\ 0 & e^{-\beta(t-t_0)} \end{bmatrix} \boldsymbol{X}(t_0)$$

在此问题上，除了上述的方法解外，还可以用拉普拉斯变换和约旦规范形等方法解得。

3.3 随机离散线性系统的数学模型

式(3.2.1)是对系统在时间连续状态下的描述，是连续系统的状态方程。为了研究系统的运动规律，需要对系统进行观测，但这些观测是在离散的时间点上进行的，所以在对动态系统估计前需要将状态方程离散化，得到离散的数学模型，便于计算机处理数据。

3.3.1 随机离散线性系统的函数模型

根据上节推导得出的随机连续线性系统的解，有

$$\boldsymbol{X}(t) = \boldsymbol{\Phi}(t, t_0)\boldsymbol{X}(t_0) + \int_{t_0}^{t} \boldsymbol{\Phi}(t, \tau)\boldsymbol{B}(\tau)\boldsymbol{u}(\tau)\mathrm{d}\tau + \int_{t_0}^{t} \boldsymbol{\Phi}(t, \tau)\boldsymbol{C}(\tau)\boldsymbol{e}(\tau)\mathrm{d}\tau \tag{3.3.1}$$

其中 $\boldsymbol{e}(t)$ 为白噪声过程，有

$$E[\boldsymbol{e}(t)] = 0 \tag{3.3.2}$$

$$\mathrm{Cov}[\boldsymbol{e}(t),\ \boldsymbol{e}(\tau)] = \boldsymbol{D}_e(t)\delta(t-\tau) \tag{3.3.3}$$

$\boldsymbol{D}_e(t)$ 为 $q \times q$ 维正定矩阵，也是 $\boldsymbol{e}(t)$ 的均方值。现根据需要在时间区间 $[t_0,\ t]$ 中划分不同的时刻，有 $t_0 < t_1 < t_2 < \cdots t_{k-1} < t_k \cdots$。设上式中 $t_0 = t_{k-1}$ 和 $t = t_k$，得到

$$\boldsymbol{X}(t_k) = \boldsymbol{\Phi}(t_k,\ t_{k-1})\boldsymbol{X}(t_{k-1}) + \int_{t_{k-1}}^{t_k} \boldsymbol{\Phi}(t_k,\ \tau)\boldsymbol{G}(\tau)\mathrm{d}\tau + \int_{t_{k-1}}^{t_k} \boldsymbol{\Phi}(t_k,\ \tau)\boldsymbol{C}(\tau)\boldsymbol{e}(\tau)\mathrm{d}\tau \tag{3.3.4}$$

设

$$\begin{aligned} \boldsymbol{\Omega}(k-1) &= \int_{t_{k-1}}^{t_k} \boldsymbol{\Phi}(t_k,\ \tau)\boldsymbol{B}(\tau)\boldsymbol{u}(\tau)\mathrm{d}\tau \\ \boldsymbol{w}(k-1) &= \int_{t_{k-1}}^{t_k} \boldsymbol{\Phi}(t_k,\ \tau)\boldsymbol{C}(\tau)\boldsymbol{e}(\tau)\mathrm{d}\tau \end{aligned} \tag{3.3.5}$$

为了表述简单起见，这里将原来的变量表示为

$$\begin{aligned} &\boldsymbol{X}(k) \to \boldsymbol{X}(t_k) \\ &\boldsymbol{\Phi}_{k,\ k-1} \to \boldsymbol{\Phi}(t_k,\ t_{k-1}) \end{aligned} \tag{3.3.6}$$

式(3.3.4)成为

$$\underset{n\times 1}{\boldsymbol{X}(k)} = \underset{n\times n}{\boldsymbol{\Phi}_{k,\ k-1}}\ \underset{n\times 1}{\boldsymbol{X}(k-1)} + \underset{n\times 1}{\boldsymbol{\Omega}(k-1)} + \underset{n\times 1}{\boldsymbol{w}(k-1)} \tag{3.3.7}$$

上式中 $\boldsymbol{\Omega}(k-1)$ 为状态方程中确定性的控制输入部分，$\boldsymbol{w}(k-1)$ 为离散化后的状态方程中的随机干扰部分，也是状态方程中的系统噪声。

同样，对观测方程进行离散化。根据式(3.1.39)，离散化后的线性观测方程为

$$\boldsymbol{z}(k) = \boldsymbol{H}(k)\boldsymbol{X}(k) + \boldsymbol{\Delta}(k) \tag{3.3.8}$$

其中

$$\boldsymbol{z}(k) = \boldsymbol{Z}(k) - \boldsymbol{F}[\boldsymbol{X}^*(k)] + \boldsymbol{H}_k\boldsymbol{X}^*(k) \tag{3.3.9}$$

3.3.2 随机离散线性系统的随机模型

1. 系统噪声的方差

离散化后的状态方程(3.3.7)中的系统噪声为 $\boldsymbol{w}(k-1)$，$\boldsymbol{w}(k-1)$ 为白噪声序列，期望为

$$E[\boldsymbol{w}(k-1)] = \int_{t_{k-1}}^{t_k} \boldsymbol{\Phi}(t_k,\ \tau)\boldsymbol{C}(\tau)E[\boldsymbol{e}(\tau)]\,\mathrm{d}\tau = 0 \tag{3.3.10}$$

根据式(3.3.5)和方差的定义有

$$\begin{aligned} \boldsymbol{D}_w(k-1) &= E[\boldsymbol{w}(k-1)\ \boldsymbol{w}^{\mathrm{T}}(k-1)] \\ &= E\left\{\left[\int_{t_{k-1}}^{t_k} \boldsymbol{\Phi}(t_k,\ \tau)\boldsymbol{C}(\tau)e(\tau)\mathrm{d}\tau\right]\left[\int_{t_{k-1}}^{t_k} \boldsymbol{\Phi}(t_k,\ \tau')\boldsymbol{C}(\tau')e(\tau')\mathrm{d}\tau'\right]^{\mathrm{T}}\right\} \\ &= E\left[\int_{t_{k-1}}^{t_k}\int_{t_{k-1}}^{t_k} \boldsymbol{\Phi}(t_k,\ \tau)\boldsymbol{C}(\tau)\boldsymbol{e}(\tau)\ \boldsymbol{e}^{\mathrm{T}}(\tau')\ \boldsymbol{C}^{\mathrm{T}}(\tau')\ \boldsymbol{\Phi}^{\mathrm{T}}(t_k,\ \tau')\mathrm{d}\tau\mathrm{d}\tau'\right] \end{aligned}$$

$$= \int_{t_{k-1}}^{t_k} \int_{t_{k-1}}^{t_k} \boldsymbol{\Phi}(t_k, \tau) \boldsymbol{C}(\tau) \boldsymbol{D}_e(\tau) \delta(\tau - \tau') \boldsymbol{C}^{\mathrm{T}}(\tau') \boldsymbol{\Phi}^{\mathrm{T}}(t_k, \tau') \mathrm{d}\tau' \mathrm{d}\tau$$

$$= \int_{t_{k-1}}^{t_k} \boldsymbol{\Phi}(t_k, \tau) \boldsymbol{C}(\tau) \boldsymbol{D}_e(\tau) \left(\int_{t_{k-1}}^{t_k} \delta(\tau - \tau') \boldsymbol{C}^{\mathrm{T}}(\tau') \boldsymbol{\Phi}^{\mathrm{T}}(t_k, \tau') \mathrm{d}\tau' \right) \mathrm{d}\tau \tag{3.3.11}$$

对 τ' 积分并根据 1.7.1 节给出的狄拉克 δ 函数的特性得到

$$\boldsymbol{D}_w(k-1) = \int_{t_{k-1}}^{t_k} \boldsymbol{\Phi}(t_k, \tau) \boldsymbol{C}(\tau) \boldsymbol{D}_e(\tau) \boldsymbol{C}^{\mathrm{T}}(\tau) \boldsymbol{\Phi}^{\mathrm{T}}(t_k, \tau) \mathrm{d}\tau \tag{3.3.12}$$

式(3.3.12)即为离散化后的系统噪声方差矩阵 $\boldsymbol{D}_w(k-1)$ 的严密计算公式。

$\boldsymbol{D}_w(k-1)$ 也可以用近似方法计算得到。当 $\Delta t = t_k - t_{k-1} \to 0$，将上式中的 $\boldsymbol{C}(\tau) \boldsymbol{D}_e(\tau) \boldsymbol{C}^{\mathrm{T}}(\tau)$ 用 $\boldsymbol{C}(t_{k-1}) \boldsymbol{D}_e(t_{k-1}) \boldsymbol{C}^{\mathrm{T}}(t_{k-1})$ 代替，在极短的时间里 $\boldsymbol{\Phi}(t_k, \tau) = \boldsymbol{I}$，那么

$$\boldsymbol{D}_w(k-1) = \boldsymbol{C}(t_{k-1}) \boldsymbol{D}_e(t_{k-1}) \boldsymbol{C}^{\mathrm{T}}(t_{k-1}) \Delta t \tag{3.3.13}$$

由于 $\boldsymbol{w}(k)$ 为白噪声序列，所以

$$\mathrm{Cov}[\boldsymbol{w}(k), \boldsymbol{w}(j)] = \boldsymbol{D}_w(k) \delta(k-j) \tag{3.3.14}$$

上式中的 $\delta(k-j)$ 是克罗尼克 δ 函数(Kronecker delta function)

$$\delta(k-j) = \begin{cases} 0, & k \neq j \\ 1, & k = j \end{cases} \tag{3.3.15}$$

2. 状态与系统噪声的相关性

如果已知 $\boldsymbol{X}(k-1)$ 和方差 $\boldsymbol{D}_{\boldsymbol{X}}(k-1)$，根据状态方程(3.3.7)，容易得到

$$\boldsymbol{D}_{\boldsymbol{X}}(k) = \boldsymbol{\Phi}_{k, k-1} \boldsymbol{D}_{\boldsymbol{X}}(k-1) \boldsymbol{\Phi}_{k-1}^{\mathrm{T}} + \boldsymbol{D}_w(k-1) \tag{3.3.16}$$

$\boldsymbol{X}(k)$ 可由 $\boldsymbol{X}(0)$ 递推得到，即

$$\begin{cases} \boldsymbol{X}(1) = \boldsymbol{\Phi}_{1, 0} \boldsymbol{X}(0) + \boldsymbol{\Omega}(0) + \boldsymbol{w}(0) \\ \boldsymbol{X}(2) = \boldsymbol{\Phi}_{2, 1} \boldsymbol{X}(1) + \boldsymbol{\Omega}(1) + \boldsymbol{w}(1) \\ \cdots\cdots \\ \boldsymbol{X}(k-1) = \boldsymbol{\Phi}_{k-1, k-2} \boldsymbol{X}(k-2) + \boldsymbol{\Omega}(k-2) + \boldsymbol{w}(k-2) \\ \boldsymbol{X}(k) = \boldsymbol{\Phi}_{k, k-1} \boldsymbol{X}(k-1) + \boldsymbol{\Omega}(k-1) + \boldsymbol{w}(k-1) \end{cases} \tag{3.3.17}$$

由于 $\boldsymbol{\Phi}_{k, j} = \boldsymbol{\Phi}_{k, i} \boldsymbol{\Phi}_{i, j}$，因此有

$$\boldsymbol{X}(k) = \boldsymbol{\Phi}_{k, 0} \boldsymbol{X}(0) + \sum_{i=1}^{k} \boldsymbol{\Phi}_{k, i} \Omega(i-1) + \sum_{i=1}^{k} \boldsymbol{\Phi}_{k, i} \boldsymbol{w}(i-1) \tag{3.3.18}$$

已知 $\boldsymbol{X}(0)$ 的方差 $\boldsymbol{D}_{\boldsymbol{X}}(0)$，那么

$$\boldsymbol{D}_{\boldsymbol{X}}(k) = \boldsymbol{\Phi}_{k, 0} \boldsymbol{D}_{\boldsymbol{X}}(0) \boldsymbol{\Phi}_{k, 0}^{\mathrm{T}} + \sum_{i=1}^{k} \boldsymbol{\Phi}_{k, i} \boldsymbol{D}_w(i-1) \boldsymbol{\Phi}_{k, i}^{\mathrm{T}} \tag{3.3.19}$$

更一般的，若已知 $\boldsymbol{X}(j)$ 和 $\boldsymbol{D}_{\boldsymbol{X}}(j)$，可以递推得到 $\boldsymbol{X}(k)\ (k > j)$

$$\boldsymbol{X}(k) = \boldsymbol{\Phi}_{k, j} \boldsymbol{X}(j) + \sum_{i=j+1}^{k} \boldsymbol{\Phi}_{k, i} \boldsymbol{\Omega}(i-1) + \sum_{i=j+1}^{k} \boldsymbol{\Phi}_{k, i} \boldsymbol{w}(i-1) \tag{3.3.20}$$

和方差 $\boldsymbol{D}_X(k)$

$$\boldsymbol{D}_X(k)=\boldsymbol{\Phi}_{k,j}\boldsymbol{D}_X(j)\boldsymbol{\Phi}_{k,j}^{\mathrm{T}}+\sum_{i=j}^{k}\boldsymbol{\Phi}_{k,i}\boldsymbol{D}_w(i-1)\boldsymbol{\Phi}_{k,i}^{\mathrm{T}} \tag{3.3.21}$$

从上面的递推关系看出，$\boldsymbol{X}(k)$ 与 $\boldsymbol{w}(j)$ $(k>j)$ 均相关；反之，只要系统噪声 $\boldsymbol{w}(\cdot)$ 的时间超前或等于状态 $\boldsymbol{X}(\cdot)$ 的时间，那么系统噪声与状态无关，因此有

$$\mathrm{Cov}[\boldsymbol{X}(j),\ \boldsymbol{w}(k)]=0 \quad (k\geqslant j) \tag{3.3.22}$$

通过式(3.3.20)，可以求得 $\boldsymbol{X}(k)$ $(k>j)$ 与 $\boldsymbol{X}(j)$ 的协方差为

$$\mathrm{Cov}(\boldsymbol{X}(k),\ \boldsymbol{X}(j))=\boldsymbol{D}_X(k,\ j)=\boldsymbol{\Phi}_{k,j}\boldsymbol{D}_X(j) \tag{3.3.23}$$

3. 观测噪声、系统噪声和状态的相关性

若观测值是离散时间点上的观测序列，那么观测方程为

$$\boldsymbol{z}(k)=\boldsymbol{H}_k\boldsymbol{X}(k)+\boldsymbol{\Delta}(k) \tag{3.3.24}$$

这里的 $\boldsymbol{\Delta}(k)$ 为观测噪声的离散序列，它的方差 $\boldsymbol{D}_\Delta(k)$ 可以根据经验直接给出。设离散观测噪声为白噪声，有

$$\begin{aligned}&E[\boldsymbol{\Delta}(k)]=0\\&\mathrm{Cov}[\boldsymbol{\Delta}(\mathrm{k}),\ \boldsymbol{\Delta}(j)]=\boldsymbol{D}_\Delta(k)\delta(k-j)\end{aligned} \tag{3.3.25}$$

若观测值是如式(3.1.39)的连续型观测值，就需要将白噪声过程 Δt 的均方值 $\boldsymbol{D}_\Delta(t)$ 转化为离散观测方差矩阵。设在微小的时间段 Δt，将 $\boldsymbol{D}_\Delta(k)$ 在 Δt 上的均值作为在 t_k 时刻的噪声序列 $\Delta(k)$ 的方差

$$\boldsymbol{D}_\Delta(k)=\boldsymbol{D}_\Delta(t)/\Delta t \tag{3.3.26}$$

也就是说，离散观测噪声序列的方差与横轴所围的面积 $\boldsymbol{D}_\Delta(k)\Delta t$ 等于连续噪声的均方值 $\boldsymbol{D}_\Delta(t)$。

观测值是系统的输出，与状态和系统噪声均无关，所以观测噪声 $\boldsymbol{\Delta}(k)$ 与任何时刻的系统噪声 $\boldsymbol{w}(j)$ 和状态 $\boldsymbol{X}(j)$ 互不相关

$$\mathrm{Cov}[\boldsymbol{w}(j),\ \boldsymbol{\Delta}(k)]=0 \tag{3.3.27}$$

$$\mathrm{Cov}[\boldsymbol{X}(j),\ \boldsymbol{\Delta}(k)]=0 \tag{3.3.28}$$

此外，初始值 $\boldsymbol{X}(0)$ 一般根据经验或者观测值确定，也是随机量，在估计中假设

$$\begin{aligned}&E[\boldsymbol{X}(0)]=E[\hat{\boldsymbol{X}}(0)]\\&\mathrm{Var}[\boldsymbol{X}(0)]=\boldsymbol{D}_X(0)\end{aligned} \tag{3.3.29}$$

$\boldsymbol{D}_X(0)$ 为 $n\times n$ 维正定矩阵。在估计中还假设初始状态 $\boldsymbol{X}(0)$ 与系统噪声 $\boldsymbol{w}(k)$ 和观测噪声 $\boldsymbol{\Delta}(k)$ 均不相关

$$\begin{aligned}&\mathrm{Cov}[\boldsymbol{X}(0),\ \boldsymbol{w}(k)]=0\\&\mathrm{Cov}[\boldsymbol{X}(0),\ \boldsymbol{\Delta}(k)]=0\end{aligned} \tag{3.3.30}$$

3.3.3 算例分析

本节将通过例题给出导航工程领域中常用的离散状态方程。

例 3.7 已知系统的状态方程为 $\begin{bmatrix} \dot{x}_1(t) \\ \dot{x}_2(t) \end{bmatrix} = \begin{bmatrix} 0 & 1 \\ 0 & 0 \end{bmatrix} \begin{bmatrix} x_1(t) \\ x_2(t) \end{bmatrix} + \begin{bmatrix} 0 \\ 1 \end{bmatrix} e(t)$，系统噪声 $e(t)$ 为白噪声过程，q^2 为 $e(t)$ 的均方值，此例描述的是运动系统在一个维度下的近似匀速运动状态，也称为 PV(Position and Velocity)模型。试给出此模型离散化的状态方程和它的随机模型。

解：在此微分方程中

$$\boldsymbol{A}(t) = \begin{bmatrix} 0 & 1 \\ 0 & 0 \end{bmatrix}$$

$$\boldsymbol{C}(t) = \begin{bmatrix} 0 \\ 1 \end{bmatrix}$$

由例 3.5 知道 $t = t_k$ 时刻的状态转移矩阵为

$$\boldsymbol{\Phi}(t_k,\ \tau) = \begin{bmatrix} 1 & t_k - \tau \\ 0 & 1 \end{bmatrix}$$

设 $\Delta t = t_k - t_{k-1}$，那么 t_{k-1} 到 t_k 的状态方程为

$$\boldsymbol{X}(k) = \begin{bmatrix} 1 & \Delta t \\ 0 & 1 \end{bmatrix} \boldsymbol{X}(k-1) + \boldsymbol{w}(k-1)$$

其中，噪声 $\boldsymbol{w}(k-1)$ 为

$$\boldsymbol{w}(k-1) = \int_{t_{k-1}}^{t_k} \boldsymbol{\Phi}(t_k,\ \tau) \boldsymbol{C}(\tau) \boldsymbol{e}(\tau) \mathrm{d}\tau$$

$\boldsymbol{w}(k-1)$ 的方差为

$$\boldsymbol{D}_w(\mathrm{k}-1) = \int_{t_{k-1}}^{t_k} \boldsymbol{\Phi}(t_k,\ \tau) \boldsymbol{C}(\tau)\ \boldsymbol{D}_e(\tau)\ \boldsymbol{C}^{\mathrm{T}}(\tau)\ \boldsymbol{\Phi}^{\mathrm{T}}(t_k,\ \tau) \mathrm{d}\tau$$

对上式积分得到

$$\boldsymbol{D}_w(k-1) = q^2 \begin{bmatrix} \frac{(\Delta t)^3}{3} & \frac{(\Delta t)^2}{2} \\ \frac{(\Delta t)^2}{2} & \Delta t \end{bmatrix}$$

表 3.1 给出了在一维空间里，分别用 P(Position)模型、PV 模型和 PVA(Position, Velocity and Accelaration)模型描述运动系统在近似静止、匀速和匀加速情况下的状态，以及离散化后的状态方程和系统噪声方差矩阵。读者可以对表 3.1 进行扩展，给出以上运动状态在三维空间里的状态方程和系统噪声方差矩阵。

表 3.1　**连续动态系统和离散化的动态系统**

连续动态系统				离散动态系统($\Delta t = t_k - t_{k-1}$)	
$\dot{\boldsymbol{X}}(t) = \boldsymbol{A}(t)\boldsymbol{X}(t) + \boldsymbol{B}(t)\boldsymbol{u}(t) + \boldsymbol{C}(t)\boldsymbol{e}(t)$				$\boldsymbol{X}(k) = \boldsymbol{\Phi}_{k,\,k-1}\boldsymbol{X}(k-1) + \boldsymbol{\Omega}(k-1) + \boldsymbol{w}(k-1)$	
模型	$\boldsymbol{A}(t)$	$\boldsymbol{C}(t)$	$\boldsymbol{D}_e(t)$	$\boldsymbol{\Phi}_{k,\,k-1}$	$\boldsymbol{D}_w(k-1)$
P	$[0]$	$[1]$	q^2	$[1]$	$[q^2\Delta t]$
PV	$\begin{bmatrix} 0 & 1 \\ 0 & 0 \end{bmatrix}$	$\begin{bmatrix} 0 \\ 1 \end{bmatrix}$	q^2	$\begin{bmatrix} 1 & \Delta t \\ 0 & 1 \end{bmatrix}$	$q^2\begin{bmatrix} \frac{(\Delta t)^3}{3} & \frac{(\Delta t)^2}{2} \\ \frac{(\Delta t)^2}{2} & \Delta t \end{bmatrix}$
PVA	$\begin{bmatrix} 0 & 1 & 0 \\ 0 & 0 & 1 \\ 0 & 0 & 0 \end{bmatrix}$	$\begin{bmatrix} 0 \\ 0 \\ 1 \end{bmatrix}$	q^2	$\begin{bmatrix} 1 & \Delta t & \frac{1}{2}\Delta t^2 \\ 0 & 1 & \Delta t \\ 0 & 0 & 1 \end{bmatrix}$	$q^2\begin{bmatrix} \frac{(\Delta t)^5}{20} & \frac{(\Delta t)^4}{8} & \frac{(\Delta t)^3}{6} \\ \frac{(\Delta t)^4}{8} & \frac{(\Delta t)^3}{3} & \frac{(\Delta t)^2}{2} \\ \frac{(\Delta t)^3}{6} & \frac{(\Delta t)^2}{2} & \Delta t \end{bmatrix}$

例 3.8　有连续时间系统 $\begin{bmatrix} \dot{X}_1(t) \\ \dot{X}_2(t) \end{bmatrix} = \begin{bmatrix} 0 & 1 \\ 0 & -\beta \end{bmatrix}\begin{bmatrix} X_1(t) \\ X_2(t) \end{bmatrix} + \begin{bmatrix} 0 \\ 1 \end{bmatrix} e(t)$，$e(t)$ 为白噪声过程，并且 $\mathrm{Cov}[e(t),\ e(\tau)] = \sigma^2\delta(t-\tau)$。求采样周期为 T 的离散化状态方程和状态方程的随机模型。

解：由 1.10.8 节可知，此问题中的 $X_2(t)$ 为一阶高斯-马尔可夫过程。在例 3.6 中得到此问题的状态转移矩阵为

$$\boldsymbol{\Phi}(t-\tau) = \begin{bmatrix} 1 & \frac{1}{\beta}(1 - \mathrm{e}^{-\beta(t-\tau)}) \\ 0 & \mathrm{e}^{-\beta(t-\tau)} \end{bmatrix}$$

一个周期 $T = t_k - t_{k-1}$ 的转移矩阵为

$$\boldsymbol{\Phi} = \begin{bmatrix} 1 & \frac{1}{\beta}(1 - \mathrm{e}^{-\beta T}) \\ 0 & \mathrm{e}^{-\beta T} \end{bmatrix}$$

离散化后的状态方程为

$$\boldsymbol{X}(k) = \begin{bmatrix} 1 & \frac{1}{\beta}(1 - \mathrm{e}^{-\beta T}) \\ 0 & \mathrm{e}^{-\beta T} \end{bmatrix}\boldsymbol{X}(k-1) + \boldsymbol{w}(k-1)$$

噪声 $\boldsymbol{w}(k-1)$ 为零均值白噪声

$$\boldsymbol{w}(k-1)=\int_{t_{k-1}}^{t_k}\boldsymbol{\Phi}(t_k,\ \tau)\boldsymbol{C}(\tau)\boldsymbol{e}(\tau)\mathrm{d}\tau$$

其中，

$$\boldsymbol{C}(t)=\begin{bmatrix}0\\1\end{bmatrix}$$

根据式(3.3.12)求得 $\boldsymbol{w}(k-1)$ 的方差矩阵为

$$\boldsymbol{D}_w(k)=\int_{t_k}^{t_{k+1}}\boldsymbol{\Phi}(t_{k+1},\ \tau)\boldsymbol{C}(\tau)\ \boldsymbol{D}_e(\tau)\ \boldsymbol{C}^{\mathrm{T}}(\tau)\ \boldsymbol{\Phi}^{\mathrm{T}}(t_{k+1},\ \tau)\mathrm{d}\tau$$

$$=\sigma^2\begin{bmatrix}\dfrac{1}{\beta^2}\left(T-\dfrac{3}{2\beta}+\dfrac{1}{2\beta}\mathrm{e}^{-\beta T}-\dfrac{1}{2\beta}\mathrm{e}^{-2\beta T}\right) & \dfrac{1}{2\beta^2}(1-2\mathrm{e}^{-\beta T}+\mathrm{e}^{-2\beta T})\\ \dfrac{1}{2\beta^2}(1-2\mathrm{e}^{-\beta T}+\mathrm{e}^{-2\beta T}) & \dfrac{1}{2\beta}(1-\mathrm{e}^{-2\beta T})\end{bmatrix}$$

例 3.9 已知初值 $x(t_0)$， 给出以下有色噪声过程离散化后的状态方程

(1) $x(t)$ 为随机常数，表示为 $\dot{x}(t)=0$；

(2) $x(t)$ 为一阶高斯-马尔可夫过程，随机过程表示为 $\dot{x}(t)+\beta x(t)=e(t)$；

(3) $x(t)$ 为随机游走过程，随机过程表示为 $\dot{x}(t)=e(t)$；

(4) $x(t)$ 为随机斜坡过程，表示为 $\begin{matrix}\dot{x}_1(t)=x_2(t)\\ \dot{x}_2(t)=0\end{matrix}$。

以上状态方程中 $e(t)$ 均为白噪声过程，其均方值为 σ^2。

解：已知连续型的微分方程和状态的初始值 $x(t_0)$， 解微分方程可得到形如式(3.3.7)的离散型状态方程，并根据式(3.3.12)积分得到系统噪声的方差矩阵。

(1)解微分方程：$\dot{x}(t)=0$

$$x(t)=x(t_0)$$

设 $t=t_k$ 和 $t_0=t_{k-1}$， 离散化后的状态方程为

$$x(k)=x(k-1)$$

由于此系统无噪声输入，所以系统噪声方差为

$$\sigma_w^2(k-1)=0$$

(2)解微分方程：$\dot{x}(t)+\beta x(t)=e(t)$， 得到

$$x(t)=x(t_0)\mathrm{e}^{-\beta(t-t_0)}+\int_{t_0}^{t}\mathrm{e}^{-\beta(t-\tau)}e(\tau)\mathrm{d}\tau$$

设

$$w(t_0)=\int_{t_0}^{t}\mathrm{e}^{-\beta(t-\tau)}e(\tau)\mathrm{d}\tau$$

其中 $w(t_0)$ 为白噪声序列。设 $t=t_k$ 和 $t_0=t_{k-1}$， 离散化后的状态方程为

$$x(k)=\mathrm{e}^{-\beta(t_k-t_{k-1})}x(k-1)+w(k-1)$$

$$w(k-1)=\int_{t_{k-1}}^{t_k}\mathrm{e}^{-\beta(t_k-\tau)}e(\tau)\mathrm{d}\tau$$

$w(k-1)$ 的期望为

$$E[w(k-1)]=\int_{t_{k-1}}^{t_k} e^{-\beta(t_k-\tau)}E[e(\tau)]\,d\tau=0$$

$w(k-1)$ 的方差为

$$\begin{aligned}\sigma_w^2(k-1)&=\int_{t_{k-1}}^{t_k}\boldsymbol{\Phi}(t_k,\ \tau)\boldsymbol{C}(\tau)\ D_e(\tau)\ \boldsymbol{C}^{\mathrm{T}}(\tau)\ \boldsymbol{\Phi}^{\mathrm{T}}(t_k,\ \tau)\,d\tau\\&=\int_{t_{k-1}}^{t_k} e^{-\beta(t_k-\tau)}\boldsymbol{\sigma}^2 e^{-\beta(t_k-\tau)}\,d\tau\\&=\frac{\sigma^2}{2\beta}(1-e^{-2\beta(t_k-t_{k-1})})\end{aligned}$$

(3)解微分方程：$\dot{x}(t)=e(t)$，得到

$$x(k)=x(k-1)+w(k-1)$$

其中，

$$w(k-1)=\int_{t_{k-1}}^{t_k} e(\tau)\,d\tau$$

$w(k-1)$ 的方差为

$$\sigma_w^2(k-1)=\int_{t_{k-1}}^{t_k}\sigma^2 d\tau=\sigma^2(t_k-t_{k-1})$$

(4)解随机斜坡过程的微分方程，得到离散化后的状态方程为

$$\begin{bmatrix}x_1(k)\\x_2(k)\end{bmatrix}=\begin{bmatrix}1&t_k-t_{k-1}\\0&1\end{bmatrix}\begin{bmatrix}x_1(k-1)\\x_2(k-1)\end{bmatrix}$$

由于无噪声输入，所以

$$\sigma_w^2(k-1)=0$$

例 3.10　GNSS 接收机时钟与导航系统时间不同步导致的时钟偏差 t_b 是影响 GNSS 测距精度的主要因素，为了消除时钟偏差对定位结果的影响，将接收机钟差模型化并进行估计。接收机时钟频率漂移 t_d，即振荡器的时间震荡频率与标称频率之间的差异，是引起时钟偏差 t_b 的根本因素。一般将时钟频率漂移 t_d 描述为随机游走过程；时钟偏差 t_b 可认为是由钟频率漂移 t_d 和白噪声叠加而成，所以将 GNSS 接收机钟差 t_b 的运动规律描述为

$$\begin{bmatrix}\dot{t}_b(t)\\\dot{t}_d(t)\end{bmatrix}=\begin{bmatrix}0&1\\0&0\end{bmatrix}\begin{bmatrix}t_b(t)\\t_d(t)\end{bmatrix}+\begin{bmatrix}1&0\\0&1\end{bmatrix}\begin{bmatrix}e_b(t)\\e_d(t)\end{bmatrix}$$

其中 $e_b(t)$ 和 $e_d(t)$ 为零均值白噪声，谱密度矩阵为 $\boldsymbol{D}_e=\begin{bmatrix}\sigma_{e_b}^2&0\\0&\sigma_{e_d}^2\end{bmatrix}$。将上述的钟差状态方程离散化，并给出系统噪声的方差矩阵。

解：根据表 3.1，可知此系统的状态转移矩阵为

$$\boldsymbol{\Phi}(t_k,\ \tau)=\begin{bmatrix}1&t_k-\tau\\0&1\end{bmatrix}$$

设 $\boldsymbol{T}(t)=[t_b(t)\quad t_d(t)]^{\mathrm{T}}$，$\boldsymbol{e}(\tau)=[e_b(\tau)\quad e_d(\tau)]^{\mathrm{T}}$，离散化后的状态方程为

$$\boldsymbol{T}(k)=\boldsymbol{\Phi}_{k,\ k-1}\boldsymbol{T}(k-1)+\int_{t_{k-1}}^{t_k}\boldsymbol{\Phi}(t_k-\tau)\cdot\boldsymbol{C}\boldsymbol{e}(\tau)\mathrm{d}\tau$$

其中，

$$\boldsymbol{C}=\begin{bmatrix}1 & 0\\ 0 & 1\end{bmatrix}$$

令

$$\boldsymbol{w}_{k,\ k-1}=\int_{t_{k-1}}^{t_k}\boldsymbol{\Phi}(t_k-\tau)\cdot\boldsymbol{C}\boldsymbol{e}(\tau)\mathrm{d}\tau$$

$$\boldsymbol{\Delta}t=t_k-t_{k-1}$$

那么，状态方程为

$$\boldsymbol{T}(k)=\boldsymbol{\Phi}(k,\ k-1)\boldsymbol{T}(k-1)+\boldsymbol{w}_{k,\ k-1}$$

系统噪声的方差为

$$\begin{aligned}\boldsymbol{D}_w(k-1)&=\int_{t_{k-1}}^{t_k}\boldsymbol{\Phi}(t_k,\ \tau)\boldsymbol{C}(\tau)\boldsymbol{D}_e(\tau)\boldsymbol{C}^{\mathrm{T}}(\tau)\boldsymbol{\Phi}^{\mathrm{T}}(t_k,\ \tau)\mathrm{d}\tau\\
&=\int_{t_{k-1}}^{t_k}\begin{bmatrix}1 & t_k-\tau\\ 0 & 1\end{bmatrix}\begin{bmatrix}1 & 0\\ 0 & 1\end{bmatrix}\begin{bmatrix}\sigma_{e_b}^2 & 0\\ 0 & \sigma_{e_d}^2\end{bmatrix}\begin{bmatrix}1 & 0\\ 0 & 1\end{bmatrix}^{\mathrm{T}}\begin{bmatrix}1 & t_k-\tau\\ 0 & 1\end{bmatrix}^{\mathrm{T}}\mathrm{d}\tau\\
&=\begin{bmatrix}\sigma_{e_b}^2\Delta t+\sigma_{e_d}^2\dfrac{\Delta t^3}{3} & \sigma_{e_d}^2\dfrac{\Delta t^2}{2}\\ \sigma_{e_d}^2\dfrac{\Delta t^2}{2} & \sigma_{e_d}^2\Delta t\end{bmatrix}\end{aligned}$$

在以上模型中，谱密度矩阵 $\boldsymbol{D}_e$ 的取值是关键。参考文献[10]通过 Allen 方差分析了接收机钟差的主要噪声成分，并给出了不同类型接收机钟的 $\sigma_{e_b}^2$ 和 $\sigma_{e_d}^2$ 的取值：

$$\sigma_{e_b}^2\approx\frac{h_0}{2}c^2$$

$$\sigma_{e_d}^2\approx 2\pi^2h_{-2}c^2$$

。

其中 c 为光速，h_0 和 h_{-2} 为 Allen 方差系数，取值见表 3.2。

表 3.2　**Allen 方差系数(TCXO：温度补偿的晶体振荡器；OCXO：恒温晶体振荡器)**

记时标准	h_0	h_{-1}	h_{-2}
TCXO(低质量)	2×10^{-19}	7×10^{-21}	2×10^{-20}
TCXO(低质量)	2×10^{-19}	1×10^{-22}	3×10^{-24}
OCXO	2×10^{-25}	7×10^{-25}	6×10^{-25}
Rubidium	2×10^{-22}	4.5×10^{-26}	1×10^{-30}
Cesium	2×10^{-22}	5×10^{-27}	1.5×10^{-33}

3.4　线性动态系统的可控性和可测性

动态系统数学模型中的状态方程描述了控制输入量及初始状态对系统内部状态的影响，表明了系统内部结构特性，但不是所有的状态方程中的状态变量都受输入量的控制，如状态方程

$$\begin{bmatrix}\dot{X}_1(t)\\ \dot{X}_2(t)\end{bmatrix}=\begin{bmatrix}1 & 0\\ 2 & 3\end{bmatrix}\begin{bmatrix}X_1(t)\\ X_2(t)\end{bmatrix}+\begin{bmatrix}0\\ 2\end{bmatrix}u(t) \tag{3.4.1}$$

输入 $u(t)$ 对状态的作用如图 3.3 所示。该系统的输入控制 $u(t)$ 只能影响 $X_2(t)$ 而不能影响 $X_1(t)$，输入控制 $u(t)$ 无法改变 $X_1(t)$ 的运动，显然 $X_1(t)$ 是不可控的，即此系统是不完全可控的。如果改变系统的控制方法，将输入系数矩阵改为 $[2\quad 0]^{\mathrm{T}}$ 后，那么 $X_1(t)$ 又是可控的，可控的 $X_1(t)$ 又可以改变 $X_2(t)$，这样就达到了输入 $u(t)$ 控制 $X_1(t)$ 和 $X_2(t)$ 的目的。

如果对该系统进行测量(输出)，观测方程为

$$\mathbf{Z}(t)=[1\quad 0]\begin{bmatrix}X_1(t)\\ X_2(t)\end{bmatrix} \tag{3.4.2}$$

此时观测输出 $\mathbf{Z}(t)$ 值中有 $X_1(t)$ 的信息，但从 $\mathbf{Z}(t)$ 的输出中，无法获得 $X_2(t)$ 的信息，所以这个系统中 $X_2(t)$ 是不可估计的，这样的系统是不完全可测的。

以上提出的问题就是现代控制论中的可控性和可测性问题。可控性和可测性是卡尔曼于 20 世纪 60 年代首先提出的，是研究线性系统控制问题中重要的概念，在建立动态系统模型时首先需要判断系统中的状态变量是否可控和可测。动态系统的可控性和可测性与噪声无关，所以在下面的推导中均不考虑系统噪声和观测噪声。

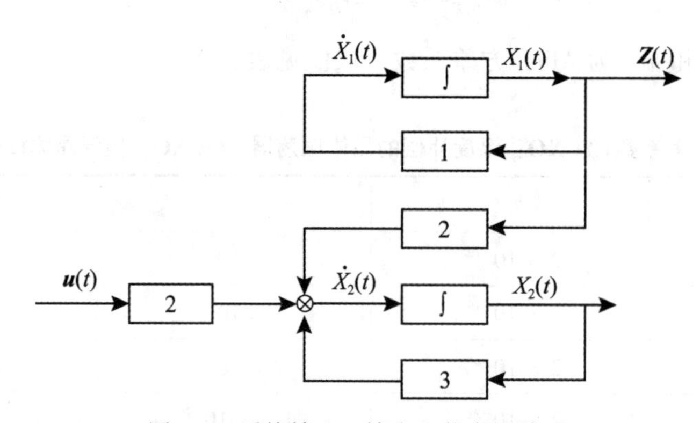

图 3.3　系统输入、输出和状态的关系

3.4.1 可控性

在时间区间 $[t_0, t_1]$ 内，如果控制系统的输入 $\boldsymbol{u}(t)$（$t \in [t_0, t_1]$，$t_1 > t_0$）可以将初始值 $\boldsymbol{X}(t_0)$ 转移到预定的 $\boldsymbol{X}(t_1)$（$\boldsymbol{X}(t_1)$ 为任意的预定状态）。在这样的系统中，每一个状态变量都是可以控制的，称这样的系统是完全可控的。如果希望系统能够获得任意的状态值，那么这个系统一定要具备可控性。下面讨论在时不变系统中，连续状态和离散状态下判断系统完全可控的条件。

1. 连续线性时不变系统的可控性条件

线性时不变动态系统的状态方程为

$$\dot{\boldsymbol{X}}(t) = \boldsymbol{A}\boldsymbol{X}(t) + \boldsymbol{B}\boldsymbol{u}(t) \tag{3.4.3}$$

状态方程的解为

$$\begin{aligned}\boldsymbol{X}(t) &= \boldsymbol{\Phi}(t - t_0)\boldsymbol{X}(t_0) + \int_{t_0}^{t} \boldsymbol{\Phi}(t - \tau)\boldsymbol{B}\boldsymbol{u}(\tau)\mathrm{d}\tau \\ &= \boldsymbol{\Phi}(t)\boldsymbol{\Phi}(-t_0)\boldsymbol{X}(t_0) + \boldsymbol{\Phi}(t)\int_{t_0}^{t} \boldsymbol{\Phi}(-\tau)\boldsymbol{B}\boldsymbol{u}(\tau)\mathrm{d}\tau\end{aligned} \tag{3.4.4}$$

两边同时乘以 $\boldsymbol{\Phi}(-t)$

$$\boldsymbol{\Phi}(-t)\boldsymbol{X}(t) = \boldsymbol{\Phi}(-t_0)\boldsymbol{X}(t_0) + \int_{t_0}^{t} \boldsymbol{\Phi}(-\tau)\boldsymbol{B}\boldsymbol{u}(\tau)\mathrm{d}\tau \tag{3.4.5}$$

当 $t = t_1$ 时，

$$\boldsymbol{\Phi}(-t_1)\boldsymbol{X}(t_1) - \boldsymbol{\Phi}(-t_0)\boldsymbol{X}(t_0) = \int_{t_0}^{t_1} \boldsymbol{\Phi}(-\tau)\boldsymbol{B}\boldsymbol{u}(\tau)\mathrm{d}\tau \tag{3.4.6}$$

将 $\boldsymbol{\Phi}(-\tau)$ 展开为级数

$$\boldsymbol{\Phi}(-\tau) = \mathrm{e}^{-A\tau} = \sum_{k=0}^{n-1} \boldsymbol{A}^k \alpha_k(\tau) \tag{3.4.7}$$

并设

$$\boldsymbol{T} = \boldsymbol{\Phi}(-t_1)\boldsymbol{X}(t_1) - \boldsymbol{\Phi}(-t_0)\boldsymbol{X}(t_0) \tag{3.4.8}$$

将式(3.4.7)和式(3.4.8)代入式(3.4.6)，得到

$$\boldsymbol{T} = \boldsymbol{B}\int_{t_0}^{t_1} \alpha_0(\tau)\boldsymbol{u}(\tau)\mathrm{d}\tau + \boldsymbol{A}\boldsymbol{B}\int_{t_0}^{t_1} \alpha_1(\tau)\boldsymbol{u}(\tau)\mathrm{d}\tau + \cdots + \boldsymbol{A}^{n-1}\boldsymbol{B}\int_{t_0}^{t_1} \alpha_{n-1}(\tau)\boldsymbol{u}(\tau)\mathrm{d}\tau \tag{3.4.9}$$

设

$$\int_{t_0}^{t_1} \alpha_k(\tau)\boldsymbol{u}(\tau)\mathrm{d}\tau = \boldsymbol{\beta}_k \tag{3.4.10}$$

那么，式(3.4.9)为

$$[\underset{n\times p}{\boldsymbol{B}} \ \vdots \ \underset{n\times p}{\boldsymbol{AB}} \ \vdots \ \underset{n\times p}{\boldsymbol{A}^2\boldsymbol{B}} \ \vdots \ \cdots \ \vdots \ \underset{n\times p}{\boldsymbol{A}^{n-1}\boldsymbol{B}}]\begin{bmatrix}\underset{p\times 1}{\boldsymbol{\beta}_0} \\ \underset{p\times 1}{\boldsymbol{\beta}_2} \\ \vdots \\ \underset{p\times 1}{\boldsymbol{\beta}_{n-1}}\end{bmatrix} = \underset{n\times 1}{\boldsymbol{T}} \tag{3.4.11}$$

上式中的 $\boldsymbol{\beta}_k$ 为控制输入部分。如果对于任意上的 $\boldsymbol{T}$，方程都有解，意味着有控制输入 $\boldsymbol{u}(t)$ 可以将始值 $\boldsymbol{X}(t_0)$ 转移到预定的 $\boldsymbol{X}(t_1)$。

设

$$\underset{n\times np}{\boldsymbol{C}} = [\underset{n\times p}{\boldsymbol{B}} \ \vdots \ \underset{n\times p}{\boldsymbol{AB}} \ \vdots \ \underset{n\times p}{\boldsymbol{A}^2\boldsymbol{B}} \ \vdots \ \cdots \ \vdots \ \underset{n\times p}{\boldsymbol{A}^{n-1}\boldsymbol{B}}] \tag{3.4.12}$$

非齐次线性方程有解的条件是 $\mathrm{Rank}(\boldsymbol{C}) = \mathrm{Rank}(\boldsymbol{C} \vdots \boldsymbol{T})$。由于

$$\mathrm{Rank}(\boldsymbol{C}) \leqslant n$$

$$\mathrm{Rank}(\boldsymbol{C} \vdots \boldsymbol{T}) \leqslant n$$

若 $\mathrm{Rank}(\boldsymbol{C}) < n$，那么 $\mathrm{Rank}(\boldsymbol{C})$ 不一定等于 $\mathrm{Rank}(\boldsymbol{C} \vdots \boldsymbol{T})$，所以只有当 $\mathrm{Rank}(\boldsymbol{C}) = n$，就一定有 $\mathrm{Rank}(\boldsymbol{C} \vdots \boldsymbol{T}) = n$，这时方程一定有解，方程的解即为输入控制 $\beta_k(k = 0, \cdots, n-1)$。所以，线性连续时不变动态系统可控的条件为

$$\mathrm{rank}[\underset{n\times p}{\boldsymbol{B}} \ \vdots \ \underset{n\times p}{\boldsymbol{AB}} \ \vdots \ \underset{n\times p}{\boldsymbol{A}^2\boldsymbol{B}} \ \vdots \ \cdots \ \vdots \ \underset{n\times p}{\boldsymbol{A}^{n-1}\boldsymbol{B}}] = n \tag{3.4.13}$$

以上的推导说明线性连续时不变动态系统只要满足式(3.4.13)，就有控制输入可以将状态由初始值 $\boldsymbol{X}(t_0)$ 转移到 $\boldsymbol{X}(t_1)$，系统具有可控性，$\boldsymbol{C}$ 也被称为可控性矩阵。

2. 离散线性时不变系统的可控性条件

设离散的状态方程为

$$\boldsymbol{X}(k) = \boldsymbol{\Phi X}(k-1) + \boldsymbol{\Psi u}(k-1) \tag{3.4.14}$$

上式表明控制输入 $\boldsymbol{u}$ 与状态是线性函数关系。得到递推方程

$$\begin{cases} \boldsymbol{X}(1) = \boldsymbol{\Phi X}(0) + \boldsymbol{\Psi} u(0) \\ \boldsymbol{X}(2) = \boldsymbol{\Phi X}(1) + \boldsymbol{\Psi u}(1) = \boldsymbol{\Phi}^2 \boldsymbol{X}(0) + \boldsymbol{\Phi\Psi u}(0) + \boldsymbol{\Psi u}(1) \\ \vdots \\ \boldsymbol{X}(k) = \boldsymbol{\Phi}^k \boldsymbol{X}(0) + \boldsymbol{\Phi}^{k-1}\boldsymbol{\Psi u}(0) + \boldsymbol{\Phi}^{k-2}\boldsymbol{\Psi u}(1) + \cdots + \boldsymbol{\Phi}^0\boldsymbol{\Psi u}(k-1) \end{cases} \tag{3.4.15}$$

对于任意的 $\boldsymbol{X}(k)$ 和 $\boldsymbol{X}(0)$ 都有

$$\boldsymbol{X}(k) - \boldsymbol{\Phi}^k\boldsymbol{X}(0) = [\boldsymbol{\Phi}^0\boldsymbol{\Psi} \ \vdots \ \boldsymbol{\Phi\Psi} \ \vdots \ \boldsymbol{\Phi}^2\boldsymbol{\Psi} \ \vdots \ \cdots \ \vdots \ \boldsymbol{\Phi}^{k-2}\boldsymbol{\Psi} \vdots \boldsymbol{\Phi}^{k-1}\boldsymbol{\Psi}]\begin{bmatrix}\boldsymbol{u}(k-1) \\ \boldsymbol{u}(k-2) \\ \boldsymbol{u}(k-3) \\ \vdots \\ \boldsymbol{u}(1) \\ \boldsymbol{u}(0)\end{bmatrix} \tag{3.4.16}$$

设

$$\underset{n\times np}{C} = [\boldsymbol{\Phi}^0\boldsymbol{\Psi} \ \vdots \ \boldsymbol{\Phi}\boldsymbol{\Psi} \ \vdots \ \boldsymbol{\Phi}^2\boldsymbol{\Psi} \ \vdots \ \cdots \ \vdots \ \boldsymbol{\Phi}^{k-1}\boldsymbol{\Psi}] \tag{3.4.17}$$

与式(3.4.11)有解的条件一样，式(3.4.16)有解的条件为

$$\text{rank}(\boldsymbol{C}) = n \tag{3.4.18}$$

满足式(3.4.18)的动态系统一定具有可控性，$\boldsymbol{C}$ 也被称为离散系统的可控性矩阵。

3.4.2　可测性

可测性是指从系统的输出中是否能获取状态的信息。在时间区间 $[t_0, t_1](t_1 > t_0)$ 内，根据 t_0 到 t_1 的观测值 $\boldsymbol{Z}(t)$ $(t \in [t_0, t_1])$ 可以唯一地确定系统在初始时刻的状态 $\boldsymbol{X}(t_0)$，则称系统是完全可测的。如果想通过观测值获得系统的状态，那么这个系统一定要具有可测性。下面分别讨论连续线性时不变系统和离散线性时不变系统完全可测的判断条件。

1. 连续线性时不变系统的可测性

不考虑干扰的连续线性时不变系统的数学模型为

$$\begin{aligned} \dot{\boldsymbol{X}}(t) &= \boldsymbol{A}\boldsymbol{X}(t) + \boldsymbol{B}\boldsymbol{u}(t) \\ \boldsymbol{Z}(t) &= \boldsymbol{H}\boldsymbol{X}(t) \end{aligned} \tag{3.4.19}$$

状态方程的解为

$$\boldsymbol{X}(t) = \mathrm{e}^{\boldsymbol{A}\times(t-t_0)}\boldsymbol{X}(t_0) + \int_{t_0}^{t} \mathrm{e}^{\boldsymbol{A}\times(t-\tau)}\boldsymbol{B}\boldsymbol{u}(\tau)\,\mathrm{d}\tau \tag{3.4.20}$$

将其代入观测方程

$$\begin{aligned} \boldsymbol{Z}(t) &= \boldsymbol{H}\boldsymbol{X}(t) \\ &= \boldsymbol{H}\mathrm{e}^{\boldsymbol{A}\times(t-t_0)}\boldsymbol{X}(t_0) + \boldsymbol{H}\int_{t_0}^{t} \mathrm{e}^{\boldsymbol{A}\times(t-\tau)}\boldsymbol{B}\boldsymbol{u}(\tau)\,\mathrm{d}\tau \end{aligned} \tag{3.4.21}$$

设

$$\overline{\boldsymbol{Z}}(t) = \boldsymbol{Z}(t) - \boldsymbol{H}\int_{t_0}^{t} \mathrm{e}^{\boldsymbol{A}\times(t-\tau)}\boldsymbol{B}\boldsymbol{u}(\tau)\,\mathrm{d}\tau \tag{3.4.22}$$

得到关于 $\boldsymbol{X}(t_0)$ 的线性方程组

$$\boldsymbol{H}\mathrm{e}^{\boldsymbol{A}\times(t-t_0)}\boldsymbol{X}(t_0) = \overline{\boldsymbol{Z}}(t) \tag{3.4.23}$$

若上式有解，表明 $\boldsymbol{X}(t_0)$ 可以由 $\overline{\boldsymbol{Z}}(t)$ 估计得到。由于 $\overline{\boldsymbol{Z}}(t)$ 可取任意值，所以这等价于研究 $\boldsymbol{u}(t) = 0$ 时由 $\boldsymbol{Z}(t)$ 来估计 $\boldsymbol{X}(t_0)$ 的问题，即可测性与系统输入无关，那么

$$\boldsymbol{H}\mathrm{e}^{\boldsymbol{A}\times(t-t_0)}\boldsymbol{X}(t_0) = \boldsymbol{Z}(t) \tag{3.4.24}$$

由于

$$\mathrm{e}^{\boldsymbol{A}\times(t-t_0)} = \sum_{k=0}^{n-1} \alpha_k(t)\,\boldsymbol{A}^k \tag{3.4.25}$$

代入式(3.4.24)，得到

$$\begin{bmatrix}\alpha_0(t)\underset{\ell\times\ell}{\boldsymbol{I}} & \alpha_1(t)\underset{\ell\times\ell}{\boldsymbol{I}} & \cdots & \alpha_{n-1}(t)\underset{\ell\times\ell}{\boldsymbol{I}}\end{bmatrix}\begin{bmatrix}\underset{\ell\times n}{\boldsymbol{H}} \\ \underset{\ell\times n}{\boldsymbol{H}}\underset{n\times n}{\boldsymbol{A}}^{1} \\ \\ \underset{\ell\times n}{\boldsymbol{H}}\underset{n\times n}{\boldsymbol{A}}^{n-1}\end{bmatrix}\underset{n\times 1}{\boldsymbol{X}}(t_0)=\underset{\ell\times 1}{\boldsymbol{Z}}(t) \tag{3.4.26}$$

设

$$\boldsymbol{M}=\begin{bmatrix}\underset{\ell\times n}{\boldsymbol{H}} \\ \underset{\ell\times n}{\boldsymbol{H}}\underset{n\times n}{\boldsymbol{A}}^{1} \\ \underset{\ell\times n}{\boldsymbol{H}}\underset{n\times n}{\boldsymbol{A}}^{n-1}\end{bmatrix} \tag{3.4.27}$$

由于$\boldsymbol{I}$为单位矩阵，并且从$\boldsymbol{e}^{\boldsymbol{A}\times(t-t_0)}$的展开项知道$\alpha_k(t)(k=0,\cdots,n-1)$互不相等，$\begin{bmatrix}\alpha_0(t)\underset{\ell\times\ell}{\boldsymbol{I}} & \alpha_1(t)\underset{\ell\times\ell}{\boldsymbol{I}} & \cdots & \alpha_{n-1}(t)\underset{\ell\times\ell}{\boldsymbol{I}}\end{bmatrix}$并不改变$\boldsymbol{M}$各列的线性相关性，所以方程(3.4.26)有解的条件为

$$\mathrm{rank}(\boldsymbol{M})=n \tag{3.4.28}$$

$\boldsymbol{M}$也被称为可测性矩阵。

2. 离散线性时不变系统的可测性

前面已经说明了可测性与系统的输入无关，即有无输入并不改变的可测性，所以这里直接分析无输入的离散线性时不变系统的可测条件。离散线性时不变系统为

$$\begin{cases}\boldsymbol{X}(k)=\boldsymbol{\Phi}\boldsymbol{X}(k-1)\\ \boldsymbol{Z}(k)=\boldsymbol{H}\boldsymbol{X}(k)\end{cases} \tag{3.4.29}$$

可以递推得到

$$\begin{aligned}&\boldsymbol{Z}(0)=\boldsymbol{H}\boldsymbol{X}(0)\\ &\boldsymbol{Z}(1)=\boldsymbol{H}\boldsymbol{X}(1)=\boldsymbol{H}\boldsymbol{\Phi}\boldsymbol{X}(0)\\ &\boldsymbol{Z}(2)=\boldsymbol{H}\boldsymbol{X}(2)=\boldsymbol{H}\boldsymbol{\Phi}^2\boldsymbol{X}(0)\\ &\vdots\\ &\boldsymbol{Z}(n-1)=\boldsymbol{H}\boldsymbol{X}(n-1)=\boldsymbol{H}\boldsymbol{\Phi}^{n-1}\boldsymbol{X}(0)\end{aligned} \tag{3.4.30}$$

$$\begin{bmatrix}\underset{\ell\times 1}{\boldsymbol{Z}(0)} \\ \underset{\ell\times 1}{\boldsymbol{Z}(1)} \\ \vdots \\ \underset{\ell\times 1}{\boldsymbol{Z}(n-1)}\end{bmatrix}=\begin{bmatrix}\underset{\ell\times n}{\boldsymbol{H}} \\ \underset{\ell\times n}{\boldsymbol{H}\boldsymbol{\Phi}} \\ \vdots \\ \underset{\ell\times n}{\boldsymbol{H}\boldsymbol{\Phi}^{n-1}}\end{bmatrix}\underset{n\times 1}{\boldsymbol{X}(0)} \tag{3.4.31}$$

设

$$
\boldsymbol{M}=\begin{bmatrix} \underset{\ell\times n}{\boldsymbol{H}} \\ \underset{\ell\times n}{\boldsymbol{H\Phi}} \\ \vdots \\ \underset{\ell\times n}{\boldsymbol{H\Phi}^{n-1}} \end{bmatrix} \tag{3.4.32}
$$

显然，当线性方程组(3.4.31)系数矩阵的秩为 n 时，可以唯一地解得 $\boldsymbol{X}(t_0)$ 。所以，当满足 $\mathrm{rank}(\boldsymbol{M})=n$ 时系统是完全可观测的。

3.4.3 算例分析

例 3.11 某系统的状态方程为 $\begin{bmatrix}\dot{X}_1(t)\\ \dot{X}_2(t)\end{bmatrix}=\begin{bmatrix}1 & 0\\ 2 & 3\end{bmatrix}\begin{bmatrix}X_1(t)\\ X_2(t)\end{bmatrix}+\begin{bmatrix}0\\ 2\end{bmatrix}\boldsymbol{u}(t)$，观测方程为 $\boldsymbol{Z}(t)=[1\quad 0]\begin{bmatrix}X_1(t)\\ X_2(t)\end{bmatrix}$。判断此系统是否可控和可测。若改变 $\boldsymbol{B}$ 矩阵为 $[2\quad 0]^{\mathrm{T}}$，判断其是否可控和可测。

解：在此问题中 $n=2$，根据式(3.4.13)判断可控性条件

$$
\boldsymbol{C}=[\boldsymbol{B}\quad\vdots\quad\boldsymbol{AB}]=\begin{bmatrix}0 & 0\\ 2 & 6\end{bmatrix}
$$

$$
\mathrm{rank}(\boldsymbol{C})=1
$$

所以系统不可控。

可测性矩阵为

$$
\boldsymbol{M}=\begin{bmatrix}\boldsymbol{H}\\ \boldsymbol{HA}\end{bmatrix}=\begin{bmatrix}1 & 0\\ 1 & 0\end{bmatrix}
$$

由于 $\mathrm{Rank}(m)=1$，所以系统不可测。

若改变 $\boldsymbol{B}$ 矩阵为 $[2\quad 0]^{\mathrm{T}}$，这时状态方程为

$$
\begin{bmatrix}\dot{X}_1(t)\\ \dot{X}_2(t)\end{bmatrix}=\begin{bmatrix}1 & 0\\ 2 & 3\end{bmatrix}\begin{bmatrix}X_1(t)\\ X_2(t)\end{bmatrix}+\begin{bmatrix}2\\ 0\end{bmatrix}\boldsymbol{u}(t)
$$

由于

$$
\boldsymbol{C}=[\boldsymbol{B}\quad\vdots\quad\boldsymbol{AB}]=\begin{bmatrix}2 & 2\\ 0 & 4\end{bmatrix}
$$

所以系统可控。系统的可测性与输入无关，虽然改变了系统的输入，但这并不影响其可测性，所以系统仍然不可测。

例 3.12 某离散线性时不变系统为

$$
\boldsymbol{X}(k)=\begin{bmatrix}1 & -1\\ 1 & 1\end{bmatrix}\boldsymbol{X}(k-1)+\begin{bmatrix}2\\ 1\end{bmatrix}\boldsymbol{u}(k-1)
$$

$$\boldsymbol{Z}(k)=\begin{bmatrix}1 & 0\\ -1 & 1\end{bmatrix}\boldsymbol{X}(k)$$

判断这个系统的可控性和可测性。

解： 此问题中 $n=2$，根据式(3.4.17)，可控性矩阵为

$$\boldsymbol{C}=[\boldsymbol{\Psi}\quad \boldsymbol{\Phi\Psi}]=\begin{bmatrix}2 & 1\\ 1 & 3\end{bmatrix}$$

$$\operatorname{rank}(\boldsymbol{C})=2$$

所以系统是可控的。根据式（3.4.32），可测性矩阵为

$$\boldsymbol{M}=\begin{bmatrix}\boldsymbol{H}\\ \boldsymbol{H\Phi}\end{bmatrix}$$

由于 $\operatorname{rank}(\boldsymbol{H})=2$，所以一定有 $\operatorname{rank}(\boldsymbol{M})=2$，系统是可测的。

第4章　Kalman 滤波基础

本章首先介绍 Kalman 滤波的历史和现状，然后详细推导随机线性离散系统的 Kalman 滤波、预测和平滑方程，接着通过算例来了解实现 Kalman 滤波器的一般步骤。在此基础上，本章推导了随机线性连续系统的 Kalman 滤波，并给出了滤波稳定性的概念和判定条件。

4.1　Kalman 滤波概述

4.1.1　Kalman 滤波的发展

信号是传递和运载信息的时间或者空间的函数，滤波就是从混合在一起的多种信号中提取出所需要的信号。有的信号变化规律是确定的，如调幅广播中的载波信号、阶跃信号和脉宽固定的矩形脉冲信号等，它们都有确定的频谱，这类信号称为确定性信号。对于这样的信号，我们可以根据各信号频带的不同，设置具有相应频率特性的滤波器，如低通、高通、带通和带阻滤波器能抑制干扰信号，使有用信号无衰减地通过。这样的滤波器是用物理方法实现的，称为模拟滤波器。滤波确定性信号还可以利用计算机通过算法实现，称为数值滤波器。

现实中不是所有的信号都是确定性的，如陀螺漂移、GNSS 接收机钟漂、海浪运动、接收机内部元件发热产生的热噪声等，它们都没有确定的频谱，这类信号称为随机信号，也就是随机过程。这些随机信号没有确定的频谱特性，无法用常规滤波提取，但它们具有确定的功率谱，可以根据有用信号和干扰信号的功率谱来设计滤波器。Wiener (N. Wiener) 滤波就是根据随机信号的这一特性来抑制干扰信号的。Wiener 滤波将随机信号作功率谱分解，对信号作抑制和选通。由于 Wiener 滤波是在频域进行的滤波器，要求被处理的信号是一维平稳过程，而且需要求解维纳-霍普方程，计算量较大，需要大量的存储空间，这阻碍了 Wiener 滤波的应用。

采用频域设计是造成 Wiener 滤波器难以实现的根本原因。因此人们转向在时域内直接设计最优滤波器的方法。其中，匈牙利裔美国数学家 R. E. Kalman 提出的估计理论最具实用性，被称为 Kalman 滤波器。Kalman 滤波用状态空间来描述动态系统，在经典最小方差估计理论中加入了状态方程，由状态方程提供先验信息，并通过对被提取信号有关的量测来估计状态变量。Kalman 滤波的维数不再局限于一维，在算法实现时采用递推的形式，利用状态空间方法在时域内设计滤波器，适用于多维的平稳或非平稳随机过程，包括连续和离散两类算法，便于在计算机上实现。

Kalman 滤波最成功的应用是解决了“阿波罗”登月计划中的轨道确定问题和 C-5A 飞机导航系统的设计。1959 年起美国航空航天署开始研究载人太空飞船登月计划，他们曾试图用递推加权最小二乘和 Wiener 滤波方法来计算轨道，但是因为精度不够而且计算过于繁杂而无法进行下去。1960 年秋，Kalman 访问了 NASA，提出了最初的 Kalman 滤波思想，并对之进行研究。次年，他与 Bucy(R. S Bucy)把这一滤波方法推广到连续时间系统中，完善了 Kalman 滤波估计理论。最初的 Kalman 滤波只适用于线性系统，在之后的十多年里，Bucy 和 Sunahara 等人致力于研究 Kalman 滤波理论在非线性系统下的扩展，提出了扩展的 Kalman(EKF)滤波，拓宽了 Kalman 滤波的适用范围。为了解决没有初始信息和先验信息的问题，Fraser 提出了信息滤波。随着微型计算机的发展，人们对 Kalman 滤波的数值稳定性、计算效率和实用性的要求越来越高。计算机的有限字长导致了计算中的截断误差，截断误差在滤波递推中不断积累，最终导致滤波结果数值不稳定。为了提高 Kalman 滤波计算的数值稳定性，Potter 提出了平方根滤波的思想；Carlson、Bierman、Thornton、Osehman 和 Schimidt 等人在此基础上继续完善平方根滤波方法，先后提出了 UD 分解滤波、UDU 分解滤波和平方根信息滤波。Kalman 滤波的知识架构如图 4. 1 所示。

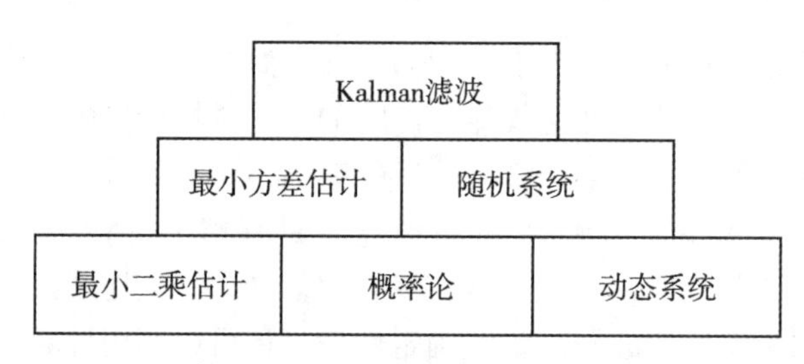

图 4. 1　Kalman 滤波的知识架构图

从 Kalman 滤波思想的提出，到解决“阿波罗”登月中的轨道计算，Kalman 滤波方法逐步发展和形成了一套完整的理论。Kalman 滤波是一种线性、无偏且方差最小的最优估计方法。对于计算机运算来说，Kalman 滤波的递推使其运算量和存储量大大减少，容易满足实时估计的要求。由于算法的最优和高效，Kalman 滤波被广泛应用于各个领域。Kalman 滤波对现代工业和科技发展的影响深远，它不仅推动了惯性导航、制导系统、全球卫星定位系统、目标跟踪等系统的发展，而且在通信与信号处理和金融等领域都得到了广泛的应用。近年来更被应用于计算机图像处理，例如人脸识别、图像分割、图像边缘检测等领域。

4. 1. 2　问题的提出和解决思路

Kalman 滤波与经典估计方法的不同之处是考虑了系统自身的变化规律，即利用状态方程对状态进行预测，用状态的预测和对系统的观测值一起来对状态进行估计。但是，无论是状态的预测还是观测值都受到噪声的干扰。如何从噪声干扰中提取有用的信息给状态一个“最优”的估计是 Kalman 滤波要解决的问题。在下一节对 Kalman 滤波进行推导前，这里首先通过一个简单的例子来说明要解决的问题和思路。

某地区夏季夜间温度基本稳定。现在已知时刻 $t_0=0:00$ 的温度为 $X(0)=20.0℃$，$\sigma_X(0)=0.1℃$。由于夜间温度变化不大，所以预测下一时刻 $t_1=1:00$ 的温度 $\hat{X}(1,0)=20.0℃$。到 t_1 时刻时，用温度计量测温度，量测值为 $Z(1)=20.7℃$，中误差为 $\sigma_\Delta(1)=0.2℃$。对于 t_1 时刻的温度，我们有两类信息可用：一类是预测温度，有不确定性，另一类是量测温度，也有观测误差，我们应该如何在这两类信息之间取舍呢？如图 4.2 所示，根据已经有的解决这类问题的经验，我们更愿意相信方差小的信息，所以当有两类信息可用的时候，方差小的信息对估计的影响或权重应该多一些，反之亦然。从这个问题的解决思路可以看出，首先用状态方程进行“时间预测”，获得时间预测信息，然后观测值信息和预测信息共同对状态进行估计(折中)，这也是观测值对预测值的修正过程，即所谓的“测量更新”。在得到测量更新的最优估计后，又可以对下一个时间的状态进行预测，然后用新的观测值对预测状态进行修正。Kalman 滤波就是这样在两类信息之间平衡取舍并且随时间递推的算法。

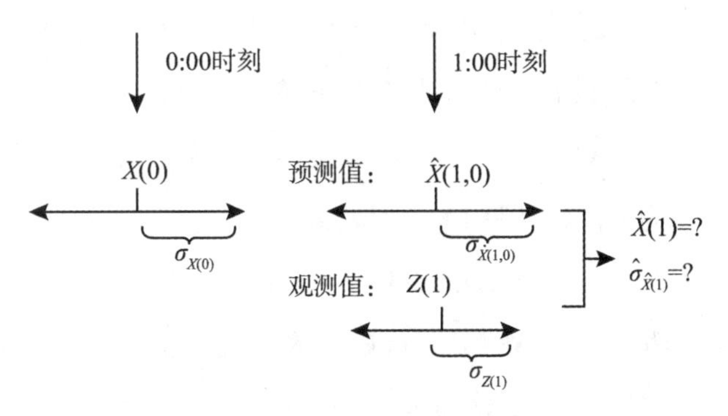

图 4.2 温度的估计问题

4.2 线性离散系统的 Kalman 滤波

本节将在第 3 章给出的随机线性离散系统数学模型的基础上，分别给出基于最小方差准则和最小二乘准则的 Kalman 滤波推导，并对 Kalman 滤波器进行直观解释。

随机线性离散系统的函数模型为

$$\boldsymbol{X}(k)=\boldsymbol{\Phi}_{k,k-1}\boldsymbol{X}(k-1)+\boldsymbol{w}(k-1) \tag{4.2.1}$$

$$\boldsymbol{Z}(k)=\boldsymbol{H}_k\boldsymbol{X}(k)+\boldsymbol{\Delta}(k) \tag{4.2.2}$$

其中 $\boldsymbol{\Phi}_{k,k-1}$ 为 t_{k-1} 时刻至 t_k 时刻的状态转移矩阵；$\boldsymbol{w}(k-1)$ 系统噪声；$\boldsymbol{H}_k$ 为量测矩阵；$\boldsymbol{\Delta}(k)$ 为量测噪声。

随机模型为

$$
\begin{gathered}
E[\boldsymbol{w}(k)]=\mathbf{0},\ \operatorname{Cov}[\boldsymbol{w}(k),\ \boldsymbol{w}(j)]=\boldsymbol{D}_{w}(\mathrm{k})\delta(k-j)\\
E[\boldsymbol{\Delta}(k)]=\mathbf{0},\ \operatorname{Cov}[\boldsymbol{\Delta}(k),\ \boldsymbol{\Delta}(j)]=\boldsymbol{D}_{\Delta}(k)\delta(k-j)\\
\operatorname{Cov}[\boldsymbol{w}(k),\ \boldsymbol{\Delta}(j)]=\mathbf{0}
\end{gathered}
\tag{4.2.3}
$$

此外，已知 $\hat{\boldsymbol{X}}(0)$，并且有

$$
\begin{gathered}
E[\hat{\boldsymbol{X}}(0)]=E[\boldsymbol{X}(0)]\\
\operatorname{Var}[\hat{\boldsymbol{X}}(0)]=\boldsymbol{D}_{\hat{X}}(0)
\end{gathered}
\tag{4.2.4}
$$

$$
\begin{gathered}
\operatorname{Cov}[\hat{\boldsymbol{X}}(0),\ \boldsymbol{w}(k)]=0\\
\operatorname{Cov}[\hat{\boldsymbol{X}}(0),\ \boldsymbol{\Delta}(k)]=0
\end{gathered}
\tag{4.2.5}
$$

式(4.2.1)并没有考虑在第 3 章模型中的 $\boldsymbol{\Omega}(k-1)$。这是因为 $\boldsymbol{\Omega}(k-1)$ 是常数项，略去并不影响状态估计的推导。

Kalman 滤波是预测和测量更新的过程，所谓预测就是在 t_{k-1} 时刻对 t_k 时刻的状态 $\boldsymbol{X}(k)$ 进行估计，这时还没有得到 t_k 时刻的观测值 $\boldsymbol{Z}(k)$，也就是说预测用所有的历史观测值 $\boldsymbol{Z}(1)$，$\boldsymbol{Z}(2)$，…，$\boldsymbol{Z}(k-1)$ 来估计 $\boldsymbol{X}(k)$。测量更新就是在 t_k 时刻得到观测值 $\boldsymbol{Z}(k)$ 后，利用观测值 $\boldsymbol{Z}(1)$，$\boldsymbol{Z}(2)$，…，$\boldsymbol{Z}(k-1)$ 和 $\boldsymbol{Z}(k)$ 来估计 $\boldsymbol{X}(k)$。在证明推导之前，首先给出变量的定义。这里设 t_{k-1} 时刻对 $\boldsymbol{X}(k)$ 的预测为 $\hat{\boldsymbol{X}}(k,\ k-1)$，预测误差为

$$
\boldsymbol{\Delta}\hat{\boldsymbol{X}}(k,\ k-1)=\boldsymbol{X}(k)-\hat{\boldsymbol{X}}(k,\ k-1)
\tag{4.2.6}
$$

$\hat{\boldsymbol{X}}(k,\ k-1)$ 的方差记为 $\boldsymbol{D}_{\hat{X}}(k,\ k-1)$

$$
\boldsymbol{D}_{\hat{X}}(k,\ k-1)=\boldsymbol{E}[\boldsymbol{\Delta}\hat{\boldsymbol{X}}(k,\ k-1)\Delta\hat{\boldsymbol{X}}^{\mathrm{T}}(k,\ k-1)]
\tag{4.2.7}
$$

在 t_k 时刻对 $\boldsymbol{X}(k)$ 的测量更新为 $\hat{\boldsymbol{X}}(k)$，$\hat{\boldsymbol{X}}(k)$ 也称为滤波估计，滤波误差为

$$
\Delta\hat{\boldsymbol{X}}(k)=\boldsymbol{X}(k)-\hat{\boldsymbol{X}}(k)
\tag{4.2.8}
$$

其方差为 $\boldsymbol{D}_{\hat{X}}(k)$

$$
\boldsymbol{D}_{\hat{X}}(k)=\boldsymbol{E}\left(\Delta\hat{\boldsymbol{X}}(k)\Delta\hat{\boldsymbol{X}}^{\mathrm{T}}(k)\right)
\tag{4.2.9}
$$

4.2.1　基于最小方差准则的推导

1. 滤波的时间预测

滤波的一步预测是用 $\boldsymbol{Z}(1)$，$\boldsymbol{Z}(2)$，…，$\boldsymbol{Z}(k-1)$ 来估计 $\boldsymbol{X}(k)$。根据最小方差准则，$\boldsymbol{Z}(1)$，$\boldsymbol{Z}(2)$，…，$\boldsymbol{Z}(k-1)$ 对 $\boldsymbol{X}(k)$ 的最优估计为在 $\boldsymbol{Z}(1)$，$\boldsymbol{Z}(2)$，…，$\boldsymbol{Z}(k-1)$ 条件下 $\boldsymbol{X}(k)$ 的期望，即

$$
\hat{\boldsymbol{X}}(k,\ k-1)=\boldsymbol{E}[\boldsymbol{X}(k)\mid\boldsymbol{Z}(1)\boldsymbol{Z}(2)\cdots\boldsymbol{Z}(k-1)]
\tag{4.2.10}
$$

已知状态方程

$$
\boldsymbol{X}(k)=\boldsymbol{\Phi}_{k,\ k-1}\boldsymbol{X}(k-1)+\boldsymbol{w}(k-1)
\tag{4.2.11}
$$

将状态方程代入式(4.2.10)，有

$$\begin{aligned}\hat{\boldsymbol{X}}(k,\ k-1)&=\boldsymbol{E}[(\boldsymbol{\Phi}_{k,\ k-1}\boldsymbol{X}(k-1)+\boldsymbol{w}(k-1))\mid \boldsymbol{Z}(1)\boldsymbol{Z}(2)\cdots\boldsymbol{Z}(k-1)]\\&=\boldsymbol{E}[\boldsymbol{\Phi}_{k,\ k-1}\boldsymbol{X}(k-1)\mid \boldsymbol{Z}(1)\boldsymbol{Z}(2)\cdots\boldsymbol{Z}(k-1)]\\&\quad+\boldsymbol{E}[\boldsymbol{w}(k-1)\mid \boldsymbol{Z}(1)\boldsymbol{Z}(2)\cdots\boldsymbol{Z}(k-1)]\end{aligned}\tag{4.2.12}$$

由于系统噪声 $\boldsymbol{w}(k-1)$ 与观测值 $\boldsymbol{Z}(1)$，$\boldsymbol{Z}(2)$，…，$\boldsymbol{Z}(k-1)$ 无关，所以

$$\boldsymbol{E}[\boldsymbol{w}(k-1)\mid \boldsymbol{Z}(1)\boldsymbol{Z}(2)\cdots\boldsymbol{Z}(k-1)]=\boldsymbol{E}[\boldsymbol{w}(k-1))]=0\tag{4.2.13}$$

因此，式(4.2.12)为

$$\hat{\boldsymbol{X}}(k,\ k-1)=\boldsymbol{\Phi}_{k,\ k-1}\boldsymbol{E}[\boldsymbol{X}(k-1)\mid \boldsymbol{Z}(1)\boldsymbol{Z}(2)\cdots\boldsymbol{Z}(k-1)]\tag{4.2.14}$$

观察式(4.2.14)，$\boldsymbol{E}[\boldsymbol{X}(k-1)\mid \boldsymbol{Z}(1)\boldsymbol{Z}(2)\cdots\boldsymbol{Z}(k-1)]$ 就是 $\boldsymbol{Z}(1)$，$\boldsymbol{Z}(2)$，…，$\boldsymbol{Z}(k-1)$ 对状态 $\boldsymbol{X}(k-1)$ 的最小方差估计 $\hat{\boldsymbol{X}}(k-1)$，所以一步时间预测为

$$\hat{\boldsymbol{X}}(k,\ k-1)=\boldsymbol{\Phi}_{k,\ k-1}\hat{\boldsymbol{X}}(k-1)\tag{4.2.15}$$

接下来推导 $\hat{\boldsymbol{X}}(k,\ k-1)$ 的无偏性。将式(4.2.11)和式(4.2.15)代入式(4.2.6)

$$\Delta\hat{\boldsymbol{X}}(k,\ k-1)=\boldsymbol{\Phi}_{k,\ k-1}\boldsymbol{X}(k-1)+\boldsymbol{w}(k-1)-\boldsymbol{\Phi}_{k,\ k-1}\hat{\boldsymbol{X}}(k-1)\tag{4.2.16}$$

考虑式(4.2.8)得到，

$$\Delta\hat{\boldsymbol{X}}(k,\ k-1)=\boldsymbol{\Phi}_{k,\ k-1}\Delta\hat{\boldsymbol{X}}(k-1)+\boldsymbol{w}(k-1)\tag{4.2.17}$$

$\Delta\hat{\boldsymbol{X}}(k-1)$ 的期望为

$$E(\boldsymbol{\Delta}\hat{\boldsymbol{X}}(k,\ k-1))=\boldsymbol{\Phi}_{k,\ k-1}E(\boldsymbol{\Delta}\hat{\boldsymbol{X}}(k-1))+E(\boldsymbol{w}(k-1))\tag{4.2.18}$$

由于 $E(\boldsymbol{w}(k-1))=0$，所以

$$E(\boldsymbol{\Delta}\hat{\boldsymbol{X}}(k,\ k-1))=\boldsymbol{\Phi}_{k,\ k-1}E(\boldsymbol{\Delta}\hat{\boldsymbol{X}}(k-1))\tag{4.2.19}$$

从上式可以看出，如果 $\hat{\boldsymbol{X}}(k-1)$ 是 $\boldsymbol{X}(k-1)$ 的无偏估计，那么 $E(\boldsymbol{\Delta}\hat{\boldsymbol{X}}(k-1))=0$，这样就有

$$E(\boldsymbol{\Delta}\hat{\boldsymbol{X}}(k,\ k-1))=0\tag{4.2.20}$$

上面的推导说明，只要滤波 $\hat{\boldsymbol{X}}(k-1)$ 是无偏估计，那么 $\hat{\boldsymbol{X}}(k,\ k-1)$ 就一定是无偏估计。$\hat{\boldsymbol{X}}(k-1)$ 的无偏性将在测量更新中给出。

$\hat{\boldsymbol{X}}(k,\ k-1)$ 的方差可以通过式(4.2.17)利用误差传播规律得到。在 3.3.2 节中给出了 $\boldsymbol{w}(k-1)$ 与 $\hat{\boldsymbol{X}}(k-1)$ 无关，所以 $\hat{\boldsymbol{X}}(k,\ k-1)$ 的方差为

$$\boldsymbol{D}_{\hat{X}}(k,\ k-1)=\boldsymbol{\Phi}_{k,\ k-1}\boldsymbol{D}_{\hat{X}}(k-1)\boldsymbol{\Phi}_{k,\ k-1}^{\mathrm{T}}+\boldsymbol{D}_{w}(k-1)\tag{4.2.21}$$

2. 滤波的测量更新

观测方程为

$$\boldsymbol{Z}(k)=\boldsymbol{H}_{k}\boldsymbol{X}(k)+\boldsymbol{\Delta}(k)\tag{4.2.22}$$

若已知 $\boldsymbol{X}(k)$ 和 $\boldsymbol{Z}(k)$ 的先验信息，根据第 2 章的最小方差估计，可得到 $\boldsymbol{X}(k)$ 的最小方差估计为

$$\hat{\boldsymbol{X}}(k)=E(\boldsymbol{X}(k))+\boldsymbol{D}_{XZ}\boldsymbol{D}_{Z}^{-1}(\boldsymbol{Z}(k)-E(\boldsymbol{Z}(k))) \tag{4.2.23}$$

其中，$\boldsymbol{D}_{XZ}$ 为观测值 $\boldsymbol{Z}(k)$ 与 $\boldsymbol{X}(k)$ 的协方差，$\boldsymbol{D}_{Z}$ 为观测值 $\boldsymbol{Z}(k)$ 的方差。

在上面的时间预测中，得到了 $\hat{\boldsymbol{X}}(k,\ k-1)$ 和 $\boldsymbol{D}_{\hat{X}}(k,\ k-1)$，这为 $\boldsymbol{X}(k)$ 提供了先验信息。利用这些先验信息，可设

$$E(\boldsymbol{X}(k))=\hat{\boldsymbol{X}}(k,\ k-1) \tag{4.2.24}$$

$$\mathrm{Var}(X(k))=\boldsymbol{D}_{\hat{X}}(k,\ k-1) \tag{4.2.25}$$

根据式(4.2.22)和式(4.2.24)，可得到 $\boldsymbol{Z}(k)$ 的先验信息

$$E(\boldsymbol{Z}(k))=\boldsymbol{H}_k\hat{\boldsymbol{X}}(k,\ k-1) \tag{4.2.26}$$

$$\boldsymbol{D}_Z=\boldsymbol{H}_k\boldsymbol{D}_{\hat{X}}(k,\ k-1)\boldsymbol{H}_k^{\mathrm{T}}+\boldsymbol{D}_{\Delta}(k) \tag{4.2.27}$$

以及 $\boldsymbol{Z}(k)$ 与 $\boldsymbol{X}(k)$ 的协方差

$$\boldsymbol{D}_{XZ}=\boldsymbol{D}_{\hat{X}}(k,\ k-1)\boldsymbol{H}_k^{\mathrm{T}} \tag{4.2.28}$$

将 $E(\boldsymbol{X}(k))$、$E(\boldsymbol{Z}(k))$、$\boldsymbol{D}_Z$ 和 $\boldsymbol{D}_{XZ}$ 代入式(4.2.23)有

$$\hat{\boldsymbol{X}}(k)=\hat{\boldsymbol{X}}(k,\ k-1)+\boldsymbol{D}_{\hat{X}}(k,\ k-1)\boldsymbol{H}_k^{\mathrm{T}}(\boldsymbol{H}_k\boldsymbol{D}_{\hat{X}}(k,\ k-1)\boldsymbol{H}_k^{\mathrm{T}}+\boldsymbol{D}_{\Delta}(k))^{-1}[\boldsymbol{Z}(k)-\boldsymbol{H}_k\hat{\boldsymbol{X}}(k,\ k-1)] \tag{4.2.29}$$

设

$$\boldsymbol{K}_k=\boldsymbol{D}_{\hat{X}}(k,\ k-1)\boldsymbol{H}_k^{\mathrm{T}}(\boldsymbol{H}_k\boldsymbol{D}_{\hat{X}}(k,\ k-1)\boldsymbol{H}_k^{\mathrm{T}}+\boldsymbol{D}_{\Delta}(k))^{-1} \tag{4.2.30}$$

$$\boldsymbol{Z}(k,\ k-1)=\boldsymbol{H}_k\hat{\boldsymbol{X}}(k,\ k-1) \tag{4.2.31}$$

$$\boldsymbol{V}(k,\ k-1)=\boldsymbol{Z}(k)-\boldsymbol{Z}(k,\ k-1) \tag{4.2.32}$$

那么，式(4.2.29)为

$$\hat{\boldsymbol{X}}(k)=\hat{\boldsymbol{X}}(k,\ k-1)+\boldsymbol{K}_k\boldsymbol{V}(k,\ k-1) \tag{4.2.33}$$

式(4.2.33)即为 Kalman 滤波的测量更新。式中的 $\boldsymbol{Z}(k,\ k-1)$ 可以看作对观测值 $\boldsymbol{Z}(k)$ 的预测；$\boldsymbol{V}(k,\ k-1)$ 被称为“新息”或“预测残差”；$\boldsymbol{K}_k$ 乘以新息 $\boldsymbol{V}(k,\ k-1)$ 后对预测 $\hat{\boldsymbol{X}}(k,\ k-1)$ 进行修正，$\boldsymbol{K}_k$ 的大小决定了观测值 $\boldsymbol{Z}(k)$ 在多大程度上影响滤波值 $\hat{\boldsymbol{X}}(k)$，所以 $\boldsymbol{K}_k$ 也被称为增益矩阵。

下面证明 $\boldsymbol{V}_{\mathrm{Z}}(k,\ k-1)$ 的期望为零，$\hat{\boldsymbol{X}}(k)$ 是对 $\boldsymbol{X}(k)$ 的无偏估计，并推导 $\hat{\boldsymbol{X}}(k)$ 的方差 $\boldsymbol{D}_{\hat{X}}(k)$。

$\boldsymbol{V}_{\mathrm{Z}}(k,\ k-1)$ 的期望为

$$E[\boldsymbol{V}_{\mathrm{Z}}(k,\ k-1)]=E[\boldsymbol{Z}(k)]-\boldsymbol{H}_kE[\hat{\boldsymbol{X}}(k,\ k-1)] \tag{4.2.34}$$

根据观测方程有

$$E[\boldsymbol{Z}(k)]=\boldsymbol{H}_k\boldsymbol{X}(k) \tag{4.2.35}$$

在时间预测中，已经证明了如果 $E[\hat{\boldsymbol{X}}(k-1)]=\boldsymbol{X}(k-1)$，则有 $E[\hat{\boldsymbol{X}}(k,\ k-1)]=\boldsymbol{X}(k)$，那么

$$E[\boldsymbol{V}(k,\ k-1)]=0 \tag{4.2.36}$$

基于以上结论，容易得到

$$\begin{aligned} E[\hat{\boldsymbol{X}}(k)] &= E[\hat{\boldsymbol{X}}(k,\ k-1)] \\ &= \boldsymbol{X}(k) \end{aligned} \tag{4.2.37}$$

从以上的证明看出，对一步预测 $\hat{\boldsymbol{X}}(k,\ k-1)$ 的无偏性证明是在 $\hat{\boldsymbol{X}}(k-1)$ 为 $\boldsymbol{X}(k-1)$ 的无偏估计的条件下得到的，进而推导得到了滤波 $\hat{\boldsymbol{X}}(k)$ 的无偏性。在式(4.2.4)中我们给定的初始条件有 $E[\boldsymbol{X}(t_0)]=\hat{\boldsymbol{X}}(0)$，也就是说，如果从一开始初值 $\hat{\boldsymbol{X}}(0)$ 是 t_0 时刻状态的无偏值，那么递推得到 $\hat{\boldsymbol{X}}(1,\ 0)$，$\hat{\boldsymbol{X}}(1)$，…，$\hat{\boldsymbol{X}}(k-1)$，$\hat{\boldsymbol{X}}(k,\ k-1)$，$\hat{\boldsymbol{X}}(k)$ 都是无偏估计。

滤波 $\hat{\boldsymbol{X}}(k)$ 的估计误差为

$$\Delta\hat{\boldsymbol{X}}(k) = \boldsymbol{X}(k) - \hat{\boldsymbol{X}}(k) \tag{4.2.38}$$

将式(4.2.33)代入上式得到

$$\begin{aligned} \Delta\hat{\boldsymbol{X}}(k) &= \boldsymbol{X}(k) - (\hat{\boldsymbol{X}}(k,\ k-1) + \boldsymbol{K}_k[Z(k) - \boldsymbol{H}_k\hat{\boldsymbol{X}}(k,\ k-1)) \\ &= \Delta\hat{\boldsymbol{X}}(k,\ k-1) - \boldsymbol{K}_k[\boldsymbol{H}_k\boldsymbol{X}(k) + \Delta(k) - \boldsymbol{H}_k\hat{\boldsymbol{X}}(k,\ k-1)] \\ &= [\boldsymbol{I} - \boldsymbol{K}_k\boldsymbol{H}_k]\Delta\hat{\boldsymbol{X}}(k,\ k-1) - \boldsymbol{K}_k\Delta(k) \end{aligned} \tag{4.2.39}$$

考虑 $\Delta\hat{\boldsymbol{X}}(k,\ k-1)$ 与 $\Delta(k)$ 不相关，利用误差传播规律容易得到 $\hat{\boldsymbol{X}}(k)$ 的方差为

$$\boldsymbol{D}_{\hat{X}}(k) = (\boldsymbol{I} - \boldsymbol{K}_k\boldsymbol{H}_k)\boldsymbol{D}_{\hat{X}}(k,\ k-1)(\boldsymbol{I} - \boldsymbol{K}_k\boldsymbol{H}_k)^{\mathrm{T}} + \boldsymbol{K}_k\boldsymbol{D}_{\Delta}(k)\boldsymbol{K}_k^{\mathrm{T}} \tag{4.2.40}$$

将式(4.2.30)代入上式后利用矩阵的恒等式关系还可以得到

$$\boldsymbol{D}_{\hat{X}}(k) = (\boldsymbol{I} - \boldsymbol{K}_k\boldsymbol{H}_k)\boldsymbol{D}_{\hat{X}}(k,\ k-1) \tag{4.2.41}$$

本节推导得到的滤波基础公式汇总见表 4.1.

4.2.2 基于最小二乘准则的推导

1. 滤波的时间预测

与基于最小方差准则的 Kalman 滤波推导不同，在基于最小二乘准则的推导中，待估计参数为非随机量，并在时间预测时，将 $\hat{\boldsymbol{X}}(k-1)$ 看做 $\boldsymbol{X}(k-1)$ 的"虚拟观测值"，与实际观测值一起建立观测方程，按照最小二乘估计方法，构建法方程推导得到 Kalman 滤波。

首先推导已知 $\hat{\boldsymbol{X}}(k-1)$ 和 $\boldsymbol{D}_{\hat{X}}(k-1)$，估计 $\hat{\boldsymbol{X}}(k,\ k-1)$ 和 $\boldsymbol{D}_{\hat{X}}(k,\ k-1)$ 的递推式。

如果将 $\hat{\boldsymbol{X}}(k-1)$ 看做 $\boldsymbol{X}(k-1)$ 的"虚拟"观测值，那么观测方程为

$$\hat{\boldsymbol{X}}(k-1) = \boldsymbol{X}(k-1) + \Delta_{\hat{X}(k-1)} \tag{4.2.42}$$

其中 $\Delta_{\hat{X}(k-1)}$ 为虚拟观测值 $\hat{\boldsymbol{X}}(k-1)$ 的噪声，$E(\Delta_{\hat{X}(k-1)})=0$，方差为 $\boldsymbol{D}_{\hat{X}}(k,\ k-1)$。接着将状态方程(4.2.1)表示为

$$\boldsymbol{0} = \boldsymbol{\Phi}_{k,\ k-1}\boldsymbol{X}(k-1) - \boldsymbol{X}(k) + \boldsymbol{w}(k-1) \tag{4.2.43}$$

并将方程左边的 $\mathbf{0}$ 也视为此方程的“虚拟观测值”，噪声为 $\boldsymbol{w}(k-1)$，并且

$$
\begin{aligned}
&E[\boldsymbol{w}(k)] = \mathbf{0} \\
&\mathrm{Cov}[\boldsymbol{w}(k),\ \boldsymbol{w}(j)] = \boldsymbol{D}_w(k)\delta(k-j)
\end{aligned}
\tag{4.2.44}
$$

$\boldsymbol{\Delta}_{\hat{X}(k-1)}$ 与 $\boldsymbol{w}(k-1)$ 相互独立。

将式(4.2.42)和式(4.2.43)联立得到虚拟观测方程

$$
\begin{bmatrix} \hat{\boldsymbol{X}}(k-1) \\ 0 \end{bmatrix} = \begin{bmatrix} I & 0 \\ \boldsymbol{\Phi}_{k,\ k-1} & -I \end{bmatrix}\begin{bmatrix} \boldsymbol{X}(k-1) \\ \boldsymbol{X}(k) \end{bmatrix} + \begin{bmatrix} \Delta_{\hat{X}(k-1)} \\ \boldsymbol{w}(k-1) \end{bmatrix} \tag{4.2.45}
$$

和观测噪声方差矩阵

$$
\begin{bmatrix} \boldsymbol{D}_{\hat{X}}(k-1) & 0 \\ 0 & \boldsymbol{D}_w(k-1) \end{bmatrix} \tag{4.2.46}
$$

记 $\boldsymbol{X}(k-1)$ 的最小二乘估计为 $\hat{\boldsymbol{X}}_S(k-1)$，基于式 (4.2.25)的观测方程，容易得到

$$
\hat{\boldsymbol{X}}_S(k-1) = \hat{\boldsymbol{X}}(k-1) \tag{4.2.47}
$$

进而可解得

$$
\hat{\boldsymbol{X}}(k,\ k-1) = \boldsymbol{\Phi}_{k,\ k-1}\hat{\boldsymbol{X}}(k-1) \tag{4.2.48}
$$

$$
\boldsymbol{D}_{\hat{X}}(k,\ k-1) = \boldsymbol{\Phi}_{k,\ k-1}\boldsymbol{D}_{\hat{X}}(k-1)\boldsymbol{\Phi}_{k,\ k-1}^{\mathrm{T}} + \boldsymbol{D}_w(k-1) \tag{4.2.49}
$$

2. 滤波的测量更新

下面推导已知 $\hat{\boldsymbol{X}}(k,\ k-1)$ 和 $\boldsymbol{D}_{\hat{X}}(k,\ k-1)$，在有观测值 $\boldsymbol{Z}(k)$ 后对 $\boldsymbol{X}(k)$ 的估计，即对 $\hat{\boldsymbol{X}}(k,\ k-1)$ 的测量更新。

设在 t_k 时刻有观测方程

$$
\boldsymbol{Z}(k) = \boldsymbol{H}_k\boldsymbol{X}(k) + \boldsymbol{\Delta}(k) \tag{4.2.50}
$$

和观测噪声 $\boldsymbol{\Delta}(k)$ 的方差为 $\boldsymbol{D}_{\Delta}(k)$。同时，将 $\hat{\boldsymbol{X}}(k,\ k-1)$ 看作是对 $\boldsymbol{X}(k)$ 的虚拟观测值

$$
\hat{\boldsymbol{X}}(k,\ k-1) = \boldsymbol{X}(k) + \boldsymbol{\Delta}_X(k,\ k-1) \tag{4.2.51}
$$

虚拟观测噪声为 $\boldsymbol{\Delta}_X(k,\ k-1)$，且 $E[\boldsymbol{\Delta}_X(k,\ k-1)] = 0$，方差为 $\boldsymbol{D}_{\hat{X}}(k,\ k-1)$。

联立式(4.2.50)和(4.2.51)的观测方程为

$$
\begin{bmatrix} \hat{\boldsymbol{X}}(k,\ k-1) \\ \boldsymbol{Z}(k) \end{bmatrix} = \begin{bmatrix} \boldsymbol{I} \\ \boldsymbol{H}_k \end{bmatrix}\boldsymbol{X}(k) + \begin{bmatrix} \boldsymbol{\Delta}_X(k,\ k-1) \\ \boldsymbol{\Delta}(k) \end{bmatrix} \tag{4.2.52}
$$

其中 $\boldsymbol{\Delta}_X(k,\ k-1)$ 与 $\boldsymbol{\Delta}(k)$ 不相关，所以观测噪声的方差阵为

$$
\begin{bmatrix} \boldsymbol{D}_{\hat{X}}(k,\ k-1) & \mathbf{0} \\ \mathbf{0} & \boldsymbol{D}_{\Delta}(k) \end{bmatrix} \tag{4.2.53}
$$

根据以上的观测方程和随机模型，法方程为

$$
[\boldsymbol{D}_{\hat{X}}^{-1}(k,\ k-1) + \boldsymbol{H}_k^{\mathrm{T}}\boldsymbol{D}_{\Delta}^{-1}(k)\boldsymbol{H}_k]\hat{\boldsymbol{X}}(k) = \boldsymbol{D}_{\hat{X}}^{-1}(k,\ k-1)\hat{\boldsymbol{X}}(k,\ k-1) + \boldsymbol{H}_k^{\mathrm{T}}\boldsymbol{D}_{\Delta}^{-1}(k)\boldsymbol{Z}(k) \tag{4.2.54}
$$

法方程的系数矩阵的逆也是 $\hat{\boldsymbol{X}}(k)$ 的方差矩阵

$$\boldsymbol{D}_{\hat{X}}(k)=[\boldsymbol{D}_{\hat{X}}^{-1}(k,\ k-1)+\boldsymbol{H}_k^{\mathrm{T}}\boldsymbol{D}_{\Delta}^{-1}(k)\boldsymbol{H}_k]^{-1} \tag{4.2.55}$$

设

$$\begin{aligned}\boldsymbol{W}_k&=\boldsymbol{D}_{\hat{X}}^{-1}(k)\\ \boldsymbol{W}_{k,\ k-1}&=\boldsymbol{D}_{\hat{X}}^{-1}(k,\ k-1)\end{aligned} \tag{4.2.56}$$

式(4.2.55)成为

$$\boldsymbol{W}_k=\boldsymbol{W}_{k,\ k-1}+\boldsymbol{H}_k^{\mathrm{T}}\boldsymbol{D}_{\Delta}^{-1}(k)\boldsymbol{H}_k \tag{4.2.57}$$

或者

$$\boldsymbol{W}_{k,\ k-1}=\boldsymbol{W}_k-\boldsymbol{H}_k^{\mathrm{T}}\boldsymbol{D}_{\Delta}^{-1}(k)\boldsymbol{H}_k \tag{4.2.58}$$

那么式(4.2.54)为

$$\boldsymbol{W}_k\hat{\boldsymbol{X}}(k)=\boldsymbol{W}_{k,\ k-1}\hat{\boldsymbol{X}}(k,\ k-1)+\boldsymbol{H}_k^{\mathrm{T}}\boldsymbol{D}_{\Delta}^{-1}(k)\boldsymbol{Z}(k) \tag{4.2.59}$$

进而

$$\hat{\boldsymbol{X}}(k)=\boldsymbol{W}_k^{-1}\boldsymbol{W}_{k,\ k-1}\hat{\boldsymbol{X}}(k,\ k-1)+\boldsymbol{W}_k^{-1}\boldsymbol{H}_k^{\mathrm{T}}\boldsymbol{D}_{\Delta}^{-1}(k)\boldsymbol{Z}(k) \tag{4.2.60}$$

将式(4.2.58)代入式(4.2.60)得

$$\hat{\boldsymbol{X}}(k)=\hat{\boldsymbol{X}}(k,\ k-1)+\boldsymbol{W}_k^{-1}\boldsymbol{H}_k^{\mathrm{T}}\boldsymbol{D}_{\Delta}^{-1}(k)[\boldsymbol{Z}(k)-\boldsymbol{H}_k\hat{\boldsymbol{X}}(k,\ k-1)] \tag{4.2.61}$$

设

$$\boldsymbol{K}_k=\boldsymbol{W}_k^{-1}\boldsymbol{H}_k^{\mathrm{T}}\boldsymbol{D}_{\Delta}^{-1}(k) \tag{4.2.62}$$

将式(4.2.57)代入上式得

$$\boldsymbol{K}_k=(\boldsymbol{W}_{k,\ k-1}+\boldsymbol{H}_k^{\mathrm{T}}\boldsymbol{D}_{\Delta}^{-1}(k)\boldsymbol{H}_k)^{-1}\boldsymbol{H}_k^{\mathrm{T}}\boldsymbol{D}_{\Delta}^{-1}(k) \tag{4.2.63}$$

根据附录中式(A-53)，可得

$$\boldsymbol{K}_k=\boldsymbol{W}_{k,\ k-1}^{-1}\boldsymbol{H}_k^{\mathrm{T}}[\boldsymbol{D}_{\Delta}(k)+\boldsymbol{H}_k\boldsymbol{W}_{k,\ k-1}^{-1}\boldsymbol{H}_k^{\mathrm{T}}]^{-1} \tag{4.2.64}$$

将式(4.2.56)代入上式得到

$$\boldsymbol{K}_k=\boldsymbol{D}_{\hat{X}}(k,\ k-1)\boldsymbol{H}_k^{\mathrm{T}}[\boldsymbol{D}_{\Delta}(k)+\boldsymbol{H}_k\boldsymbol{D}_{\hat{X}}(k,\ k-1)\boldsymbol{H}_k^{\mathrm{T}}]^{-1} \tag{4.2.65}$$

以上从最小二乘准则推导得到了 Kalman 滤波的测量更新。从中可以看出 Kalman 滤波与最小二乘的关系，即 Kalman 滤波也是最小二乘估计，它是将预测值 $\hat{\boldsymbol{X}}(k,\ k-1)$ 视为虚拟观测值，在“广义最小二乘”意义上得到的。

Kalman 滤波除了以上的基于最小方差准则和最小二乘准则的推导，“投影法”也可以推导得到 Kalman 滤波递推公式。“投影法”也是 R. E. Kalman 在发表 Kalman 滤波的论文中所使用的方法，它是通过估计向量之间的正交性推导得到的，这里不再赘述。

4.2.3 Kalman 滤波器的递推公式和相关说明

现将 Kalman 滤波器的递推公式总结如表 4.1 所示。从表 4.1 可以看出，Kalman 滤波递推公式主要分为两步：时间预测和测量更新。时间预测是利用系统运动变化规律获得预测状态；在获得了观测值后，观测值对这个先验信息再进行修正。现将 Kalman 滤波在应用中需要注意的问题说明如下。

表 4.1　　离散系统 Kalman 滤波递推公式

一步预测	状态预测	$\hat{\boldsymbol{X}}(k, k-1) = \boldsymbol{\Phi}_{k, k-1}\hat{\boldsymbol{X}}(k-1)$
	预测方差	$\boldsymbol{D}_{\hat{X}}(k, k-1) = \boldsymbol{\Phi}_{k, k-1}\boldsymbol{D}_{\hat{X}}(k-1)\boldsymbol{\Phi}_{k, k-1}^{\mathrm{T}} + \boldsymbol{D}_{w}(k-1)$
测量更新	增益矩阵	① $\boldsymbol{K}_k = \boldsymbol{D}_{\hat{X}}(k, k-1)\boldsymbol{H}_k^{\mathrm{T}}(\boldsymbol{H}_k\boldsymbol{D}_{\hat{X}}(k, k-1)\boldsymbol{H}_k^{\mathrm{T}} + \boldsymbol{D}_{\Delta}(k))^{-1}$ ② $\boldsymbol{K}_k = \boldsymbol{D}_{\hat{X}}(k)\boldsymbol{H}_k^{\mathrm{T}}\boldsymbol{D}_{\Delta}^{-1}(k)$ ③ $\boldsymbol{K}_k = (\boldsymbol{D}_{\hat{X}}^{-1}(k, k-1) + \boldsymbol{H}_k^{\mathrm{T}}\boldsymbol{D}_{\Delta}^{-1}(k)\boldsymbol{H}_k)^{-1}\boldsymbol{H}_k^{\mathrm{T}}\boldsymbol{D}_{\Delta}^{-1}(k)$
	新息序列	$\boldsymbol{V}(k, k-1) = \boldsymbol{Z}(k) - \boldsymbol{H}_k\hat{\boldsymbol{X}}(k, k-1)$
	状态滤波	$\hat{\boldsymbol{X}}(k) = \hat{\boldsymbol{X}}(k, k-1) + \boldsymbol{K}_k\boldsymbol{V}(k, k-1)$
	滤波方差	① $\boldsymbol{D}_{\hat{X}}(k) = (\boldsymbol{I} - \boldsymbol{K}_k\boldsymbol{H}_k)\boldsymbol{D}_{\hat{X}}(k, k-1)$ ② $\boldsymbol{D}_{\hat{X}}(k) = (\boldsymbol{I} - \boldsymbol{K}_k\boldsymbol{H}_k)\boldsymbol{D}_{\hat{X}}(k, k-1)(\boldsymbol{I} - \boldsymbol{K}_k\boldsymbol{H}_k)^{\mathrm{T}} + \boldsymbol{K}_k\boldsymbol{D}_{\Delta}(k)\boldsymbol{K}_k^{\mathrm{T}}$ ③ $\boldsymbol{D}_{\hat{X}}^{-1}(k) = \boldsymbol{D}_{\hat{X}}^{-1}(k, k-1) + \boldsymbol{H}_k^{\mathrm{T}}\boldsymbol{D}_{\Delta}^{-1}(k)\boldsymbol{H}_k$

1. 方差计算公式的等价性和差异

表 4.1 中的增益矩阵的第②个计算式可以由式(4.2.62)得到，此公式常用于相关证明；第③个计算式是用方差的逆矩阵来计算增益矩阵，用于后面将介绍的信息滤波。

表 4.1 中滤波方差的三个计算公式在理论上是等价的，其中第三个公式可由式(4.2.57)得到。虽然滤波方差的三个计算公式在理论上是等价的，但在实际应用中的计算效果却不同。从公式上看，式①的计算步骤最少也最简单，但它有减法运算，并且表达式不对称，在递推中由于计算误差的积累容易导致方差矩阵失去对称性和正定性。反之，式②能保持较好的对称性和正定性，式②也被称为“Joseph update”。当状态的方差较大甚至无穷大时，可以采用式③来传递方差，第 5 章将要介绍的信息滤波就是采用这种方法来传递方差的。

2. 有控制输入的 Kalman 滤波递推公式

有时候系统还有控制输入部分，如在例 3.1 中，弹簧还受到外力 $F(t)$ 的作用，对系统来说，这样的外力是确定性的控制输入，那么状态方程更一般地表达为

$$\boldsymbol{X}(k) = \boldsymbol{\Phi}_{k, k-1}\boldsymbol{X}(k-1) + \boldsymbol{\Omega}(k-1) + \boldsymbol{w}(k-1) \tag{4.2.66}$$

其中，$\boldsymbol{\Omega}(k-1)$ 为确定性的控制输入或与状态和系统噪声无关的非随机部分，按上面的方法，同样可以推导得到时间预测为

$$\hat{\boldsymbol{X}}(k, k-1) = \boldsymbol{\Phi}_{k, k-1}\hat{\boldsymbol{X}}(k-1) + \boldsymbol{\Omega}(k-1) \tag{4.2.67}$$

由于确定性部分不影响方差的计算，所以方差的计算公式均与表 4.1 中无 $\boldsymbol{\Omega}(k-1)$ 项的估计公式一样。

3. 估计状态改正量的 Kalman 滤波递推公式

在现实应用中，为了准确地描述载体的运动规律，需要考虑某些量的误差或偏差，如惯性导航器件陀螺和加速度计的零偏和比例因子等，在估计时可将这些偏差和这些偏差对运动载体状态的影响一起作为状态量来估计，估计得到的是原来状态的改正量。下面给出状态改正量的 Kalman 滤波递推公式。

更一般的状态方程和观测方程为

$$\dot{\boldsymbol{X}}(t)=\boldsymbol{g}[\boldsymbol{X}(t),\ \boldsymbol{u}(t),\ \boldsymbol{e}(t)] \tag{4.2.68}$$

$$\boldsymbol{Z}(t)=\boldsymbol{F}[\boldsymbol{X}(t)]+\boldsymbol{\Delta}(t) \tag{4.2.69}$$

给定 $\boldsymbol{X}(t)$ 的近似值(参考值)为 $\boldsymbol{X}^*(t)$，设状态改正向量为

$$\boldsymbol{x}(t)=\boldsymbol{X}(t)-\boldsymbol{X}^*(t) \tag{4.2.70}$$

根据 3.1.2 节的线性化结果，状态方程和观测方程分别为

$$\dot{\boldsymbol{X}}^*(t)+\dot{\boldsymbol{x}}(t)=\boldsymbol{g}[\boldsymbol{X}^*(t),\ \boldsymbol{u}(t),\ \boldsymbol{0}]+\boldsymbol{A}(t)\boldsymbol{x}(t)+\boldsymbol{C}(t)\boldsymbol{e}(t) \tag{4.2.71}$$

$$\boldsymbol{Z}(t)=\boldsymbol{F}[\boldsymbol{X}^*(t)]+\boldsymbol{H}(t)\boldsymbol{x}(t)+\boldsymbol{\Delta}(t) \tag{4.2.72}$$

如果在确定参考值 $\boldsymbol{X}^*(t)$ 时，使

$$\dot{\boldsymbol{X}}^*(t)=\boldsymbol{g}[\boldsymbol{X}^*(t),\ \boldsymbol{u}(t),\ \boldsymbol{0}] \tag{4.2.73}$$

那么状态方程和观测方程成为

$$\dot{\boldsymbol{x}}(t)=\boldsymbol{A}(t)\boldsymbol{x}(t)+\boldsymbol{C}(t)\boldsymbol{e}(t) \tag{4.2.74}$$

$$\boldsymbol{z}(t)=\boldsymbol{H}(t)\boldsymbol{x}(t)+\boldsymbol{\Delta}(t) \tag{4.2.75}$$

其中，

$$\boldsymbol{z}(t)=\boldsymbol{Z}(t)-\boldsymbol{F}[\boldsymbol{X}^*(t)] \tag{4.2.76}$$

$\boldsymbol{z}(t)$ 就是 MOC 观测值。

式(4.2.74)和式(4.2.75)就是以状态改正量 $\boldsymbol{x}(t)$ 表述的函数模型，以状态改正量代替以下递推公式

$$\hat{\boldsymbol{x}}(k,\ k-1)=\boldsymbol{\Phi}_{k,\ k-1}\hat{\boldsymbol{x}}(k-1) \tag{4.2.77}$$

$$\boldsymbol{V}(k,\ k-1)=\boldsymbol{z}(k)-\boldsymbol{H}_k\hat{\boldsymbol{x}}(k,\ k-1) \tag{4.2.78}$$

$$\hat{\boldsymbol{x}}(k)=\hat{\boldsymbol{x}}(k,\ k-1)+\boldsymbol{K}_k\boldsymbol{V}(k,\ k-1) \tag{4.2.79}$$

得到滤波估计 $\hat{\boldsymbol{X}}(k)=\hat{\boldsymbol{x}}(k)+\boldsymbol{X}^*(t_k)$，其他滤波递推公式不变。

4.2.4 Kalman 滤波器的直观解释和递推流程

1. Kalman 滤波器的直观解释

为了解释 Kalman 滤波器是如何在预测信息和观测信息进行“折中”的，这里用前文图 4.2 中提出的温度估计问题来说明。

已知 t_0 时刻的温度 $\boldsymbol{X}(0)=20.0$℃，$\sigma_X(0)=0.1$℃，温度(状态)的变化规律可以描述为

$$\boldsymbol{X}(k)=\boldsymbol{X}(k-1)+\boldsymbol{w}(k-1) \tag{4.2.80}$$

系统噪声 $\boldsymbol{w}(k-1)$ 表示在预测中没有考虑到或者不确定的因素，根据经验可设 $\sigma_w^2(k-1)=(0.3℃)^2$。

观测方程为

$$\boldsymbol{Z}(k)=\boldsymbol{X}(k)+\boldsymbol{\Delta}(k) \tag{4.2.81}$$

观测噪声的中误差为 $\sigma_\Delta(k)=0.2$℃。在此问题中，$\boldsymbol{Z}(1)=20.7$℃，并且 $\boldsymbol{\Phi}_{k,k-1}=1$ 和 $\boldsymbol{H}_k=1$。

首先，根据状态方程对 t_1 时刻的温度进行预测

$$\hat{\boldsymbol{X}}(1,0)=\boldsymbol{X}(0)=20.0$$

预测方差为

$$\begin{aligned}\boldsymbol{D}_{\hat{X}}(1,0)&=\sigma_{\hat{X}}^2(1,0)\\&=\boldsymbol{\Phi}_{1,0}\boldsymbol{D}_{\hat{X}}(0)\boldsymbol{\Phi}_{1,0}^{\mathrm{T}}+\boldsymbol{D}_w(0)\\&=\sigma_{\hat{X}}^2(0)+\sigma_w^2(0)\\&=0.10\end{aligned}$$

对 t_1 时刻的预测温度进行测量更新

$$\begin{aligned}\boldsymbol{K}_1&=\boldsymbol{D}_{\hat{X}}(k,k-1)\boldsymbol{H}_k^{\mathrm{T}}(\boldsymbol{H}_k\boldsymbol{D}_{\hat{X}}(k,k-1)\boldsymbol{H}_k^{\mathrm{T}}+\boldsymbol{D}_\Delta(k))^{-1}\\&=\frac{\sigma_{\hat{X}}^2(1,0)}{\sigma_{\hat{X}}^2(1,0)+\sigma_\Delta^2(1)}\\&=\frac{5}{7}\end{aligned} \tag{①}$$

$$\begin{aligned}\hat{\boldsymbol{X}}(1)&=\hat{\boldsymbol{X}}(1,0)+\boldsymbol{K}_1[\boldsymbol{Z}(1)-\boldsymbol{H}_1\hat{\boldsymbol{X}}(1,0)]\\&=20.5\end{aligned} \tag{②}$$

$$\begin{aligned}\boldsymbol{D}_{\hat{X}}(1)&=\sigma_{\hat{X}}^2(1)\\&=(1-\boldsymbol{K}_1)\sigma_{\hat{X}}^2(1,0)\\&=0.03\end{aligned} \tag{③}$$

从式①增益矩阵的计算看到，增益矩阵 $\boldsymbol{K}_1$ 由预测 $\hat{\boldsymbol{X}}(1,0)$ 和观测 $\boldsymbol{Z}(1)$ 的方差共同决定，现将 $\boldsymbol{K}_1$ 代入式②得到

$$\begin{aligned}\hat{\boldsymbol{X}}(1)&=\frac{\sigma_\Delta^2(1)\hat{\boldsymbol{X}}(1,0)}{\sigma_{\hat{X}}^2(1,0)+\sigma_\Delta^2(1)}+\frac{\sigma_{\hat{X}}^2(1,0)\boldsymbol{Z}(1)}{\sigma_{\hat{X}}^2(1,0)+\sigma_\Delta^2(1)}\\&=(1-\boldsymbol{K}_1)\hat{\boldsymbol{X}}(1,0)+\boldsymbol{K}_1Z(1)\end{aligned} \tag{④}$$

显然，$\hat{\boldsymbol{X}}(1)$ 是 $\hat{\boldsymbol{X}}(1,0)$ 和 $Z(1)$ 的加权平均值，$\hat{\boldsymbol{X}}(1,0)$ 和 $Z(1)$ 对 $\hat{\boldsymbol{X}}(1)$ 的影响取决于各自方差的大小。当 $\sigma_{\hat{X}}^2(1,0)$ 越大，$\boldsymbol{K}_1$ 越大，观测值 $Z(1)$ 对滤波影响越大，反之，

$\sigma_{\Delta}^{2}(1)$ 越大，$\boldsymbol{K}_1$ 越小，$\hat{\boldsymbol{X}}(1,\ 0)$ 就对滤波的影响越大。同样，将 $\boldsymbol{K}_1$ 代入式③得到

$$\sigma_{\hat{X}}^{2}(1)=\frac{\sigma_{\hat{X}}^{2}(1,\ 0)\sigma_{\Delta}^{2}(1)}{\sigma_{\hat{X}}^{2}(1,\ 0)+\sigma_{\Delta}^{2}(1)}=\frac{1}{\dfrac{1}{\sigma_{\Delta}^{2}(1)}+\dfrac{1}{\sigma_{\hat{X}}^{2}(1,\ 0)}}$$

即

$$\frac{1}{\sigma_{\hat{X}}^{2}(1)}=\frac{1}{\sigma_{\Delta}^{2}(1)}+\frac{1}{\sigma_{\hat{X}}^{2}(1,\ 0)} \quad ⑤$$

显然，$\hat{\boldsymbol{X}}(1)$ 的权为 $\hat{\boldsymbol{X}}(1,\ 0)$ 的权和观测噪声权之和，所以滤波 $\hat{\boldsymbol{X}}(1)$ 的方差比观测噪声方差和预测方差都要小，Kalman 滤波就是这样达到“去噪”效果的。

下面通过船位平面位置的变化来直观地解释 Kalman 滤波的时间预测和观测值如何确定船位以及它的递推过程。在海图作业中，我们可以以船位为基准，根据航向、航速和海流等要素推算得下一个船位。但依靠这些要素去推算船位会将每一次的推算误差全部传递到下一次推算的船位上，误差的不断累积导致船位的推算与实际位置偏差增大，因此需用仪器对船体进行观测，利用观测值对每一次的船位推算进行修正。

以船的平面坐标为状态，有

$$\hat{\boldsymbol{X}}(k)=\begin{bmatrix}E(k)\\N(k)\end{bmatrix} \tag{4.2.82}$$

并假设可以对平面坐标进行观测，所以有

$$\boldsymbol{H}=\begin{bmatrix}1 & 0\\0 & 1\end{bmatrix}$$

Kalman 滤波对船位的递推过程可以用图 4.3 来表示。预测船位，量测船位和滤波估计(测量更新)船位分别用◇，△和★来表示。在 $k-1$ 时刻滤波估计船位 $\hat{\boldsymbol{X}}(k-1)$ 在点 A，一步预测得到 B : $\hat{\boldsymbol{X}}(k,\ k-1)$；通过量测传感器得到量测船位 C : $\boldsymbol{Z}(k)$。$\overrightarrow{BC}$ 代表 k 时刻从量测中获得的新息向量 $\boldsymbol{V}_z(k)=\boldsymbol{Z}(k)-\hat{\boldsymbol{X}}(k,\ k-1)$，$\overrightarrow{BD}$ 为 k 时刻增益矩阵与新息的乘积 $\boldsymbol{K}_k\boldsymbol{V}_z(k)$，即对预测船位 $\hat{\boldsymbol{X}}(k,\ k-1)$ 的修正量。从平面位置上看，滤波估计的船位一定在预测船位和观测船位的连线上，并且

(1)如果观测误差 $\boldsymbol{D}_{\Delta}(k)$ 越小，滤波估计船位就越靠近量测船位△，反之就更靠近预测船位。这是由于 $\boldsymbol{D}_{\Delta}(k)$ 越小，$\boldsymbol{K}_k$ 就较大，这样滤波就受到了更多的观测值的影响。相反，$\boldsymbol{D}_{\Delta}(k)$ 越大，滤波值就更接近预测。

(2)考虑理想的情况：如果不存在系统噪声，经过一段时间的滤波递推后，$\boldsymbol{D}_{\hat{X}}(k,\ k-1)$ 趋近于零，$\boldsymbol{K}_k$ 也趋近于零，这样滤波 $\hat{\boldsymbol{X}}(k)$ 就不再受观测值的影响，完全由预测值 $\hat{\boldsymbol{X}}(k,\ k-1)$ 决定，这时滤波★与预测重合；反正，如果没有观测噪声，那么 $\hat{\boldsymbol{X}}(k)$ 就完全由观测值决定，这时滤波★必然与量测△重合。所以在应用中，应慎重选择是否将噪声方差设置为零。

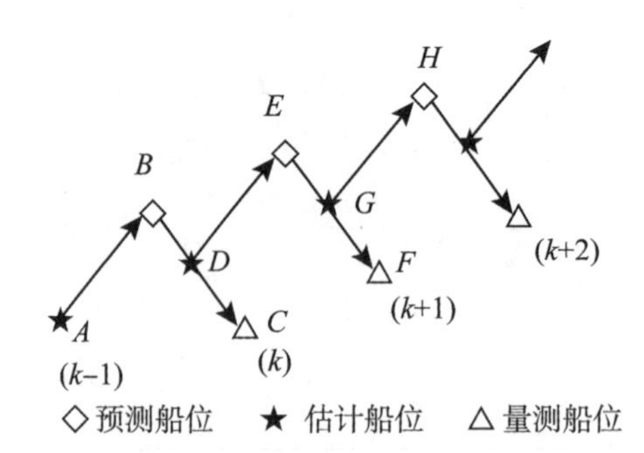

图 4.3　船位的量测、预测和滤波估计关系及 Kalman 滤波递推

2. Kalman 滤波的特点

从以上的推导和分析可以看出，Kalman 滤波算法有如下特点：

(1)增益矩阵 $\boldsymbol{K}_k$ 随着系统噪声 $\boldsymbol{D}_w(k)$ 增大而增大，随着观测噪声 $\boldsymbol{D}_\Delta(k)$ 的增大而减小。

(2)Kalman 滤波在时间域内进行递推，计算过程是一个不断“预测-修正”的过程。虽然 $\hat{\boldsymbol{X}}(k)$ 是由从 t_1 时刻开始，利用所有的观测值 $\boldsymbol{Z}(1)$，$\boldsymbol{Z}(2)$，…，$\boldsymbol{Z}(k-1)$，和 $\boldsymbol{Z}(k)$ 共同估计得到的，但在计算时，不需要存储所有数据占用内存，因此，这种方法非常便于实时处理。

(3)滤波器的增益矩阵和滤波方差都与观测值无关，因此可以预先离线算出，从而减少实时在线计算量，也可以此来预先分析滤波的方差、方差是否收敛和收敛的速度。

(4)Kalman 滤波将估计的信号看作是在白噪声作用下的一个随机线性系统的输出，输入和输出是由状态方程和观测方程在时间域内给出，不仅适合平稳序列，也适用于非平稳序列，因此应用范围十分广泛。

3. Kalman 滤波器的递推流程

图 4.4 给出了 Kalman 滤波器的计算流程：

(1)根据动态系统的运动规律建立微分方程，并且基于经验给出随机过程的均方值矩阵 $\boldsymbol{D}_e(t)$。如果微分方程是非线性的，取近似值为 $\boldsymbol{X}^*(t_{k-1})$，将其线性化，得到线性的微分方程；

(2)解微分方程，得到离散化后的状态方程和系统噪声方差矩阵；

(3)进行时间预测；

(4)输入观测值 $Z(k)$，建立观测方程，根据经验确定观测噪声方差。如果观测方程是非线性方程，取近似值为 $\boldsymbol{X}^*(t_k)$，将其线性化；

(5)进行测量更新，得到并输出状态的滤波值 $\hat{\boldsymbol{X}}(k)$ 和方差 $\boldsymbol{D}_{\hat{X}}(k)$。如果没有新的观测值，即结束递推，否则回到(1)。

如果系统的微分方程和观测方程是线性函数，就可以跳过(1)和(4)，只进行(2)(3)

(5)的计算就可以了。

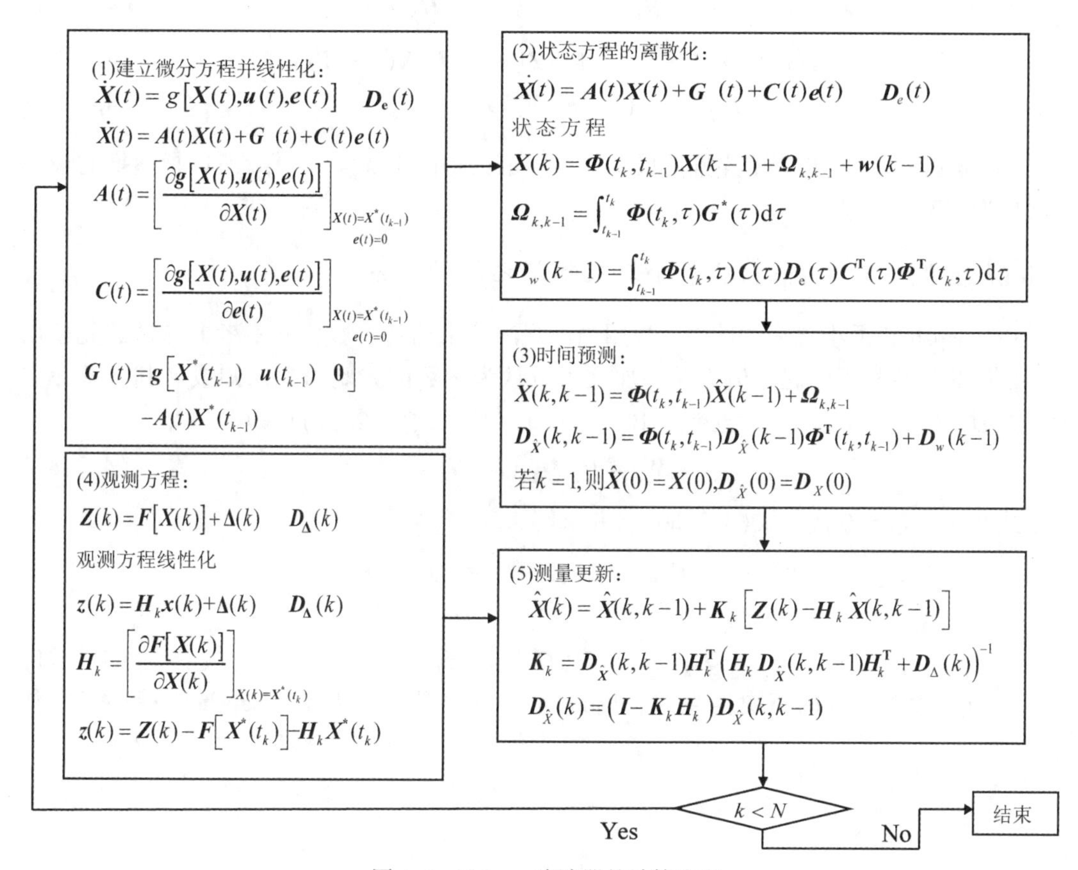

图 4.4　Kalman 滤波器的计算流程

在进行 Kalman 滤波计算时，计算机不需要保存历史观测值及其相关信息，只需要输出 $\hat{X}(k)$ 和 $D_{\hat{X}}(k)$，并将它们传递到下一个时刻，当对 t_{k+1} 时刻的状态预测完成后，即可释放 t_k 时刻的滤波结果，进行 t_{k+1} 时刻的滤波计算。

4.2.5　Kalman 滤波与最小二乘估计的关系

Kalman 滤波是“广义最小二乘”意义的最优估计，这里分析和给出 Kalman 滤波与第 2 章中的“snapshot”最小估计和递推的最小二乘估计的关系。

1. Kalman 滤波与递推的最小二乘估计之间的关系

若状态方程为：$\dot{X}(t)=0$，即状态为随机参数，那么离散化后的状态方程为

$$X(k)=X(k-1) \tag{4.2.83}$$

这时的滤波递推公式为

$$\hat{X}(k,\ k-1)=\hat{X}(k-1) \tag{4.2.84}$$

$$\boldsymbol{D}_{\hat{X}}(k, k-1) = \boldsymbol{D}_{\hat{X}}(k-1) \tag{4.2.85}$$

$$\boldsymbol{K}_k = \boldsymbol{D}_{\hat{X}}(k-1)\boldsymbol{H}_k^{\mathrm{T}}(\boldsymbol{H}_k\boldsymbol{D}_{\hat{X}}(k-1)\boldsymbol{H}_k^{\mathrm{T}} + \boldsymbol{D}_{\Delta}(k))^{-1} \tag{4.2.86}$$

$$\hat{\boldsymbol{X}}(k) = \hat{\boldsymbol{X}}(k-1) + \boldsymbol{K}_k[\boldsymbol{Z}(k) - \boldsymbol{H}_k\hat{\boldsymbol{X}}(k-1)] \tag{4.2.87}$$

$$\boldsymbol{D}_{\hat{X}}(k) = (\boldsymbol{I} - \boldsymbol{K}_k\boldsymbol{H}_k)\boldsymbol{D}_{\hat{X}}(k-1) \tag{4.2.88}$$

显然 Kalman 滤波就退化为了递推的最小二乘。也正是由于 $\dot{\boldsymbol{X}}(t) = 0$，所以把递推的最小二乘称为“静态滤波”。

2. Kalman 滤波与“snapshot”最小二乘估计之间的关系

在“snapshot”最小二乘估计中，只用当前观测值来估计参数，并不考虑参数的先验信息，估计的参数与历史观测值无关，那么可以认为参数的先验信息未知或者其方差无穷大，即 $\boldsymbol{D}_{\hat{X}}(k, k-1) = \infty$，也就是 $\boldsymbol{W}_{k,k-1} = 0$，那么式(4.2.57)成为

$$\boldsymbol{W}_k = \boldsymbol{H}_k^{\mathrm{T}}\boldsymbol{D}_{\Delta}^{-1}(k)\boldsymbol{H}_k \tag{4.2.89}$$

将上式和 $\boldsymbol{W}_{k,k-1} = 0$ 代入式(4.2.60)，并求解 $\hat{\boldsymbol{X}}(k)$ 得到

$$\hat{\boldsymbol{X}}(k) = (\boldsymbol{H}_k^{\mathrm{T}}\boldsymbol{D}_{\Delta}^{-1}(k)\boldsymbol{H}_k)^{-1}\boldsymbol{H}_k^{\mathrm{T}}\boldsymbol{D}_{\Delta}^{-1}(k)\boldsymbol{Z}(k) \tag{4.2.90}$$

和

$$\boldsymbol{D}_{\hat{X}}(k) = (\boldsymbol{H}_k^{\mathrm{T}}\boldsymbol{D}_{\Delta}^{-1}(k)\boldsymbol{H}_k)^{-1} \tag{4.2.91}$$

可见，当不考虑参数的历史信息时，Kalman 滤波就退化成为了“snapshot”最小二乘估计。

4.3 算例分析

例 4.1 如图 4.5 所示，小车在直线轨道上沿着箭头方向匀加速地移动，加速度近似为 $a = 10.0\mathrm{m/s^2}$。小车的运动可以描述为

$$\dot{v}(t) = a + e(t) \tag{4.3.1}$$

其中，$v(t)$ 为小车运动的速度；$e(t)$ 为白噪声，均方值为 $\boldsymbol{D}_e(t) = (0.3)^2(\mathrm{m^2/s^3})$。设小车的位移为 $r(t)$，在 t_0 时刻 $[r(0) \quad v(0)]^{\mathrm{T}} = [0.0 \quad 0.0]^{\mathrm{T}}$，方差分别为 $\sigma_r^2(0) = (1.0\mathrm{m})^2$ 和 $\sigma_v^2(0) = (1.0\mathrm{m/s})^2$。在 $\Delta t = 1\mathrm{s}$ 后的 t_1 时刻，观测到小车的位移为 $\boldsymbol{Z}(1) = 5.7\mathrm{m}$，观测噪声的方差为 $\sigma_{\Delta}^2(1) = (0.2\mathrm{m})^2$。用 Kalman 滤波求小车在 t_1 的位移和速度，以及它们的方差。

解：根据运动方程，此问题中的状态为

$$\boldsymbol{X}(t) = \begin{bmatrix} r(t) \\ v(t) \end{bmatrix} \tag{4.3.2}$$

初值为

$$\boldsymbol{X}(0) = [0.0 \quad 0.0]^{\mathrm{T}}$$

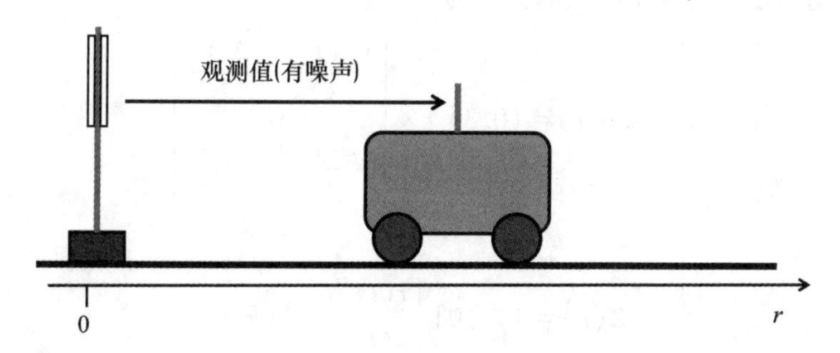

图 4.5　小车的运动

$$\boldsymbol{D}_X(0)=\begin{bmatrix}(1.0\mathrm{m})^2 & \\ & (1.0\mathrm{m/s})^2\end{bmatrix}$$

小车的运动规律可描述为

$$\begin{bmatrix}\dot{r}(t)\\ \dot{v}(t)\end{bmatrix}=\begin{bmatrix}0 & 1\\ 0 & 0\end{bmatrix}\begin{bmatrix}r(t)\\ v(t)\end{bmatrix}+\begin{bmatrix}0\\ 1\end{bmatrix}a+\begin{bmatrix}0\\ 1\end{bmatrix}e(t)$$

在此问题中

$$\boldsymbol{A}=\begin{bmatrix}0 & 1\\ 0 & 0\end{bmatrix},\quad \boldsymbol{Bu}(\tau)=\begin{bmatrix}0\\ 1\end{bmatrix}a,\quad \boldsymbol{C}=\begin{bmatrix}0\\ 1\end{bmatrix}$$

根据例 3.7，可知此问题的状态转移矩阵为

$$\boldsymbol{\Phi}_{k,\ k-1}=\begin{bmatrix}1 & t_k-t_{k-1}\\ 0 & 1\end{bmatrix}$$

离散化的状态方程为

$$\boldsymbol{X}(k)=\boldsymbol{\Phi}(t_k,\ t_{k-1})\boldsymbol{X}(k-1)+\int_{t_{k-1}}^{t_k}[\boldsymbol{\Phi}(t_k,\ \tau)\boldsymbol{Bu}(\tau)]\mathrm{d}\tau+\int_{t_{k-1}}^{t_k}\boldsymbol{\Phi}(t_k,\ \tau)\boldsymbol{C}(\tau)e(\tau)\mathrm{d}\tau \tag{4.3.3}$$

设 $\Delta t=t_k-t_{k-1}$，并将已知条件代入上式

$$\boldsymbol{X}(k)=\begin{bmatrix}1 & \Delta t\\ 0 & 1\end{bmatrix}\boldsymbol{X}(k-1)+a\int_{t_{k-1}}^{t_k}\begin{bmatrix}t_k-\tau\\ 1\end{bmatrix}\mathrm{d}\tau+\boldsymbol{w}(k-1)$$

积分得到状态方程为

$$\boldsymbol{X}(k)=\begin{bmatrix}1 & \Delta t\\ 0 & 1\end{bmatrix}\boldsymbol{X}(k-1)+a\begin{bmatrix}\dfrac{\boldsymbol{\Delta}t^2}{2}\\ \boldsymbol{\Delta}t\end{bmatrix}+\boldsymbol{w}(k-1)$$

其中

$$\boldsymbol{w}(k-1)=\int_{t_{k-1}}^{t_k}\boldsymbol{\Phi}(t_k,\ \tau)\boldsymbol{C}(\tau)\boldsymbol{e}(\tau)\mathrm{d}\tau \tag{4.3.4}$$

从例 3.7 知道此问题中的系统噪声的方差为

$$D_w(k-1)=(0.3)^2\times\begin{bmatrix}\frac{(\Delta t)^3}{3} & \frac{(\Delta t)^2}{2}\\ \frac{(\Delta t)^2}{2} & \Delta t\end{bmatrix} \tag{4.3.5}$$

观测方程为

$$Z(k)=[1\quad 0]\begin{bmatrix}r(t)\\ v(t)\end{bmatrix}+\Delta(k)$$

根据 Kalman 滤波基础方程，对 t_1 时刻状态时间预测为

$$\hat{X}(1,\ 0)=\begin{bmatrix}5\\ 10\end{bmatrix}$$

$$D_{\hat{X}}(1,\ 0)=\begin{bmatrix}2.03 & 1.05\\ 1.05 & 1.09\end{bmatrix}$$

增益矩阵为

$$K_1=\begin{bmatrix}0.98\\ 0.50\end{bmatrix}$$

新息为

$$V(1,\ 0)=0.70\text{m}$$

最后，t_1 时刻的状态滤波值为

$$\hat{X}(1)=\begin{bmatrix}5.7\text{m}\\ 10.4\text{m/s}\end{bmatrix}$$

其方差为

$$D_{\hat{X}}(1)=\begin{bmatrix}0.04\text{m}^2 & 0.02\text{m}^2/\text{s}\\ 0.02\text{m}^2/\text{s} & 0.56(\text{m/s})^2\end{bmatrix}$$

例 4.2 船舶在海面上航行，设船舶在 CGCS2000 坐标系下的坐标为 $P(t)=[X(t)\quad Y(t)\quad Z(t)]^{\mathrm{T}}$，考虑到船舶行驶速度较平稳，将船舶的运动规律表示为：$\ddot{P}(t)=e(t)$，$e(t)$ 为白噪声过程，并且 $\mathrm{Cov}[e(t),\ e(\tau)]=D_e\delta(t-\tau)$，其中 $D_e(t)=\mathrm{diag}(\sigma_{e_x}^2\quad \sigma_{e_y}^2\quad \sigma_{e_z}^2)=\mathrm{diag}(0.1^2\quad 0.1^2\quad 0.1^2)$。此外，船舶装载了 BDS 设备，利用 BDS 实时地(每隔 1s)估计了船舶的坐标。现将 BDS 估计的船舶坐标作为观测值 $Z_P(t_k)=[Z_X(t_k)\quad Z_Y(t_k)\quad Z_Z(t_k)]^{\mathrm{T}}$，测噪声方差为 $D_\Delta(k)$，用 Kalman 滤波对船舶的坐标进行估计。

在本问题中，为了方便起见，将港口码头设为坐标原点(坐标系进行平移)。船舶在码头附近出发，初始状态为数值均为零；初始方差为

$$D_X(t_0)=\mathrm{diag}([1\quad 1\quad 1\quad 1\quad 1\quad 1]\times 10^2)$$

观测值来自于 BDS 的标准单点定位结果。一般情况下，单点定位结果的三维坐标是相关的，为了简单起见，这里假设 $[Z_X(t_k) \quad Z_Y(t_k) \quad Z_Z(t_k)]^{\mathrm{T}}$ 互不相关，并设其方差为

$$\boldsymbol{D}_{\Delta}(k)=\begin{bmatrix}3^2 & 0 & 0\\ 0 & 3^2 & 0\\ 0 & 0 & 3^2\end{bmatrix}\mathrm{m}^2$$

解：根据题意，设状态为

$$\begin{aligned}\boldsymbol{X}(t) &= [\boldsymbol{P}(t) \quad \dot{\boldsymbol{P}}(t)]^{\mathrm{T}}\\ &= \left[X(t) \quad Y(t) \quad Z(t) \quad \dot{X}(t) \quad \dot{Y}(t) \quad \dot{Z}(t)\right]^{\mathrm{T}}\end{aligned} \tag{4.3.6}$$

采用了 PV 模型，将船舶的运动规律描述为 $\ddot{\boldsymbol{P}}(t)=e(t)$，那么船舶运动的状态方程为

$$\dot{\boldsymbol{X}}(t)=\boldsymbol{A}(t)\boldsymbol{X}(t)+\boldsymbol{C}(t)\boldsymbol{e}(t) \tag{4.3.7}$$

其中

$$\boldsymbol{A}(t)=\begin{bmatrix}\underset{3\times3}{\boldsymbol{0}} & \underset{3\times3}{\boldsymbol{I}}\\ \underset{3\times3}{\boldsymbol{0}} & \underset{3\times3}{\boldsymbol{0}}\end{bmatrix},\ \boldsymbol{C}(t)=\begin{bmatrix}\underset{3\times3}{\boldsymbol{0}}\\ \underset{3\times3}{\boldsymbol{I}}\end{bmatrix},\ e(t)=\begin{bmatrix}e_x(t)\\ e_y(t)\\ e_z(t)\end{bmatrix} \tag{4.3.8}$$

设 $T=t_k-t_{k-1}=1\mathrm{s}$，解微分方程并离散化为

$$\boldsymbol{A}(k)=\boldsymbol{\Phi}_{k,\ k-1}\boldsymbol{X}(k-1)+\boldsymbol{w}(k-1) \tag{4.3.9}$$

其中

$$\boldsymbol{\Phi}_{k,\ k-1}=\begin{bmatrix}\underset{3\times3}{\boldsymbol{I}} & \underset{3\times3}{\boldsymbol{I}}T\\ \underset{3\times3}{\boldsymbol{0}} & \underset{3\times3}{\boldsymbol{I}}\end{bmatrix}, \tag{4.3.10}$$

$$\boldsymbol{w}(k-1)=\int_{t_{k-1}}^{t_k}\boldsymbol{\Phi}(t_k,\ \tau)\boldsymbol{C}(\tau)\boldsymbol{e}(\tau)\mathrm{d}\tau \tag{4.3.11}$$

可以采用式(3.3.12)的严密公式计算 $\boldsymbol{D}_w(\mathrm{k}-1)$，也可以用式(3.3.13)近似求解 $\boldsymbol{D}_w(k-1)$。这里采用式(3.3.12)求解，得到离散化后的系统噪声方差 $\boldsymbol{D}_w(k-1)$ 为

$$\begin{aligned}\underset{6\times6}{\boldsymbol{D}_w}(\mathrm{k}-1) &= \int_{t_{k-1}}^{t_k}\boldsymbol{\Phi}(t_k,\ \tau)\boldsymbol{C}(\tau)\boldsymbol{D}_e(\tau)\boldsymbol{C}^{\mathrm{T}}(\tau)\boldsymbol{\Phi}^{\mathrm{T}}(t_k,\ \tau)\mathrm{d}\tau\\ &= \begin{bmatrix}\dfrac{T^3}{3}\underset{3\times3}{\boldsymbol{D}_e} & \dfrac{T^2}{2}\underset{3\times3}{\boldsymbol{D}_e}\\ \dfrac{T^2}{2}\underset{3\times3}{\boldsymbol{D}_e} & T\underset{3\times3}{\boldsymbol{D}_e}\end{bmatrix}\end{aligned}$$

观测值与状态向量的关系为

$$\boldsymbol{Z}_P(k)=\boldsymbol{H}\boldsymbol{X}(k)+\boldsymbol{\Delta}(k)$$

其中

$$\boldsymbol{Z}_{\boldsymbol{P}}(t_k) = [Z_X(t_k) \quad Z_Y(t_k) \quad Z_Z(t_k)]^{\mathrm{T}}$$

$$\boldsymbol{H} = [\underset{3\times3}{\boldsymbol{I}} \quad \underset{3\times3}{\boldsymbol{0}}]$$

$\boldsymbol{\Delta}(k)$ 是观测噪声向量，方差已由题目给出。根据以上模型和 Kalman 滤波基本公式，计算得到每个观测时刻船舶状态的滤波值

$$\hat{\boldsymbol{X}}(k) = \left[\hat{\boldsymbol{X}}(k) \quad \hat{Y}(k) \quad \hat{\boldsymbol{Z}}(k) \quad \hat{\dot{X}}(k) \quad \hat{\dot{Y}}(k) \quad \hat{\dot{Z}}(k)\right]^{\mathrm{T}}$$

图 4.6 给出了船舶在 XOY 坐标平面中的真实轨迹 $(X(k),\ Y(k))$、观测轨迹 $(X_Z(k),\ Y_Z(k))$ 和滤波估计的轨迹 $(\hat{\boldsymbol{X}}(k),\ \hat{Y}(k))$。从图中可以看到，观测值有较大的噪声，经过滤波后，估计的轨迹较为平滑并且与真实估计比较接近。

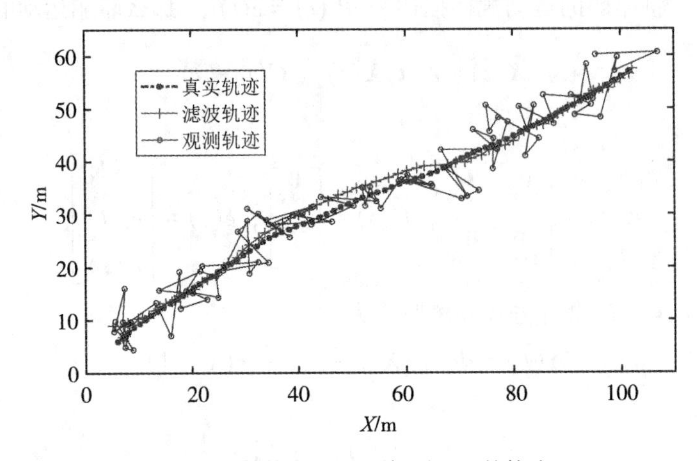

图 4.6　船舶在 XOY 坐标平面上的轨迹

滤波的方差矩阵为

$$\boldsymbol{D}_{\hat{X}}(k) = \begin{bmatrix} \sigma_{\hat{X}}^2 & \sigma_{\hat{X}\hat{Y}} & \sigma_{\hat{X}\hat{Z}} & \sigma_{\hat{X}\hat{\dot{X}}} & \sigma_{\hat{X}\hat{\dot{Y}}} & \sigma_{\hat{X}\hat{\dot{Z}}} \\ \sigma_{\hat{Y}\hat{X}} & \sigma_{\hat{Y}}^2 & \sigma_{\hat{Y}\hat{Z}} & \sigma_{\hat{Y}\hat{\dot{X}}} & \sigma_{\hat{Y}\hat{\dot{Y}}} & \sigma_{\hat{Y}\hat{\dot{Z}}} \\ \sigma_{\hat{Z}\hat{X}} & \sigma_{\hat{Z}\hat{Y}} & \sigma_{\hat{Z}}^2 & \sigma_{\hat{Z}\hat{\dot{X}}} & \sigma_{\hat{Z}\hat{\dot{Y}}} & \sigma_{\hat{Z}\hat{\dot{Z}}} \\ \sigma_{\hat{\dot{X}}\hat{X}} & \sigma_{\hat{\dot{X}}\hat{Y}} & \sigma_{\hat{\dot{X}}\hat{Z}} & \sigma_{\hat{\dot{X}}}^2 & \sigma_{\hat{\dot{X}}\hat{\dot{Y}}} & \sigma_{\hat{\dot{X}}\hat{\dot{Z}}} \\ \sigma_{\hat{\dot{Y}}\hat{X}} & \sigma_{\hat{\dot{Y}}\hat{Y}} & \sigma_{\hat{\dot{X}}\hat{Z}} & \sigma_{\hat{\dot{Y}}\hat{\dot{X}}} & \sigma_{\hat{\dot{Y}}}^2 & \sigma_{\hat{\dot{Y}}\hat{\dot{Z}}} \\ \sigma_{\hat{\dot{Z}}\hat{X}} & \sigma_{\hat{\dot{Z}}\hat{Y}} & \sigma_{\hat{\dot{Z}}\hat{Z}} & \sigma_{\hat{\dot{Z}}\hat{\dot{X}}} & \sigma_{\hat{\dot{Z}}\hat{\dot{Y}}} & \sigma_{\hat{\dot{Z}}}^2 \end{bmatrix}_k$$

图 4.7 给出了滤波的中误差 $\boldsymbol{\sigma}_{\hat{X}}$ 和 $\boldsymbol{\sigma}_{\hat{Y}}$ 以及测值对状态的增益部分：$\boldsymbol{K}_k\boldsymbol{V}(k,\ k-1)$。从图中看到，由于初始状态不确定，设置的初始状态的方差较大，但是经过一段时间的滤波后，$\boldsymbol{D}_{\hat{X}}(k)$ 能"摆脱"初始状态的影响，中误差收敛到 0.8m 附近并保持稳定，数值 0.8 是系统噪声

方差和观测值噪声方差的“折中”。观察增益部分 $\boldsymbol{K}_k\boldsymbol{V}(k,\ k-1)$，随着滤波的递推，$\boldsymbol{K}_k\boldsymbol{V}(k,\ k-1)$ 对 $\hat{\boldsymbol{X}}(k-1)$ 和 $\hat{\boldsymbol{Y}}(k-1)$ 的增益都迅速减小，并逐步趋于稳定，维持在 ±1m 以内。

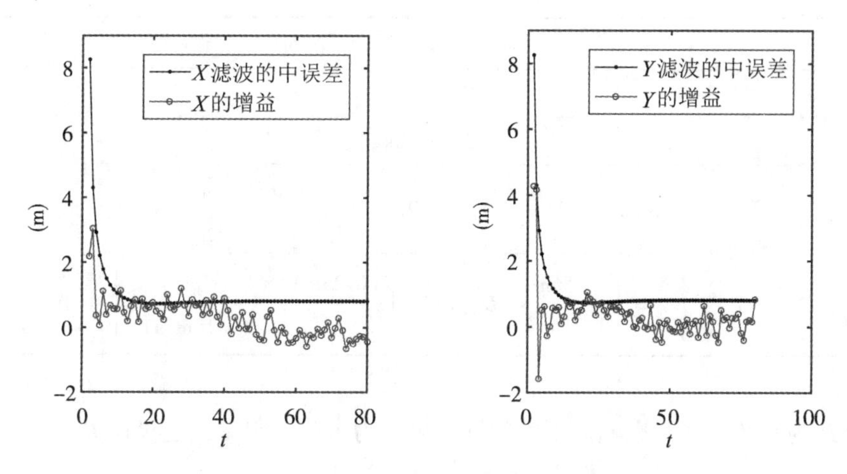

图 4.7　船舶 XY 坐标滤波中误差和观测值对其的增益

例 4.3　两个弹簧分别固定在两个竖直的墙面 A 和 B 上(如图 4.8)，并被质点 m 链接，质点 m 的质量为 M。在墙面 A 处的 P 点有一观测仪器，P 点距离质点的竖直距离为 h。仪器可观测到水平运动的质点 m 到 P 点的距离 ρ 和在此方向的速度 $\dot{\rho}$。设质点到 O 点的水平距离和运动速度为状态变量，$\boldsymbol{X}=[x\quad v]^{\mathrm{T}}$，质点 m 的运动方程可表示为

$$\ddot{x}=\dot{v}=-(k_1+k_2)(x-R)/M \tag{4.3.12}$$

上式中，k_1 和 k_2 为两个弹簧的弹簧系数，R 为质点 m 处于静止平衡状态时距离 O 点的距离。已知在 t_0 时刻质点的状态，在 $\Delta t=1\mathrm{s}$ 后的 t_1 时刻观测到 $\rho(1)$ 和 $\dot{\rho}(1)$。用 Kalman 滤波估计质点 m 在 t_1 时刻的状态和方差。

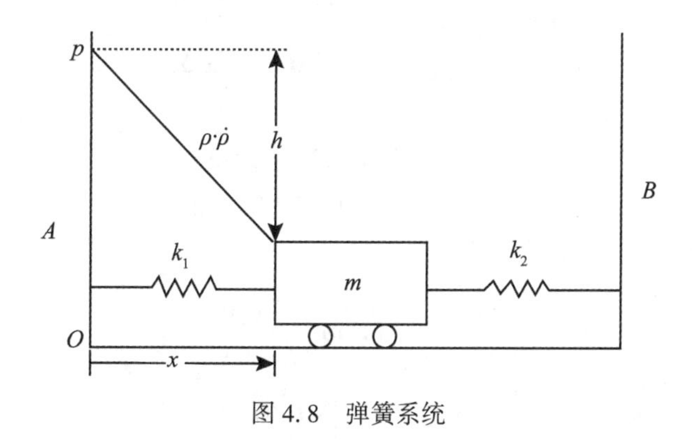

图 4.8　弹簧系统

解算本题所需要的常量和已知值见表 4.2。

表 4.2　常量和已知值

常量和已知值
$k_1 = 2.5\text{N/m}$, $k_2 = 3.7\text{N/m}$
$h = 5.4m$
$M = 6.0\text{kg}$
$\boldsymbol{X}(0) = [3.0 \quad 0]^{\mathrm{T}}$, $\boldsymbol{D}_X(0) = \begin{bmatrix} 1.0 & \\ & 0.1 \end{bmatrix}$
$\begin{bmatrix} \rho(1) \\ \dot{\rho}(1) \end{bmatrix} = \begin{bmatrix} 5.56\text{m} \\ 1.31\text{m/s} \end{bmatrix}$ $\boldsymbol{D}_\Delta(1) = \begin{bmatrix} (0.25\text{m})^2 & \\ & (0.10\text{m/s})^2 \end{bmatrix}$

由于 R 为常数，并不影响以下的估计结果，为了简单起见，这里设 $R = 0$，并设

$$\omega^2 = (k_1 + k_2)/M \tag{4.3.13}$$

那么

$$\omega = 1.02$$

式(4.3.12)为

$$\ddot{x} + \omega^2 x = 0 \tag{4.3.14}$$

由此得到一阶微分方程为

$$\begin{bmatrix} \dot{x} \\ \dot{v} \end{bmatrix} = \begin{bmatrix} 0 & 1 \\ -\omega^2 & 0 \end{bmatrix} \begin{bmatrix} x \\ v \end{bmatrix} \tag{4.3.15}$$

由于此系统没有噪声，所以 $\boldsymbol{D}_e(t) = 0$。

解微分方程，并设 $\Delta t = t_k - t_{k-1}$，状态转移矩阵为

$$\boldsymbol{\Phi}_{k,\ k-1} = \begin{bmatrix} \cos\omega\Delta t & \dfrac{\sin\omega\Delta t}{\omega} \\ -\omega\sin\omega\Delta t & \cos\omega\Delta t \end{bmatrix} \tag{4.3.16}$$

将 $\omega = 1.02$ 和 $\Delta t = 1\text{s}$ 代入转移矩阵

$$\boldsymbol{\Phi}_{k,\ k-1} = \begin{bmatrix} 0.52 & 0.83 \\ -0.87 & 0.52 \end{bmatrix}$$

根据状态方程和初始值，可以预测得到

$$\begin{bmatrix} \hat{\boldsymbol{x}}(1,\ 0) \\ \hat{v}(1,\ 0) \end{bmatrix} = \boldsymbol{\Phi}_{1,\ 0} \begin{bmatrix} x(0) \\ v(0) \end{bmatrix}$$

$$= \begin{bmatrix} 1.57 \\ -2.61 \end{bmatrix}$$

状态方程中并没有系统噪声，所以在估计中 $\boldsymbol{D}_w(k-1) = 0$。时间预测的方差为

$$\boldsymbol{D}_{\hat{X}}(1, 0) = \boldsymbol{\Phi}_{1,0}\boldsymbol{D}_X(0)\boldsymbol{\Phi}_{1,0}^{\mathrm{T}} = \begin{bmatrix} 0.34 & -0.38 \\ -0.38 & 0.83 \end{bmatrix}$$

观测方程为

$$\begin{bmatrix} \rho(k) \\ \dot{\rho}(k) \end{bmatrix} = \begin{bmatrix} \sqrt{x^2(k) + h^2} \\ \dfrac{x(k)v(k)}{\sqrt{x^2(k) + h^2}} \end{bmatrix} + \begin{bmatrix} \Delta_\rho \\ \Delta_{\dot{\rho}} \end{bmatrix} \tag{4.3.17}$$

显然观测方程为非线性方程，需要将其线性化。设 $\boldsymbol{X} = [x \quad v]^{\mathrm{T}}$ 在 t_k 时的近似值为 $\boldsymbol{X}^* = [x^* \quad v^*]^{\mathrm{T}}$，将观测方程用泰勒级数展开并略去高阶项，得到

$$\begin{bmatrix} \rho(k) \\ \dot{\rho}(k) \end{bmatrix} - \begin{bmatrix} \rho^*(k) \\ \dot{\rho}^*(k) \end{bmatrix} = \boldsymbol{H}_k \begin{bmatrix} x(k) - x^* \\ v(k) - v^* \end{bmatrix} + \begin{bmatrix} \Delta_\rho \\ \Delta_{\dot{\rho}} \end{bmatrix} \tag{4.3.18}$$

其中

$$\begin{bmatrix} \rho^*(k) \\ \dot{\rho}^*(k) \end{bmatrix} = \begin{bmatrix} \sqrt{(x^*)^2 + h^2} \\ \dfrac{x^* v^*}{\sqrt{(x^*)^2 + h^2}} \end{bmatrix}, \quad \boldsymbol{H}_k = \begin{bmatrix} \dfrac{x^*}{\sqrt{(x^*)^2 + h^2}} & 0 \\ \dfrac{v^*}{\sqrt{(x^*)^2 + h^2}} - \dfrac{v^*(x^*)^2}{\sqrt{[(x^*)^2 + h^2]^3}} & \dfrac{x^*}{\sqrt{(x^*)^2 + h^2}} \end{bmatrix}$$

新息为

$$\boldsymbol{V}(k, k-1) = \begin{bmatrix} \rho(k) \\ \dot{\rho}(k) \end{bmatrix} - \begin{bmatrix} \rho^*(k) \\ \dot{\rho}^*(k) \end{bmatrix} - \boldsymbol{H}_k \begin{bmatrix} \hat{x}(k, k-1) - x^* \\ \hat{v}(k, k-1) - v^* \end{bmatrix} \tag{4.3.19}$$

如果将上式中的近似值 $\boldsymbol{X}^* = [x^* \quad v^*]^{\mathrm{T}}$ 取值为预测值

$$x^* = \hat{x}(k, k-1)$$
$$v^* = \hat{v}(k, k-1)$$

代入式(4.3.19)，那么新息为

$$\boldsymbol{V}(k, k-1) = \begin{bmatrix} \rho(k) \\ \dot{\rho}(k) \end{bmatrix} - \begin{bmatrix} \rho^*(k) \\ \dot{\rho}^*(k) \end{bmatrix}$$

在 t_1 时刻

$$\begin{bmatrix} \rho^*(1) \\ \dot{\rho}^*(1) \end{bmatrix} = \begin{bmatrix} 5.62 \\ -0.73 \end{bmatrix}, \quad \boldsymbol{H}_1 = \begin{bmatrix} 0.28 & 0 \\ -0.43 & 0.28 \end{bmatrix}$$

$$V(1, 0) = \begin{bmatrix} \rho(k) \\ \dot{\rho}(k) \end{bmatrix} - \begin{bmatrix} \rho^*(k) \\ \dot{\rho}^*(k) \end{bmatrix} = \begin{bmatrix} -0.06 \\ 2.04 \end{bmatrix}$$

增益矩阵为

$$\boldsymbol{K}_1 = \boldsymbol{D}_{\hat{X}}(1, 0)\boldsymbol{H}_1^{\mathrm{T}}(\boldsymbol{H}_1\boldsymbol{D}_{\hat{X}}(1, 0)\boldsymbol{H}_1^{\mathrm{T}} + \boldsymbol{D}_\Delta(1))^{-1} = \begin{bmatrix} 0.26 & -1.02 \\ 0.23 & 1.80 \end{bmatrix}$$

$$\hat{\boldsymbol{X}}(1) = \hat{\boldsymbol{X}}(1, 0) + \boldsymbol{K}_1 V(1, 0) = \begin{bmatrix} -0.52 \\ 1.04 \end{bmatrix}$$

$$D_{\hat{X}}(1)=(I-K_1H_1)D_{\hat{X}}(1,\ 0)=\begin{bmatrix}\sigma_{\hat{x}}^2 & \sigma_{\hat{x}\hat{v}}\\ \sigma_{\hat{v}\hat{x}} & \sigma_{\hat{v}}^2\end{bmatrix}$$

其中 $\sigma_{\hat{x}}=0.24\text{m}$，$\sigma_{\hat{v}}=0.38\text{m/s}$，

4.4　线性离散系统的最优预测与平滑

在前面介绍的 Kalman 滤波器中，状态方程进行时间预测是用观测值 $Z(1)$，$Z(2)$，…，$Z(k-1)$ 对 $X(k)$ 的估计

$$\hat{X}(k,\ k-1)=E[X(k)\mid Z(1)Z(2)\cdots Z(k-1)] \tag{4.4.1}$$

在获得观测值 $Z(k)$ 后对预测值 $\hat{X}(k,\ k-1)$ 进行更新，得到滤波 $\hat{X}(k)$

$$\hat{X}(k)=E[X(k)\mid Z(1)Z(2)\cdots Z(k-1)Z(k)] \tag{4.4.2}$$

每一步预测后总伴随有观测值的更新。在这里，将式(4.4.1)的预测扩展到更一般的情况：在 k 时刻估计 $l(l>k)$ 时刻的状态，记为 $\hat{X}(l,\ k)$，这样的滤波估计称为预测。此外，还可以用 k 时刻所有的观测值估计过去某一个时刻 $j(j<k)$ 的状态，这样的估值称为平滑 $\hat{X}(j,\ k)$。

4.4.1　线性离散系统的最优预测

线性离散系统

$$X(k)=\Phi_{k,\ k-1}X(k-1)+w(k-1) \tag{4.4.3}$$

$$Z(k)=H_kX(k)+\Delta(k) \tag{4.4.4}$$

其中，$\Phi_{k,\ k-1}$ 为 t_{k-1} 时刻至 t_k 时刻的状态转移矩阵；$w(k-1)$ 系统噪声；H_k 为量测矩阵；$\Delta(k)$ 为量测噪声序列。随机模型为

$$\begin{gathered}E[w(k)]=0,\ \text{Cov}[w(k),\ w(j)]=D_w(k)\delta(k-j)\\ E[\Delta(k)]=0,\ \text{Cov}[\Delta(k),\ \Delta(j)]=D_\Delta(k)\delta(k-j)\\ \text{Cov}[w(k),\ \Delta(j)]=0\end{gathered} \tag{4.4.5}$$

此外，已知 $\hat{X}(0)$，并且有

$$\begin{gathered}E[\hat{X}(0)]=E[X(t_0)]\\ \text{Var}[\hat{X}(0)]=D_{\hat{X}}(0)\end{gathered} \tag{4.4.6}$$

$$\begin{gathered}\text{Cov}[\hat{X}(0),\ w(k)]=0\\ \text{Cov}[\hat{X}(0),\ \Delta(k)]=0\end{gathered} \tag{4.4.7}$$

根据 Kalman 滤波基础公式

$$\hat{X}(k)=\hat{X}(k,\ k-1)+K_kV(k,\ k-1)$$

当无观测值 $Z(k)$ 时，$Z(k)$ 的方差无穷大，$D_\Delta(k)\to\infty$，那么 $K_k\to 0$，所以

$$\hat{\boldsymbol{X}}(k)=\hat{\boldsymbol{X}}(k, k-1)$$

这意味着无观测值 $\boldsymbol{Z}(k)$ 时，最优滤波 $\hat{\boldsymbol{X}}(k)$ 就是 $\hat{\boldsymbol{X}}(k, k-1)$。下面从一般情况来证明预测就是在无观测值或者观测值不可用时的最优估计。

设有观测数据 $\boldsymbol{Z}(1)\boldsymbol{Z}(2)\cdots\boldsymbol{Z}(k-1)\boldsymbol{Z}(k)$，对 $l(l>k)$ 时刻的状态 $\boldsymbol{X}(l)$ 进行估计的最小方差估计 $\hat{\boldsymbol{X}}(l, k)$ 为

$$\hat{\boldsymbol{X}}(l, k)=E[\boldsymbol{X}(l) \mid \boldsymbol{Z}(1), \boldsymbol{Z}(2), \cdots, \boldsymbol{Z}(k)] \tag{4.4.8}$$

k 时刻到 l 时刻的状态方程为

$$\boldsymbol{X}(l)=\boldsymbol{\Phi}_{l, k}\boldsymbol{X}(k)+\sum_{i=k+1}^{l}\boldsymbol{\Phi}_{l, i}\boldsymbol{w}(i-1) \tag{4.4.9}$$

将式(4.4.9)代入式(4.4.8)可得

$$\begin{aligned}\hat{\boldsymbol{X}}(l, k)&=E\left[\left(\boldsymbol{\Phi}_{l, k}\boldsymbol{X}(k)+\sum_{i=k+1}^{l}\boldsymbol{\Phi}_{l, i}\boldsymbol{w}(i-1)\right) \middle| \boldsymbol{Z}(1), \boldsymbol{Z}(2), \cdots, \boldsymbol{Z}(k)\right]\\&=\boldsymbol{\Phi}_{l, k}E[\boldsymbol{X}(k) \mid \boldsymbol{Z}(1), \cdots, \boldsymbol{Z}(k)]+\sum_{i=k+1}^{l}\boldsymbol{\Phi}_{l, k}E[\boldsymbol{w}(i-1) \mid \boldsymbol{Z}(1), \cdots, \boldsymbol{Z}(k)]\end{aligned} \tag{4.4.10}$$

随机变量 $\boldsymbol{w}(k)$，$\boldsymbol{w}(k+1)\cdots$ 与 $\boldsymbol{Z}(1)$，$\cdots$，$\boldsymbol{Z}(k)$ 相互独立的。考虑到 $\boldsymbol{w}(k)$，$\boldsymbol{w}(k+1)\cdots$ 的期望为零，则有

$$\sum_{i=k+1}^{l}\boldsymbol{\Phi}_{l, k}E[\boldsymbol{w}(i-1) \mid \boldsymbol{Z}(1), \cdots, \boldsymbol{Z}(k)]=0 \tag{4.4.11}$$

那么，式(4.4.10)为

$$\hat{\boldsymbol{X}}(l, k)=\boldsymbol{\Phi}_{l, k}E[\boldsymbol{X}(k) \mid \boldsymbol{Z}(1), \cdots, \boldsymbol{Z}(k)] \tag{4.4.12}$$

其中 $E[\boldsymbol{X}(k) \mid \boldsymbol{Z}(1), \cdots, \boldsymbol{Z}(k)]$ 是 $X(k)$ 的最小方差估计，也是滤波值 $\hat{\boldsymbol{X}}(k)$，所以

$$\hat{\boldsymbol{X}}(l, k)=\boldsymbol{\Phi}_{l, k}\hat{\boldsymbol{X}}(k) \tag{4.4.13}$$

上式为 $\boldsymbol{Z}(1)\boldsymbol{Z}(2)\cdots\boldsymbol{Z}(k-1)\boldsymbol{Z}(k)$ 对 $\boldsymbol{X}(l)$ $(l>k)$ 的最小方差估计，即对 $\boldsymbol{X}(l)$ 的最优预测值。式(4.4.13)也可以表达为下面的递推表达式

$$\begin{aligned}\hat{\boldsymbol{X}}(l, k)&=\boldsymbol{\Phi}_{l, l-1}\boldsymbol{\Phi}_{l-1, k}\hat{\boldsymbol{X}}(k)\\&=\boldsymbol{\Phi}_{l, l-1}\hat{\boldsymbol{X}}(l-1, k)\end{aligned} \tag{4.4.14}$$

下面推导预测 $\hat{\boldsymbol{X}}(l, k)$ 的方差矩阵。预测误差可表示为

$$\begin{aligned}\Delta\hat{\boldsymbol{X}}(l, k)&=\boldsymbol{X}(l)-\hat{\boldsymbol{X}}(l, k)\\&=\boldsymbol{\Phi}_{l, k}\hat{\boldsymbol{X}}(k)+\sum_{i=k+1}^{l}\boldsymbol{\Phi}_{l, i}\boldsymbol{w}(i-1)-\boldsymbol{\Phi}_{l, k}\hat{\boldsymbol{X}}(k)\\&=\boldsymbol{\Phi}_{l, k}\Delta\hat{\boldsymbol{X}}(k)+\sum_{i=k+1}^{l}\boldsymbol{\Phi}_{l, i}\boldsymbol{w}(i-1)\end{aligned} \tag{4.4.15}$$

显然 $\Delta\hat{X}(l, k)$ 的误差来源于 k 时刻的滤波误差和从 k 时刻起累积的系统噪声。由于 $\Delta\hat{X}(k)$ 与系统噪声 $w(i-1)(i=k+1, \cdots, l)$ 不相关，所以可得 $\hat{X}(l, k)$ 的方差阵为

$$\boldsymbol{D}_{\hat{X}}(l, k)=\boldsymbol{\Phi}_{l, k}\boldsymbol{D}_{\hat{X}}(k)\boldsymbol{\Phi}_{l, k}^{\mathrm{T}}+\sum_{i=k+1}^{l}\boldsymbol{\Phi}_{l, i}\boldsymbol{D}_{w}(i-1)\boldsymbol{\Phi}_{l, i}^{\mathrm{T}} \tag{4.4.16}$$

上式可以计算得到 $\hat{X}(l, k)$ 的方差阵，但不是递推式，下面对式(4.2.15)做递推变化，使 $\boldsymbol{D}_{\hat{X}}(l, k)$ 可做递推计算。

$\Delta\hat{X}(l, k)$ 可表示为

$$\begin{aligned}\Delta\hat{X}(l, k)&=\boldsymbol{\Phi}_{l, k}\Delta\hat{X}(k)+\sum_{i=k+1}^{l}\boldsymbol{\Phi}_{l, i}w(i-1)\\&=\boldsymbol{\Phi}_{l, l-1}\boldsymbol{\Phi}_{l-1, k}\Delta\hat{X}(k)+\boldsymbol{\Phi}_{l, l}\boldsymbol{w}(l-1)+\boldsymbol{\Phi}_{l, l-1}\sum_{i=k+1}^{l-1}\boldsymbol{\Phi}_{l, i}\boldsymbol{w}(i-1)\\&=\boldsymbol{\Phi}_{l, l-1}\left[\boldsymbol{\Phi}_{l-1, k}\Delta\hat{X}(k)+\sum_{i=k+1}^{l-1}\boldsymbol{\Phi}_{l, i}\boldsymbol{w}(i-1)\right]+\boldsymbol{\Phi}_{l, l}\boldsymbol{w}(l-1)\\&=\boldsymbol{\Phi}_{l, l-1}\Delta\hat{X}(l-1, k)+\boldsymbol{w}(l-1)\end{aligned} \tag{4.4.17}$$

可见，$\hat{X}(l, k)$ 的预测误差可以由 $\hat{X}(l-1, k)$ 的误差递推得到。由于 $\Delta\hat{X}(l-1, k)$ 与 $\boldsymbol{w}(l-1)$ 不相关，因此

$$\boldsymbol{D}_{\hat{X}}(l, k)=\boldsymbol{\Phi}_{l, l-1}\boldsymbol{D}_{\hat{X}}(l-1, k)\boldsymbol{\Phi}_{l, l-1}^{\mathrm{T}}+\boldsymbol{D}_{w}(l-1) \tag{4.4.18}$$

上式中 $\boldsymbol{D}_{\hat{X}}(l-1, k)$ 为 $\hat{X}(l-1, k)$ 的方差矩阵。这样就得到了对最优预测 $\hat{X}(l, k)$ 的方差阵 $\boldsymbol{D}_{\hat{X}}(l, k)$ 的递推公式。

综合以上推导，式(4.4.13)、式(4.4.14)、式(4.4.16)和式(4.4.18)为 k 时刻对 $l(l>k)$ 时刻状态的最优预测。

4.4.2　线性离散系统的最优平滑

Kalman 平滑是指观测值 $\boldsymbol{Z}(1)\boldsymbol{Z}(2)\cdots\boldsymbol{Z}(k-1)Z(k)$ 对过去时刻的状态 $\boldsymbol{X}(j)(j<k)$ 的最优估计。可见，平滑是事后对状态的估计。与滤波相比，平滑使用了更多的观测值来估计状态，所以状态估计的噪声被减小了；从时间序列图示上看，状态估计随时间变化更为平稳，看上去更加“平滑”了，所以把这种估计称为平滑。在实际应用中，平滑能在不同程度上减小估计的方差(MSE)，方差减小的程度与系统的结构和随机噪声有关。对于稳定的动态系统，与滤波的方差比较，平滑能将方差减小一半左右。平滑还可以用于某些不具有稳定性的动态系统，并且能够明显地降低方差。

根据 k 和 j 具体的变化情况，最优平滑分为如下三类：固定区间平滑、固定滞后平滑、固定点平滑，这三种平滑与滤波的关系如图 4.9 所示。

(1)固定区间平滑(Fixed-Interval Smoothing)：

利用固定的时间区间 $[t_0, t_m]$ 内所得到的观测值 $\boldsymbol{Z}^M=[\boldsymbol{Z}(1)\quad \boldsymbol{Z}(2)\quad \cdots\quad \boldsymbol{Z}(M)]^{\mathrm{T}}$

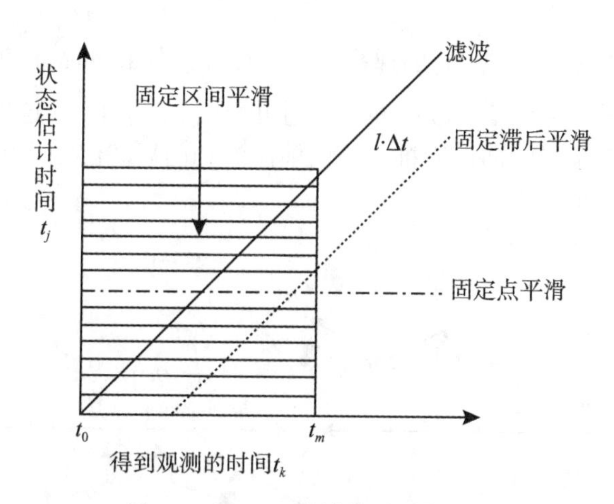

图 4.9　Kalman 滤波与平滑的关系

依次估计这个区间中每个时刻的状态 $\boldsymbol{X}(j)$ $(j=1,\ 2,\ \cdots,\ M)$，这种估计方法称为固定区间平滑，平滑的输出为 $\hat{\boldsymbol{X}}_S(j,\ M)$。如图 4.9 所示的阴影部分，时间 t_0 和 t_M 是固定，利用在这个时间段内所有的观测值对状态依次进行估计。

(2)固定滞后平滑(Fixed-Lag Smoothing)：

时间区间的 t_m 不固定，如果 t_k 为当前时间，利用 $\boldsymbol{Z}(1)\boldsymbol{Z}(2)\cdots\boldsymbol{Z}(k-1)\boldsymbol{Z}(k)$ 对过去 t_j $(t_j=t_k-l\cdot\Delta t)$ 时刻的状态 $\boldsymbol{X}(j)$ 进行估计，估计结果记为 $\hat{\boldsymbol{X}}_S(k-l,\ k)$，其中 l(正整数)为某个固定的时间滞后值，Δt 为采样间隔。如图 4.9 所示，若从 t_0 时刻开始连续观测，当 t_l 时，可得到平滑 $\hat{\boldsymbol{X}}_S(0,\ l)$，随着时间观测值不断增加，依次得到 $\hat{\boldsymbol{X}}_S(1,\ l+1)\cdots\hat{\boldsymbol{X}}_S(k-l,\ k)$，$\hat{\boldsymbol{X}}_S(k-l+1,\ k+1)\cdots$。如果固定滞后的时间较短，如 1~2 秒，可以认为 $\hat{\boldsymbol{X}}_S(k-l,\ k)$ 为“准”实时估计。

(3)固定点平滑(Fixed-Point Smoothing)：

时间区间的 t_m 不固定，总是对过去某个时间点 t_j 的 $\boldsymbol{X}(j)$ 的状态进行估计。如图 4.9 所示，利用观测 $\boldsymbol{Z}(1)\boldsymbol{Z}(2)\cdots\boldsymbol{Z}(k-1)\boldsymbol{Z}(k)$ 对 $X(j)$ 的估计记为 $\hat{\boldsymbol{X}}_S(j,\ k)$。同样，利用 $\boldsymbol{Z}(1)\boldsymbol{Z}(2)\cdots\boldsymbol{Z}(k-1)\boldsymbol{Z}(k)\boldsymbol{Z}(k+1)$ 对 $\boldsymbol{X}(j)$ 的估计记为 $\hat{\boldsymbol{X}}_S(j,\ k+1)$。固定点平滑常用于对过程中某一时刻的状态估计，如估计人造卫星轨道在某一个特定时刻的状态。

自 Kalman 滤波被提出以来，各国学者提出了许多基于 Kalman 滤波的平滑方法，以上三类平滑中的每一类都有不同的平滑算法，但是在实际应用中要考虑数值计算的稳定性、计算的复杂程度和计算内存的大小，所以不是所有的方法都实用。下面分别介绍这三类平滑方法的实用算法。

1. 固定区间平滑

首先介绍三通道固定区间平滑。这种平滑方法是最早的基于 Kalman 滤波的平滑方法，此方法比较直观，从中我们可以看到平滑的基本思路。

三通道平滑方法如图 4.10 所示。从左向右的输出是随着时间向前(forward)的滤波输出：$\hat{X}_{[f]}(j)$ 和方差 $\boldsymbol{D}_{[f],\hat{X}}(j)$，它的递推正如前面介绍的 Kalman 滤波递推公式。从右向左的输出是随着时间点向后（backward）的滤波输出 $\hat{\boldsymbol{X}}_{[b]}(j+1)$。这里的下标 $[f]$ 表示随时间向前递推，$[b]$ 表示时间向后递推。当向前滤波和向后滤波相遇到达同一时间点 j 时，向后滤波对 j 时的时间预测为：

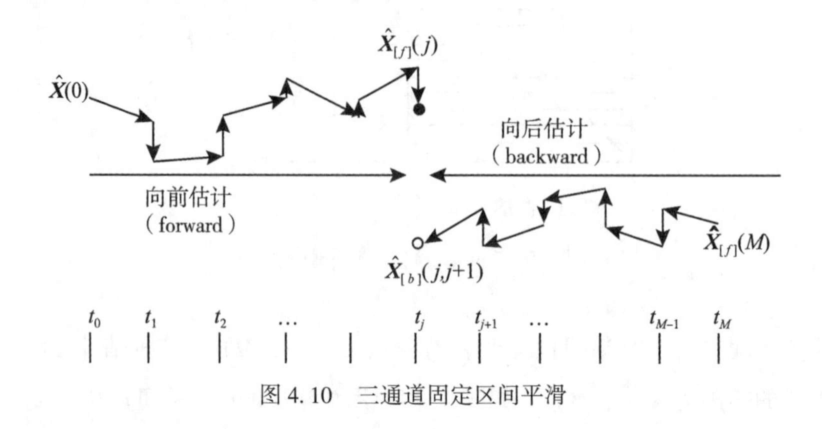

图 4.10 三通道固定区间平滑

$$\hat{\boldsymbol{X}}_{[b]}(j,\ j+1)=\boldsymbol{\Phi}_{j+1,\ j}^{-1}\hat{\boldsymbol{X}}_{[b]}(j+1) \tag{4.4.19}$$

$$\boldsymbol{D}_{[b],\ \hat{X}}(j,\ j+1)=\boldsymbol{\Phi}_{j+1,\ j}^{-1}\boldsymbol{D}_{[b],\ \hat{X}}(j+1)\ (\boldsymbol{\Phi}_{j+1,\ j}^{-1})^{\mathrm{T}}+\boldsymbol{\Phi}_{j+1,\ j}^{-1}\boldsymbol{D}_{w}(j)\ (\boldsymbol{\Phi}_{j+1,\ j}^{-1})^{\mathrm{T}} \tag{4.4.20}$$

如果将 $\hat{\boldsymbol{X}}_{[b]}(j,\ j+1)$ 看作对 $\boldsymbol{X}(j)$ 状态的观测，$\hat{\boldsymbol{X}}_{[f]}(j)$ 看作对状态 $\boldsymbol{X}(j)$ 的预测，根据 Kalman 滤波观测对预测的更新公式有

$$\hat{\boldsymbol{X}}_{S}(j)=\hat{\boldsymbol{X}}_{[f]}(j)+\boldsymbol{K}_{j}[\hat{\boldsymbol{X}}_{[b]}(j,\ j+1)-\hat{\boldsymbol{X}}_{[f]}(j)] \tag{4.4.21}$$

其中

$$\boldsymbol{K}_{j}=\boldsymbol{D}_{[f],\ \hat{X}}(j)\ [\boldsymbol{D}_{[f],\ \hat{X}}(j)+\boldsymbol{D}_{[b],\ \hat{X}}(j,\ j+1)]^{-1} \tag{4.4.22}$$

方差为

$$\begin{aligned}\boldsymbol{D}_{[s],\ \hat{X}}(j)&=[\boldsymbol{I}-\boldsymbol{K}_{j}]\boldsymbol{D}_{[f],\ \hat{X}}(j)\\&=\boldsymbol{D}_{[f],\ \hat{X}}(j)-\boldsymbol{D}_{[f],\ \hat{X}}(j)[\boldsymbol{D}_{[f],\ \hat{X}}(j)+\boldsymbol{D}_{[b],\ \hat{X}}(j,\ j+1)]^{-1}\boldsymbol{D}_{[f],\ \hat{X}}(j)\end{aligned} \tag{4.4.23}$$

观察式（4.4.23），固定区间平滑的方差比常规滤波的方差减小了 $\boldsymbol{D}_{[f],\ \hat{X}}(j)[\boldsymbol{D}_{[f],\ \hat{X}}(j)+\boldsymbol{D}_{[b],\ \hat{X}}(j,\ j+1)]^{-1}\boldsymbol{D}_{[f],\ \hat{X}}(j)$。

三通道平滑的步骤如下：

（1）向前滤波：以 $\hat{\boldsymbol{X}}(0)$ 为初始值，用常规滤波计算 $\hat{\boldsymbol{X}}_{[f]}(j)$ 和 $\boldsymbol{D}_{[f],\ \hat{X}}(j)(j=0,\ 1,\ \cdots,\ M)$ 并存储；

（2）向后滤波：以 $\hat{\boldsymbol{X}}_{[f]}(M)$ 和 $\boldsymbol{D}_{[f],\ \hat{X}}(M)$ 作为初始值，依次向后滤波计算 $\hat{\boldsymbol{X}}_{[b]}(j,\ j+1)\ \boldsymbol{D}_{[b],\ \hat{X}}(j,\ j+1)(j=M-1,\ \cdots,\ 0)$ 并存储；

（3）平滑计算：根据式（4.4.21）~式（4.4.23）依次得到 $\hat{\boldsymbol{X}}_{S}(j)$ 和 $\boldsymbol{D}_{[s],\ \hat{X}}(j)(j=M-$

1，…，1，0）。

为了说明滤波与平滑的区别，现模拟状态为标量(一维)情况下的动态系统，并对此动态系统在时间段 $[t_j, t_m]$ (m = 100) 内进行了观测。用向前滤波、向后滤波和三通道平滑方法对状态进行估计，并计算了各自的方差，结果如图 4.11 中所示。图中的第一和第二幅图分别为向前滤波 $\hat{\boldsymbol{X}}_{[f]}(j)$ 和向后滤波 $\hat{\boldsymbol{X}}_{[b]}(j)$，从图中看出，$\hat{\boldsymbol{X}}_{[f]}(j)$ 和 $\hat{\boldsymbol{X}}_{[b]}(j)$ 都在真值附近波动，它们的估计方差相差不大。图中第三幅为固定区间平滑值 $\hat{\boldsymbol{X}}_S(j)$，显然平滑值比滤波值看上去更加“平滑”了，其估计方差也更小了，这是因为平滑值在估计中使用了更多观测值，从而达到了更好的去噪效果。

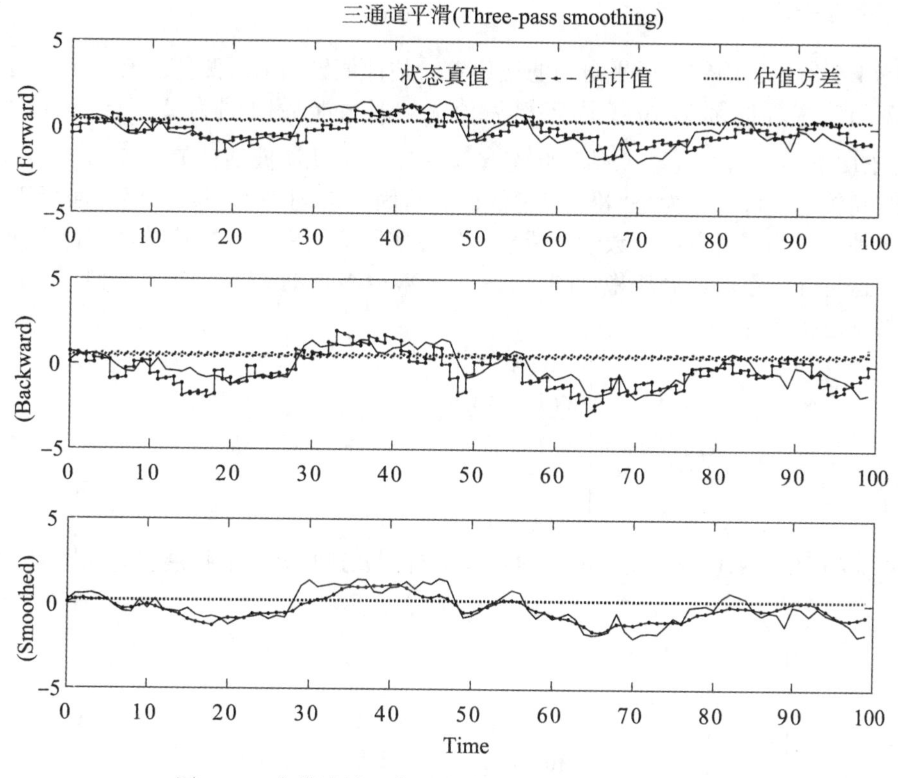

图 4.11　向前滤波、向后滤波和三通道固定区间平滑

由于三通道固定区间平滑不仅需要向前滤波，还需要向后滤波并存储滤波结果，在实际应用中受到限制。在这里不加证明地给出应用较好的二通道固定区间平滑公式(Rauch-Tung-Striebel Two-Pass Smoother)。二通道平滑只有向前滤波和平滑两个过程的计算：第一个通道为向前滤波 $\hat{\boldsymbol{X}}_{[f]}(j)$ 和方差 $\boldsymbol{D}_{[f],\hat{x}}(j)$；第二个通道为向后的平滑计算，直接利用向前滤波的结果，平滑的初始值为

$$\hat{\boldsymbol{X}}_S(M) = \hat{\boldsymbol{X}}_{[f]}(M) \tag{4.4.24}$$

$$\boldsymbol{D}_{[s],\hat{x}}(M) = \boldsymbol{D}_{[f],\hat{x}}(M) \tag{4.4.25}$$

接下来的递推公式为

$$\hat{\boldsymbol{X}}_S(j)=\hat{\boldsymbol{X}}_{[f]}(j)+\boldsymbol{A}_j[\hat{\boldsymbol{X}}_S(j+1)-\hat{\boldsymbol{X}}_{[f]}(j+1,\ j)] \tag{4.4.26}$$

其中，$j=M-1,\ \cdots,\ 0$。由于 $\hat{\boldsymbol{X}}_{[f]}(k)$ 即为 Kalman 滤波 $\hat{\boldsymbol{X}}(k)$，可将上式表示为

$$\hat{\boldsymbol{X}}_S(j)=\hat{\boldsymbol{X}}(j)+\boldsymbol{A}_j[\hat{\boldsymbol{X}}_S(j+1)-\hat{\boldsymbol{X}}(j+1,\ j)] \tag{4.4.27}$$

其中，

$$\boldsymbol{A}_j=\boldsymbol{D}_{\hat{X}}(j)\,\boldsymbol{\Phi}_{j+1,\ j}^{\mathrm{T}}\,\boldsymbol{D}_{\hat{X}}^{-1}(j+1,\ j) \tag{4.4.28}$$

平滑的方差为

$$\boldsymbol{D}_{[s],\ \hat{X}}(j)=\boldsymbol{D}_{\hat{X}}(j)+A_j[\boldsymbol{D}_{[s],\ \hat{X}}(j+1)-\boldsymbol{D}_{[f],\ \hat{X}}(j+1,\ j)]\,\boldsymbol{A}_j^{\mathrm{T}} \tag{4.4.29}$$

以上的二通道固定区间平滑公式是一组递推公式，计算更简单高效。

2. 固定滞后平滑

如图 4.9 所示，固定滞后平滑与滤波比较，估计值较当前观测值总有一个时间上的滞后。设观测值采样间隔为 Δt，固定滞后值 l，那么滞后时间为 $\Delta t_{lag}=l\Delta t$。用 $\boldsymbol{Z}^k=[\boldsymbol{Z}(1),\ \boldsymbol{Z}(2),\ \cdots,\ \boldsymbol{Z}(k)]^{\mathrm{T}}$ 来估计状态 $\boldsymbol{X}(k-l)$，记此滤波估计值为 $\hat{\boldsymbol{X}}_S(k-l,\ k)$。如果滞后时间较短，可以认为是“准”实时估计。与固定区间平滑一样，固定滞后平滑的方法也有多种，有些平滑方法在数学上成立，但在实际应用中由于数值计算不稳定而限制了其应用，这里介绍数值计算较稳定的方法——Biswas-Mahalanabis 固定区间滞后平滑。

现将状态扩展为

$$\underset{(l+1)n\times 1}{\boldsymbol{X}_{BM}}(k)=\begin{bmatrix}\boldsymbol{X}(k)\\ \boldsymbol{X}(k-1)\\ \boldsymbol{X}(k-2)\\ \vdots\\ \boldsymbol{X}(k-l)\end{bmatrix},\quad (k=l,\ l+1,\ \cdots) \tag{4.4.30}$$

其中，$\boldsymbol{X}_{BM}(k)$ 为 $(l+1)\times n$ 元素的列向量。从时刻 t_l 到时刻 t_k 的扩展状态如图 4.12 所示。

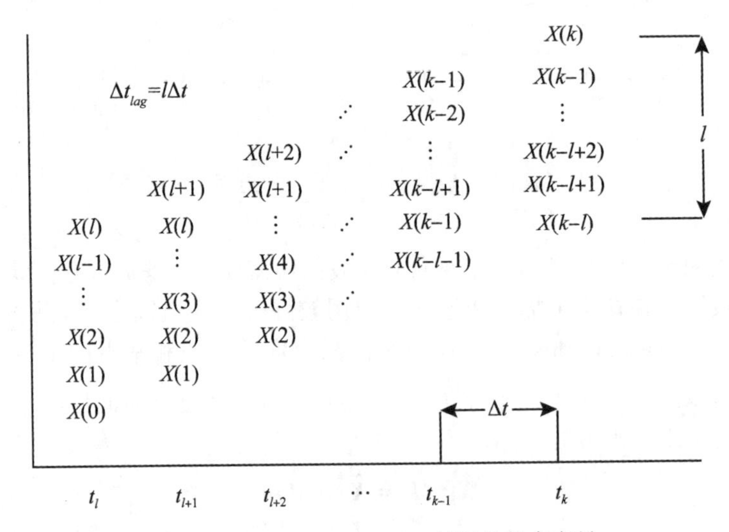

图 4.12　Biswas-Mahalanabis 扩展的状态向量

扩展后的状态方程为

$$\underset{(l+1)n\times 1}{\boldsymbol{X}_{BM}}(k)=\begin{bmatrix}\boldsymbol{X}(k)\\ \boldsymbol{X}(k-1)\\ \boldsymbol{X}(k-2)\\ \vdots\\ \boldsymbol{X}(k-l+1)\\ \boldsymbol{X}(k-l)\end{bmatrix}$$

$$=\begin{bmatrix}\boldsymbol{\Phi}_{k,\ k-1} & \boldsymbol{0} & \boldsymbol{0} & \cdots & \boldsymbol{0} & \boldsymbol{0}\\ \boldsymbol{I} & \boldsymbol{0} & \boldsymbol{0} & \cdots & \boldsymbol{0} & \boldsymbol{0}\\ \boldsymbol{0} & \boldsymbol{I} & \boldsymbol{0} & \cdots & \boldsymbol{0} & \boldsymbol{0}\\ \boldsymbol{0} & \boldsymbol{0} & \boldsymbol{I} & \cdots & \boldsymbol{0} & \boldsymbol{0}\\ \vdots & \vdots & \vdots & & \vdots & \vdots\\ \boldsymbol{0} & \boldsymbol{0} & \boldsymbol{0} & \cdots & \boldsymbol{I} & \boldsymbol{0}\end{bmatrix}\begin{bmatrix}\boldsymbol{X}(k-1)\\ \boldsymbol{X}(k-2)\\ \boldsymbol{X}(k-3)\\ \vdots\\ \boldsymbol{X}(k-l)\\ \boldsymbol{X}(k-l-1)\end{bmatrix}+\begin{bmatrix}\boldsymbol{w}(k-1)\\ \boldsymbol{0}\\ \boldsymbol{0}\\ \vdots\\ \boldsymbol{0}\\ \boldsymbol{0}\end{bmatrix} \tag{4.4.31}$$

状态噪声方差为

$$\boldsymbol{D}_{w,\ BM}(k-1)=\begin{bmatrix}\boldsymbol{D}_w(k-1) & \boldsymbol{0} & \boldsymbol{0} & \cdots & \boldsymbol{0}\\ \boldsymbol{0} & \boldsymbol{0} & \boldsymbol{0} & \cdots & \boldsymbol{0}\\ \boldsymbol{0} & \boldsymbol{0} & \boldsymbol{0} & \cdots & \boldsymbol{0}\\ \vdots & \vdots & \vdots & & \vdots\\ \boldsymbol{0} & \boldsymbol{0} & \boldsymbol{0} & \cdots & \boldsymbol{0}\end{bmatrix} \tag{4.4.32}$$

观测方程为

$$\boldsymbol{Z}(k)=\boldsymbol{H}_{k,\ BM}\boldsymbol{X}_{BM}(k)+\boldsymbol{\Delta}(k) \tag{4.4.33}$$

其中

$$\boldsymbol{H}_{k,\ BM}=[\boldsymbol{H}_k\quad \boldsymbol{0}\quad \boldsymbol{0}\quad \cdots\quad \boldsymbol{0}] \tag{4.4.34}$$

观测值方差为 $\boldsymbol{D}_{\Delta}(k)$。

基于以上的线性离散系统模型，根据 Kalman 滤波递推公式，可以求得 $\hat{\boldsymbol{X}}_{BM}(k)$

$$\hat{\boldsymbol{X}}_{BM}(k)=\begin{bmatrix}\hat{\boldsymbol{X}}(k)\\ \hat{\boldsymbol{X}}_S(k-1,\ k)\\ \hat{\boldsymbol{X}}_S(k-2,\ k)\\ \vdots\\ \hat{\boldsymbol{X}}_S(k-l,\ k)\end{bmatrix} \tag{4.4.35}$$

$\hat{\boldsymbol{X}}_{BM}(k)$ 中的第一个子向量 $\hat{\boldsymbol{X}}(k)$ 即为 $X(k)$ 的滤波，接下来依次为时间滞后为 Δt 的平滑值 $\hat{\boldsymbol{X}}_S(k-1,\ k)$、时间滞后为 $2\Delta t$ 的平滑值 $\hat{\boldsymbol{X}}_S(k-2,\ k)$。依次类推，$\hat{\boldsymbol{X}}_S(k-l,\ k)$ 为时间滞后 $l\times\Delta t$ 的平滑。为了求时间滞后 $l\times\Delta t$ 的平滑，至少有观测值 $\boldsymbol{Z}_{l,\ BM}=[\boldsymbol{Z}_1\quad \boldsymbol{Z}_2\quad \cdots\quad \boldsymbol{Z}_{l-1}\ \boldsymbol{Z}_l]$ 后，才能得到第一个时间滞后为 $l\times\Delta t$ 的状态平滑 $\hat{\boldsymbol{X}}_S(0,\ l)$，在

有观测值 $Z(l+1)$ 后，可得到平滑 $\hat{\boldsymbol{X}}_S(1, l+1)$，依次类推。

3. 固定点平滑

这里不加推导地给出用观测值 $\boldsymbol{Z}^k=[\boldsymbol{Z}^{\mathrm{T}}(1), \boldsymbol{Z}^{\mathrm{T}}(2), \cdots, \boldsymbol{Z}^{\mathrm{T}}(k)]^{\mathrm{T}}$ 对 $j(j<k)$ 时刻的状态 $\boldsymbol{X}(j)$ 进行估计的递推公式[Grewal M S, 1988]。

设固定点平滑为 $\hat{\boldsymbol{X}}_S(j, k)$，那么

$$\hat{\boldsymbol{X}}_S(j, k)=\hat{\boldsymbol{X}}_S(j, k-1)+\boldsymbol{B}_k\boldsymbol{K}_k(\boldsymbol{Z}(k)-\boldsymbol{H}_k\hat{\boldsymbol{X}}(k, k-1)) \tag{4.4.36}$$

$$\boldsymbol{B}_k=\boldsymbol{B}_{k-1}\boldsymbol{D}_{\hat{X}}(k-1)\boldsymbol{\Phi}_{k,k-1}^{\mathrm{T}}\boldsymbol{D}_{\hat{X}}^{-1}(k, k-1) \tag{4.4.37}$$

$$\boldsymbol{D}_{\hat{X}_S}(j, k)=\boldsymbol{D}_{\hat{X}_S}(j, k-1)+\boldsymbol{B}_k[\boldsymbol{D}_{\hat{X}}(k)-\boldsymbol{D}_{\hat{X}}(k, k-1)]\boldsymbol{B}_k^{\mathrm{T}} \tag{4.4.38}$$

其中，$\boldsymbol{K}_k$ 为 Kalman 滤波中的增益矩阵。

在平滑的初始时刻，也就是 $k=j$ 时，$\hat{\boldsymbol{X}}_S(j, j)=\hat{\boldsymbol{X}}(j)$；当 $k=j+1$ 时，就开始了对 $\boldsymbol{X}(j)$ 的平滑。利用上面的递推公式，可以得到 $\hat{\boldsymbol{X}}_S(j, j+1)$，$\hat{\boldsymbol{X}}_S(j, j+2)\cdots\hat{\boldsymbol{X}}_S(j, k)$，$\hat{\boldsymbol{X}}_S(j, k+1)\cdots$。

4.5 线性连续系统的 Kalman 滤波

4.5.1 线性连续系统的 Kalman 滤波基础方程

有时为了理论研究等目的，还需要得到连续系统模型下的结果，如可以通过连续型 Kalman 滤波结果来分析滤波结果是否"稳定"。本节将推导和给出连续系统模型下 Kalman 滤波基础方程，连续性的 Kalman 滤波也称为 Kalman-Bucy 滤波。

当时间变化 Δt 很小时，微分方程可以用差分方程来表示，所以连续系统也可以看作是当采样周期趋于零的离散系统的极限，因此可以利用差分方法建立离散系统模型与连续系统模型之间的关系，然后利用离散系统的 Kalman 滤波来推导连续系统 Kalman 滤波。

设线性连续系统模型为

$$\begin{aligned}\dot{\boldsymbol{X}}(t)&=\boldsymbol{A}(t)\boldsymbol{X}(t)+\boldsymbol{C}(t)\boldsymbol{e}(t)\\ \boldsymbol{Z}(t)&=\boldsymbol{H}(t)\boldsymbol{X}(t)+\boldsymbol{\Delta}(t)\end{aligned} \tag{4.5.1}$$

系统噪声 $\boldsymbol{e}(t)$ 和观测噪声 $\boldsymbol{\Delta}(t)$ 互不相关，且均为零均值白噪声过程，并已知

$$E[\boldsymbol{e}(t)\boldsymbol{e}(\tau)]=\boldsymbol{D}_e(t)\delta(t-\tau)$$

$$E[\boldsymbol{\Delta}(t)\boldsymbol{\Delta}(\tau)]=\boldsymbol{D}_\Delta(t)\delta(t-\tau)$$

$$E[\boldsymbol{e}(t)\boldsymbol{\Delta}(\tau)]=0$$

$$E[\hat{\boldsymbol{X}}(t_0)]=\mathrm{E}[\boldsymbol{X}(t_0)]$$

$$\boldsymbol{D}_{\hat{X}}(t_0)=\mathrm{Var}[\boldsymbol{X}(t_0)]$$

根据 3.2.1 节，状态转移矩阵满足

$$\dot{\boldsymbol{\Phi}}(t+\Delta t,\ t)=\boldsymbol{A}(t+\Delta t)\boldsymbol{\Phi}(t+\Delta t,\ t) \tag{4.5.2}$$

当 $\Delta t \to 0$，式(4.5.2)可表达为

$$\frac{\boldsymbol{\Phi}(t+\Delta t,\ t)-\boldsymbol{\Phi}(t,\ t)}{\Delta t}=\boldsymbol{A}(t+\Delta t)\boldsymbol{\Phi}(t+\Delta t,\ t) \tag{4.5.3}$$

由于 $\Delta t \to 0$，得到

$$\boldsymbol{\Phi}(t+\Delta t,\ t)=\boldsymbol{I}+\boldsymbol{A}(t)\Delta t \tag{4.5.4}$$

令 $t_{k+1}=t+\Delta t$，$t_k=t$，那么

$$\boldsymbol{\Phi}(k+1,\ k)=\boldsymbol{I}+\boldsymbol{A}(t_k)\Delta t \tag{4.5.5}$$

根据 3.3.2 节有

$$\begin{aligned}\boldsymbol{D}_w(\mathrm{k})&=\boldsymbol{C}(t_k)\boldsymbol{D}_e(t_k)\boldsymbol{C}^{\mathrm{T}}(t_k)\Delta t\\ \boldsymbol{D}_\Delta(k)&=\boldsymbol{D}_\Delta(t_k)/\Delta t\end{aligned} \tag{4.5.6}$$

因此时间预测的方差为

$$\boldsymbol{D}_{\hat{X}}(k+1,\ k)=\boldsymbol{\Phi}(k+1,\ k)\boldsymbol{D}_{\hat{X}}(k)\boldsymbol{\Phi}^{\mathrm{T}}(k,\ k-1)+\boldsymbol{C}(t_k)\boldsymbol{D}_e(t_k)\boldsymbol{C}^{\mathrm{T}}(t_k)\Delta t \tag{4.5.7}$$

将 $\boldsymbol{\Phi}(k+1,\ k)=\boldsymbol{I}+\boldsymbol{A}(t_k)\Delta t$ 代入式(4.5.7)，得到

$$\begin{aligned}\boldsymbol{D}_{\hat{X}}(k+1,\ k)&=[\boldsymbol{I}+\boldsymbol{A}(t_k)\Delta t]\boldsymbol{D}_{\hat{X}}(k)[\boldsymbol{I}+\boldsymbol{A}(t_k)\Delta t]^{\mathrm{T}}+\boldsymbol{C}(t_k)\boldsymbol{D}_e(t_k)\boldsymbol{C}^{\mathrm{T}}(t_k)\Delta t\\ &=\boldsymbol{D}_{\hat{X}}(k)+[\boldsymbol{A}(t_k)\boldsymbol{D}_{\hat{X}}(k)+\boldsymbol{D}_{\hat{X}}(k)\boldsymbol{A}^{\mathrm{T}}(t_k)+\boldsymbol{C}(t_k)\boldsymbol{D}_e(t_k)\boldsymbol{C}^{\mathrm{T}}(t_k)+\\ &\quad\boldsymbol{A}(t_k)\boldsymbol{D}_{\hat{X}}(k)\boldsymbol{A}^{\mathrm{T}}(t_k)\Delta t]\Delta t+\boldsymbol{O}(\Delta t^2)\end{aligned} \tag{4.5.8}$$

其中 $\sigma(\Delta t^2)$ 为 Δt 的二阶项。从上式看出，如果 $\Delta t \to 0$，有

$$\boldsymbol{D}_{\hat{X}}(k+1,\ k)\to\boldsymbol{D}_{\hat{X}}(k) \tag{4.5.9}$$

将

$$\boldsymbol{D}_{\hat{X}}(k)=[\boldsymbol{I}-\boldsymbol{K}_k\boldsymbol{H}_k]\boldsymbol{D}_{\hat{X}}(k,\ k-1) \tag{4.5.10}$$

代入式(4.5.8)，两边同时减去 $\boldsymbol{D}_{\hat{X}}(k,\ k-1)$ 后除以 Δt

$$\begin{aligned}\frac{\boldsymbol{D}_{\hat{X}}(k+1,\ k)-\boldsymbol{D}_{\hat{X}}(k,\ k-1)}{\Delta t}&=\boldsymbol{A}(t_k)\boldsymbol{D}_{\hat{X}}(k,\ k-1)+\boldsymbol{D}_{\hat{X}}(k,\ k-1)\boldsymbol{A}^{\mathrm{T}}(t_k)\\ &\quad+\boldsymbol{C}(t_k)\boldsymbol{D}_e(t_k)\boldsymbol{C}^{\mathrm{T}}(t_k)-\frac{\boldsymbol{K}_k\boldsymbol{H}_k\boldsymbol{D}_{\hat{X}}(k,\ k-1)}{\Delta t}\\ &\quad-\boldsymbol{A}(t_k)\boldsymbol{K}_k\boldsymbol{H}_k\boldsymbol{D}_{\hat{X}}(k,\ k-1)\boldsymbol{A}^{\mathrm{T}}(t_k)\Delta t+\boldsymbol{O}(\Delta t^2)\end{aligned} \tag{4.5.11}$$

其中 $\dfrac{\boldsymbol{K}_k}{\Delta t}$ 为

$$\frac{\boldsymbol{K}_k}{\Delta t}=\boldsymbol{D}_{\hat{X}}(k,\ k-1)\boldsymbol{H}_k^{\mathrm{T}}[\boldsymbol{H}_k\boldsymbol{D}_{\hat{X}}(k,\ k-1)\times\boldsymbol{H}_k^{\mathrm{T}}\Delta t+\boldsymbol{D}_\Delta(t_k)]^{-1} \tag{4.5.12}$$

当 $\Delta t \to 0$，有

$$\lim_{\Delta t\to 0}\left[\frac{\boldsymbol{K}_k}{\Delta t}\right]=\boldsymbol{D}_{\hat{X}}(k,\ k-1)\boldsymbol{H}_k^{\mathrm{T}}\boldsymbol{D}_\Delta^{-1}(t) \tag{4.5.13}$$

将式(4.5.12)代入式(4.5.11)，并考虑 $\Delta t \to 0$ ，得到

$$\frac{\boldsymbol{D}_{\hat{X}}(k+1, k) - \boldsymbol{D}_{\hat{X}}(k, k-1)}{\Delta t} = \boldsymbol{A}(t)\boldsymbol{D}_{\hat{X}}(k, k-1) + \boldsymbol{D}_{\hat{X}}(k, k-1)\boldsymbol{A}^{\mathrm{T}}(t) + \boldsymbol{C}(t)\boldsymbol{D}_e(t)\boldsymbol{C}^{\mathrm{T}}(t) - \boldsymbol{D}_{\hat{X}}(k, k-1)\boldsymbol{H}_k^{\mathrm{T}}\boldsymbol{D}_{\Delta}^{-1}(t)\boldsymbol{H}_k\boldsymbol{D}_{\hat{X}}(k, k-1) \tag{4.5.14}$$

考虑式(4.5.9)，有

$$\boldsymbol{D}_{\hat{X}}(k, k-1) \to \boldsymbol{D}_{\hat{X}}(k-1) \tag{4.5.15}$$

所以式(4.5.14)为

$$\frac{\boldsymbol{D}_{\hat{X}}(k+1) - \boldsymbol{D}_{\hat{X}}(k)}{\Delta t} = \boldsymbol{A}(t_k)\boldsymbol{D}_{\hat{X}}(k) + \boldsymbol{D}_{\hat{X}}(k)\boldsymbol{A}^{\mathrm{T}}(t_k) + \boldsymbol{C}(t_k)\boldsymbol{D}_e(t_k)\boldsymbol{C}^{\mathrm{T}}(t_k) - \boldsymbol{D}_{\hat{X}}(k)\boldsymbol{H}_k^{\mathrm{T}}\boldsymbol{D}_{\Delta}^{-1}(t_k)\boldsymbol{H}_k\boldsymbol{D}_{\hat{X}}(k) \tag{4.5.16}$$

由于 $t_{k+1} = t + \Delta t$，$t_k = t$，上式为

$$\dot{\boldsymbol{D}}_{\hat{X}}(t_k) = \boldsymbol{A}(t_k)\boldsymbol{D}_{\hat{X}}(t_k) + \boldsymbol{D}_{\hat{X}}(t_k)\boldsymbol{A}^{\mathrm{T}}(t_k) + \boldsymbol{C}(t_k)\boldsymbol{D}_e(t_k)\boldsymbol{C}^{\mathrm{T}}(t_k) - \boldsymbol{D}_{\hat{X}}(t_k)\boldsymbol{H}^{\mathrm{T}}(t_k)\boldsymbol{D}_{\Delta}^{-1}(t_k)\boldsymbol{H}(t_k)\boldsymbol{D}_{\hat{X}}(t_k) \tag{4.5.17}$$

去掉时间下标 k，并设

$$\boldsymbol{K}(t) = \boldsymbol{D}_{\hat{X}}(t)\boldsymbol{H}^{\mathrm{T}}(t)\boldsymbol{D}_{\Delta}^{-1}(t) \tag{4.5.18}$$

式(4.5.17)为

$$\dot{\boldsymbol{D}}_{\hat{X}}(t) = \boldsymbol{A}(t)\boldsymbol{D}_{\hat{X}}(t) + \boldsymbol{D}_{\hat{X}}(t)\boldsymbol{A}^{\mathrm{T}}(t) + \boldsymbol{C}(t)\boldsymbol{D}_e(t)\boldsymbol{C}^{\mathrm{T}}(t) - \boldsymbol{K}(t)\boldsymbol{D}_{\Delta}(t)\boldsymbol{K}^{\mathrm{T}}(t) \tag{4.5.19}$$

$\boldsymbol{K}(t)$ 就是连续 Kalman 滤波的增益矩阵，式(4.5.19)也称为矩阵黎卡提微分方程。显然，矩阵黎卡提微分方程是一个非线性微分方程。

下面推导连续系统的状态的 Kalman 滤波 $\hat{\boldsymbol{X}}(t)$。

将 $\boldsymbol{\Phi}(t+\Delta t, t) \approx \boldsymbol{I}_n + \boldsymbol{A}(t)\Delta t$ 代入滤波方程，得

$$\hat{\boldsymbol{X}}(t+\Delta t) = [\boldsymbol{I} + \boldsymbol{A}(t)\Delta t]\hat{\boldsymbol{X}}(t) + \boldsymbol{K}(t+\Delta t)\{\boldsymbol{Z}(t+\Delta t) - \boldsymbol{H}(t+\Delta t)[\boldsymbol{I} + \boldsymbol{A}(t)\Delta t]\hat{\boldsymbol{X}}(t)\} \tag{4.5.20}$$

将上式两端同时减 $\hat{\boldsymbol{X}}(t)$ 并除以 Δt，得

$$\frac{\hat{\boldsymbol{X}}(t+\Delta t) - \hat{\boldsymbol{X}}(t)}{\Delta t} = \boldsymbol{A}(t)\hat{\boldsymbol{X}}(t) + \frac{\boldsymbol{K}(t+\Delta t)}{\Delta t}[\boldsymbol{Z}(t+\Delta t) - \boldsymbol{H}(t+\Delta t)[\boldsymbol{I} + \boldsymbol{A}(t)\Delta t]\hat{\boldsymbol{X}}(t)] \tag{4.5.21}$$

当 $\Delta t \to 0$ ，对上式取极限并考虑式(4.5.13)得到

$$\dot{\hat{\boldsymbol{X}}}(t) = \boldsymbol{A}(t)\hat{\boldsymbol{X}}(t) + \boldsymbol{D}_{\hat{X}}(t)\boldsymbol{H}^{\mathrm{T}}(t)\boldsymbol{D}_{\Delta}^{-1}(t)[\boldsymbol{Z}(t) - \boldsymbol{H}(t)\hat{\boldsymbol{X}}(t)] \tag{4.5.22}$$

由于 $\boldsymbol{K}(t) = \boldsymbol{D}_{\hat{X}}(t)\boldsymbol{H}^{\mathrm{T}}(t)\boldsymbol{D}_{\Delta}^{-1}(t)$，式(4.5.22)为

$$\dot{\hat{\boldsymbol{X}}}(t)=\boldsymbol{A}(t)\hat{\boldsymbol{X}}(t)+\boldsymbol{K}(t)[\boldsymbol{Z}(t)-\boldsymbol{H}(t)\hat{\boldsymbol{X}}(t)] \tag{4.5.23}$$

综合上述推导，便得到了连续 Kalman 滤波基本方程。现在将线性连续系统的 Kalman 滤波方程汇总，见表 4.2。

表 4.2　**线性连续系统的 Kalman 滤波方程**

系统模型 观测模型	$\dot{\boldsymbol{X}}(t)=\boldsymbol{A}(t)\boldsymbol{X}(t)+\boldsymbol{C}(t)\boldsymbol{e}(t)$ $\boldsymbol{Z}(t)=\boldsymbol{H}(t)\boldsymbol{X}(t)+\boldsymbol{\Delta}(t)$
初始条件和其他假设	$E[\boldsymbol{X}(t_0)]=E[\hat{\boldsymbol{X}}(t_0)]$，$\mathrm{Var}[\boldsymbol{X}(t_0)]=\boldsymbol{D}_{\hat{X}}(t_0)$ $E[\boldsymbol{e}(t)]=0$，$\mathrm{Cov}[\boldsymbol{e}(t),\ \boldsymbol{e}(\tau)]=\boldsymbol{D}_e(t)\delta(t-\tau)$ $E[\boldsymbol{\Delta}(t)]=0$，$\mathrm{Cov}[\boldsymbol{\Delta}(t),\ \boldsymbol{\Delta}(\tau)]=\boldsymbol{D}_{\Delta}(t)\delta(t-\tau)$ $\mathrm{Cov}[e(t),\ \Delta(\tau)]=0$，$\boldsymbol{D}_{\Delta}{}^{-1}(t)$ 存在
状态估计 方差传递 Kalman 增益矩阵	$\dot{\hat{\boldsymbol{X}}}(t)=\boldsymbol{A}(t)\hat{\boldsymbol{X}}(t)+\boldsymbol{K}(t)[\boldsymbol{Z}(t)-\boldsymbol{H}(t)\hat{\boldsymbol{X}}(t)]$ $\dot{\boldsymbol{D}}_{\hat{X}}(t)=\boldsymbol{A}(t)\boldsymbol{D}_{\hat{X}}(t)+\boldsymbol{D}_{\hat{X}}(t)\boldsymbol{A}^{\mathrm{T}}(t)+\boldsymbol{C}(t)\boldsymbol{D}_e(t)\boldsymbol{C}^{\mathrm{T}}(t)-\boldsymbol{K}(t)\boldsymbol{D}_{\Delta}(t)\boldsymbol{K}^{\mathrm{T}}(t)$ $\boldsymbol{K}(t)=\boldsymbol{D}_{\hat{X}}(t)\boldsymbol{H}^{\mathrm{T}}(t)\boldsymbol{D}_{\Delta}{}^{-1}(t)$

线性连续系统的 Kalman 滤波方程是一组一阶微分方程，其初始条件为 $E[\boldsymbol{X}(t_0)]=E[\hat{\boldsymbol{X}}(t_0)]$ 和 $\mathrm{Var}[X(t_0)]=\boldsymbol{D}_{\hat{X}}(t_0)$。对以上的结果，做以下说明：

(1)式(4.5.23)说明连续 Kalman 滤波是观测值新息 $[\boldsymbol{Z}(t)-\boldsymbol{H}(t)\hat{\boldsymbol{X}}(t)]$ 作用下的一个随机线性系统。

(2)滤波方差 $\boldsymbol{D}_{\hat{X}}(t)$ 可由矩阵黎卡提微分方程(4.5.19)离线解出。方程中的前两项 $\boldsymbol{A}(t)\boldsymbol{D}_{\hat{X}}(t)+\boldsymbol{D}_{\hat{X}}(t)\boldsymbol{A}^{\mathrm{T}}(t)$ 考虑的是式(4.5.1)中动态方程 $\boldsymbol{A}(t)\boldsymbol{X}(t)$ 部分的误差，即系统在无外部输入时的误差；第三项 $\boldsymbol{C}(t)\boldsymbol{D}_e(t)\boldsymbol{C}^{\mathrm{T}}(t)$ 考虑的是系统噪声的方差，它使 $\boldsymbol{D}_{\hat{X}}(t)$ 增大；最后一项 $\boldsymbol{D}_{\hat{X}}(t)\boldsymbol{H}^{\mathrm{T}}(t)\boldsymbol{D}_{\Delta}{}^{-1}(t)\boldsymbol{H}(t)\boldsymbol{D}_{\hat{X}}(t)$ 是加入观测值后使滤波不确定性减小的部分。如果滤波结果是稳态的，初始方差偏差较大，那么随着时间的递推，滤波方差逐渐减小并趋于稳定值，观测值的方差 $\boldsymbol{D}_{\Delta}(t)$ 越小，$\boldsymbol{D}_{\hat{X}}(t)$ 下降的速度就越快；反之，$\boldsymbol{D}_{\Delta}(t)$ 越大，$\boldsymbol{D}_{\hat{X}}(t)$ 下降的速度就越慢。

(3) 式(4.5.23)可以改写为

$$\dot{\hat{\boldsymbol{X}}}(t)=[\boldsymbol{A}(t)-\boldsymbol{K}(t)\boldsymbol{H}(t)]\hat{\boldsymbol{X}}(t)+\boldsymbol{K}(t)\boldsymbol{Z}(t) \tag{4.5.24}$$

设上式的解为

$$\hat{\boldsymbol{X}}(t)=\boldsymbol{\Psi}(t,\ t_0)\hat{\boldsymbol{X}}(t_0)+\int_{t_0}^{t}\boldsymbol{\Psi}(t,\ \tau)\boldsymbol{K}(\tau)\boldsymbol{Z}(\tau)\mathrm{d}\tau \tag{4.5.25}$$

其中 $\boldsymbol{\Psi}(t,\ t_0)$ 是微分方程(4.5.24)的状态转移矩阵。当 $\hat{\boldsymbol{X}}(t_0)=0$ 时，有

$$\hat{\boldsymbol{X}}(t)=\int_{t_0}^{t}\boldsymbol{\Psi}(t,\ \tau)\boldsymbol{K}(\tau)\boldsymbol{Z}(\tau)\mathrm{d}\tau \tag{4.5.26}$$

也就是说，当 $\hat{\boldsymbol{X}}(t_0)=0$ 时，滤波 $\hat{\boldsymbol{X}}(t)$ 可以表示为观测值的一个特殊线性变换。当无观测值可用时，$K(t)\to 0$，式(4.5.23)为

$$\dot{\hat{\boldsymbol{X}}}(t)=\boldsymbol{A}(t)\hat{\boldsymbol{X}}(t) \tag{4.5.27}$$

式(4.5.19)为

$$\dot{\boldsymbol{D}}_{\hat{X}}(t)=\boldsymbol{A}(t)\boldsymbol{D}_{\hat{X}}(t)+\boldsymbol{D}_{\hat{X}}(t)\boldsymbol{A}^{\mathrm{T}}(t)+\boldsymbol{C}(t)\boldsymbol{D}_e(t)\boldsymbol{C}^{\mathrm{T}}(t) \tag{4.5.28}$$

这表明滤波完全由动态系统自身决定，没有观测值对滤波估计误差做出补偿。

4.5.2　算例分析

例 4.4　有观测方程和状态方程

$$\begin{aligned}&\dot{\boldsymbol{X}}(t)=\boldsymbol{e}(t) &&\mathrm{Cov}[\boldsymbol{e}(t)]=\boldsymbol{D}_e\\&\boldsymbol{Z}(t)=\boldsymbol{X}(t)+\boldsymbol{\Delta}(t) &&\mathrm{Cov}[\boldsymbol{\Delta}(t)]=\boldsymbol{D}_\Delta\end{aligned} \tag{4.5.29}$$

和初值 $\boldsymbol{X}(0)$、$\boldsymbol{D}_X(0)$。分析当 t 增加时 $\boldsymbol{D}_X(t)$ 的变化。

解：在此问题中 $\boldsymbol{A}(t)=0$，$\boldsymbol{C}(t)=1$，$\boldsymbol{H}(t)=1$，根据连续型 Kalman 滤波基本公式

$$\dot{\boldsymbol{D}}_{\hat{X}}(t)=\boldsymbol{D}_e-\frac{\boldsymbol{D}_{\hat{X}}^2(t)}{\boldsymbol{D}_\Delta} \tag{4.5.30}$$

解微分方程

$$\int\frac{\mathrm{d}\boldsymbol{D}_{\hat{X}}(t)}{\alpha^2-\boldsymbol{D}_{\hat{X}}^2(t)}=\frac{1}{2\alpha}\ln\frac{(\alpha+\boldsymbol{D}_{\hat{X}}(t))}{(\alpha-\boldsymbol{D}_{\hat{X}}(t))} \tag{4.5.31}$$

解此微分方程

$$\boldsymbol{D}_{\hat{X}}(t)=\alpha\left[\frac{\boldsymbol{D}_X(0)\cosh(\beta t)+\alpha\sinh(\beta t)}{\boldsymbol{D}_X(0)\sinh(\beta t)+\alpha\cosh(\beta t)}\right] \tag{4.5.32}$$

其中

$$\alpha=\sqrt{\boldsymbol{D}_\Delta\boldsymbol{D}_e},\ \beta=\sqrt{\frac{\boldsymbol{D}_e}{\boldsymbol{D}_\Delta}} \tag{4.5.33}$$

从式(4.5.32)分析得到：

(1)若 $\boldsymbol{D}_X(0)=0$，则 $\lim\limits_{t\to\infty}\boldsymbol{D}_{\hat{X}}(t)=\alpha\tanh(\beta t)=\alpha$；

(2)若 $\boldsymbol{D}_X(0)=\alpha$，则 $\boldsymbol{D}_{\hat{X}}(t)=\alpha$；

(3)若 $\boldsymbol{D}_X(0)=\infty$，则 $\lim\limits_{t\to\infty}\boldsymbol{D}_{\hat{X}}(t)=\alpha\coth(\beta t)=\alpha$。

$\boldsymbol{D}_{\hat{X}}(t)$ 随 t 的变化如图 4.13 所示。

可以看到，在此问题中，无论初始的状态方差为何值，经过一段时间的滤波，$\boldsymbol{D}_{\hat{X}}(t)$ 逐渐趋于一个稳定值，$\boldsymbol{D}_{\hat{X}}(\infty)$ 为一常数，即 $\dot{\boldsymbol{D}}_{\hat{X}}(\infty)=0$。

在定常系统中，$\boldsymbol{A}(t)$，$\boldsymbol{C}(t)$，$\boldsymbol{H}(t)$、$\boldsymbol{D}_e(t)$ 和 $\boldsymbol{D}_\Delta$ 均为常量，如果滤波可以达到稳态，就有

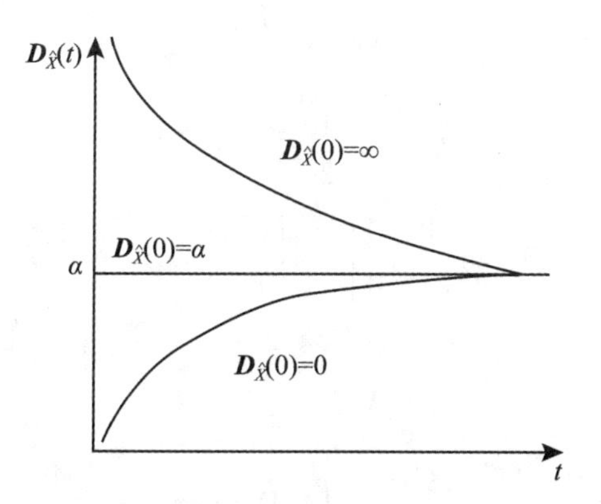

图 4.13 定常连续系统 Kalman 滤波方差随时间的变化

$$\boldsymbol{A}\,\boldsymbol{D}_{\hat{X}}(\infty)+\boldsymbol{D}_{\hat{X}}(\infty)\,\boldsymbol{A}^{\mathrm{T}}+\boldsymbol{C}\boldsymbol{D}_{e}\,\boldsymbol{C}^{\mathrm{T}}-\boldsymbol{D}_{\hat{X}}(\infty)\,\boldsymbol{H}^{\mathrm{T}}\,\boldsymbol{D}_{\Delta}\,\boldsymbol{H}\boldsymbol{D}_{\hat{X}}(\infty)=0 \tag{4.5.34}$$

式(4.5.34)称为代数黎卡提方程。根据式(4.5.18)，这时的增益矩阵为

$$\boldsymbol{K}(\infty)=\boldsymbol{D}_{\hat{X}}(\infty)\,\boldsymbol{H}^{\mathrm{T}}\,\boldsymbol{D}_{\Delta}^{-1} \tag{4.5.35}$$

例 4.4 的系统随着 t 增加，$\boldsymbol{D}_{\hat{X}}(t)$ 和 $K(t)$ 趋于常数矩阵，这样的 Kalman 滤波器是稳态的。如若已知例 4.4 的滤波是稳态的，就可以提前根据式(4.5.34)和式(4.5.35)计算 $\boldsymbol{D}_{\hat{X}}(\infty)$ 和 $K(\infty)$

$$\boldsymbol{D}_{\hat{X}}(\infty)=\sqrt{\boldsymbol{D}_{\Delta}\,\boldsymbol{D}_{e}} \tag{4.5.36}$$

$$\boldsymbol{K}(\infty)=\sqrt{\boldsymbol{D}_{\Delta}\,\boldsymbol{D}_{e}}\,\boldsymbol{H}^{\mathrm{T}}\,\boldsymbol{D}_{\Delta}^{-1} \tag{4.5.37}$$

这样就避免了实时计算增益矩阵和方差矩阵，从而大大减少在线计算的负担，便于工程应用。

例 4.5 有动态方程和观测方程：

$$\begin{aligned}\dot{\boldsymbol{X}}(t)&=\begin{bmatrix}0&1\\0&0\end{bmatrix}\boldsymbol{X}(t)+\begin{bmatrix}0\\1\end{bmatrix}e(t)\\ \boldsymbol{Z}(t)&=[1\quad 0]\,\boldsymbol{X}(t)+\Delta(t)\end{aligned} \tag{4.5.38}$$

$e(t)$ 和 $\Delta(t)$ 都是一维的零均值噪声，方差和初值分别为：

$$\begin{gathered}\mathrm{Cov}[\boldsymbol{e}(t)\boldsymbol{e}(\tau)]=4\delta(t-\tau),\quad \mathrm{Cov}[\boldsymbol{\Delta}(t)\boldsymbol{\Delta}(\tau)]=2\delta(t-\tau)\\ \boldsymbol{E}[\boldsymbol{X}(t_0)]=\boldsymbol{0},\quad \mathrm{Var}[\boldsymbol{X}(t_0)]=\begin{bmatrix}1&0\\0&0\end{bmatrix}\end{gathered} \tag{4.5.39}$$

且 $e(t)$ 与 $\Delta(t)$ 互不相关，试求 Kalman 滤波方程。

解：已知

$$\begin{gathered}\boldsymbol{A}(t)=\begin{bmatrix}0&1\\0&0\end{bmatrix},\quad \boldsymbol{C}(t)=\begin{bmatrix}0\\1\end{bmatrix},\quad \boldsymbol{H}(t)=[1\quad 0]\\ \boldsymbol{D}_{e}(t)=4,\quad \boldsymbol{D}_{\Delta}(t)=2,\quad \boldsymbol{X}(t_0)=0,\quad \mathrm{Var}[\boldsymbol{X}(t_0)]=\begin{bmatrix}1&0\\0&0\end{bmatrix}\end{gathered} \tag{4.5.40}$$

将以上参数代入线性连续系统的 Kalman 滤波公式，得：

$$\dot{\hat{\boldsymbol{X}}}(t)=\begin{bmatrix}0&1\\0&0\end{bmatrix}\hat{\boldsymbol{X}}(t)+\boldsymbol{K}(t)[\boldsymbol{Z}(t)-[1\quad 0]\hat{\boldsymbol{X}}(t)] \tag{4.5.41}$$

$$\boldsymbol{K}(t)=\frac{1}{2}\boldsymbol{D}_{\hat{X}}(t)\begin{bmatrix}0\\1\end{bmatrix} \tag{4.5.42}$$

$$\dot{\boldsymbol{D}}_{\hat{X}}(t)=\begin{bmatrix}0&1\\0&0\end{bmatrix}\boldsymbol{D}_{\hat{X}}(t)+\boldsymbol{D}_{\hat{X}}(t)\begin{bmatrix}0&0\\1&0\end{bmatrix}+4\begin{bmatrix}0\\1\end{bmatrix}[0\quad 1]-\frac{1}{2}\boldsymbol{D}_{\hat{X}}(t)\begin{bmatrix}0\\1\end{bmatrix}[1\quad 0]\boldsymbol{D}_{\hat{X}}(t) \tag{4.5.43}$$

假设

$$\boldsymbol{D}_{\hat{X}}(t)=\begin{bmatrix}\sigma_1^2(t)&\sigma_{12}(t)\\\sigma_{21}(t)&\sigma_2^2(t)\end{bmatrix},\quad \dot{\boldsymbol{D}}_{\hat{X}}(t)=\begin{bmatrix}\dot{\sigma}_1^2(t)&\dot{\sigma}_{12}(t)\\\dot{\sigma}_{21}(t)&\dot{\sigma}_2^2(t)\end{bmatrix}$$

并将式(4.5.43)计算的结果代入上式：

$$\dot{\boldsymbol{D}}_{\hat{X}}(t)=\begin{bmatrix}\dot{\sigma}_1^2(t)&\dot{\sigma}_{12}(t)\\\dot{\sigma}_{21}(t)&\dot{\sigma}_2^2(t)\end{bmatrix}=\begin{bmatrix}2\sigma_{12}(t)-\frac{1}{2}[\sigma_1^2(t)]^2 & \sigma_2^2(t)-\frac{1}{2}\sigma_1^2(t)\sigma_{12}(t)\\ \sigma_2^2(t)-\frac{1}{2}\sigma_1^2(t)\sigma_{12}(t) & 4-\frac{1}{2}[\sigma_{12}(t)]^2\end{bmatrix} \tag{4.5.44}$$

将上式展开，有

$$\begin{aligned}&\dot{\sigma}_1^2(t)=2\sigma_{12}(t)-\frac{1}{2}[\sigma_1^2(t)]^2, && \sigma_1^2(0)=1\\ &\dot{\sigma}_{12}(t)=\sigma_2^2(t)-\frac{1}{2}\sigma_1^2(t)\sigma_{12}(t)=\dot{\sigma}_{21}(t), && \sigma_{12}(0)=0\\ &\dot{\sigma}_2^2(t)=4-\frac{1}{2}[\sigma_{12}^2(t)]^2, && \sigma_2^2(0)=0\end{aligned} \tag{4.5.45}$$

解上述微分方程组，求得方差 $\boldsymbol{D}_{\hat{X}}(t)$ 后，得增益矩阵为：

$$K(t)=\frac{1}{2}\begin{bmatrix}\sigma_1^2(t)&\sigma_{12}(t)\\\sigma_{21}(t)&\sigma_2^2(t)\end{bmatrix}\begin{bmatrix}1\\0\end{bmatrix}=\begin{bmatrix}\sigma_1^2(t)/2\\\sigma_{12}(t)/2\end{bmatrix} \tag{4.5.46}$$

于是，滤波方程为

$$\dot{\hat{\boldsymbol{X}}}(t)=\begin{bmatrix}0&1\\0&0\end{bmatrix}\hat{\boldsymbol{X}}(t)+\begin{bmatrix}\sigma_1^2(t)/2\\\sigma_{12}(t)/2\end{bmatrix}[\boldsymbol{Z}(t)-[1\quad 0]\hat{\boldsymbol{X}}(t)] \tag{4.5.47}$$

由本例可以看出，线性连续系统 Kalman 滤波方程的求解问题归结为矩阵黎卡提微分方程的求解问题。即使是一个简单的定常系统，求解矩阵黎卡提微分方程的解析解都很困难，所以一般需要借助计算机求数值解。

4.6　Kalman 滤波的稳定性

对任何控制系统而言，稳定性是系统正常工作的前提，本节介绍的是 Kalman 滤波的稳定性概念和判断滤波系统稳定性的条件。

4.6.1 随机线性系统的可控性和可测性

随机线性系统的可控性与我们在第 3 章中介绍的可控性不同。随机线性系统的可控性是指系统的随机噪声影响系统状态的能力，第 3 章中介绍的可控性是指系统的确定性输入影响系统状态的能力。

设随机线性离散系统为

$$\boldsymbol{X}(k)=\boldsymbol{\Phi}_{k,\ k-1}\boldsymbol{X}(k-1)+\boldsymbol{\Gamma}_{k-1}\boldsymbol{w}(k-1) \tag{4.6.1}$$

$$\boldsymbol{Z}(k)=\boldsymbol{H}_k\boldsymbol{X}(k)+\boldsymbol{\Delta}(k) \tag{4.6.2}$$

$$\begin{gathered} E[\boldsymbol{w}(k)]=\boldsymbol{0},\ E[\boldsymbol{w}(k)\boldsymbol{w}(j)]=\boldsymbol{D}_w(\mathrm{k})\delta(k-j) \\ E[\Delta(k)]=\boldsymbol{0},\quad E[\boldsymbol{\Delta}(k)\boldsymbol{\Delta}(j)]=\boldsymbol{D}_\Delta(k)\delta(k-j) \\ E[\boldsymbol{w}(k)\boldsymbol{\Delta}(j)]=0 \end{gathered} \tag{4.6.3}$$

其中，$\boldsymbol{D}_w(\mathrm{k})$ 和 $\boldsymbol{D}_\Delta(k)$ 均为正定矩阵。

对于连续 Kalman 滤波，系统模型为

$$\begin{aligned} \dot{\boldsymbol{X}}(t)&=\boldsymbol{A}(t)\boldsymbol{X}(t)+\boldsymbol{C}(t)\boldsymbol{e}(t) \\ \boldsymbol{Z}(t)&=\boldsymbol{H}(t)\boldsymbol{X}(t)+\boldsymbol{\Delta}(t) \end{aligned} \tag{4.6.4}$$

系统噪声 $\boldsymbol{e}(t)$ 和观测噪声 $\boldsymbol{\Delta}(t)$ 互不相关，且均为零均值白噪声过程，并且

$$\begin{gathered} E[\boldsymbol{e}(t)\boldsymbol{e}(\tau)]=\boldsymbol{D}_e(t)\delta(t-\tau) \\ E[\boldsymbol{\Delta}(t)\boldsymbol{\Delta}(\tau)]=\boldsymbol{D}_\Delta(t)\delta(t-\tau) \\ E[\boldsymbol{e}(t)\boldsymbol{\Delta}(\tau)]=0 \end{gathered} \tag{4.6.5}$$

其中，$\boldsymbol{D}_e(t)$ 和 $\boldsymbol{D}_\Delta(t)$ 为正定矩阵。

1. 可控性

(1) 随机线性离散系统的可控性：

对于离散线性系统而言，可控性矩阵为

$$\boldsymbol{W}_C(k-N+1,\ k)=\sum_{i=k-N+1}^{k}\boldsymbol{\Phi}_{k,\ i}\boldsymbol{\Gamma}_{i-1}\boldsymbol{D}_w(i-1)_{i,\ i-1}\boldsymbol{\Gamma}_{i-1}^{\mathrm{T}}\boldsymbol{\Phi}_{k,\ i}^{\mathrm{T}} \tag{4.6.6}$$

离散线性系统随机一致完全可控的充要条件是：存在正整数 N 和 $\beta_1>0$，$\beta_2>0$，使得

$$\beta_1\boldsymbol{I}<\boldsymbol{W}_C(k-N+1,\ k)<\beta_2\boldsymbol{I} \tag{4.6.7}$$

离散线性系统随机完全可控的充分必要条件是：存在正整数 N，使可控性矩阵正定

$$\boldsymbol{W}_C(k-N+1,\ k)>0 \tag{4.6.8}$$

如果系统是定常系统，式(4.6.6)可以表示为

$$\boldsymbol{W}_C(k-N+1,\ k)=\sum_{i=1}^{N}\boldsymbol{\Phi}^{N-i}\boldsymbol{\Gamma}\boldsymbol{D}_w(\boldsymbol{\Phi}^{N-i}\boldsymbol{\Gamma})^{\mathrm{T}}$$

设 $\boldsymbol{D}_w^{\frac{1}{2}}$ 为正定矩阵的 $\boldsymbol{D}_w$ 的平方根矩阵，即 $\boldsymbol{D}_w=\boldsymbol{D}_w^{\frac{1}{2}}\boldsymbol{D}_w^{\frac{1}{2}}$，式(4.6.6)可进一步表示为

$$W_C(k-N+1,\ k)=\left[\boldsymbol{\Gamma} \boldsymbol{D}_w^{\frac{1}{2}}\quad \boldsymbol{\Phi}\boldsymbol{\Gamma}\boldsymbol{D}_w^{\frac{1}{2}}\quad \cdots\quad \boldsymbol{\Phi}^{N-1}\boldsymbol{\Gamma}\boldsymbol{D}_w^{\frac{1}{2}}\right]\begin{bmatrix}\boldsymbol{D}_w^{\frac{1}{2}}\boldsymbol{\Gamma}^{\mathrm{T}}\\ \boldsymbol{D}_w^{\frac{1}{2}}\boldsymbol{\Gamma}^{\mathrm{T}}\boldsymbol{\Phi}^{\mathrm{T}}\\ \vdots\\ \boldsymbol{D}_w^{\frac{1}{2}}\boldsymbol{\Gamma}^{\mathrm{T}}(\boldsymbol{\Phi}^{N-1})^{\mathrm{T}}\end{bmatrix} \tag{4.6.9}$$

设

$$\boldsymbol{C}=\left[\boldsymbol{\Gamma}\boldsymbol{D}_w^{\frac{1}{2}}\quad \boldsymbol{\Phi}\boldsymbol{\Gamma}\boldsymbol{D}_w^{\frac{1}{2}}\quad \cdots\quad \boldsymbol{\Phi}^{N-1}\boldsymbol{\Gamma}\boldsymbol{D}_w^{\frac{1}{2}}\right] \tag{4.6.10}$$

那么

$$\boldsymbol{W}_C(k-N+1,\ k)=\boldsymbol{C}\boldsymbol{C}^{\mathrm{T}} \tag{4.6.11}$$

根据附录 C. 3 知，$\boldsymbol{W}_C(k-N+1,\ k)$ 正定的充要条件是 $\boldsymbol{C}$ 为行满秩矩阵，即

$$\operatorname{rank}(\boldsymbol{C})=n \tag{4.6.12}$$

$\boldsymbol{C}$ 还可以表示为

$$\boldsymbol{C}=[\boldsymbol{\Gamma}\quad \boldsymbol{\Phi}\boldsymbol{\Gamma}\quad \cdots\quad \boldsymbol{\Phi}^{N-1}\boldsymbol{\Gamma}]\boldsymbol{D}_w^{\frac{1}{2}} \tag{4.6.13}$$

因为 $\boldsymbol{D}_w^{\frac{1}{2}}$ 为正定矩阵，所以只要

$$\operatorname{rank}[\boldsymbol{\Gamma}\quad \boldsymbol{\Phi}\boldsymbol{\Gamma}\quad \cdots\quad \boldsymbol{\Phi}^{N-1}\boldsymbol{\Gamma}]=n \tag{4.6.14}$$

就可得到 $\boldsymbol{W}_C(k-N+1,\ k)>0$，那么离散线性系统就是随机完全可控的。

(2) 随机线性连续系统的可控性：

对于连续系统，可控性矩阵为

$$\boldsymbol{W}_C(t_0,\ t)=\int_{t_0}^{t}\boldsymbol{\Phi}(t,\ \tau)\boldsymbol{C}(\tau)\boldsymbol{D}_e(\tau)\boldsymbol{\Phi}^{\mathrm{T}}(t,\ \tau)\boldsymbol{C}^{\mathrm{T}}(\tau)\mathrm{d}\tau \tag{4.6.15}$$

连续线性系统的随机一致完全可控的充要条件是：对于任意初始时刻 t_0，存在 $t>t_0$，$\beta_1>0$ 和 $\beta_2>0$，使

$$\beta_1\boldsymbol{I}<\boldsymbol{W}_C(t_0,\ t)<\beta_2\boldsymbol{I} \tag{4.6.16}$$

连续线性系统随机完全可控的充要条件是：对于任意初始时刻 t_0，存在 $t>t_0$ 使得 $\boldsymbol{W}_C(t_0,\ t)$ 正定

$$\boldsymbol{W}_C(t_0,\ t)>0 \tag{4.6.17}$$

可以证明，当 $\boldsymbol{D}_\Delta(t)\to\infty$ 且 $\boldsymbol{D}_{\hat{X}}(0)=0$ 时，$\boldsymbol{D}_{\hat{X}}(t)=\boldsymbol{W}_C(t_0,\ t)$。

2. 可测性

(1)随机线性离散系统的可测性：

对于离散系统，可测性矩阵为

$$\boldsymbol{W}_O(k-N+1,\ k)=\sum_{j=k-N+1}^{k}\boldsymbol{\Phi}_{j,\ k}^{\mathrm{T}}\boldsymbol{H}_j^{\mathrm{T}}\boldsymbol{D}_\Delta^{-1}(j)\boldsymbol{H}_j\boldsymbol{\Phi}_{j,\ k} \tag{4.6.18}$$

离散线性系统随机一致完全可测的充要条件是：存在正整数 N 和 $\alpha_1>0$，$\alpha_2>0$，使得

$$\alpha_1\boldsymbol{I}<\boldsymbol{W}_O(k-N+1,\ k)<\alpha_2\boldsymbol{I} \tag{4.6.19}$$

离散线性系统随机完全可测的充要条件是：存在正整数 N，使可测性矩阵正定，即满足

$$\boldsymbol{W}_O(k-N+1,\ k)>0 \tag{4.6.20}$$

可以证明，对于时不变系统而言，$W_O(k-N+1,\ k)$ 正定等价于

$$\operatorname{rank}\begin{bmatrix} H \\ H\Phi \\ \vdots \\ H\Phi^{N-1} \end{bmatrix} = n \tag{4.6.21}$$

这与系统为确定性输入的完全可测性的判断标准是一样的。

(2)随机线性连续系统的可测性：

对于连续系统而言，可测性矩阵为

$$W_O(t_0,\ t) = \int_{t_0}^{t} \Phi^{\mathrm{T}}(t,\ \tau)H^{\mathrm{T}}(\tau)D_{\Delta}^{-1}(\tau)H(\tau)\Phi(t,\ \tau)\,\mathrm{d}\tau \tag{4.6.22}$$

连续线性系统的随机一致完全可控的充要条件是：对于任意初始时刻 t_0，存在 $t > t_0$，$\alpha_1 > 0$ 和 $\alpha_2 > 0$，

$$\alpha_1 I < W_O(t_0,\ t) < \alpha_2 I \tag{4.6.23}$$

连续线性系统随机完全可测的充要条件是：存在 $t > t_0$ 使可测性矩阵正定，即

$$W_O(t_0,\ t) > 0 \tag{4.6.24}$$

由矩阵黎卡提微分方程证明得到，当 $D_e(t)=0$ 且 $D_{\hat{X}}(0)=\infty$ 时，$D_{\hat{X}}(t)=W_O^{-1}(t_0,\ t)$。

4.6.2 Kalman 滤波的稳定性

控制系统的稳定性是指系统受到某种干扰，在干扰消失后，系统恢复到原有运动状态的能力。就 Kalman 滤波而言，在算法启动时必须先给定初始状态，但在工程实践中，初始值通常不能确切知道，只能假定给出。如果滤波的初始值偏差较大，滤波经过一段时间的递推，也能摆脱初值偏差的干扰，逐渐在较小的范围内变化，那么滤波器是稳定的。下面给出滤波稳定性的定义。

现有任意的滤波器初值 $\hat{X}_1(0)$ 和 $\hat{X}_2(0)$，并设 $\hat{X}_1(k)$ 和 $\hat{X}_2(k)$ 分别表示以 $\hat{X}_1(0)$ 和 $\hat{X}_2(0)$ 为初始值的递推滤波。对于任意给定的正数 ε，都可以找到正数 κ，使得对任意满足

$$\| \hat{X}_1(0) - \hat{X}_2(0) \| < \kappa \tag{4.6.25}$$

都有

$$\| \hat{X}_1(k) - \hat{X}_2(k) \| < \varepsilon \tag{4.6.26}$$

则称滤波器是稳定的。上式中如果

$$\lim_{k\to\infty} \| \hat{X}_1(k) - \hat{X}_2(k) \| = 0 \tag{4.6.27}$$

则称滤波器是一致渐进稳定。

在例 4.4 的滤波器中我们看到，无论初始值取何值，滤波总能达到稳态。那么稳态的滤波器是否一定一致渐进稳定的呢？这里设 $\hat{X}_1(k)$ 和 $\hat{X}_2(k)$ 是分别以 $\hat{X}_1(0)$ 和 $\hat{X}_2(0)$ 为初始值的稳态滤波，那么

$$\hat{\boldsymbol{X}}_1(k) = (\boldsymbol{I} - \boldsymbol{KH})\boldsymbol{\Phi}\hat{\boldsymbol{X}}_1(k-1) + \boldsymbol{KZ}(k)$$
$$\hat{\boldsymbol{X}}_2(k) = (\boldsymbol{I} - \boldsymbol{KH})\boldsymbol{\Phi}\hat{\boldsymbol{X}}_2(k-1) + \boldsymbol{KZ}(k) \tag{4.6.28}$$

设

$$\delta(k) = \hat{\boldsymbol{X}}_1(k) - \hat{\boldsymbol{X}}_2(k) \tag{4.6.29}$$

将式(4.6.28)代入式(4.6.29)，得到

$$\delta(k) = (\boldsymbol{I} - \boldsymbol{KH})\boldsymbol{\Phi}\delta(k-1) \tag{4.6.30}$$

通过迭代可得

$$\delta(k) = [(\boldsymbol{I} - \boldsymbol{KH})\boldsymbol{\Phi}]^k\delta(0) \tag{4.6.31}$$

其中

$$\delta(0) = \hat{\boldsymbol{X}}_1(0) - \hat{\boldsymbol{X}}_2(0) \tag{4.6.32}$$

由于矩阵 $(\boldsymbol{I} - \boldsymbol{KH})\boldsymbol{\Phi}$ 是稳定的，所以

$$\lim_{k\to\infty}\delta(k) = 0 \tag{4.6.33}$$

这说明，如果 Kalman 滤波器是稳态的，那么它就一定具有稳定性，无论初值如何选取，滤波总能摆脱初值的影响。

对于随机线性连续定常系统，若系统是稳态的，那么滤波方差将随着时间的递推逐渐地趋向稳态值，即 $t\to\infty$，$\dot{\boldsymbol{D}}_{\hat{X}}(\infty) = 0$，根据矩阵黎卡提微分方程，得到

$$\boldsymbol{AD}_{\hat{X}}(\infty) + \boldsymbol{D}_{\hat{X}}(\infty)\boldsymbol{A}^{\mathrm{T}} + \boldsymbol{C}\boldsymbol{D}_e\boldsymbol{C}^{\mathrm{T}} - \boldsymbol{D}_{\hat{X}}(\infty)\boldsymbol{H}^{\mathrm{T}}\boldsymbol{D}_{\Delta}^{-1}\boldsymbol{HD}_{\hat{X}}(\infty) = 0 \tag{4.6.34}$$

上式就是在例 4.4 中提到的代数黎卡提方程，其中的 $\boldsymbol{D}_{\hat{X}}(\infty)$ 表示连续型滤波方差的稳态值，$\boldsymbol{AD}_{\hat{X}}(\infty) + \boldsymbol{D}_{\hat{X}}(\infty)\boldsymbol{A}^{\mathrm{T}}$ 和 $\boldsymbol{C}\boldsymbol{D}_e\boldsymbol{C}^{\mathrm{T}}$ 分别是状态不确定部分和系统噪声引起的 $\dot{\boldsymbol{D}}_{\hat{X}}(\infty)$ 增大部分，$\boldsymbol{D}_{\hat{X}}(\infty)\boldsymbol{H}^{\mathrm{T}}\boldsymbol{D}_{\Delta}^{-1}\boldsymbol{HD}_{\hat{X}}(\infty)$ 是加入观测值后使 $\dot{\boldsymbol{D}}_{\hat{X}}(\infty)$ 减小的部分，两部分相互作用，最后使 $\dot{\boldsymbol{D}}_{\hat{X}}(\infty) = 0$。相应的，增益矩阵的稳态值为

$$\boldsymbol{K}(\infty) = \boldsymbol{D}_{\hat{X}}(\infty)\boldsymbol{H}^{\mathrm{T}}\boldsymbol{D}_{\Delta}^{-1} \tag{4.6.35}$$

稳态的滤波为

$$\dot{\hat{\boldsymbol{X}}}(t) = \boldsymbol{A}\hat{\boldsymbol{X}}(t) + \boldsymbol{K}(\infty)[\boldsymbol{Z}(t) - \boldsymbol{H}\hat{\boldsymbol{X}}(t)] \tag{4.6.36}$$

同样，对于随机离散线性系统，当滤波从任意的初始方差 $\boldsymbol{D}_{\hat{X}}(0)$ 开始，$\boldsymbol{D}_{\hat{X}}(k)$ 随着时间的推移也趋于稳态，存在唯一的正定矩阵 $\boldsymbol{D}_{\hat{X}}$，

$$\lim_{k\to\infty}\boldsymbol{D}_{\hat{X}}(k) = \boldsymbol{D}_{\hat{X}} \tag{4.6.37}$$

根据式(4.2.49)，得到

$$\lim_{k\to\infty}\boldsymbol{D}_{\hat{X}}(k, k-1) = \boldsymbol{\Phi}\boldsymbol{D}_{\hat{X}}\boldsymbol{\Phi}^{\mathrm{T}} + \boldsymbol{D}_w \tag{4.6.38}$$

显然，$\boldsymbol{D}_{\hat{X}}(k, k-1)$ 也必然趋于一稳定值，设

$$\lim_{k\to\infty}\boldsymbol{D}_{\hat{X}}(k, k-1) = \boldsymbol{D}_{\tilde{X}} \tag{4.6.39}$$

根据滤波的递推关系，容易得到

$$\boldsymbol{D}_{\hat{X}} = \boldsymbol{D}_{\tilde{X}} - \boldsymbol{D}_{\tilde{X}}\boldsymbol{H}^{\mathrm{T}}(\boldsymbol{HD}_{\tilde{X}}\boldsymbol{H}^{\mathrm{T}} + \boldsymbol{D}_{\Delta})^{-1}\boldsymbol{HD}_{\tilde{X}} \tag{4.6.40}$$

$$K = D_{\tilde{X}} H^{\mathrm{T}} (H D_{\tilde{X}} H^{\mathrm{T}} + D_{\Delta})^{-1} \tag{4.6.41}$$

由式(4.2.49)并考虑递推关系可以得到

$$D_{\hat{X}}(k+1, k) = \Phi D_{\hat{X}}(k, k-1)[I - H^{\mathrm{T}}(H D_{\hat{X}}(k, k-1) H^{\mathrm{T}} + D_{\Delta})^{-1} H D_{\hat{X}}(k, k-1)] \Phi^{\mathrm{T}} + D_w \tag{4.6.42}$$

上式也称为黎卡提差分方程。根据黎卡提差分方程，当 $D_{\hat{X}}(k, k-1)$ 稳态后有

$$D_{\tilde{X}} = \Phi[D_{\tilde{X}} - D_{\tilde{X}} H^{\mathrm{T}} (H D_{\tilde{X}} H^{\mathrm{T}} + D_{\Delta})^{-1} H D_{\tilde{X}}] \Phi^{\mathrm{T}} + D_w \tag{4.6.43}$$

4.6.3 Kalman 滤波稳定的判别条件

Kalman 等人证明了如果线性系统是随机一致完全可控和随机一致完全可测的，那么 Kalman 滤波器是一致渐近稳定的。对随机线性定常系统来说，完全可控和完全可测等价于一致完全可控和一致完全可测，所以只要系统完全可控和完全可测，那么滤波就是一致渐近稳定的。

例 4.6 系统的状态方程和观测方程如下所示

$$\begin{bmatrix} X_1(k+1) \\ X_2(k+1) \end{bmatrix} = \begin{bmatrix} 1 & T \\ 0 & 1 \end{bmatrix} \begin{bmatrix} X_1(k) \\ X_2(k) \end{bmatrix} + \begin{bmatrix} T^2/2 \\ T \end{bmatrix} e(k)$$

$$Z(k) = [1 \quad 0] \begin{bmatrix} X_1(k) \\ X_2(k) \end{bmatrix} + \Delta(k)$$

假设 $e(k)$ 和 $\Delta(k)$ 都是均值为零的白噪声，又互不相关，即

$$E[e(k)] = E[\Delta(k)] = 0$$

$$\mathrm{Cov}[e(k), e(j)] = D_e \delta(k-j)$$

$$\mathrm{Cov}[\Delta(k), \Delta(j)] = D_{\Delta} \delta(k-j)$$

D_e 和 D_{Δ} 均正定。判断此系统是否具有一致渐近稳定性。

解：此系统为线性时不变系统，$n = 2$。由系统方程和观测方程知

$$\Phi = \begin{bmatrix} 1 & T \\ 0 & 1 \end{bmatrix}, \quad \Gamma = \begin{bmatrix} T^2/2 \\ T \end{bmatrix}, \quad H = [1 \quad 0]$$

下面根据式(4.6.14)来判断此系统是否具有随机完全可控性

$$[\Gamma \quad \Phi\Gamma] = \begin{bmatrix} \frac{T^2}{2} & \frac{3T^2}{2} \\ T & T \end{bmatrix} = T \begin{bmatrix} \frac{T}{2} & \frac{3T}{2} \\ 1 & 1 \end{bmatrix}$$

显然只要 $T \neq 0$，上式就可以满足 $\mathrm{rank}[\Gamma \quad \Phi\Gamma] = 2$。

根据式(4.6.21)来判断此系统是否具有随机一致完全可测性

$$\mathrm{rank} \begin{bmatrix} H \\ H\Phi \end{bmatrix} = \begin{bmatrix} 1 & 0 \\ 1 & T \end{bmatrix} = 2$$

所以，此系统既是随机一致完全可测的，也是随机一致完全可控的，可判定此系统是一致渐近稳定的。

例 4.7 有观测方程和状态方程

$$\begin{aligned} \dot{\boldsymbol{X}}(t) &= \boldsymbol{w}(t) \qquad \mathrm{Cov}[\boldsymbol{e}(t)] = \boldsymbol{D}_e \\ \boldsymbol{Z}(t) &= \boldsymbol{X}(t) + \Delta(t) \qquad \mathrm{Cov}[\Delta(t)] = \boldsymbol{D}_\Delta \end{aligned} \tag{4.6.44}$$

$\boldsymbol{D}_e > 0$，$\boldsymbol{D}_\Delta > 0$。判定此系统是否稳定的，如果是稳定的，求稳定后的滤波方差。

解：在此系统中

$$\boldsymbol{A} = 0, \ \boldsymbol{\Phi} = 1, \ \boldsymbol{C} = 1, \ \boldsymbol{H} = 1 \tag{4.6.45}$$

可控性矩阵为

$$\begin{aligned} \boldsymbol{W}_C(t_0, \ t) &= \int_{t_0}^{t} \boldsymbol{D}_e \mathrm{d}\tau \\ &= \boldsymbol{D}_e(t - t_0) \end{aligned} \tag{4.6.46}$$

可测性矩阵为

$$\begin{aligned} \boldsymbol{W}_O(t_0, \ t) &= \int_{t_0}^{t} \boldsymbol{D}_\Delta^{-1} \mathrm{d}\tau \\ &= \boldsymbol{D}_\Delta^{-1}(t - t_0) \end{aligned} \tag{4.6.47}$$

显然，此系统满足完全可控和完全可测的条件。又由于此系统是定常系统，因此，此系统也是完全一致可控和完全一致可测的，所以这个系统是一致渐近稳定的。根据式(4.6.34)有

$$\boldsymbol{D}_e - \boldsymbol{D}_{\hat{X}}(\infty)\boldsymbol{D}_\Delta{}^{-1}\boldsymbol{D}_{\hat{X}}(\infty) = 0$$

在此问题中，上式的各矩阵都是标量，所以

$$\boldsymbol{D}_{\hat{X}}(\infty) = \sqrt{\boldsymbol{D}_e \boldsymbol{D}_\Delta}$$

稳态的增益矩阵为

$$\boldsymbol{K}(\infty) = \sqrt{\frac{\boldsymbol{D}_e}{\boldsymbol{D}_\Delta}}$$

第 5 章　改进的 Kalman 滤波

本章首先介绍观测值逐次更新的 Kalman 滤波和扩展的 Kalman 滤波，它们可以在一定程度上减小线性化带来的模型误差，并提高计算效率。接着介绍信息滤波，它解决了初始值方差无穷大无法启动滤波的问题。然后，本章将介绍自适应的 Kalman 滤波，它能够有效地克服数学模型与现实不符造成的发散。最后，给出分解滤波算法，包括平方根滤波、UDU 滤波和平方根信息滤波，它们可以有效地抑制计算误差导致的滤波发散。

5.1　观测值逐次更新的 Kalman 滤波

观测值逐次更新的 Kalman 滤波对 Kalman 滤波基础方程测量更新部分做出改进，它用观测值逐个对状态 $\boldsymbol{X}(k)$ 进行更新，每一次测量更新的新息都是一个标量，增益矩阵中矩阵的求逆运算也转化为对标量求倒数，不仅提高了计算效率，而且减小了计算误差，在一定程度上确保了数值计算的稳定性。此外，如果观测方程是非线性的，观测值逐次更新还起到了迭代的作用，这也减小了线性化带来的模型误差。

5.1.1　观测值相互独立时的逐次更新法

观测值逐次更新的 Kalman 滤波的时间预测与第 4 章介绍的步骤一样，为

$$\hat{\boldsymbol{X}}(k,\ k-1)=\boldsymbol{\Phi}_{k,\ k-1}\hat{\boldsymbol{X}}(k-1) \tag{5.1.1}$$

$$\boldsymbol{D}_{\hat{X}}(k,\ k-1)=\boldsymbol{\Phi}_{k,\ k-1}\boldsymbol{D}_{\hat{X}}(k-1)\boldsymbol{\Phi}_{k,\ k-1}^{\mathrm{T}}+\boldsymbol{D}_{w}(k-1) \tag{5.1.2}$$

在得到时间预测 $\hat{\boldsymbol{X}}(k,\ k-1)$ 后，对测量更新部分的算法做出了改进。

设观测方程为

$$\boldsymbol{Z}(k)=\boldsymbol{H}_k\boldsymbol{X}(k)+\boldsymbol{\Delta}(k) \tag{5.1.3}$$

其中 $\boldsymbol{Z}(k)$ 为观测值向量

$$\boldsymbol{Z}(k)=[Z_1(k)\quad \cdots Z_j(k)\quad \cdots\quad Z_\ell(k)]^{\mathrm{T}} \tag{5.1.4}$$

设计矩阵为

$$\boldsymbol{H}_k=\begin{bmatrix}\boldsymbol{h}_1(k)\\ \vdots\\ \boldsymbol{h}_j(k)\\ \vdots\\ \boldsymbol{h}_\ell(k)\end{bmatrix} \tag{5.1.5}$$

如果观测值是相互独立的，那么量测噪声方差阵为对角矩阵。设观测值向量的噪声方差阵为

$$D_{\Delta}(k)=\text{diag}[d_1(k)\quad\cdots\quad d_j(k)\quad\cdots\quad d_{\ell}(k)] \tag{5.1.6}$$

现取出第 1 个观测值

$$\underset{1\times1}{Z_1(k)}=\underset{1\times n}{\boldsymbol{h}_1(k)}\underset{n\times1}{\boldsymbol{X}(k)}+\underset{1\times1}{\boldsymbol{\Delta}_1(k)} \tag{5.1.7}$$

对 $\hat{\boldsymbol{X}}(k,\ k-1)$ 进行更新

$$V_1(k,\ k-1)=\boldsymbol{Z}_1(k)-\boldsymbol{h}_1(k)\hat{\boldsymbol{X}}(k,\ k-1) \tag{5.1.8}$$

$$\boldsymbol{K}_k^{[1]}=\frac{\boldsymbol{D}_{\hat{X}}(k,\ k-1)\boldsymbol{h}_1(k)^{\mathrm{T}}}{\boldsymbol{h}_1(k)\boldsymbol{D}_{\hat{X}}(k,\ k-1)\boldsymbol{h}_1(k)^{\mathrm{T}}+d_1(k)} \tag{5.1.9}$$

$$\hat{\boldsymbol{X}}^{[1]}(k)=\hat{\boldsymbol{X}}(k,\ k-1)+\boldsymbol{K}_k^{[1]}V_1(k,\ k-1) \tag{5.1.10}$$

$$\boldsymbol{D}_{\hat{X}}^{[1]}(k)=(\boldsymbol{I}-\boldsymbol{K}_k^{[1]}\boldsymbol{h}_1(k))\boldsymbol{D}_{\hat{X}}(k,\ k-1) \tag{5.1.11}$$

其中，$V_1(k,\ k-1)$ 是观测值 $Z_1(k)$ 的新息，为标量；$\boldsymbol{K}_k^{[1]}$ 为观测值 $Z_1(k)$ 的增益矩阵，其中的 $\boldsymbol{h}_1(k)\boldsymbol{D}_{\hat{X}}(k,\ k-1)\boldsymbol{h}_1(k)^{\mathrm{T}}+d_1(k)$ 也为标量，所以原来增益矩阵中的求逆成为对其求倒数的运算；$\hat{\boldsymbol{X}}^{[1]}(k)$ 为 $Z_1(k)$ 对预测状态向量 $\hat{\boldsymbol{X}}(k,\ k-1)$ 的更新；$\boldsymbol{D}_{\hat{X}}^{[1]}(k)$ 为 $\hat{\boldsymbol{X}}^{[1]}(k)$ 的方差矩阵。

接下来利用第二个观测方程

$$Z_2(k)=\boldsymbol{h}_2(k)\boldsymbol{X}(k)+\boldsymbol{\Delta}_2(k) \tag{5.1.12}$$

对 $\hat{\boldsymbol{X}}^{[1]}(k)$ 再次进行更新。如此逐一进行下去，第 j 个观测值 $Z_j(k)$ 对状态 $\hat{\boldsymbol{X}}^{[j-1]}(k)$ 的更新为

$$V_j(k,\ k-1)=Z_j(k)-\boldsymbol{h}_j(k)\hat{\boldsymbol{X}}^{[j-1]}(k) \tag{5.1.13}$$

$$\boldsymbol{K}_k^{[j]}=\frac{\boldsymbol{D}_{\hat{X}}^{[j-1]}(k)\boldsymbol{h}_j(k)^{\mathrm{T}}}{\boldsymbol{h}_j(k)\boldsymbol{D}_{\hat{X}}^{[j-1]}\boldsymbol{h}_j(k)^{\mathrm{T}}+d_j(k)} \tag{5.1.14}$$

$$\hat{\boldsymbol{X}}^{[j]}(k)=\hat{\boldsymbol{X}}^{[j-1]}(k)+\boldsymbol{K}_k^{[j]}V_j(k,\ k-1) \tag{5.1.15}$$

$$\boldsymbol{D}_{\hat{X}}^{[j]}(k)=(I-\boldsymbol{K}_k^{[j]}\boldsymbol{h}_j(k))\boldsymbol{D}_{\hat{X}}^{[j-1]}(k) \tag{5.1.16}$$

在第 1 个观测值 ($j=1$) 进行更新时

$$\hat{\boldsymbol{X}}^{[0]}(k)=\hat{\boldsymbol{X}}(k,\ k-1) \tag{5.1.17}$$

$$\boldsymbol{D}_{\hat{X}}^{[0]}(k)=\boldsymbol{D}_{\hat{X}}(k,\ k-1) \tag{5.1.18}$$

重复以上的计算，直到观测向量 $\boldsymbol{Z}(k)$ 中的最后一个观测值 $Z_{\ell}(k)$ 更新完毕，得到 $\hat{\boldsymbol{X}}^{[\ell]}(k)$ 和 $\boldsymbol{D}_{\hat{X}}^{[\ell]}(k)$。$\hat{\boldsymbol{X}}^{[\ell]}(k)$ 和 $\boldsymbol{D}_{\hat{X}}^{[\ell]}(k)$ 即为在 k 时刻所有观测值对 $\hat{\boldsymbol{X}}(k,\ k-1)$ 的测量更新，即

$$\hat{\boldsymbol{X}}(k)=\hat{\boldsymbol{X}}^{[\ell]}(k) \tag{5.1.19}$$

$$\boldsymbol{D}_{\hat{X}}(k)=\boldsymbol{D}_{\hat{X}}^{[\ell]}(k) \tag{5.1.20}$$

5.1.2 观测值相关时的逐次更新法

如果观测值向量 $\boldsymbol{Z}(k)$ 中的各个观测值是相关的，那么观测噪声方差矩阵 $\boldsymbol{D}_{\Delta}(k)$ 就不是对角矩阵了，这时需要对 $\boldsymbol{Z}(k)$ 作线性变换，使变换后的观测值方差矩阵成为对角矩

阵，这意味着线性变换后的观测值不再相关，接下来就可以按照 5.1.1 节的方法进行观测值对状态的逐次更新了。

设观测方程为

$$\boldsymbol{Z}(k)=\boldsymbol{H}_k\boldsymbol{X}(k)+\boldsymbol{\Delta}(k) \tag{5.1.21}$$

观测方差矩阵为 $\boldsymbol{D}_{\Delta}(k)$，$\boldsymbol{D}_{\Delta}(k)$ 为非对角矩阵，即观测值相互相关。

由附录 A.7 可知，一个对称正定矩阵可以唯一地分解为下三角阵及其转置矩阵的乘积，这样的矩阵分解也称为 Cholesky 分解。在这里对 $\boldsymbol{D}_{\Delta}(k)$ 进行 Cholesky 分解，得到

$$\boldsymbol{D}_{\Delta}(k)=\boldsymbol{L}\boldsymbol{L}^{\mathrm{T}} \tag{5.1.22}$$

这样的分解也称为矩阵的平方根分解。将矩阵 $\boldsymbol{L}^{-1}$ 左乘式(5.1.21)

$$\boldsymbol{L}^{-1}\boldsymbol{Z}(k)=\boldsymbol{L}^{-1}\boldsymbol{H}_k\boldsymbol{X}(k)+\boldsymbol{L}^{-1}\boldsymbol{\Delta}(k) \tag{5.1.23}$$

并设

$$\boldsymbol{Y}(k)=\boldsymbol{L}^{-1}\boldsymbol{Z}(k) \tag{5.1.24}$$

$$\boldsymbol{H}'_k=\boldsymbol{L}^{-1}\boldsymbol{H}_k \tag{5.1.25}$$

$$\boldsymbol{\Delta}'(k)=\boldsymbol{L}^{-1}\boldsymbol{\Delta}(k) \tag{5.1.26}$$

那么式(5.1.23)为

$$\boldsymbol{Y}(k)=\boldsymbol{H}'_k\boldsymbol{X}(k)+\boldsymbol{\Delta}'(k) \tag{5.1.27}$$

视 $\boldsymbol{Y}(k)$ 为新的观测值，其观测噪声为 $\boldsymbol{\Delta}'(k)$，根据误差传播规律可以得到 $\boldsymbol{\Delta}'(k)$ 的方差为

$$\boldsymbol{D}_{\Delta}'(k)=\boldsymbol{L}^{-1}\boldsymbol{D}_{\Delta}(k)\left(\boldsymbol{L}^{-1}\right)^{\mathrm{T}} \tag{5.1.28}$$

由式(5.1.22)可知 $\boldsymbol{D}_{\Delta}'(k)$ 为单位矩阵，即

$$\boldsymbol{D}_{\Delta}'(k)=\boldsymbol{I} \tag{5.1.29}$$

这意味着新的观测值向量 $\boldsymbol{Y}(k)$ 中的观测值不仅相互独立，而且其方差均为 1，这个过程也称为对观测值 $\boldsymbol{Z}(k)$ 的“标准化”，标准化后的观测值为 $\boldsymbol{Y}(k)$。

现将观测值相关情况逐次更新的计算步骤总结如下：

(1)对 $\boldsymbol{D}_{\Delta}(k)$ 进行 Cholesky 分解，得到下三角矩阵 $\boldsymbol{L}$；

(2)将 $\boldsymbol{L}^{-1}$ 左乘原来的观测方程，得到新的观测方程(线性变换)：

$$\boldsymbol{Y}(k)=\boldsymbol{H}_k\boldsymbol{X}(k)+\boldsymbol{\Delta}'(k)$$

(3)做变量替换

$$\boldsymbol{Y}(k)\rightarrow\boldsymbol{Z}(k)$$

$$\boldsymbol{H}'_k\rightarrow\boldsymbol{H}_k$$

$$\boldsymbol{\Delta}'(k)\rightarrow\boldsymbol{\Delta}(k)$$

$$\boldsymbol{D}_{\Delta}'(k)=\boldsymbol{D}_{\Delta}(k)$$

根据式(5.1.13)~式(5.1.16)逐次地对状态进行更新。

由于线性变换后的观测值方差均为 1，所以对增益矩阵的计算为

$$\boldsymbol{K}_k^{[j]}=\frac{\boldsymbol{D}_{\hat{X}}^{[j-1]}(k)\boldsymbol{h}_j(k)^{\mathrm{T}}}{(h_j(k)\boldsymbol{D}_{\hat{X}}^{[j-1]}\boldsymbol{h}_j(k)^{\mathrm{T}}+1)} \tag{5.1.30}$$

5.2　扩展的 Kalman 滤波

Kalman 滤波是基于线性模型的估计，但在实际应用中，描述运动状态的微分方程和观测方程大多是非线性的。在第 3 章中，我们学习了如何将状态方程和观测方程线性化得到线性模型。通常情况下，微分方程将事先给定的参考轨迹 $\boldsymbol{X}_{ref}(t)$ 作为近似值并进行线性化，如图 5.1(a)所示。如果参考轨迹与实际估计的偏差 $\Delta\boldsymbol{X}(t)$ 较大时，将会带来较大的模型误差。为了减小线性化带来的模型误差，扩展的 Kalman 滤波(EKF)在 t_{k-1} 到 t_k 时间段预测中，将 $\hat{\boldsymbol{X}}(k-1)$ 作为初始值并利用连续型的状态方程得到 $\hat{\boldsymbol{X}}(k, k-1)$；在 t_k 的测量更新时，将 $\hat{\boldsymbol{X}}(k, k-1)$ 作为近似值线性化观测方程，测量更新得 $\hat{\boldsymbol{X}}(k)$。因此，EKF 滤波模型线性化的近似值不是事先给出的参考值，而是不断地被观测值修正的，修正后的估计轨迹见图 5.1 的右图。

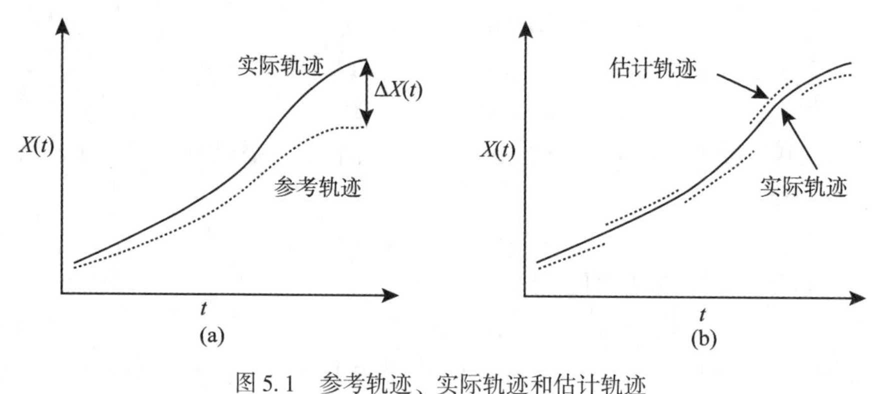

图 5.1　参考轨迹、实际轨迹和估计轨迹

5.2.1　扩展的 Kalman 滤波

设非线性连续时间系统的状态方程为

$$\dot{\boldsymbol{X}}(t)=\boldsymbol{g}[\boldsymbol{X}(t), \boldsymbol{u}(t), \boldsymbol{e}(t)] \tag{5.2.1}$$

在 t_{k-1} 时刻已经估计得到了 $\hat{\boldsymbol{X}}(k-1)$，因此在时间预测中可以 $\hat{\boldsymbol{X}}(k-1)$ 作为初始值，得到 t_k 满足式(5.2.1)的 $\hat{\boldsymbol{X}}(k, k-1)$

$$\hat{\boldsymbol{X}}(k, k-1)=\left\{\begin{matrix} solution\ of\ \dot{\boldsymbol{X}}(t)=\boldsymbol{g}\ [\boldsymbol{X}(t), \boldsymbol{u}(t), 0]_{t=t_k} \\ \boldsymbol{X}(t_{k-1})=\hat{\boldsymbol{X}}(k-1) \end{matrix}\right\} \tag{5.2.2}$$

$\hat{\boldsymbol{X}}(k, k-1)$ 是从非线性的微分方程中得到的，但在解决现实问题时，更多的时候需要用数值解法来得到时间预测，这带来了一定的计算量。此外，方差 $D_{\hat{X}}(k, k-1)$ 仍然需要

从线性化的模型中得到 $\boldsymbol{\Phi}_{k,\ k-1}$。所以，为了简化计算，也可以将 $\hat{\boldsymbol{X}}(k-1)$ 作为近似值先将微分方程线性化，得到线性的状态方程

$$\dot{\boldsymbol{X}}(t)=\boldsymbol{A}(t)\boldsymbol{X}(t)+\boldsymbol{G}(t)+\boldsymbol{C}(t)\boldsymbol{e}(t) \tag{5.2.3}$$

其中

$$\begin{aligned}
\boldsymbol{A}(t)&=\left[\frac{\partial \boldsymbol{g}}{\partial \boldsymbol{X}(t)}\right]_{X(t)=\hat{X}(k-1)}\\
\boldsymbol{C}(t)&=\left[\frac{\partial \boldsymbol{g}}{\partial \boldsymbol{e}(t)}\right]_{X(t)=\hat{X}(k-1)}\\
\boldsymbol{G}(t)&=\boldsymbol{g}\left[\hat{\boldsymbol{X}}(k-1)\quad \boldsymbol{u}(t)\quad 0\right]-\boldsymbol{A}(t)\hat{\boldsymbol{X}}(k-1)
\end{aligned} \tag{5.2.4}$$

在测量更新时，将观测方程在近似值 $\boldsymbol{X}^*(k)$ 处用泰勒公式展开并舍去高阶项

$$\boldsymbol{Z}(k)-\boldsymbol{F}[\boldsymbol{X}^*(k)]+\boldsymbol{H}(k)\boldsymbol{X}^*(k)=\boldsymbol{H}(k)\boldsymbol{X}(k)+\boldsymbol{\Delta}(k) \tag{5.2.5}$$

基于上式的新息为

$$\boldsymbol{V}(k,\ k-1)=\{\boldsymbol{Z}(k)-\boldsymbol{F}[\boldsymbol{X}^*(k)]+\boldsymbol{H}(k)\ \boldsymbol{X}^*(k)\}-\boldsymbol{H}(k)\hat{\boldsymbol{X}}(k,\ k-1) \tag{5.2.6}$$

既然 $\hat{\boldsymbol{X}}(k,\ k-1)$ 是在 t_k 时刻无观测值时的最优估计，所以取 $\hat{\boldsymbol{X}}(k,\ k-1)$ 为近似值，那么上式为

$$\boldsymbol{V}(k,\ k-1)=\boldsymbol{Z}(k)-\boldsymbol{F}(\hat{\boldsymbol{X}}(k,\ k-1)) \tag{5.2.7}$$

得到新息后，剩余的步骤与 Kalman 滤波基础方程一样。

汇总扩展的 Kalman 滤波基本公式见表 5.1。

表 5.1　**扩展的 Kalman 滤波基本公式**

<table>
<tr><td rowspan="2">时间预测</td><td>状态预测</td><td>$\dot{\boldsymbol{X}}(t)=g[\boldsymbol{X}(t),\ \boldsymbol{u}(t),\ \boldsymbol{e}(t)]$
$\dot{\boldsymbol{X}}(t)=\boldsymbol{A}(t)\boldsymbol{X}(t)+\boldsymbol{G}(t)+\boldsymbol{C}(t)\boldsymbol{e}(t)$
$\hat{\boldsymbol{X}}(k,\ k-1)=\boldsymbol{\Phi}_{k,\ k-1}\hat{\boldsymbol{X}}(k-1)+\boldsymbol{\Omega}(k-1)$</td></tr>
<tr><td>预测方差</td><td>$\boldsymbol{D}_{\hat{X}}(k,\ k-1)=\boldsymbol{\Phi}_{k,\ k-1}\boldsymbol{D}_{\hat{X}(k-1)}\boldsymbol{\Phi}_{k,\ k-1}^{\mathrm{T}}+\boldsymbol{D}_{w(k-1)}$</td></tr>
<tr><td rowspan="4">测量更新</td><td>增益矩阵</td><td>$\boldsymbol{K}_k=\boldsymbol{D}_{\hat{X}}(k,\ k-1)\boldsymbol{H}_k^{\mathrm{T}}(\boldsymbol{H}_k\boldsymbol{D}_{\hat{X}}(k,\ k-1)\boldsymbol{H}_k^{\mathrm{T}}+\boldsymbol{D}_{\Delta}(k))^{-1}$</td></tr>
<tr><td>新息序列</td><td>$\boldsymbol{V}(k,\ k-1)=\boldsymbol{Z}(k)-\boldsymbol{F}(\hat{\boldsymbol{X}}(k,\ k-1))$</td></tr>
<tr><td>状态滤波</td><td>$\hat{\boldsymbol{X}}(k)=\hat{\boldsymbol{X}}(k,\ k-1)+\boldsymbol{K}_k\boldsymbol{V}(k,\ k-1)$</td></tr>
<tr><td>滤波方差</td><td>$\boldsymbol{D}_{\hat{X}}(k)=(\boldsymbol{I}-\boldsymbol{K}_k\boldsymbol{H}_k)\boldsymbol{D}_{\hat{X}}(k,\ k-1)$
$\boldsymbol{D}_{\hat{X}}(k)=(\boldsymbol{I}-\boldsymbol{K}_k\boldsymbol{H}_k)\boldsymbol{D}_{\hat{X}}(k,\ k-1)(\boldsymbol{I}-\boldsymbol{K}_k\boldsymbol{H}_k)^{\mathrm{T}}+\boldsymbol{K}_k\boldsymbol{D}_{\Delta}(k)\boldsymbol{K}_k^{\mathrm{T}}$
$\boldsymbol{D}_{\hat{X}}^{-1}(k)=\boldsymbol{D}_{\hat{X}}^{-1}(k,\ k-1)+\boldsymbol{H}_k^{\mathrm{T}}\boldsymbol{D}_{\Delta}^{-1}(k)\boldsymbol{H}_k$</td></tr>
</table>

续表

<table>
<tr><td>说明</td><td>$$\left.\begin{aligned} A(t) &= \left[\frac{\partial g}{\partial X(t)}\right]_{X(t)=X^*(t)} \\ C(t) &= \left[\frac{\partial g}{\partial e(t)}\right]_{X(t)=X^*(t)} \\ G(t) &= g[X^*(t) \quad u(t) \quad 0] - A(t)X^*(t) \\ \Omega(k-1) &= \int_{t_{k-1}}^{t_k} \Phi(t_k, \tau)G(\tau)\mathrm{d}t \end{aligned}\right\} X^*(k-1) = \hat{X}(k-1)$$
$$\left.\frac{\partial F}{\partial X(k)}\right|_{X(k)=X^*(k)} = H_k,\ X^*(k) = \hat{X}(k,\ k-1)$$</td></tr>
</table>

5.2.2　观测值逐次更新的扩展的 Kalman 滤波

在上一节，介绍了观测值逐次更新滤波值的方法，这里给出扩展的 Kalman 滤波的观测值逐次更新法。

扩展的 Kalman 滤波观测值逐次更新算法中的时间预测表 5.1 中给出的时间预测一样，但在测量更新时将观测值向量拆分，用每一个观测值逐一对状态进行更新。

设有观测方程

$$Z(k) = F[X(k)] + \Delta(k) \tag{5.2.8}$$

将观测方程展开为

$$\begin{bmatrix} Z_1(k) \\ Z_2(k) \\ \vdots \\ Z_\ell(k) \end{bmatrix} = \begin{bmatrix} f_1(X(k)) \\ f_2(X(k)) \\ \vdots \\ f_\ell(X(k)) \end{bmatrix} + \begin{bmatrix} \Delta_1(k) \\ \Delta_2(k) \\ \vdots \\ \Delta_\ell(k) \end{bmatrix} \tag{5.2.9}$$

若观测值之间不相关，量测噪声矩阵为对角矩阵

$$D_\Delta(k) = \mathrm{diag}[d_1(k) \quad \cdots \quad d_j(k) \quad \cdots \quad d_\ell(k)] \tag{5.2.10}$$

如果量测噪声相关，先采用 5.1 节中的方法去相关，得到标准化后的观测值。

在测量更新时，首先取第 1 个观测方程

$$Z_1(k) = f_1(X(k)) + \Delta_1(k) \tag{5.2.11}$$

将观测方程线性化，取 $X^*(k)$ 值为 $\hat{X}(k,\ k-1)$，得到雅各布矩阵

$$\left.\frac{\partial f_1}{\partial X(k)}\right|_{X(k)=\hat{X}(k,\ k-1)} = h_1(k) \tag{5.2.12}$$

和 $Z_1(k)$ 的新息

$$V_1(k,\ k-1) = Z_1(k) - f_1(\hat{X}(k,\ k-1)) \tag{5.2.13}$$

在得到新息后，测量更新的公式与式(5.1.14)~式(5.1.16)一样。接着，取 $X^*(k)$ 值为 $\hat{X}^{[1]}(k)$ 对第 2 个观测方程进行线性化并更新，得到 $\hat{X}^{[2]}(k)$ 和 $D_{\hat{X}}^{[2]}(k)$，如此进行下去。第 j 个观测值 $Z_j(k)$ 对状态 $\hat{X}^{[j-1]}(k)$ 的更新的新息为

$$V_j(k,\ k-1)=Z_j(k)-f_j(\hat{X}^{[j-1]}(k)) \tag{5.2.14}$$

重复以上步骤，直到观测向量 $\boldsymbol{Z}(k)$ 中的最后一个观测值 $Z_\ell(k)$ 对状态更新完毕。

观测值逐次更新的扩展 Kalman 滤波计算流程如图 5.2 所示。

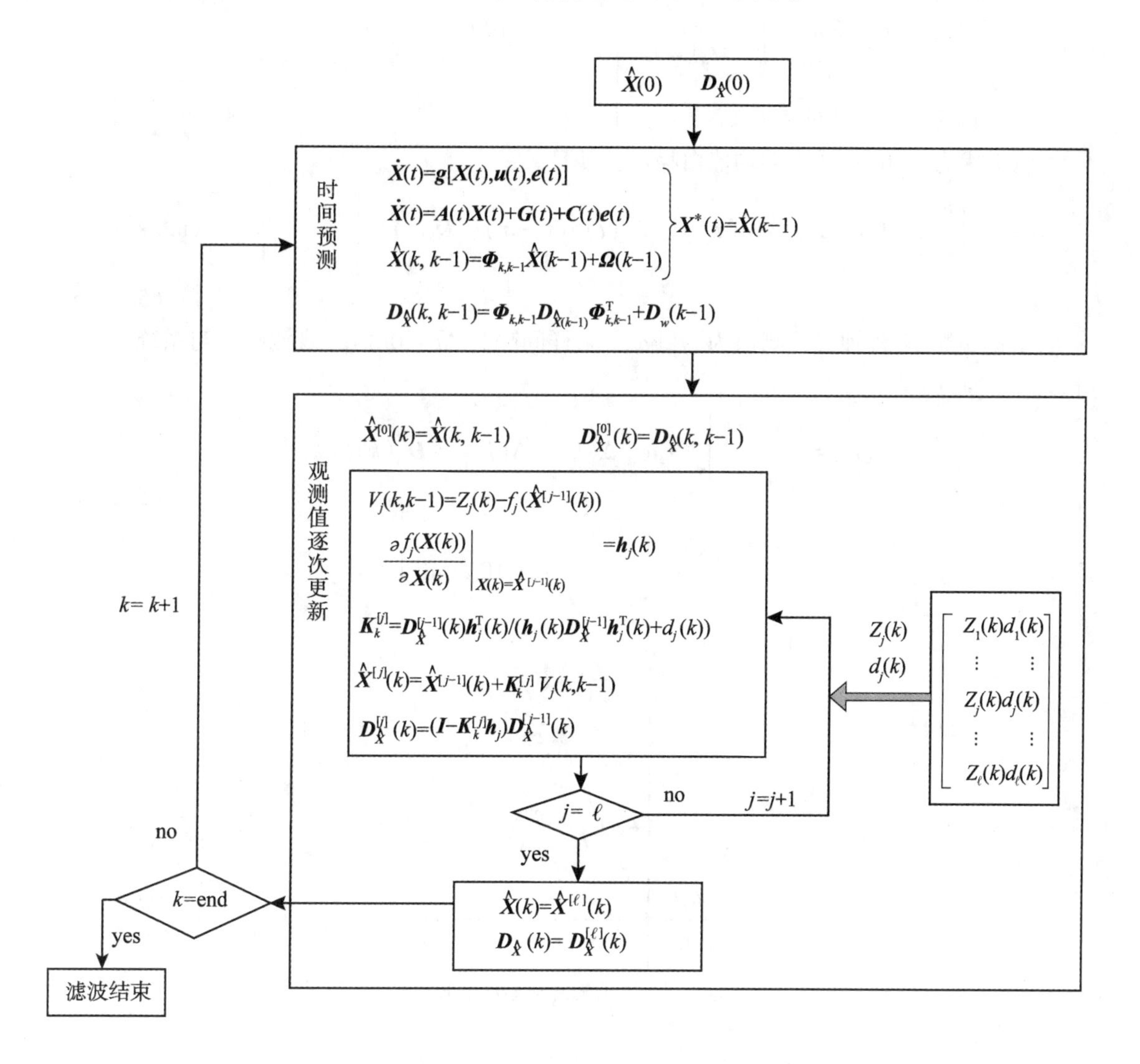

图 5.2 扩展 Kalman 滤波的观测值逐次更新计算流程

5.2.3 算例分析

例 5.1 如图 5.3 所示，从空中水平抛射出的质量为 1kg 的小球，初始水平速度 $v_x(0)$，初始位置坐标 $(x(0),\ y(0))$；受重力 g 和阻尼力影响，阻尼力与速度平方成正比，水平和垂直阻尼系数分别为 k_x，k_y。此外，还存在不确定干扰力，沿 x，y 轴分别为 e_x 和 e_y。在坐标原点处有一观测设备(不妨想象成雷达)，可测得距离 r 和角度 α。用扩展的 Kalman 滤波和观测值逐次更新法估计抛体的下落轨迹。

已知：$k_x = 0.01/\mathrm{m}$，$k_y = 0.05/\mathrm{m}$，$g = 9.8\mathrm{N}$；初始位置和速度及其方差为

$$\boldsymbol{X}(t_0) = \begin{bmatrix} x(t_0) \\ v_x(t_0) \\ y(t_0) \\ v_y(t_0) \end{bmatrix} = \begin{bmatrix} 0\mathrm{m} \\ 50\mathrm{m/s} \\ 500\mathrm{m} \\ 0\mathrm{m/s} \end{bmatrix},\ \boldsymbol{D}_{\hat{X}}(t_0) = \begin{bmatrix} 100\mathrm{m}^2 & & & \\ & 100\ (\mathrm{m/s})^2 & & \\ & & 100\mathrm{m}^2 & \\ & & & 100\ (\mathrm{m/s})^2 \end{bmatrix},$$

将干扰力 e_x 和 e_y 视为零均值白噪声，并且

$$\boldsymbol{e}(t) = \begin{bmatrix} e_x \\ e_y \end{bmatrix},\ \mathrm{Cov}[\boldsymbol{e}(t),\ \boldsymbol{e}(\tau)] = \boldsymbol{D}_e(t)\delta(t-\tau),\ \boldsymbol{D}_e(t) = \begin{bmatrix} 1.5^2 & \\ & 1.5^2 \end{bmatrix}(\mathrm{m}^2/\mathrm{s}^3) \tag{5.2.15}$$

雷达观测 10 秒钟，观测值为 r 和 α，采样间隔为 $\Delta t = 0.1\mathrm{s}$，观测噪声与系统噪声不相关，并且

$$\Delta(k) = \begin{bmatrix} \Delta_r(k) \\ \Delta_\theta(k) \end{bmatrix},\ \mathrm{Cov}[\Delta(k),\ \Delta(j)] = \boldsymbol{D}_\Delta(k)\delta(k-j)$$
$$\boldsymbol{D}_\Delta(\mathrm{k}) = \begin{bmatrix} 10\mathrm{m}^2 & \\ & 1\times 10^{-5}\mathrm{rad}^2 \end{bmatrix} \tag{5.2.16}$$

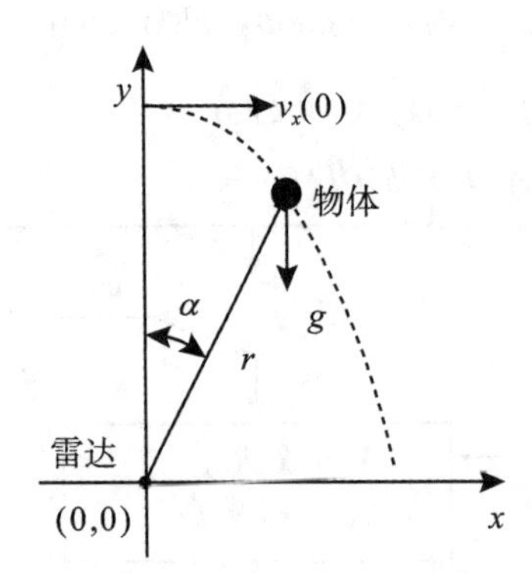

图 5.3　自由下落的抛体和观测

解：设状态为 $\boldsymbol{X}(t) = [x(t)\quad v_x(t)\quad y(t)\quad v_y(t)]^{\mathrm{T}}$，根据题意可得到抛体的运动方程

$$g:\quad \begin{cases} \dot{x}(t) = v_x(t) \\ \dot{v}_x(t) = -k_x v_x^2(t) + e_x(t) \\ \dot{y}(t) = v_y(t) \\ \dot{v}_y(t) = k_y v_y^2(t) - g + e_y(t) \end{cases} \tag{5.2.17}$$

显然，式(5.2.17)的微分方程为非线性函数，先将其线性化。设 $\boldsymbol{X}(t) = \boldsymbol{X}^*(t)$，

$\boldsymbol{e}^*(t)=\boldsymbol{0}$，得到

$$\dot{\boldsymbol{X}}(t)=\boldsymbol{A}(t)\boldsymbol{X}(t)+\boldsymbol{g}[\boldsymbol{X}^*(t)\quad \boldsymbol{u}(t)\quad 0]-\boldsymbol{A}(t)\boldsymbol{X}^*(t)+\boldsymbol{C}(t)\boldsymbol{e}(t) \tag{5.2.18}$$

其中，

$$\boldsymbol{A}(t)=\left[\frac{\partial \boldsymbol{g}}{\partial \boldsymbol{X}(t)}\right]^*=\begin{bmatrix}0 & 1 & 0 & 0\\ 0 & -2k_x v_x(t) & 0 & 0\\ 0 & 0 & 0 & 1\\ 0 & 0 & 0 & 2k_y v_y(t)\end{bmatrix}_{\boldsymbol{X}(t)=\boldsymbol{X}^*(t)} \tag{5.2.19}$$

$$\boldsymbol{C}(t)=\left[\frac{\partial \boldsymbol{g}}{\partial \boldsymbol{e}(t)}\right]^*=\begin{bmatrix}0 & 0\\ 1 & 0\\ 0 & 0\\ 0 & 1\end{bmatrix} \tag{5.2.20}$$

$$\boldsymbol{g}[\boldsymbol{X}^*(t)\quad \boldsymbol{u}(t)\quad 0]=\begin{bmatrix}v_x(t)\\ -k_x v_x^2(t)\\ v_y(t)\\ k_y v_y^2(t)-g\end{bmatrix}_{\boldsymbol{X}(t)=\boldsymbol{X}^*(t)} \tag{5.2.21}$$

设

$$\boldsymbol{G}(t)=\boldsymbol{g}[\boldsymbol{X}^*(t)\quad \boldsymbol{u}(t)\quad 0]-\boldsymbol{A}(t)\boldsymbol{X}^*(t) \tag{5.2.22}$$

将式(5.2.21)和式(5.2.19)代入上式得到

$$\boldsymbol{G}(t)=\begin{bmatrix}0\\ k_x v_x^2(t)\\ 0\\ -k_y v_y^2(t)-g\end{bmatrix}_{\boldsymbol{X}(t)=\boldsymbol{X}^*(t)} \tag{5.2.23}$$

注意到在本问题中，以上的 $\boldsymbol{A}(t)$、$\boldsymbol{C}(t)$ 和 $\boldsymbol{G}(t)$ 在代入近似值 $\boldsymbol{X}^*(t)$ 后都成为与时间无关的常量，所以在下面的推导中用 $\boldsymbol{A}$、$\boldsymbol{C}$ 和 $\boldsymbol{G}$ 来代替 $\boldsymbol{A}(t)$、$\boldsymbol{C}(t)$ 和 $\boldsymbol{G}(t)$。用差分方法将微分方程(5.2.18)离散化，状态转移矩阵为

$$\boldsymbol{\Phi}(t,\ \tau)=\boldsymbol{I}+\boldsymbol{A}\times(t-\tau) \tag{5.2.24}$$

$$\boldsymbol{\Phi}(t,\ \tau)=\begin{bmatrix}1 & t-\tau & 0 & 0\\ 0 & 1-2k_x v_x^*\times(t-\tau) & 0 & 0\\ 0 & 0 & 1 & t-\tau\\ 0 & 0 & 0 & 1+2k_y v_y^*\times(t-\tau)\end{bmatrix} \tag{5.2.25}$$

取

$$\begin{aligned}t&=t_k\\ \tau&=t_{k-1}\end{aligned} \tag{5.2.26}$$

即可得到 $\boldsymbol{\Phi}_{(k,\ k-1)}$，那么离散化后的状态方程为

$$\boldsymbol{X}(k)=\boldsymbol{\Phi}_{k,\ k-1}\boldsymbol{X}(k-1)+\int_{t_{k-1}}^{t_k}\boldsymbol{\Phi}(t,\ \tau)\,\boldsymbol{G}\mathrm{d}\tau+\boldsymbol{w}(k-1) \tag{5.2.27}$$

设式(5.2.27)的积分部分为 $\boldsymbol{\Omega}(k-1)$

$$\begin{aligned}\Omega(k-1)&=\int_{t_{k-1}}^{t_k}\boldsymbol{\Phi}(t_k,\ \tau)\mathrm{d}\tau\cdot\boldsymbol{G}\\&=\begin{bmatrix}\Delta t & \dfrac{\Delta t^2}{2} & 0 & 0\\ 0 & \Delta t-k_x v_x^*\times\Delta t^2 & 0 & 0\\ 0 & 0 & \Delta t & \dfrac{\Delta t^2}{2}\\ 0 & 0 & 0 & \Delta t+k_y v_y^*\times\Delta t^2\end{bmatrix}\begin{bmatrix}0\\ k_x v_x^{*2}\\ 0\\ -k_y v_y^{*2}-g\end{bmatrix}\end{aligned} \tag{5.2.28}$$

$\boldsymbol{w}(k-1)$ 的方差为

$$D_w(k-1)=\int_{t_{k-1}}^{t_k}\boldsymbol{\Phi}(t_k,\ \tau)\boldsymbol{C}\boldsymbol{D}_e(\tau)\,\boldsymbol{C}^{\mathrm{T}}\boldsymbol{\Phi}^{\mathrm{T}}(t_k,\ \tau)\mathrm{d}\tau$$

$$=\begin{bmatrix}\dfrac{\Delta t^3}{3}\sigma_{e_x}^2 & \left(\dfrac{\Delta t^2}{2}-\dfrac{2k_x v_x^*\Delta t^3}{3}\right)\sigma_{e_x}^2 & 0 & 0\\ \left(\dfrac{\Delta t^2}{2}-\dfrac{2k_x v_x^*\Delta t^3}{3}\right)\sigma_{e_x}^2 & \dfrac{(3\Delta t-6k_x v_x^*\Delta t^2+4(k_x v_x^*)^2\Delta t^3)}{3}\sigma_{e_x}^2 & 0 & 0\\ 0 & 0 & \dfrac{\Delta t^3}{3}\sigma_{e_y}^2 & \left(\dfrac{\Delta t^2}{2}+\dfrac{2k_y v_y^*\Delta t^3}{3}\right)\sigma_{e_y}^2\\ 0 & 0 & \left(\dfrac{\Delta t^2}{2}+\dfrac{2k_y v_y^*\Delta t^3}{3}\right)\sigma_{e_y}^2 & \dfrac{(3\Delta t+6k_y v_y^*\Delta t^2+4(k_y v_y^*)^2\Delta t^3)}{3}\sigma_{e_y}^2\end{bmatrix} \tag{5.2.29}$$

在以上模型中，取近似值为

$$\boldsymbol{X}^*=\begin{bmatrix}x^*\\ v_x^*\\ y^*\\ v_y^*\end{bmatrix}=\begin{bmatrix}\hat{x}(k-1)\\ \hat{v}_x(k-1)\\ \hat{y}(k-1)\\ \hat{v}_y(k-1)\end{bmatrix} \tag{5.2.30}$$

在得到 $\boldsymbol{\Phi}_{k,\ k-1}$，$\boldsymbol{\Omega}(k-1)$ 和 $\boldsymbol{D}_w(k-1)$ 后即可进行时间预测。

观测方程为

$$\begin{cases}f_1:\ r(k)=\sqrt{x^2(k)+y^2(k)}+\Delta_r(k)\\ f_2:\ \alpha(k)=\arctan\dfrac{x(k)}{y(k)}+\Delta_\alpha(k)\end{cases} \tag{5.2.31}$$

显然，观测方程也为非线性方程，这里用观测值逐次更新实现扩展的 Kalman 滤波。首先，用观测值 $r(k)$ 对时间预测 $\hat{\boldsymbol{X}}(k,\ k-1)$ 进行更新

$$V_1(k,\ k-1)=r(k)-\sqrt{x^{*2}+y^{*2}} \tag{5.2.32}$$

$$\boldsymbol{h}_1(k)=\left.\frac{\partial f_1}{\partial \boldsymbol{X}(k)}\right|_{\boldsymbol{X}(k)=\boldsymbol{X}^*}$$

$$=\left[\frac{x^*}{\sqrt{x^{*2}+y^{*2}}}\quad 0\quad \frac{y^*}{\sqrt{x^{*2}+y^{*2}}}\quad 0\right] \tag{5.2.33}$$

在上面的计算中，近似值取 $\boldsymbol{X}^*=\hat{\boldsymbol{X}}(k,\ k-1)$。得到 $r(k)$ 对时间预测的更新 $\hat{\boldsymbol{X}}^{[1]}(k)$ 和 $\boldsymbol{D}_{\hat{X}}^{[1]}(k)$，接着用观测值 $\alpha(k)$ 对 $\hat{\boldsymbol{X}}^{[1]}(k)$ 和 $\boldsymbol{D}_{\hat{X}}^{[1]}(k)$ 进行更新

$$V_2(k,\ k-1)=\alpha(k)-\arctan\frac{x^*}{y^*} \tag{5.2.34}$$

$$\boldsymbol{h}_2(k)=\left.\frac{\partial f_2}{\partial \boldsymbol{X}(k)}\right|_{\boldsymbol{X}(k)=\boldsymbol{X}^*}$$

$$=\left[\frac{1/y^*}{1+(x^*/y^*)^2}\quad 0\quad \frac{-x^*/y^{*2}}{1+(x^*/y^*)^2}\quad 0\right] \tag{5.2.35}$$

这时使 $\boldsymbol{X}^*=\hat{\boldsymbol{X}}^{[1]}(k)$，更新得到的 $\hat{\boldsymbol{X}}^{[2]}(k)$ 和 $\boldsymbol{D}_{\hat{X}}^{[2]}(k)$ 就是在 k 时刻的滤波结果：$\hat{\boldsymbol{X}}(k)$ 和 $\boldsymbol{D}_{\hat{X}}(k)$。在得到 $\hat{\boldsymbol{X}}(k)$ 和 $\boldsymbol{D}_{\hat{X}}(k)$ 后即可对 $k+1$ 时刻进行时间预测和测量更新，重复以上计算，直到得到最后一组观测值的滤波结果。

图 5.4 给出了抛体的实际轨迹、观测轨迹和滤波估计轨迹。图 5.5 给出了状态 x 和 y 的滤波方差 $\sigma_{\hat{x}}^2(k)$ 和 $\sigma_{\hat{y}}^2(k)$。从图中可以看到，由于初始状态不确定，所以设定了比较大的初始状态方差，数值为 100。开始滤波后，滤波方差摆脱了初值的影响，方差迅速减小，接着随着时间递推缓慢减小到稳态值。图 5.6 给出了观测值 r 和 α 新息。从图中看到，观测值 r 的新息值在 ±20m 以内，观测值 α 的新息在 ±0.03rad。图 5.7 给出了 $\boldsymbol{K}_k\boldsymbol{V}(k,\ k-1)$ 对 $[\hat{\boldsymbol{x}}(k,\ k-1)\quad \hat{v}_x(k,\ k-1)\quad \hat{y}(k,\ k-1)\quad \hat{v}_y(k,\ k-1)]^{\mathrm{T}}$ 的增益。显然，在最初的 20 多个历元，增益变化较大；随后增益趋于稳定，并达到稳态。

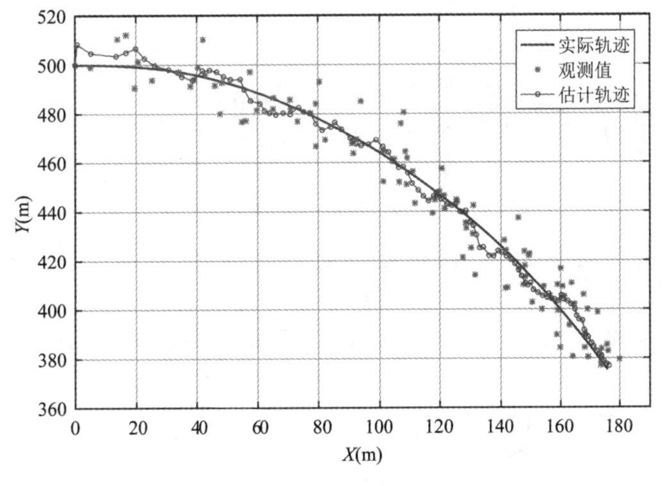

图 5.4 抛体的轨迹

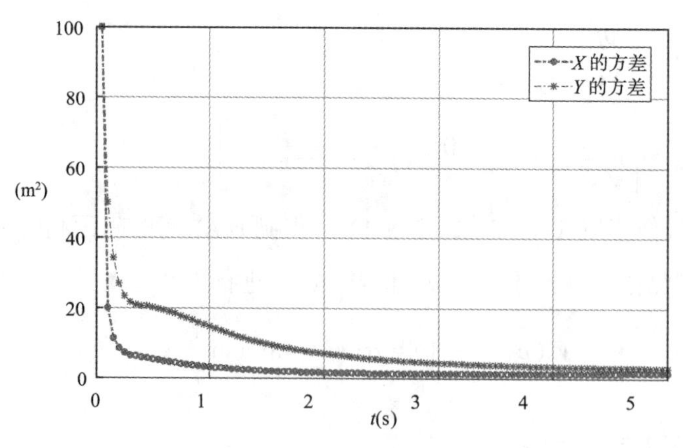

图 5.5　状态 x 和 y 的滤波方差

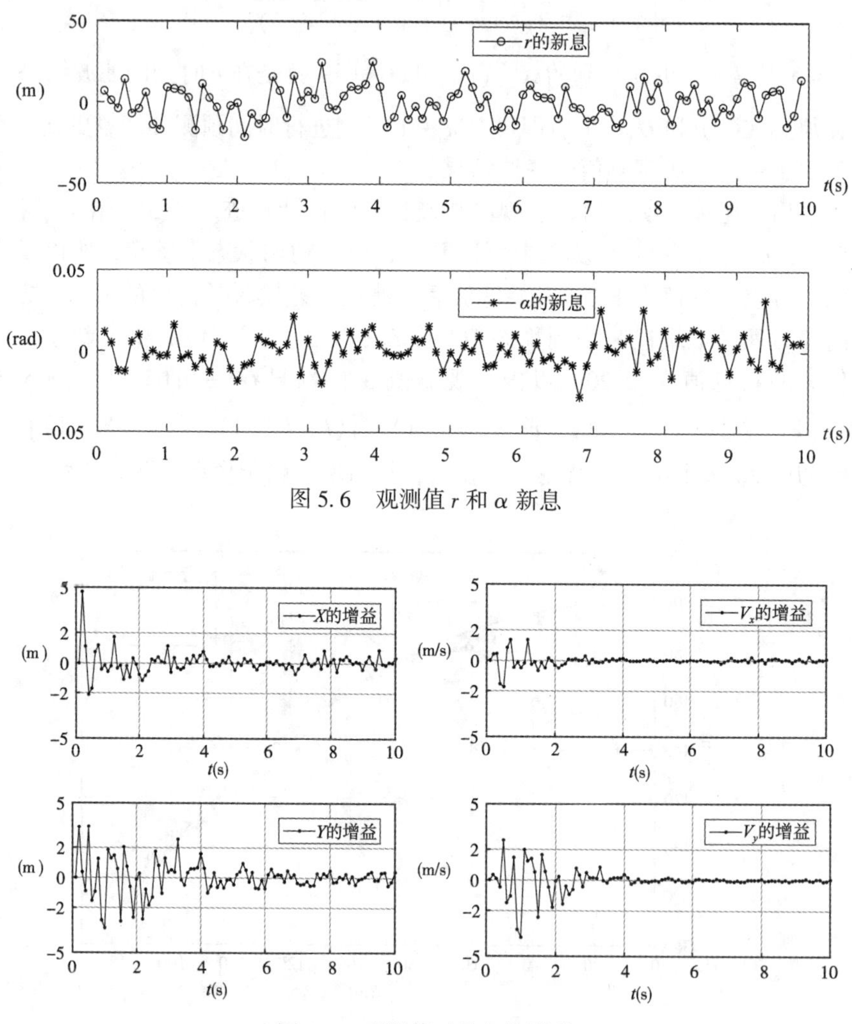

图 5.6　观测值 r 和 α 新息

图 5.7　观测值对状态的增益

5.3 信息滤波

在某些情况下，如果对初始状态 $\hat{\boldsymbol{X}}(0)$ 了解很少，就需要数值很大的方差 $\boldsymbol{D}_{\hat{X}}(0)$ 来描述其不确定性。但在数值计算中，某些变量与其他变量的数值差异较大容易造成数值计算的不稳定从而引起计算误差。为了解决这一问题，可以考虑使用 $\boldsymbol{D}_{\hat{X}}(k)$ 和 $\boldsymbol{D}_{\hat{X}}(k, k-1)$ 的逆矩阵 $\boldsymbol{W}_{k,k-1}$ 和 $\boldsymbol{W}_k$ 来传递数值完成滤波的递推。如当 $\hat{\boldsymbol{X}}(0)$ 完全不知，那么 $\boldsymbol{D}_{\hat{X}}(0) \to \infty$，这时可以设置 $\boldsymbol{W}_0 \to 0$ 来启动滤波进行递推计算。因为 $\boldsymbol{W}_{k,k-1}$ 和 $\boldsymbol{W}_k$ 带有原方差矩阵的信息，所以也被称为信息矩阵，利用 $\boldsymbol{W}_{k,k-1}$ 和 $\boldsymbol{W}_k$ 进行的滤波计算也称为信息滤波。

设

$$\boldsymbol{L}_{k,k-1} = \boldsymbol{W}_{k,k-1}\hat{\boldsymbol{X}}(k, k-1) \tag{5.3.1}$$

$$\boldsymbol{L}_k = \boldsymbol{W}_k\hat{\boldsymbol{X}}(k) \tag{5.3.2}$$

下面首先推导给出 $\boldsymbol{L}_{k-1}$ 和 $\boldsymbol{W}_{k-1}$ 到 $\boldsymbol{L}_{k,k-1}$ 和 $\boldsymbol{W}_{k,k-1}$ 的时间预测；再给出 $\boldsymbol{L}_{k,k-1}$ 和 $\boldsymbol{W}_{k,k-1}$ 到 $\boldsymbol{L}_k$ 和 $\boldsymbol{W}_k$ 的测量更新，这样就形成了信息滤波的递推公式。

在 4.2.2 节中证明得到了

$$\boldsymbol{W}_k\hat{\boldsymbol{X}}(k) = \boldsymbol{W}_{k,k-1}\hat{\boldsymbol{X}}(k, k-1) + \boldsymbol{H}_k^{\mathrm{T}}\boldsymbol{D}_{\Delta}^{-1}(k)\boldsymbol{Z}(k) \tag{5.3.3}$$

其中，

$$\begin{aligned} \boldsymbol{W}_{k,k-1} &= \boldsymbol{D}_{\hat{X}}^{-1}(k, k-1) \\ \boldsymbol{W}_k &= \boldsymbol{D}_{\hat{X}}^{-1}(k) \end{aligned} \tag{5.3.4}$$

和

$$\boldsymbol{W}_k = \boldsymbol{W}_{k,k-1} + \boldsymbol{H}_k^{\mathrm{T}}\boldsymbol{D}_{\Delta}^{-1}(k)\boldsymbol{H}_k \tag{5.3.5}$$

由于

$$\boldsymbol{D}_{\hat{X}}(k, k-1) = \boldsymbol{\Phi}_{k,k-1}\boldsymbol{D}_{\hat{X}}(k-1)\boldsymbol{\Phi}_{k,k-1}^{\mathrm{T}} + \boldsymbol{D}_{W}(k-1) \tag{5.3.6}$$

所以

$$\boldsymbol{W}_{k,k-1} = [\boldsymbol{\Phi}_{k,k-1}\boldsymbol{D}_{\hat{X}}(k-1)\boldsymbol{\Phi}_{k,k-1}^{\mathrm{T}} + \boldsymbol{D}_{W}(k-1)]^{-1} \tag{5.3.7}$$

设

$$\boldsymbol{M}_{k-1}^{-1} = \boldsymbol{\Phi}_{k,k-1}\boldsymbol{D}_{\hat{X}}(k-1)\boldsymbol{\Phi}_{k,k-1}^{\mathrm{T}} \tag{5.3.8}$$

那么

$$\boldsymbol{W}_{k,k-1} = [\boldsymbol{M}_{k-1}^{-1} + \boldsymbol{D}_{W}(k-1)]^{-1} \tag{5.3.9}$$

根据附录(A.9)矩阵求逆的恒等式

$$(\boldsymbol{A}^{-1} + \boldsymbol{B}\boldsymbol{D}^{-1}\boldsymbol{C})^{-1} = \boldsymbol{A} - \boldsymbol{A}\boldsymbol{B}(\boldsymbol{D} + \boldsymbol{C}\boldsymbol{A}\boldsymbol{B})^{-1}\boldsymbol{C}\boldsymbol{A} \tag{5.3.10}$$

式(5.3.9)为

$$\boldsymbol{W}_{k,k-1} = \boldsymbol{M}_{k-1} - \boldsymbol{M}_{k-1}[\boldsymbol{D}_{W}^{-1}(k-1) + \boldsymbol{M}_{k-1}]^{-1}\boldsymbol{M}_{k-1} \tag{5.3.11}$$

令

$$N_{k-1} = M_{k-1}\ [D_W^{-1}(k-1) + M_{k-1}]^{-1} \tag{5.3.12}$$

式(5.3.11)为

$$W_{k,\ k-1} = (I - N_{k-1})\ M_{k-1} \tag{5.3.13}$$

将方程的两边同时右乘 $\hat{X}(k,\ k-1)$ ，并考虑式(5.3.12) 和 $\hat{X}(k-1) = \Phi_{k,\ k-1}^{-1}\hat{X}(k,\ k-1)$ 得到

$$L_{k,\ k-1} = (I - N_{k-1})\ \Phi_{k,\ k-1}^{-T}\ W_{k-1}\hat{X}(k-1) \tag{5.3.14}$$

上式中的 $W_{k-1}\hat{X}(k-1)$ 即为 L_{k-1} ，因此

$$L_{k,\ k-1} = (I - N_{k-1})\ \Phi_{k-1,\ k}^{\mathrm{T}}\ L_{k-1} \tag{5.3.15}$$

式(5.3.12) 和式(5.3.15) 为已知 L_{k-1} 和 W_{k-1} 计算得到 $L_{k,\ k-1}$ 和 $W_{k,\ k-1}$ 的时间预测。

测量更新的 L_k 从式(5. 3. 1)~式(5. 3. 3)就可以得到

$$L_k = L_{k,\ k-1} + H_k^{\mathrm{T}}\ D_\Delta^{-1}(k)Z(k) \tag{5.3.16}$$

测量更新的信息矩阵为式(5. 3. 5)。

现将信息滤波递推过程总结如下：

已知 W_0， $L_0 = W_0\hat{X}(0)$ ， 时间预测为

$$\begin{cases} M_{k-1} = \Phi_{k,\ k-1}^{-T}\ W_{k-1}\ \Phi_{k,\ k-1}^{-1} \\ N_{k-1} = M_{k-1}\ [D_w^{-1}(k-1) + M_{k-1}]^{-1} \\ L_{k,\ k-1} = (I - N_{k-1})\ \Phi_{k-1,\ k}^{\mathrm{T}}\ L_{k-1} \\ W_{k,\ k-1} = D_{\hat{X}}^{-1}(k,\ k-1) = (I - N_{k-1})\ M_{k-1} \end{cases} \tag{5.3.17}$$

测量更新为：

$$\begin{cases} L_k = L_{k,\ k-1} + H_k^{\mathrm{T}}\ D_\Delta^{-1}(k)Z(k) \\ W_k = D_{\hat{X}}^{-1}(k) = W_{k,\ k-1} + H_k^{\mathrm{T}}\ D_\Delta^{-1}(k)\ H_k \end{cases} \tag{5.3.18}$$

信息滤波是在 Kalman 滤波算法的基础上推导出来的，二者在理论上是等价的。与 Kalman 滤波算法相比，信息滤波的优点是：

(1)当缺乏初值的先验信息或者无先验信息时，可设 $W_0 = D_{\hat{X}}^{-1}(0) = 0$， 从而启动滤波计算。当经过一段时间的递推后，滤波摆脱初值的影响趋于稳态，这时可计算得到

$$\hat{X}(k) = W_k^{-1}\ L_k$$

$$D_{\hat{X}}(k) = W_k^{-1}$$

(2)常规 Kalman 滤波算法需要计算逆矩阵 $(H_k\ D_{\hat{X}}(k,\ k-1)\ H_k^{\mathrm{T}} + D_\Delta(k))^{-1}$， 而在信息滤波中，则计算逆矩阵 $[D_w^{-1}(k-1) + M_{k-1}]^{-1}$， 当状态的维数少于观测值维数时，信息滤波有较少的计算量。

5.4 自适应的 Kalman 滤波

当建立的数学模型与实际一致时，Kalman 滤波估计器得到的是最优无偏估计。但在

实际应用中，我们建立的数学模型只是对实际动态系统在一定程度上的近似描述，如对干扰信号统计特性缺乏了解或者根本未知，先验给出的噪声方差 $\boldsymbol{D}_w(k)$ 和 $\boldsymbol{D}_\Delta(k)$ 往往与实际不符。此外，对系统的运动规律了解不足，或者虽然有足够的了解，但是对函数模型作了线性化近似，导致状态转移矩阵 $\boldsymbol{\Phi}_{k,\ k-1}$ 和量测矩阵 $\boldsymbol{H}_k$ 也不能准确地给出。这些不确定的因素使得 Kalman 滤波算法失去最优性，估计准确性大大降低，严重时会引起滤波发散。为了克服以上原因引起的滤波发散，可利用观测值提供的信息在滤波递推的过程中不断地校正函数模型和随机模型，这就是自适应的 Kalman 滤波。

自适应的方法有很多，如次优极大验后滤波、贝叶斯法自适应滤波、相关法自适应滤波、协方差匹配法自适应滤波和强跟踪滤波器等。有的方法在理论上相对严密，但计算量大，实时性和稳定性难以保证；有的采用近似方法，但是在换取滤波器稳定的同时损失了滤波精度。在以上的自适应滤波中，应用较多的是相关法自适应滤波和次优极大验后滤波。相关自适应是根据观测值序列 $\{\boldsymbol{Z}(k)\}$ 估计输出观测值的相关函数序列 $\{\boldsymbol{C}(k)\}$，再推算出最佳稳态增益矩阵 $\boldsymbol{K}_k$，使得增益矩阵 $\boldsymbol{K}_k$ 不断地与实际观测值相适应来达到克服滤波器发散的目的。本节将不加推导地给出次优极大验后滤波，之所以称之为“次优”估计，是为了得到可实现的算法，在理论推导上做了近似，是非严格的最优估计。

离散线性系统的函数模型为

$$\begin{cases}\boldsymbol{X}(k)=\boldsymbol{\Phi}_{k,\ k-1}\boldsymbol{X}(k-1)+\boldsymbol{w}(k-1)\\ \boldsymbol{Z}(k)=\boldsymbol{H}_k\boldsymbol{X}(k)+\boldsymbol{\Delta}(k)\end{cases}\tag{5.4.1}$$

随机模型为

$$\begin{gathered}E[\boldsymbol{w}(k)]=\boldsymbol{0},\ \mathrm{Cov}[\boldsymbol{w}(k),\ \boldsymbol{w}(j)]=\boldsymbol{D}_w(\mathrm{k})\delta(k-j)\\ E[\boldsymbol{\Delta}(k)]=\boldsymbol{0},\ \mathrm{Cov}[\boldsymbol{\Delta}(k),\ \boldsymbol{\Delta}(\mathrm{j})]=\boldsymbol{D}_\Delta(k)\delta(k-j)\\ \mathrm{Cov}[\boldsymbol{w}(k),\ \boldsymbol{\Delta}(j)]=0\end{gathered}\tag{5.4.2}$$

此外，已知 $\hat{\boldsymbol{X}}(0)$，并且有

$$\begin{gathered}E[\boldsymbol{X}(t_0)]=E[\hat{\boldsymbol{X}}(0)]\\ \mathrm{Var}[\hat{\boldsymbol{X}}(0)]=\boldsymbol{D}_{\hat{X}}(0)\end{gathered}\tag{5.4.3}$$

$$\begin{gathered}\mathrm{Cov}[\hat{\boldsymbol{X}}(0),\ \boldsymbol{w}(k)]=0\\ \mathrm{Cov}[\hat{\boldsymbol{X}}(0),\ \Delta(k)]=0\end{gathered}\tag{5.4.4}$$

以上是 Kalman 滤波的标准模型。为了补偿状态转移矩阵 $\boldsymbol{\Phi}_{k,\ k-1}$ 和量测矩阵 $\boldsymbol{H}_k$ 不准确的模型误差，将式(5.4.1)的函数模型改进为

$$\begin{cases}\boldsymbol{X}(k)=(\boldsymbol{\Phi}_{k,\ k-1}+\Delta\boldsymbol{\Phi}_{k,\ k-1})\boldsymbol{X}(k-1)+\boldsymbol{w}(k-1)\\ \boldsymbol{Z}(k)=(\boldsymbol{H}_k+\boldsymbol{\Delta}\boldsymbol{H}_k)\boldsymbol{X}(k)+\boldsymbol{\Delta}(k)\end{cases}\tag{5.4.5}$$

上式中的 $\boldsymbol{\Delta\Phi}_{k,\ k-1}$ 和 $\boldsymbol{\Delta H}_k$ 分别为补偿 $\boldsymbol{\Phi}_{k,\ k-1}$ 和 $\boldsymbol{H}_k$ 不准确的偏差。若将 $\boldsymbol{\Delta\Phi}_{k,\ k-1}\boldsymbol{X}(k-1)$ 视为未知干扰 $\boldsymbol{C}_X(k-1)$，将 $\boldsymbol{\Delta H}_k\boldsymbol{X}(k)$ 视为未知干扰 $\boldsymbol{C}_Z(k)$，那么函数模型为

$$
\begin{cases}
\boldsymbol{X}(k)=\boldsymbol{\Phi}_{k,\ k-1}\boldsymbol{X}(k-1)+\boldsymbol{C}_X(k-1)+\boldsymbol{w}(k-1)\\
\boldsymbol{Z}(k)=\boldsymbol{H}_k\boldsymbol{X}(k)+\boldsymbol{C}_Z(k)+\boldsymbol{\Delta}(k)
\end{cases}
\tag{5.4.6}
$$

设 $\boldsymbol{C}_X(0)$ 已知，那么在滤波计算时可对 $\boldsymbol{C}_X(k-1)$ 和 $\boldsymbol{C}_Z(k)$ 进行实时估计，从而达到补偿模型误差的目的。此外，噪声矩阵 $\boldsymbol{D}_w(k)$ 和 $\boldsymbol{D}_\Delta(k)$ 不准确或者未知，也需要观测值来修正估计。

5.4.1　次优无偏极大验后估计器

次优无偏极大验后估计器的递推公式为

$$
\hat{\boldsymbol{C}}_Z(k)=\frac{k-1}{k}\hat{\boldsymbol{C}}_Z(k-1)+\frac{1}{k}[\boldsymbol{Z}(k)-\boldsymbol{H}_k\hat{\boldsymbol{X}}(k,\ k-1)]
\tag{5.4.7}
$$

$$
\hat{\boldsymbol{D}}_\Delta(k)=\frac{(k-1)}{k}\hat{\boldsymbol{D}}_\Delta(k-1)+\frac{1}{k}[\boldsymbol{V}(k)\boldsymbol{V}^{\mathrm{T}}(k)-\boldsymbol{H}_k\boldsymbol{D}_{\hat{X}}(k,\ k-1)\boldsymbol{H}_k^{\mathrm{T}}]
\tag{5.4.8}
$$

$$
\hat{\boldsymbol{C}}_X(k)=\frac{(k-1)}{k}\hat{\boldsymbol{C}}_X(k-1)+\frac{1}{k}[\hat{\boldsymbol{X}}(k)-\boldsymbol{\Phi}_{k,\ k-1}\hat{\boldsymbol{X}}(k-1)]
\tag{5.4.9}
$$

$$
\hat{\boldsymbol{D}}_w(k)=\frac{(k-1)}{k}\hat{\boldsymbol{D}}_w(k-1)+\frac{1}{k}(\boldsymbol{K}_k\boldsymbol{V}(k)\boldsymbol{V}(k)^{\mathrm{T}}\boldsymbol{K}_k^{\mathrm{T}}+\boldsymbol{D}_{\hat{X}}(k)-\boldsymbol{\Phi}_{k,\ k-1}\boldsymbol{D}_{\hat{X}}(k-1)\boldsymbol{\Phi}_{k,\ k-1}^{\mathrm{T}})
\tag{5.4.10}
$$

在以上的计算公式中，式(5.4.7)和式(5.4.9)是对函数模型的修正，式(5.4.8)和式(5.4.10)是对随机模型的修正。现将自适应滤波的递推估计公式汇总如下：

(1) $k=1$ 时，不考虑模型误差，按照常规的 Kalman 滤波进行计算，得到 $\hat{\boldsymbol{X}}(1)$ 和 $\boldsymbol{D}_{\hat{X}}(1)$。然后估计

$$
\hat{\boldsymbol{C}}_X(1)=\hat{\boldsymbol{X}}(1)-\boldsymbol{\Phi}_{1,\ 0}\hat{\boldsymbol{X}}(0)\boldsymbol{\Phi}_{1,\ 0}^{\mathrm{T}}
$$

$$
\hat{\boldsymbol{D}}_w(1)=\boldsymbol{K}_1\boldsymbol{V}(1)\boldsymbol{V}(1)^{\mathrm{T}}\boldsymbol{K}_1^{\mathrm{T}}+\boldsymbol{D}_{\hat{X}}(1)-\boldsymbol{\Phi}_{1,\ 0}\boldsymbol{D}_{\hat{X}}(0)\boldsymbol{\Phi}_{1,\ 0}^{\mathrm{T}}
$$

(2) $k\geqslant 2$ 时，进行时间预测

$$
\hat{\boldsymbol{X}}(k,\ k-1)=\boldsymbol{\Phi}_{k,\ k-1}\hat{\boldsymbol{X}}(k-1)+\hat{\boldsymbol{C}}_X(k-1)
\tag{5.4.11}
$$

$$
\boldsymbol{D}_{\hat{X}}(k,\ k-1)=\boldsymbol{\Phi}_{k,\ k-1}\boldsymbol{D}_{\hat{X}}(k-1)\boldsymbol{\Phi}_{k,\ k-1}^{\mathrm{T}}+\hat{\boldsymbol{D}}_w(k-1)
\tag{5.4.12}
$$

测量更新

$$
\hat{\boldsymbol{C}}_Z(k)=\frac{k-1}{k}\hat{\boldsymbol{C}}_Z(k-1)+\frac{1}{k}(\boldsymbol{Z}(k)-\boldsymbol{H}_k\hat{\boldsymbol{X}}(k,\ k-1))
\tag{5.4.13}
$$

$$
\boldsymbol{V}(k)=\boldsymbol{Z}(k)-\boldsymbol{H}_k\hat{\boldsymbol{X}}(k,\ k-1)-\hat{\boldsymbol{C}}_Z(k)
\tag{5.4.14}
$$

$$
\hat{\boldsymbol{D}}_\Delta(k)=\frac{(k-1)}{k}\hat{\boldsymbol{D}}_\Delta(k-1)+\frac{1}{k}[\boldsymbol{V}(k)\boldsymbol{V}^{\mathrm{T}}(k)-\boldsymbol{H}_k\boldsymbol{D}_{\hat{X}}(k,\ k-1)\boldsymbol{H}_k^{\mathrm{T}}]
\tag{5.4.15}
$$

$$
\boldsymbol{K}_k=\boldsymbol{D}_X(k,\ k-1)\boldsymbol{H}_k^{\mathrm{T}}[\boldsymbol{H}_k\boldsymbol{D}_X(k,\ k-1)\boldsymbol{H}_k^{\mathrm{T}}+\hat{\boldsymbol{D}}_\Delta(k)]^{-1}
\tag{5.4.16}
$$

$$
\hat{\boldsymbol{X}}(k)=\hat{\boldsymbol{X}}(k,\ k-1)+\boldsymbol{K}_k\boldsymbol{V}(k)
\tag{5.4.17}
$$

$$\boldsymbol{D}_{\hat{X}}(k)=(\boldsymbol{I}-\boldsymbol{K}_k\boldsymbol{H}_k)\boldsymbol{D}_{\hat{X}}(k,\ k-1) \tag{5.4.18}$$

然后，估计

$$\hat{\boldsymbol{C}}_X(k)=\frac{(k-1)}{k}\hat{\boldsymbol{C}}_X(k-1)+\frac{1}{k}[\hat{\boldsymbol{X}}(k)-\boldsymbol{\Phi}_{k,\ k-1}\hat{\boldsymbol{X}}(k-1)] \tag{5.4.19}$$

$$\hat{\boldsymbol{D}}_w(k)=\frac{(k-1)}{k}\hat{\boldsymbol{D}}_w(k-1)+\frac{1}{k}[\boldsymbol{K}_k\boldsymbol{V}(k)\boldsymbol{V}(k)^{\mathrm{T}}\boldsymbol{K}_k^{\mathrm{T}}+\boldsymbol{D}_{\hat{X}}(k)-\boldsymbol{\Phi}_{k,\ k-1}\boldsymbol{D}_{\hat{X}}(k-1)\boldsymbol{\Phi}_{k,\ k-1}^{\mathrm{T}}] \tag{5.4.20}$$

在完成(5.4.19)和式(5.4.20)的计算后，即可进行下一个时间点的时间预测和测量更新，如此递推下去，直到完成所有的滤波计算。在以上的计算中，当 $k=2$ 时，需要代入 $\hat{\boldsymbol{C}}_Z(1)$ 和 $\hat{\boldsymbol{D}}_\Delta(1)$ 进行计算，可以设 $\hat{\boldsymbol{C}}_Z(1)=0$ 和 $\hat{\boldsymbol{D}}_\Delta(1)=\boldsymbol{D}_\Delta(1)$。

在上面的推导中，同时给出了函数模型偏差和噪声方差的自适应方法，但在实际的应用中，考虑计算的复杂性，一般选择自适应地估计函数模型偏差 $\boldsymbol{C}_X(k)$ 和 $\boldsymbol{C}_Z(k)$，就不需要再去纠正随机模型。这是因为模型的不确定部分已经被 $\hat{\boldsymbol{C}}_Z(k)$ 和 $\hat{\boldsymbol{C}}_X(k)$ 吸收，就不需要调整噪声方差矩阵了，也就不需要计算式(5.4.15)和式(5.4.20)。反之，如果自适应地估计了噪声方差，模型的不确定性也能被噪声方差吸收，就不需要去估计 $\hat{\boldsymbol{C}}_Z(k)$ 和 $\hat{\boldsymbol{C}}_X(k)$ 了。在具体应用中，可根据实际情况确定需要的自适应项，灵活应用以上公式。

5.4.2 固定窗口的估计方法

在次优无偏极大验后自适应滤波中，对自适应项的估计是历史信息的算术平均值，即每个时刻的观测值对估计的影响是等权的。但在时变系统中，模型偏差具有时间相关性，即越接近当前时刻，相关性越强；随着时间的推移，相关性逐渐减弱。为了充分利用相关性强的历史信息，可将估计时间固定，用距离当前时刻 k 最近的 N 个时刻的历史观测值来估计，根据 5.4.1 节的结果，有

$$\hat{\boldsymbol{C}}_Z(k)=\frac{1}{N}\sum_{j=k-N+1}^{k}[\boldsymbol{Z}(j)-\boldsymbol{H}_j\hat{\boldsymbol{X}}(j,\ j-1)] \tag{5.4.21}$$

$$\hat{\boldsymbol{D}}_\Delta(k)=\frac{1}{N}\sum_{j=k-N+1}^{k}[\boldsymbol{V}(j)\boldsymbol{V}^{\mathrm{T}}(j)-\boldsymbol{H}_j\boldsymbol{D}_{\hat{X}}(j,\ j-1)\boldsymbol{H}_j^{\mathrm{T}}] \tag{5.4.22}$$

$$\hat{\boldsymbol{C}}_X(k)=\frac{1}{N}\sum_{j=k-N+1}^{j=k}(\hat{\boldsymbol{X}}(j)-\boldsymbol{\Phi}_{j,\ j-1}\hat{\boldsymbol{X}}(j-1)) \tag{5.4.23}$$

$$\hat{\boldsymbol{D}}_w(k)=\frac{1}{N}\sum_{j=k-N+1}^{k}[\boldsymbol{K}_j\boldsymbol{V}_Z(j)\boldsymbol{V}_Z(j)^{\mathrm{T}}\boldsymbol{K}_j^{\mathrm{T}}+\boldsymbol{D}_{\hat{X}}(j)-\boldsymbol{\Phi}_{j,\ j-1}\boldsymbol{D}_X(j)\boldsymbol{\Phi}_{j,\ j-1}^{\mathrm{T}}] \tag{5.4.24}$$

窗口的大小 N 是影响估计结果的重要因素。一般可设置 $N=100$，但不同的动态系统中 N 的设置有较大区别，应根据经验或试验结果设置。

5.4.3 Sage-Husa 估计方法

模型偏差的时间相关性一般随着时间以指数函数减弱，为了更准确地利用历史信息，

Sage-Husa 方法引入了遗忘因子 $b(< b < 1)$，并构造指数函数来增加距离当前时刻较近的观测值的权，相应地减少较陈旧数据对自适应估计项的影响。Sage-Husa 的具体方法如下：首先设置遗忘因子 b，构造指数函数

$$d_k = \frac{1-b}{1-b^k} \tag{5.4.25}$$

将式(5.4.13)、式(5.4.15)、式(5.4.19)和式(5.4.20)中的 $\frac{1}{k}$ 用 d_k 代替，得到

$$\hat{\boldsymbol{C}}_X(k) = (1-d_k)\hat{\boldsymbol{C}}_X(k-1) + d_k(\hat{\boldsymbol{X}}(k) - \boldsymbol{\Phi}_{k,\ k-1}\hat{\boldsymbol{X}}(k-1)) \tag{5.4.26}$$

$$\begin{aligned}\hat{\boldsymbol{D}}_w(k) = (1-d_k)\hat{\boldsymbol{D}}_w(k-1) + d_k[&\boldsymbol{K}_k\boldsymbol{V}(k)\boldsymbol{V}(k)^{\mathrm{T}}\boldsymbol{K}_k^{\mathrm{T}} + \boldsymbol{D}_{\hat{X}}(k) \\ &- \boldsymbol{\Phi}_{k,\ k-1}\boldsymbol{D}_{\hat{X}}(k-1)\boldsymbol{\Phi}_{k,\ k-1}^{\mathrm{T}}]\end{aligned} \tag{5.4.27}$$

$$\hat{\boldsymbol{C}}_Z(k) = (1-d_k)\hat{\boldsymbol{C}}_Z(k-1) + d_k(\boldsymbol{Z}(k) - \boldsymbol{H}_k\hat{\boldsymbol{X}}(k,\ k-1)) \tag{5.4.28}$$

$$\hat{\boldsymbol{D}}_\Delta(k) = (1-d_k)\hat{\boldsymbol{D}}_\Delta(k-1) + d_k(\boldsymbol{V}(k)\boldsymbol{V}(k)^{\mathrm{T}} - \boldsymbol{H}_k\boldsymbol{D}_{\hat{X}}(k,\ k-1)\boldsymbol{H}_k^{\mathrm{T}}) \tag{5.4.29}$$

式(5.4.26)~式(5.4.29)表明，历史信息的权为 $(1-d_k)$，当前观测信息的权为 d_k。为了清楚地看到历史信息随时间的衰减，现将式(5.4.25)代入式(5.4.27)并将其展开

$$\begin{aligned}\hat{\boldsymbol{D}}_w(k) = &\frac{b^k(1-b^0)}{1-b^k}\hat{\boldsymbol{D}}_w(0) + \frac{b^{k-1}(1-b)}{1-b^k}[\boldsymbol{K}_1\boldsymbol{V}(1)\boldsymbol{V}^{\mathrm{T}}(1)\boldsymbol{K}_1^{\mathrm{T}} + \boldsymbol{D}_{\hat{X}}(1) - \boldsymbol{\Phi}_{1,\ 0}\boldsymbol{D}_{\hat{X}}(0)\boldsymbol{\Phi}_{1,\ 0}^{\mathrm{T}}] \\ &\vdots \\ &+ \frac{b^{k-j}(1-b)}{1-b^k}[\boldsymbol{K}_j\boldsymbol{V}(j)\boldsymbol{V}^{\mathrm{T}}(j)\boldsymbol{K}_j^{\mathrm{T}} + \boldsymbol{D}_{\hat{X}}(j) - \boldsymbol{\Phi}_{j-1,\ j}\boldsymbol{D}_{\hat{X}}(j-1)\boldsymbol{\Phi}_{j,\ j-1}^{\mathrm{T}}] \\ &\vdots \\ &\frac{b^0(1-b)}{1-b^k}[\boldsymbol{K}_k\boldsymbol{V}(k)\boldsymbol{V}^{\mathrm{T}}(k)\boldsymbol{K}_k^{\mathrm{T}} + \boldsymbol{D}_{\hat{X}}(k) - \boldsymbol{\Phi}_{k,\ k-1}\boldsymbol{D}_{\hat{X}}(k-1)\boldsymbol{\Phi}_{k,\ k-1}^{\mathrm{T}}]\end{aligned} \tag{5.4.30}$$

上式表明了所有的观测值对 $\hat{\boldsymbol{D}}_w(k)$ 的估计都有影响；$\boldsymbol{Z}(j)$ 对 $\hat{\boldsymbol{D}}_w(k)$ 影响的大小取决于权值 $\frac{b^{k-j}(1-b)}{1-b^k}$；所有观测值的权值之和为“1”，即

$$\sum_{j=1}^{k}\frac{b^{k-j}(1-b)}{1-b^k} = 1$$

在 Sage-Husa 方法中，b 的选取是影响估计效果的重要因素。图 5.8 给出当遗忘因子 b 取不同值，观测值 $\boldsymbol{Z}(j)$ $(j=1,\ 2,\ \cdots,\ 50)$ 在估计 $\hat{\boldsymbol{D}}_w(50)$ 时的权值。由图 5.8 可以看出，越陈旧的观测值对 $\hat{\boldsymbol{D}}_w(50)$ 的影响就越小。此外，遗忘因子 b 的取值越大，历史信息被遗忘得越慢；反之，历史信息被遗忘得越快。所以，我们可以通过调节遗忘因子 b 的大小来决定历史观测信息对自适应项估计的影响。

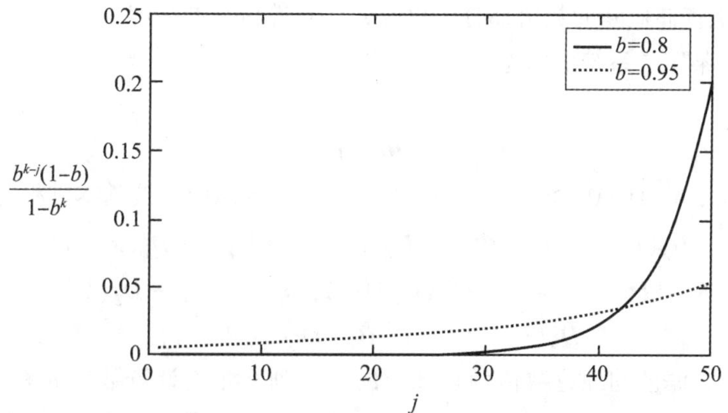

图 5.8 历史观测信息的权值 $\frac{b^{k-j}(1-b)}{1-b^k}$ 随时间的变化($k=50$)

5.5 平方根滤波

人们在对 Kalman 滤波的使用中发现，除了模型不准确导致滤波发散外，计算误差的累积也可导致滤波发散。计算误差是由计算机的舍入误差引起的。由于计算机的字长是有限的，这就使得滤波递推中每步计算都有截断误差，误差逐渐累积，使得计算值与理论值的差异越来越大，从而导致发散。下面首先解释计算误差导致滤波发散的原因，然后介绍克服计算发散的平方根滤波。

5.5.1 Kalman 滤波数值发散的原因

计算机是以二进制来存储数据的，如数值$\frac{1}{3}$在计算机内存储为

$$\frac{1}{3}=0_b01010101010101010101010101\cdots$$

其中，下标 b 表示二进制的小数点。根据上面的存储得到的数值为

$$0\times2^0+0\times2^{-1}+1\times2^{-2}+0\times2^{-3}+1\times2^{-4}+0\times2^{-5}+1\times2^{-6}\cdots$$

$$=0+0+\frac{1}{4}+0+\frac{1}{16}+0+\frac{1}{64}+\cdots$$

以一个存储字长为 24 位的计算机来说，得到的数值为

$$0_b010101010101010101010101010=\frac{11184811}{33554432}=\frac{1}{3}-\frac{1}{100663296}$$

$\frac{1}{100663296}$ 为这台计算机未存储的数值，也就是对 $\frac{1}{3}$ 进行存储时产生的舍入误差。如果计算机将 $1+\varepsilon$ 存储为 1，即

$$1+\varepsilon\equiv 1 \tag{5.5.1}$$

那么 ε 为计算机存储截断的数值部分，也称 ε 为计算机存储精度。

例 5.2　设某定常系统的状态为一维，各矩阵为

$$\boldsymbol{H}=1$$

$$\boldsymbol{\Phi}=1$$

由于无初值信息，设 $\boldsymbol{D}_{\hat{X}}(0)\gg\boldsymbol{D}_{\Delta}$ 和 $\boldsymbol{D}_{\hat{X}}(0)\gg\boldsymbol{D}_{w}$。卡尔曼滤波基本方程为

$$\boldsymbol{D}_{\hat{X}}(k,\ k-1)=\boldsymbol{\Phi}_{k,\ k-1}\boldsymbol{D}_{\hat{X}}(k-1)\boldsymbol{\Phi}_{k,\ k-1}^{\mathrm{T}}+\boldsymbol{D}_{w}(k-1)$$

$$\boldsymbol{K}_{k}=\boldsymbol{D}_{\hat{X}}(k,\ k-1)\boldsymbol{H}_{k}^{\mathrm{T}}(\boldsymbol{H}_{k}\boldsymbol{D}_{\hat{X}}(k,\ k-1)\boldsymbol{H}_{k}^{\mathrm{T}}+\boldsymbol{D}_{\Delta}(k))^{-1}$$

$$\boldsymbol{D}_{\hat{X}}(k)=(\boldsymbol{I}-\boldsymbol{K}_{k}\boldsymbol{H}_{k})\boldsymbol{D}_{\hat{X}}(k,\ k-1)$$

在 $k=1$ 时，滤波的理论数值为表 5.2 的第二列所示，计算数值如表中第三列所示。在计算中由于 $\boldsymbol{D}_{\hat{X}}(0)$ 远大于 $\boldsymbol{D}_{w}$ 和 $\boldsymbol{D}_{\Delta}$，当 $\boldsymbol{D}_{\hat{X}}(0)+\boldsymbol{D}_{w}$ 或者 $\boldsymbol{D}_{\hat{X}}(0)+\boldsymbol{D}_{w}+\boldsymbol{D}_{\Delta}$ 时，只存储了数值 $\boldsymbol{D}_{\hat{X}}(0)$，从而产生了截断误差。截断误差使计算数值与理论数值偏离，导致 $\boldsymbol{D}_{\hat{X}}(1)=0$，从而使方差矩阵失去了正定性。

表 5.2　**计算误差对滤波的影响**

计算表达式	数　值	
	理论数值	计算数值
$\boldsymbol{D}_{\hat{X}}(1,\ 0)=\boldsymbol{D}_{\hat{X}}(0)+\boldsymbol{D}_{w}$	$\boldsymbol{D}_{\hat{X}}(1,\ 0)=\boldsymbol{D}_{\hat{X}}(0)+\boldsymbol{D}_{w}$	$\boldsymbol{D}_{\hat{X}}(0)$
$\boldsymbol{K}_{1}=\boldsymbol{D}_{\hat{X}}(1,\ 0)(\boldsymbol{D}_{\hat{X}}(0,\ 1)+\boldsymbol{D}_{\Delta}(1))^{-1}$	$\boldsymbol{K}_{1}=\boldsymbol{D}_{\hat{X}}(1,\ 0)(\boldsymbol{D}_{\hat{X}}(0)+\boldsymbol{D}_{w}+\boldsymbol{D}_{\Delta})^{-1}$	1
$\boldsymbol{D}_{\hat{X}}(1)=(1-\boldsymbol{K}_{k})\boldsymbol{D}_{\hat{X}}(1,\ 0)$	$\boldsymbol{D}_{\hat{X}}(1)=\dfrac{\boldsymbol{D}_{\hat{X}}(0,\ 1)\boldsymbol{D}_{\Delta}(1)}{\boldsymbol{D}_{\hat{X}}(0,\ 1)+\boldsymbol{D}_{\Delta}(1)}$	0

5.5.2　平方根滤波

从前面的分析看，在数值计算中，当有数量级相差较大的数值相加减时，容易产生存储上的截断误差。此外，从数值计算分析知识可知，当矩阵的数值相差较大时，矩阵的条件数也越大，在矩阵运算时有较差的数值稳定性，因此需要从数值计算上来改进 Kalman 滤波。

对一个矩阵 $\boldsymbol{D}$ 而言，矩阵的条件数为

$$C(\boldsymbol{D})=\frac{|\gamma|_{\max}}{|\gamma|_{\min}} \tag{5.5.2}$$

其中 γ 表示矩阵 $\boldsymbol{D}$ 的特征值；$|\cdot|$ 表示绝对值。$C(\boldsymbol{D})$ 越大，表明 $\boldsymbol{D}$ 数值计算的稳定性越差。我们知道，一个数的平方根是原来数量级的一半，如 $\boldsymbol{X}=10^{-6}\sim10^{6}$ 的平方根为 $\sqrt{\boldsymbol{D}}=10^{-3}\sim10^{3}$。同样，对一个矩阵来说，它的平方根矩阵有更好的数值稳定性。若矩阵 $\boldsymbol{D}$ 为对称正定矩阵，那么可将它可做 Cholesky 矩阵分解

$$\boldsymbol{D} = \boldsymbol{S}\boldsymbol{S}^{\mathrm{T}} \tag{5.5.3}$$

其中 $\boldsymbol{S}$ 为下三角矩阵，或上三角矩阵。式(5.5.3)的矩阵分解也称为矩阵的平方根分解，这样的分解是唯一的。分解后平方根矩阵 $\boldsymbol{S}$ 的条件数为

$$C(\boldsymbol{S}) = \sqrt{\frac{|\gamma|_{\max}}{|\gamma|_{\min}}} \tag{5.5.4}$$

由此看出，用平方根矩阵的条件数比原矩阵大大减小，用它来代替原方差矩阵来传递数值可以减小数值过大或者过小导致的计算误差，达到提高数值计算稳定性的目的。

在滤波计算中，如果将方差矩阵分解为

$$\begin{aligned} \boldsymbol{D}_{\hat{X}}(k, k-1) &= \boldsymbol{S}_{k,k-1}\boldsymbol{S}_{k,k-1}^{\mathrm{T}} \\ \boldsymbol{D}_{\hat{X}}(k) &= \boldsymbol{S}_k\boldsymbol{S}_k^{\mathrm{T}} \end{aligned} \tag{5.5.5}$$

用 $\boldsymbol{S}_{k,k-1}$ 和$\boldsymbol{S}_k$ 来代替 $\boldsymbol{D}_{\hat{X}}(k, k-1)$ 和 $\boldsymbol{D}_{\hat{X}}(k)$ 的进行数值传递的滤波称为平方根滤波。接下来将推导给出已知 $\boldsymbol{S}_{k-1}$ 到 $\boldsymbol{S}_{k,k-1}$ 的时间预测和已知 $\boldsymbol{S}_{k,k-1}$ 到 $\boldsymbol{S}_k$ 的递推关系式，用 $\boldsymbol{S}_{k,k-1}\boldsymbol{S}_{k,k-1}^{\mathrm{T}}$ 和 $\boldsymbol{S}_k\boldsymbol{S}_k^{\mathrm{T}}$ 恢复出的方差矩阵保持了正定性和对称性。

1. 平方根滤波的时间预测

时间预测的方差为

$$\boldsymbol{D}_{\hat{X}}(k, k-1) = \boldsymbol{\Phi}_{k,k-1}\boldsymbol{D}_{\hat{X}}(k-1)\boldsymbol{\Phi}_{k,k-1}^{\mathrm{T}} + \boldsymbol{D}_w(k-1) \tag{5.5.6}$$

假设已知 $\boldsymbol{D}_{\hat{X}}(k-1)$ 的平方根 $\boldsymbol{S}_{k-1}$，那么式(5.5.6)为

$$\boldsymbol{S}_{k,k-1}\boldsymbol{S}_{k,k-1}^{\mathrm{T}} = \boldsymbol{\Phi}_{k,k-1}\boldsymbol{S}_{k-1}\boldsymbol{S}_{k-1}^{\mathrm{T}}\boldsymbol{\Phi}_{k,k-1}^{\mathrm{T}} + \boldsymbol{D}_w(k-1) \tag{5.5.7}$$

上式也可以表示为

$$\boldsymbol{S}_{k,k-1}\boldsymbol{S}_{k,k-1}^{\mathrm{T}} = \begin{bmatrix} \boldsymbol{\Phi}_{k,k-1}\boldsymbol{S}_{k-1} & \boldsymbol{D}_w^{\frac{1}{2}}(k-1) \end{bmatrix} \begin{bmatrix} \boldsymbol{S}_{k-1}^{\mathrm{T}}\boldsymbol{\Phi}_{k,k-1}^{\mathrm{T}} \\ (\boldsymbol{D}_w^{\frac{1}{2}}(k-1))^{\mathrm{T}} \end{bmatrix} \tag{5.5.8}$$

其中，$\boldsymbol{D}_w^{\frac{1}{2}}(k-1)$ 为 $\boldsymbol{D}_w(k-1)$ 的平方根矩阵。设

$$\underset{(n+q)\times n}{\boldsymbol{A}} = \begin{bmatrix} \boldsymbol{S}_{k-1}^{\mathrm{T}}\boldsymbol{\Phi}_{k,k-1}^{\mathrm{T}} \\ (\boldsymbol{D}_w^{\frac{1}{2}}(k-1))^{\mathrm{T}} \end{bmatrix} \tag{5.5.9}$$

现将矩阵 $\boldsymbol{A}$ 作 $\boldsymbol{QR}$ 正交分解

$$\underset{(n+q)\times n}{\boldsymbol{A}} = \underset{(n+q)\times(n+q)}{\boldsymbol{Q}}\ \underset{(n+q)\times n}{\boldsymbol{R}} \tag{5.5.10}$$

其中矩阵 $\boldsymbol{Q}$ 为正交矩阵，即 $\boldsymbol{Q}^{\mathrm{T}}\boldsymbol{Q} = \boldsymbol{I}$；$\boldsymbol{R}$ 为

$$\underset{(n+q)\times n}{\boldsymbol{R}} = \begin{bmatrix} \underset{n\times n}{\tilde{\boldsymbol{R}}} \\ \underset{q\times n}{\boldsymbol{0}} \end{bmatrix} \tag{5.5.11}$$

$\tilde{\boldsymbol{R}}$ 为上三角矩阵。容易得到

$$
\begin{aligned}
\boldsymbol{S}_{k,\ k-1}\boldsymbol{S}_{k,\ k-1}^{\mathrm{T}} &= \boldsymbol{A}^{\mathrm{T}}\boldsymbol{A} \\
&= \boldsymbol{R}^{\mathrm{T}}\boldsymbol{Q}^{\mathrm{T}}\boldsymbol{Q}\boldsymbol{R} \\
&= \boldsymbol{R}^{\mathrm{T}}\boldsymbol{R} \\
&= \tilde{\boldsymbol{R}}^{\mathrm{T}}\tilde{\boldsymbol{R}}
\end{aligned} \tag{5.5.12}
$$

由于 $\tilde{\boldsymbol{R}}^{\mathrm{T}}$ 为下三角矩阵，而且矩阵的三角分解是唯一的，所以

$$
\boldsymbol{S}_{k,\ k-1} = \tilde{\boldsymbol{R}}^{\mathrm{T}} \tag{5.5.13}
$$

以上推导表明，矩阵 $\boldsymbol{A}$ 的 $\boldsymbol{QR}$ 正交分解中得到的 $\tilde{\boldsymbol{R}}^{\mathrm{T}}$ 即为时间预测的平方根矩阵 $\boldsymbol{S}_{k,\ k-1}$。接下来给出改进的 Gram-Schmidt 正交化方法(简称 MGS)，实现由 $\boldsymbol{S}_{k-1}$ 到 $\boldsymbol{S}_{k,\ k-1}$ 的计算。

记

$$
\boldsymbol{Q} = [\underset{(n+q)\times n}{\boldsymbol{Q}_1} \quad \underset{(n+q)\times q}{\boldsymbol{Q}}] \tag{5.5.14}
$$

容易得到

$$
\boldsymbol{A} = \boldsymbol{Q}\boldsymbol{R} = \boldsymbol{Q}_1\tilde{\boldsymbol{R}} \tag{5.5.15}
$$

设

$$
\boldsymbol{A} = [\boldsymbol{a}_1 \quad \boldsymbol{a}_2 \quad \cdots \quad \boldsymbol{a}_n] \tag{5.5.16}
$$

$$
\boldsymbol{Q}_1 = [\boldsymbol{q}_1 \quad \boldsymbol{q}_2 \quad \cdots \quad \boldsymbol{q}_n] \tag{5.5.17}
$$

$$
\tilde{\boldsymbol{R}} = \begin{pmatrix} c_{11} & \cdots & c_{1n} \\ & \ddots & \vdots \\ \boldsymbol{0} & & c_{m} \end{pmatrix} \tag{5.5.18}
$$

根据式(5.5.15)可以得到

$$
\begin{cases}
\boldsymbol{a}_1 = c_{11}\boldsymbol{q}_1 \\
\boldsymbol{a}_1 = c_{12}\boldsymbol{q}_1 + c_{22}\boldsymbol{q}_2 \\
\cdots\cdots\cdots\cdots\cdots\cdots\cdots \\
\boldsymbol{a}_m = c_{1m}\boldsymbol{q}_1 + c_{2m}\boldsymbol{q}_2 + \cdots c_{mm}\boldsymbol{q}_m \\
\cdots\cdots\cdots\cdots\cdots\cdots\cdots\cdots\cdots \\
\boldsymbol{a}_n = c_{1n} + c_{2n}\boldsymbol{q}_2 + \cdots c_{n-1n}\boldsymbol{q}_{n-1} + c_{nn}\boldsymbol{q}_n
\end{cases} \tag{5.5.19}
$$

利用式(5.5.19)和 $\boldsymbol{q}_j(j = 1, \cdots, n)$ 相互之间的正交性可以解得到 $c_{mj}(m = 1, \cdots n, j = 1, \cdots n)$。下面以简代码的形式给出 c_{mj} 的计算步骤：

for $m = 1: n$

　　for　$j = m: n$

$$
\boldsymbol{a}_j^{(m)} = \boldsymbol{a}_j - \sum_{i=1}^{m-1} c_{ij}\boldsymbol{q}_i
$$

　　end

for $j = 1$: n

$$c_{mj} = \begin{cases} \boldsymbol{q}_m^{\mathrm{T}} \boldsymbol{a}_j^{(m)}, & (j > m) \\ \| \boldsymbol{a}_m^{(m)} \|_2, & (j = m) \\ 0, & (j < m) \end{cases}$$

end

$\boldsymbol{q}_m = \boldsymbol{a}_m^{(m)} / c_{mm}$

end

通过以上计算得到 $c_{mj}(m = 1, \cdots n, j = 1, \cdots n)$ 后，就得到了三角矩阵 $\boldsymbol{S}_{k,k-1}$。

2. 平方根滤波的观测值逐次更新

平方根滤波的测量更新是已知 $\boldsymbol{S}_{k,k-1}$ 求 $\boldsymbol{S}_k$。下面不加证明地给出方根滤波逐次测量更新的 Potter 算法。

当量测为标量，即 $Z(k)$ 为一维，$\ell = 1$，则量测方程为

$$\underset{1\times1}{Z}(k) = \underset{1\times n}{\boldsymbol{h}_k} \underset{n\times1}{\boldsymbol{X}}(k) + \underset{1\times1}{\Delta}(k) \tag{5.5.20}$$

其中 $\mathrm{Var}(\Delta(k)) = d_\Delta(k)$。那么观测值 $Z(k)$ 对时间预测的测量更新为

$$\boldsymbol{a}_k = (\boldsymbol{h}_k \boldsymbol{S}_{k,k-1})^{\mathrm{T}} \tag{5.5.21}$$

$$b_k = [\boldsymbol{a}_k^{\mathrm{T}} \boldsymbol{a}_k + d_\Delta(k)]^{-1} \tag{5.5.22}$$

$$\gamma_k = \frac{1}{1 + \sqrt{d_\Delta(k) b_k}} \tag{5.5.23}$$

$$\boldsymbol{K}_k = b_k \boldsymbol{S}_{k,k-1} \boldsymbol{a}_k \tag{5.5.24}$$

$$\boldsymbol{S}_k = \boldsymbol{S}_{k,k-1} - \gamma_k \boldsymbol{K}_k \boldsymbol{a}_k^{\mathrm{T}} \tag{5.5.25}$$

$$\hat{\boldsymbol{X}}(k) = \hat{\boldsymbol{X}}(k, k-1) + \boldsymbol{K}_k [Z(k) - \boldsymbol{h}_k \hat{\boldsymbol{X}}(k, k-1)] \tag{5.5.26}$$

$$\boldsymbol{D}_{\hat{X}}(k) = \boldsymbol{S}_k \boldsymbol{S}_k^{\mathrm{T}} \tag{5.5.27}$$

若测量向量 $\boldsymbol{Z}(k)$ 为 $\ell(\ell > 1)$ 维，对于 ℓ 维独立量测的情况，量测向量和量测噪声方差阵分别为

$$\boldsymbol{Z}(k) = [Z_1(k) \quad \cdots \quad Z_j(k) \quad \cdots \quad Z_\ell(k)] \tag{5.5.28}$$

$$\boldsymbol{D}_\Delta(k) = \mathrm{diag}[\mathrm{d}_\Delta^1(k) \quad \cdots \quad \mathrm{d}_\Delta^j(k) \quad \cdots \quad d_\Delta^\ell(k)] \tag{5.5.29}$$

如观测值相关，可采用 Cholesky 分解方法去相关，去相关后的观测噪声矩阵为对角阵。设量测矩阵为

$$\boldsymbol{H}_k = \begin{bmatrix} \boldsymbol{h}_k^1 \\ \vdots \\ \boldsymbol{h}_k^j \\ \vdots \\ \boldsymbol{h}_k^\ell \end{bmatrix} \tag{5.5.30}$$

其中，$\boldsymbol{h}_k^j$ 表示 $\boldsymbol{H}_k$ 中的第 j 个观测值 $Z_j(k)$ 对应的行向量，对应的观测噪声为 $d_\Delta^j(k)$ 。接下来逐个利用这些观测值通过式(5.5.20)~式(5.5.27)来更新状态，直到最后一个观测值更新完毕。

综合以上各式，得到的平方根滤波递推公式见表 5.3。

表 5.3　**平方根滤波递推公式**

一步预测	状态预测	$\hat{\boldsymbol{X}}(k,\ k-1)=\boldsymbol{\Phi}_{k,\ k-1}\hat{\boldsymbol{X}}(k-1)$
	平方根矩阵	$\underset{(n+q)\times n}{\boldsymbol{A}}=\begin{bmatrix}\boldsymbol{S}_{k-1}^{\mathrm{T}}\boldsymbol{\Phi}_{k,k-1}^{\mathrm{T}}\\ (\boldsymbol{D}_w^{\frac{1}{2}}(k-1))^{\mathrm{T}}\end{bmatrix}=[\boldsymbol{a}_1\quad \boldsymbol{a}_2\quad \cdots\quad \boldsymbol{a}_n]$ 根据式(5.5.19)和简代码给出的计算步骤得到 $S_{k,\ k-1}$
	预测方差	$\boldsymbol{D}_{\hat{X}}(k,\ k-1)=\boldsymbol{S}_{k,\ k-1}\boldsymbol{S}_{k,\ k-1}^{\mathrm{T}}$
测量更新	状态滤波	$\begin{cases}\hat{\boldsymbol{X}}^0(k)=\hat{\boldsymbol{X}}(k,\ k-1)\\ \boldsymbol{S}_k^0=\boldsymbol{S}_{k,\ k-1}\end{cases}$ $\hat{\boldsymbol{X}}^j(k)=\hat{\boldsymbol{X}}^{j-1}(k)+\boldsymbol{K}_k^j(Z_j(k)-\boldsymbol{h}_k^j\hat{\boldsymbol{X}}^{j-1}(k))\qquad j=1,\ 2,\ \cdots,\ \ell$
	增益矩阵	$\boldsymbol{a}_k=(\boldsymbol{h}_k^j\boldsymbol{S}_k^{j-1})^{\mathrm{T}}$ $b_k=[\boldsymbol{a}_k^{\mathrm{T}}\boldsymbol{a}_k+d_\Delta^j(k)]^{-1}$ $\gamma_k=\dfrac{1}{1+\sqrt{d_\Delta(k)b_k}}$ $\boldsymbol{K}_k^j=b_k\boldsymbol{S}_k^{j-1}\boldsymbol{a}_k$
	平方根矩阵	$\boldsymbol{S}_k^j=\boldsymbol{S}_k^{j-1}-\gamma_k\boldsymbol{K}_k^j\boldsymbol{a}_k^{\mathrm{T}}$
	滤波方差	$\boldsymbol{D}_{\hat{X}}(k)=\boldsymbol{S}_k\boldsymbol{S}_k^{\mathrm{T}}$

5.6　UDU 分解滤波

平方根滤波可以有效克服 Kalman 滤波在递推过程中出现的数值发散，但在运算中有开方运算，这对滤波的递推加重了计算负担。这里介绍无平方根运算的滤波递推算法——UDU 分解滤波。

如果滤波过程中 $\boldsymbol{D}_{\hat{X}}(k)$ 和 $\boldsymbol{D}_{\hat{X}}(k,\ k-1)$ 为非负定阵，$\boldsymbol{D}_{\hat{X}}(k)$ 和 $\boldsymbol{D}_{\hat{X}}(k,\ k-1)$ 可分解为对角矩阵和单位三角矩阵的乘积

$$\begin{aligned}\boldsymbol{D}_{\hat{X}}(k,\ k-1)&=\tilde{\boldsymbol{U}}\tilde{\boldsymbol{D}}\ \tilde{\boldsymbol{U}}^{\mathrm{T}}\\ \boldsymbol{D}_{\hat{X}}(k)&=\hat{\boldsymbol{U}}\hat{\boldsymbol{D}}\ \hat{\boldsymbol{U}}^{\mathrm{T}}\end{aligned}\tag{5.6.1}$$

其中，

$$\tilde{U}=\begin{bmatrix}1 & \tilde{u}_{12} & \cdots & \tilde{u}_{1n}\\0 & 1 & \cdots & \tilde{u}_{2n}\\\vdots & & & \vdots\\0 & & & 1\end{bmatrix},\quad \tilde{D}=\begin{bmatrix}\tilde{d}_1 & & & \\ & \tilde{d}_2 & & \\ & & \ddots & \\ & & & \tilde{d}_n\end{bmatrix} \tag{5.6.2}$$

$$\hat{U}=\begin{bmatrix}1 & \hat{u}_{12} & \cdots & \hat{u}_{1n}\\0 & 1 & \cdots & \hat{u}_{2n}\\\vdots & & & \vdots\\0 & & & 1\end{bmatrix},\quad \hat{D}=\begin{bmatrix}\hat{d}_1 & & & \\ & \hat{d}_2 & & \\ & & \ddots & \\ & & & \hat{d}_n\end{bmatrix} \tag{5.6.3}$$

UDU 分解滤波就是用 $\tilde{U}$ 和 $\tilde{D}$ 来进行时间预测，用 $\tilde{U}$ 和 $\tilde{D}$ 进行测量更新，这样不仅能确保数值传递的精度，也可避免开方运算。

5.6.1 UDU^{T}分解滤波的时间预测

UDU 分解滤波的时间预测是已知 $\hat{U}$ 和 $\hat{D}$，求 $\tilde{U}$ 和 $\tilde{D}$。下面给出 Thornton 的 UDU 分解滤波，其中矩阵分解采用的是 Gram-Schimit 正交分解方法。

时间预测的方差矩阵为

$$D_{\hat{X}}(k,\ k-1)=\Phi D_{\hat{X}}(k-1)\Phi^{T}+D_{w}(k-1) \tag{5.6.4}$$

为了表达简洁起见，下面用 Q 代替 $D_w(k-1)$，并设

$$A=\begin{bmatrix}(\Phi\hat{U})^{T}\\ I^{T}\end{bmatrix} \tag{5.6.5}$$
$$=[a_1\quad a_2\quad\cdots\quad a_n]$$

$$D=\begin{bmatrix}\hat{D} & \\ & Q\end{bmatrix} \tag{5.6.6}$$

其中，I 为 $n\times n$ 的单位矩阵，a_i 为有个 $(n+q)$ 个元素的列向量，D 为 $(n+q)\times(n+q)$ 的矩阵。下面以伪代码形式给出已知 $\hat{U}$ 和 $\hat{D}$，求 $\tilde{U}$ 和 $\tilde{D}$ 的计算步骤。

```
for    j = n: 1
       c_j = D a_j
       d~_j = a_j^T c_j
       y_j = c_j / d~_j
       for  i = 1: j - 1
            u~_ij = a_i^T y_j
```

$$\boldsymbol{a}_i = \boldsymbol{a}_i - \tilde{u}_{ij}\boldsymbol{a}_j$$

end

end

5.6.2　UDU^{T} 分解滤波的测量更新

UDU 分解滤波的测量更新是已知 $\tilde{\boldsymbol{U}}$ 和 $\tilde{\boldsymbol{D}}$，求 $\hat{\boldsymbol{U}}$ 和 $\hat{\boldsymbol{D}}$。这里以伪代码形式给出 Thornton(1976)和 Bierman(1977)提出的无开方运算的观测值逐次更新方法。

设有量测方程为

$$\underset{1\times1}{Z}(k) = \underset{1\times n}{\boldsymbol{h}_k}\,\underset{n\times1}{\boldsymbol{X}}(k) + \underset{1\times1}{\Delta}(k) \tag{5.6.7}$$

式中，$E[\Delta(k)] = 0$，$\mathrm{Var}(\Delta(k)) = d_\Delta$。

设

$$\boldsymbol{f} = \tilde{\boldsymbol{U}}^{\mathrm{T}}\boldsymbol{h}_k^{\mathrm{T}} = \begin{bmatrix} f_1 \\ \vdots \\ f_n \end{bmatrix},\quad \boldsymbol{V} = \tilde{\boldsymbol{D}}\boldsymbol{f} = \begin{bmatrix} v_1 \\ \vdots \\ v_n \end{bmatrix} = \begin{bmatrix} \tilde{d}_1 f_1 \\ \vdots \\ \tilde{d}_n f_n \end{bmatrix} \tag{5.6.8}$$

$\hat{\boldsymbol{U}}$ 和 $\hat{\boldsymbol{D}}$ 的计算为

for　$i = 1, \cdots, n$

$v_i = \tilde{d}_i f_i$

end

$\alpha_1 = (v_1 f_1 + d_\Delta)$

$\hat{d}_1 = \tilde{d}_1 d_\Delta / \alpha_1$

$b_1 = v_1$

for　$j = 2, \cdots, n$

$\alpha_j = \alpha_{j-1} + f_j v_j$

$\hat{d}_j = \tilde{d}_j \alpha_{j-1} / \alpha_j$

$b_j = v_j$

$p_j = -f_j / \alpha_{j-1}$

for　$i = 1, \cdots, j-1$

$\hat{u}_{ij} = \tilde{u}_{ij} + b_i p_j$

$b_i = b_i + \tilde{u}_{ij} v_j$

end

end　(5.6.9)

以上步骤除了输出 $\tilde{\boldsymbol{U}}$ 和 $\hat{\boldsymbol{D}}$ 外，还得到了

$$\boldsymbol{b} = [b_1 \quad \cdots \quad b_n]^{\mathrm{T}} \tag{5.6.10}$$

接着对状态进行更新

$$\begin{aligned} &\boldsymbol{K}_k = \boldsymbol{b}/\alpha_n \\ &\hat{\boldsymbol{X}}(k) = \hat{\boldsymbol{X}}(k, k-1) + \boldsymbol{K}_k[Z_j(k) - \boldsymbol{h}_k\hat{\boldsymbol{X}}(k)] \end{aligned} \tag{5.6.11}$$

以上是对一个观测值 $Z(k)$ 的测量更新。当有多个观测值时，实施观测值逐次更新，将上一个观测更新的结果代替式(5.6.8)的 $\tilde{\boldsymbol{U}}$ 和 $\tilde{\boldsymbol{D}}$ ，即

$$\begin{cases} \hat{\boldsymbol{U}} \to \tilde{\boldsymbol{U}} \\ \hat{\boldsymbol{D}} \to \tilde{\boldsymbol{D}} \end{cases} \tag{5.6.12}$$

并且

$$\hat{\boldsymbol{X}}(k) \to \hat{\boldsymbol{X}}(k, k-1) \tag{5.6.13}$$

重复以上过程，直到 k 时刻的所有观测值更新完毕。

5.7 平方根信息滤波

在5.3节中给出了信息滤波，它是通过时间预测的 $\boldsymbol{L}_{k,k-1}$ 与 $\boldsymbol{W}_{k,k-1}$ 和测量更新 $\boldsymbol{L}_k$ 和 $\boldsymbol{W}_k$ 来实现滤波递推的，其中

$$\boldsymbol{L}_{k,k-1} = \boldsymbol{W}_{k,k-1}\hat{\boldsymbol{X}}(k, k-1) \tag{5.7.1}$$

$$\boldsymbol{L}_k = \boldsymbol{W}_k\hat{\boldsymbol{X}}(k) \tag{5.7.2}$$

而平方根信息滤波(Square Root Information Filter，SRIF)将通过信息矩阵的平方根矩阵来完成递推。首先定义

$$\begin{cases} \tilde{\boldsymbol{L}}_{\hat{X}}(k) = \tilde{\boldsymbol{R}}_{\hat{X}}(k)\,\hat{\boldsymbol{X}}(k, k-1) \\ \hat{\boldsymbol{L}}_{\hat{X}}(k) = \hat{\boldsymbol{R}}_{\hat{X}}(k)\,\hat{\boldsymbol{X}}(k) \end{cases} \tag{5.7.3}$$

这里的 $\tilde{\boldsymbol{R}}_{\hat{X}}(k)$ 和 $\hat{\boldsymbol{R}}_{\hat{X}}(k)$ 分别是信息矩阵 $\boldsymbol{W}_{k,k-1}$ 和 $\boldsymbol{W}_k$ 的平方根矩阵，因此有如下的关系

$$\begin{aligned} &\boldsymbol{W}_{k,k-1} = \boldsymbol{D}_{\hat{X}}^{-1}(k, k-1) = \tilde{\boldsymbol{R}}_{\hat{X}}(k)\,\tilde{\boldsymbol{R}}_{\hat{X}}^{\mathrm{T}}(k) \\ &\boldsymbol{W}_k = \boldsymbol{D}_{\hat{X}}^{-1}(k) = \hat{\boldsymbol{R}}_{\hat{X}}(k)\,\hat{\boldsymbol{R}}_{\hat{X}}^{\mathrm{T}}(k) \end{aligned} \tag{5.7.4}$$

下面以最小二乘准则来推导平方根信息滤波，它利用矩阵的QR分解将线性方程组的系数矩阵转化为上三角矩阵，达到容易求解状态估计的目的。接下来先介绍已知 $\hat{\boldsymbol{X}}(k, k-1)$ 和 $\tilde{\boldsymbol{L}}_{\hat{X}}(k)$ 如何得到 t_k 时刻的测量更新 $\hat{\boldsymbol{X}}(k)$ 和 $\hat{\boldsymbol{L}}_{\hat{X}}(k)$，然后再给出 t_{k+1} 时刻的时间预测 $\hat{\boldsymbol{X}}(k+1, k)$ 和 $\tilde{\boldsymbol{L}}_{\hat{X}}(k+1)$，最后形成滤波递推。

5.7.1　平方根信息滤波的推导

1. t_k 时刻的测量更新

将 $\tilde{\boldsymbol{L}}_{\hat{X}}(k)$ 作为虚拟观测方程

$$\tilde{\boldsymbol{L}}_{\hat{X}}(k) = \tilde{\boldsymbol{R}}_{\hat{X}}(k)\boldsymbol{X}(k) + \boldsymbol{\Delta}_X(k,\ k-1) \tag{5.7.5}$$

其中 $\Delta_X(k,\ k-1)$ 为虚拟观测 $\tilde{\boldsymbol{L}}_{\hat{X}}(k)$ 的白噪声，方差为 $\tilde{\boldsymbol{L}}_{\hat{X}}(k)$ 的方差。根据式(5.7.3)和误差传播规律容易得到 $\Delta_X(k,\ k-1)$ 的方差为单位矩阵。观测方程为

$$\boldsymbol{Z}(k) = \boldsymbol{H}_k\boldsymbol{X}(k) + \boldsymbol{\Delta}(k) \tag{5.7.6}$$

并设观测噪声方差矩阵也为单位矩阵。如果观测值噪声方差阵不是单位矩阵，可按照 5.1.2 节的方法对观测方程进行标准化。

将虚拟观测方程与实际观测方程联立，得到误差方程

$$\begin{bmatrix} -\boldsymbol{\Delta}_X(k,\ k-1) \\ -\boldsymbol{\Delta}(k) \end{bmatrix} = \begin{bmatrix} \tilde{\boldsymbol{R}}_{\hat{X}}(k) \\ \boldsymbol{H}_k \end{bmatrix}\boldsymbol{X}(k) - \begin{bmatrix} \tilde{\boldsymbol{L}}_{\hat{X}}(k) \\ \boldsymbol{Z}(k) \end{bmatrix} \tag{5.7.7}$$

那么误差平方和为

$$\begin{aligned}\hat{L}(k) &= \left\| \begin{matrix} \bar{\boldsymbol{\Delta}}_{\hat{X}}(k) \\ \boldsymbol{\Delta}(k) \end{matrix} \right\|^2 \\ &= \left\| \begin{bmatrix} \tilde{\boldsymbol{R}}_{\hat{X}}(k) \\ \boldsymbol{H}_k \end{bmatrix}\boldsymbol{X}(k) - \begin{bmatrix} \tilde{\boldsymbol{L}}_{\hat{X}}(k) \\ \boldsymbol{Z}(k) \end{bmatrix} \right\|^2 \end{aligned} \tag{5.7.8}$$

上式中的 $\|\cdot\|^2$ 表示向量的 2-范数的平方，所以 $\hat{\boldsymbol{L}}(k)$ 也是误差向量的长度平方。

将 $\boldsymbol{X}(k)$ 前的系数矩阵作 QR 分解

$$\begin{bmatrix} \underset{n\times n}{\tilde{\boldsymbol{R}}_{\hat{X}}(k)} \\ \underset{\ell\times n}{\boldsymbol{H}_k} \end{bmatrix} = \underset{(n+\ell)\times(n+\ell)}{\hat{\boldsymbol{Q}}_k}\ \underset{(n+\ell)\times n}{\hat{\boldsymbol{R}}_k} = \begin{bmatrix} \underset{(n+\ell)\times n}{\hat{\boldsymbol{Q}}_k^{(1)}} & \underset{(n+\ell)\times\ell}{\hat{\boldsymbol{Q}}_k^{(2)}} \end{bmatrix}\begin{bmatrix} \underset{n\times n}{\hat{\boldsymbol{R}}_{\hat{X}}(k)} \\ \underset{\ell\times n}{\boldsymbol{0}} \end{bmatrix} \tag{5.7.9}$$

其中 $\hat{\boldsymbol{Q}}_k$ 为正交矩阵，$\hat{\boldsymbol{R}}_k$ 为非奇异上三角矩阵。容易得到

$$\hat{\boldsymbol{Q}}_k^{\mathrm{T}}\begin{bmatrix} \underset{n\times n}{\tilde{\boldsymbol{R}}_{\hat{X}}(k)} \\ \underset{\ell\times n}{\boldsymbol{H}_k} \end{bmatrix} = \begin{bmatrix} \underset{n\times n}{\hat{\boldsymbol{R}}_{\hat{X}}(k)} \\ \underset{\ell\times n}{0} \end{bmatrix} \tag{5.7.10}$$

上式表明观测方程的系数矩阵做正交变换后成为上三角矩阵，这给解线性方程组带来了便利。

根据附录式(A-60)可知，向量左乘 $\hat{\boldsymbol{Q}}_k^{\mathrm{T}}$ 后长度不变，所以

$$\hat{\boldsymbol{L}}(k)=\left\|\begin{bmatrix}\hat{\boldsymbol{R}}_{\hat{X}}(k)\\0\end{bmatrix}\boldsymbol{X}(k)-\hat{\boldsymbol{Q}}_k^{\mathrm{T}}\begin{bmatrix}\tilde{\boldsymbol{L}}_{\hat{X}}(k)\\\boldsymbol{Z}(k)\end{bmatrix}\right\|^2 \tag{5.7.11}$$

设

$$\begin{bmatrix}\hat{\boldsymbol{L}}_{\hat{X}}(k)\\\boldsymbol{\xi}(k)\end{bmatrix}=\hat{\boldsymbol{Q}}_k^{\mathrm{T}}\begin{bmatrix}\tilde{\boldsymbol{L}}_{\hat{X}}(k)\\\boldsymbol{Z}(k)\end{bmatrix} \tag{5.7.12}$$

那么，

$$\hat{\boldsymbol{L}}(k)=\|\hat{\boldsymbol{R}}_{\hat{X}}(k)\boldsymbol{X}(k)-\hat{\boldsymbol{L}}_{\hat{X}}(k)\|^2+\|\boldsymbol{\xi}(k)\|^2 \tag{5.7.13}$$

上式表明当 $\|\hat{\boldsymbol{R}}_{\hat{X}}(k)\boldsymbol{X}(k)-\hat{\boldsymbol{L}}_{\hat{X}}(k)\|^2$ 为零时，才能使 $\hat{\boldsymbol{L}}(k)$ 最小。记使 $\hat{\boldsymbol{L}}(k)$ 最小的 $\boldsymbol{X}(k)$ 的估计为 $\hat{\boldsymbol{X}}(k)$，有

$$\hat{\boldsymbol{X}}(k)=\hat{\boldsymbol{R}}_{\hat{X}}^{-1}(k)\,\hat{\boldsymbol{L}}_{\hat{X}}(k) \tag{5.7.14}$$

并且容易推导得到

$$\boldsymbol{D}_{\hat{X}}(k)=\hat{\boldsymbol{R}}_{\hat{X}}^{-1}(k)\,\hat{\boldsymbol{R}}_{\hat{X}}^{-T}(k) \tag{5.7.15}$$

2\. t_{k+1} 时刻的时间预测

在 t_{k+1} 的预测时，有状态方程

$$\boldsymbol{X}(k+1)=\boldsymbol{\Phi}_{k+1,\,k}\boldsymbol{X}(k)+\boldsymbol{w}(k) \tag{5.7.16}$$

更一般地，设 $\boldsymbol{w}(k)$ 的期望为 $\bar{\boldsymbol{w}}(k)$，并将 $\bar{\boldsymbol{w}}(k)$ 看作 $\boldsymbol{w}(k)$ 的虚拟观测值

$$\bar{\boldsymbol{w}}(k)=\boldsymbol{w}(k)+\boldsymbol{\Delta}_w(k) \tag{5.7.17}$$

其中 $\boldsymbol{\Delta}_w(k)$ 是虚拟观测 $\bar{\boldsymbol{w}}(k)$ 的白噪声，方差为 $\boldsymbol{D}_w(k)$。现将 $\boldsymbol{\Delta}_w(k)$ 标准化为

$$-\bar{\boldsymbol{\Delta}}_w(k)=\boldsymbol{S}_{w_k}^{-1}\boldsymbol{w}(k)-\boldsymbol{S}_{w_k}^{-1}\bar{\boldsymbol{w}}(k) \tag{5.7.18}$$

其中 $\boldsymbol{S}_{w_k}$ 是 $\boldsymbol{D}_w(k)$ 的平方根矩阵。由于时间预测时增加了系统噪声，这时的误差平方和为

$$\begin{aligned}\tilde{\boldsymbol{L}}(k+1)&=\hat{\boldsymbol{L}}(k)+\|\bar{\boldsymbol{\Delta}}_w(k)\|^2\\&=\|\hat{\boldsymbol{R}}_{\hat{X}}(k)\boldsymbol{X}(k)-\hat{\boldsymbol{L}}_{\hat{X}}(k)\|^2+\|\boldsymbol{\xi}(k)\|^2+\|\bar{\boldsymbol{\Delta}}_w(k)\|^2\end{aligned} \tag{5.7.19}$$

利用状态方程可以将 $\boldsymbol{X}(k)$ 表示为

$$\boldsymbol{X}(k)=\boldsymbol{\Phi}_{k+1,\,k}^{-1}[\boldsymbol{X}(k+1)-\boldsymbol{w}(k)] \tag{5.7.20}$$

将式(5.7.18)和式(5.7.20)代入式(5.7.19)得到

$$\tilde{\boldsymbol{L}}(k+1)=\left\|\begin{bmatrix}\boldsymbol{S}_{w_k}^{-1}&\boldsymbol{0}\\-\hat{\boldsymbol{R}}_{\hat{X}}(k)\boldsymbol{\Phi}_{k+1,k}^{-1}&\hat{\boldsymbol{R}}_{\hat{X}}(k)\boldsymbol{\Phi}_{k+1,k}^{-1}\end{bmatrix}\begin{bmatrix}\boldsymbol{w}(k)\\\boldsymbol{X}(k+1)\end{bmatrix}-\begin{bmatrix}\boldsymbol{S}_{w_k}^{-1}\bar{\boldsymbol{w}}(k)\\\hat{\boldsymbol{L}}_{\hat{X}}(k)\end{bmatrix}\right\|^2+\|\boldsymbol{\xi}^2(k)\|^2 \tag{5.7.21}$$

同样，对 $\boldsymbol{w}(k)$ 的系数矩阵作 QR 分解：

$$\begin{bmatrix} \boldsymbol{S}_{w_k}^{-1} \\ -\hat{\boldsymbol{R}}_{\hat{X}}(k)\,\boldsymbol{\Phi}_{k+1,\,k}^{-1} \end{bmatrix} = \tilde{\boldsymbol{Q}}_{k+1} \begin{bmatrix} \tilde{\boldsymbol{R}}_{w}(k+1) \\ \boldsymbol{0} \end{bmatrix} \tag{5.7.22}$$

将 $\tilde{\boldsymbol{Q}}_{k+1}^{\mathrm{T}}$ 左乘 $\tilde{\boldsymbol{L}}_{k+1}$ 得到

$$\tilde{\boldsymbol{L}}(k+1) = \left\| \begin{bmatrix} \tilde{\boldsymbol{R}}_{w}(k+1) & \tilde{\boldsymbol{R}}_{w\hat{X}}(k+1) \\ \boldsymbol{0} & \tilde{\boldsymbol{R}}_{\hat{X}}(k+1) \end{bmatrix} \begin{bmatrix} \boldsymbol{w}(k) \\ \boldsymbol{X}(k+1) \end{bmatrix} - \begin{bmatrix} \tilde{\boldsymbol{L}}_{w}(k+1) \\ \tilde{\boldsymbol{L}}_{\hat{X}}(k+1) \end{bmatrix} \right\|^2 + \| \boldsymbol{\xi}(k) \|^2 \tag{5.7.23}$$

其中

$$\begin{bmatrix} \tilde{\boldsymbol{R}}_{w\hat{X}}(k+1) & \tilde{\boldsymbol{L}}_{w}(k+1) \\ \tilde{\boldsymbol{R}}_{\hat{X}}(k+1) & \tilde{\boldsymbol{L}}_{\hat{X}}(k+1) \end{bmatrix} = \tilde{\boldsymbol{Q}}_{k+1}^{\mathrm{T}} \begin{bmatrix} 0 & \boldsymbol{S}_{w_k}^{-1}\,\overline{\boldsymbol{w}}(k) \\ \hat{\boldsymbol{R}}_{\hat{X}}(k)\,\boldsymbol{\Phi}_{k+1,\,k}^{-1} & \hat{\boldsymbol{L}}_{\hat{X}}(k) \end{bmatrix} \tag{5.7.24}$$

式(5.7.23)表明只有当等号右边的第一项为零时，$\tilde{\boldsymbol{L}}(k+1)$ 才有最小值，所以

$$\begin{aligned} &\tilde{\boldsymbol{R}}_{w}(k+1)\boldsymbol{w}(k) + \tilde{\boldsymbol{R}}_{w\hat{X}}(k+1)\boldsymbol{X}(k+1) = \tilde{\boldsymbol{L}}_{w}(k+1) \\ &\tilde{\boldsymbol{R}}_{\hat{X}}(k+1)\boldsymbol{X}(k+1) = \tilde{\boldsymbol{L}}_{\hat{X}}(k+1) \end{aligned} \tag{5.7.25}$$

记满足上式中 $\boldsymbol{X}(k+1)$ 解为 $\hat{\boldsymbol{X}}(k+1,\ k)$，那么

$$\hat{\boldsymbol{X}}(k+1,\ k) = \tilde{\boldsymbol{R}}_{\hat{X}}^{-1}(k+1)\ \tilde{\boldsymbol{L}}_{\hat{X}}(k+1) \tag{5.7.26}$$

容易得到，

$$\boldsymbol{D}_{\hat{X}}(k+1,\ k) = \tilde{\boldsymbol{R}}_{\hat{X}}^{-1}(k+1)\ \tilde{\boldsymbol{R}}_{\hat{X}}^{-\mathrm{T}}(k+1) \tag{5.7.27}$$

将式(5.7.26)代入式(5.7.25)的第一式，进而可以解得 $\boldsymbol{w}(k)$，但如果并不关心 $\boldsymbol{w}(k)$ 的估计可以略过。

5.7.2　平方根信息滤波流程

综合上述，总结平方根信息滤波的递推过程如下：

状态方程和观测方程为

$$\begin{cases} \boldsymbol{X}(k) = \boldsymbol{\Phi}_{k,\,k-1}\boldsymbol{X}(k-1) + \boldsymbol{w}(k-1) \\ \boldsymbol{Z}(k) = \boldsymbol{H}_k\boldsymbol{X}(k) + \boldsymbol{\Delta}(k) \end{cases} \tag{5.7.28}$$

其中

$$\begin{aligned} &\boldsymbol{w}(k-1) \sim [\overline{\boldsymbol{w}}(k-1),\ \boldsymbol{D}_w(k-1)] \\ &\boldsymbol{\Delta}(k) \sim [\boldsymbol{0},\ \boldsymbol{I}] \end{aligned} \tag{5.7.29}$$

上式的 [·] 中的变量分别表示期望和方差。

已知 $\hat{\boldsymbol{X}}(0)$ 和 $\boldsymbol{D}_{\hat{X}}(0)$，设

$$\hat{\boldsymbol{R}}_{\hat{X}}(0)=\boldsymbol{D}_{\hat{X}}^{\frac{1}{2}}(0)$$

$$\hat{\boldsymbol{L}}_{\hat{X}}(0)=\hat{\boldsymbol{R}}_{\hat{X}}(0)\hat{\boldsymbol{X}}(0)$$

1) t_k 时刻的时间预测

首先做时间预测的 QR 分解：

$$\begin{bmatrix} \boldsymbol{S}_{w_{k-1}} \\ -\hat{\boldsymbol{R}}_{\hat{X}}(k-1)\boldsymbol{\Phi}_{k,k-1}^{-1} \end{bmatrix}=\tilde{\boldsymbol{Q}}_k\tilde{\boldsymbol{R}}_k,\quad (k=1,2,\cdots) \tag{5.7.30}$$

其中 $\boldsymbol{S}_{w_{k-1}}$ 是 $\boldsymbol{D}_w(k-1)$ 的平方根矩阵。

计算 $\tilde{\boldsymbol{L}}_{\hat{X}}(k)$ 和 $\tilde{\boldsymbol{R}}_{\hat{X}}(k)$：

$$\tilde{\boldsymbol{Q}}_k^{\mathrm{T}}\underbrace{\begin{bmatrix} \boldsymbol{0} & \boldsymbol{S}_{w_{k-1}}^{-1}\bar{\boldsymbol{w}}(k-1) \\ \boxed{\hat{\boldsymbol{R}}_{\hat{X}}(k-1)}\boldsymbol{\Phi}_{k,k-1}^{-1} & \boxed{\hat{\boldsymbol{L}}_{\hat{X}}(k-1)} \end{bmatrix}}_{n\quad\quad 1}\begin{matrix}\}n\\ \}n\end{matrix}=\underbrace{\begin{bmatrix} \tilde{\boldsymbol{R}}_{w\hat{X}}(k) & \tilde{\boldsymbol{L}}_w(k) \\ \boxed{\tilde{\boldsymbol{R}}_{\hat{X}}(k)} & \boxed{\tilde{\boldsymbol{L}}_{\hat{X}}(k)} \end{bmatrix}}_{n\quad\quad 1}\begin{matrix}\}n\\ \}n\end{matrix} \tag{5.7.31}$$

其中 $\bar{\boldsymbol{w}}(k-1)$ 为系统噪声 $\boldsymbol{w}(k-1)$ 的期望。矩阵 $\tilde{\boldsymbol{R}}_{\hat{X}}(k)$ 和 $\tilde{\boldsymbol{L}}_{\hat{X}}(k)$ 是下一步测量更新需要的矩阵。如果需要，可以解出时间预测 $\hat{\boldsymbol{X}}(k,k-1)$ 和 $\boldsymbol{D}_{\hat{X}}(k,k-1)$

$$\begin{aligned} \hat{\boldsymbol{X}}(k,k-1)&=\tilde{\boldsymbol{R}}_{\hat{X}}^{-1}(k)\tilde{\boldsymbol{L}}_{\hat{X}}(k) \\ \boldsymbol{D}_{\hat{X}}(k,k-1)&=\tilde{\boldsymbol{R}}_{\hat{X}}^{-1}(k)\tilde{\boldsymbol{R}}_{\hat{X}}^{-\mathrm{T}}(k) \end{aligned} \tag{5.7.32}$$

2) t_k 时刻的测量更新

测量更新的 QR 分解：

$$\begin{bmatrix} \tilde{\boldsymbol{R}}_{\hat{X}}(k) \\ \boldsymbol{H}_k \end{bmatrix}=\hat{\boldsymbol{Q}}_k\hat{\boldsymbol{R}}_k, \tag{5.7.33}$$

得到矩阵 $\hat{\boldsymbol{Q}}_k$。

计算 $\hat{\boldsymbol{R}}_{\hat{X}}(k)$ 和 $\hat{\boldsymbol{L}}_{\hat{X}}(k)$：

$$\hat{\boldsymbol{Q}}_k^{\mathrm{T}}\underbrace{\begin{bmatrix} \boxed{\tilde{\boldsymbol{R}}_{\hat{X}}(k)} & \boxed{\tilde{\boldsymbol{L}}_{\hat{X}}(k)} \\ \boldsymbol{H}_k & \boldsymbol{Z}(k) \end{bmatrix}}_{n\quad\quad 1}\begin{matrix}\}n\\ \}\ell\end{matrix}=\underbrace{\begin{bmatrix} \boxed{\hat{\boldsymbol{R}}_{\hat{X}}(k)} & \boxed{\hat{\boldsymbol{L}}_{\hat{X}}(k)} \\ \boldsymbol{0} & \boldsymbol{\xi}(k) \end{bmatrix}}_{n\quad\quad 1}\begin{matrix}\}n\\ \}\ell\end{matrix} \tag{5.7.34}$$

解出

$$\begin{aligned} \hat{\boldsymbol{X}}(k)&=\hat{\boldsymbol{R}}_{\hat{X}}^{-1}(k)\boldsymbol{L}_{\hat{X}}(k) \\ \boldsymbol{D}_{\hat{X}}(k)&=\hat{\boldsymbol{R}}_{\hat{X}}^{-1}(k)\hat{\boldsymbol{R}}_{\hat{X}}^{-\mathrm{T}}(k) \end{aligned} \tag{5.7.35}$$

式(5.7.34)中的矩阵 $\hat{\boldsymbol{R}}_{\hat{X}}(k)$ 和 $\hat{\boldsymbol{L}}_{\hat{X}}(k)$ 是下一刻 t_{k+1} 时间预测需要的矩阵。

第 6 章　非标准模型的 Kalman 滤波

在标准的 Kalman 滤波模型中，总是假设观测噪声和系统噪声均为白噪声，但在实际应用中，多数情况下观测噪声或者系统噪声在时间上是相关的，即为有色噪声。此外，有时系统噪声与观测噪声之间是相关的，这些都不符合 Kalman 滤波标准模型的要求。在噪声相关严重的情况下，需要对噪声做出处理，否则会引起滤波结果的失真甚至发散。本章将介绍系统噪声与观测噪声相关，以及系统噪声或观测噪声各自在有色情况下的非标准模型，并就此模型提出 Kalman 滤波解决方法，最后通过算例来分析不同方法的对有色噪声处理结果的差异。

6.1　系统噪声与观测噪声相关时的 Kalman 滤波

已知状态方程和观测方程为

$$\boldsymbol{X}(k)=\boldsymbol{\Phi}_{k,\ k-1}\boldsymbol{X}(k-1)+\boldsymbol{w}(k-1) \tag{6.1.1}$$

$$\boldsymbol{Z}(k)=\boldsymbol{H}_k\boldsymbol{X}(k)+\boldsymbol{\Delta}(k) \tag{6.1.2}$$

其中，

$$E[\boldsymbol{w}(k)]=0,\quad \mathrm{Cov}[\boldsymbol{w}(k),\ \boldsymbol{w}(j)]=\boldsymbol{D}_w(k)\delta(k-j) \tag{6.1.3}$$

$$E[\boldsymbol{\Delta}(k)]=0,\quad \mathrm{Cov}[\boldsymbol{\Delta}(k),\ \boldsymbol{\Delta}(j)]=\boldsymbol{D}_\Delta(k)\delta(k-j) \tag{6.1.4}$$

与标准的 Kalman 滤波模型不同的是，这里的系统噪声 $\boldsymbol{w}(k-1)$ 与观测噪声 $\boldsymbol{\Delta}(k)$ 是相关的，相关性表示为

$$E[\boldsymbol{w}(j)\boldsymbol{\Delta}(k)]=\boldsymbol{S}_k\delta(j-(k-1))\quad (\boldsymbol{S}_k\neq\boldsymbol{0}) \tag{6.1.5}$$

由于 $\boldsymbol{w}(k-1)$ 与 $\boldsymbol{\Delta}(k-1)$ 并没有相关性，所以这并不影响滤波的一步预测，但 $\boldsymbol{w}(k-1)$ 与 $\boldsymbol{\Delta}(k)$ 的相关性将使滤波的测量更新与标准模型下的测量更新不同。下面介绍 $\boldsymbol{w}(k-1)$ 与 $\boldsymbol{\Delta}(k)$ 相关的测量更新办法。

设测量更新 $\hat{\boldsymbol{X}}(k)$ 为 $\hat{\boldsymbol{X}}(k,\ k-1)$ 和观测值 $\boldsymbol{Z}(k)$ 的线性函数，为

$$\hat{\boldsymbol{X}}(k)=\hat{\boldsymbol{X}}(k,\ k-1)+\boldsymbol{K}_k[\boldsymbol{Z}(k)-\boldsymbol{H}_k\hat{\boldsymbol{X}}(k,\ k-1)] \tag{6.1.6}$$

其中的增益矩阵 $\boldsymbol{K}_k$ 未知，接下来基于最小二乘准则推导给出 K。

设 $\hat{\boldsymbol{X}}(k)$ 的估计误差为

$$\begin{aligned}\Delta\hat{\boldsymbol{X}}(k)&=\boldsymbol{X}(k)-\hat{\boldsymbol{X}}(k)\\&=\boldsymbol{X}(k)-\{\hat{\boldsymbol{X}}(k,\ k-1)+\boldsymbol{K}_k[\boldsymbol{Z}(k)-\boldsymbol{H}_k\hat{\boldsymbol{X}}(k,\ k-1)]\}\end{aligned} \tag{6.1.7}$$

将式(6.1.2)代入上式，可得

$$\boldsymbol{\Delta}\hat{\boldsymbol{X}}(k)=(\boldsymbol{I}-\boldsymbol{K}_k\boldsymbol{H}_k)\boldsymbol{\Delta}\hat{\boldsymbol{X}}(k,\ k-1)-\boldsymbol{K}_k\boldsymbol{\Delta}_k \tag{6.1.8}$$

那么 $\hat{\boldsymbol{X}}(k)$ 的方差为

$$\begin{aligned}\boldsymbol{D}_{\hat{X}}(k)&=E[\Delta\hat{\boldsymbol{X}}(k)\Delta\hat{\boldsymbol{X}}^{\mathrm{T}}(k)]\\&=E\{[(\boldsymbol{I}-\boldsymbol{K}_k\boldsymbol{H}_k)\Delta\hat{\boldsymbol{X}}(k,\ k-1)-\boldsymbol{K}_k\boldsymbol{\Delta}_k][(\boldsymbol{I}-\boldsymbol{K}_k\boldsymbol{H}_k)\Delta\hat{\boldsymbol{X}}(k,\ k-1)-\boldsymbol{K}_k\boldsymbol{\Delta}_k]^{\mathrm{T}}\}\end{aligned} \tag{6.1.9}$$

与标准 Kalmam 滤波不同的是，上式中的 $\Delta\hat{\boldsymbol{X}}(k,\ k-1)$ 与 Δ_k 存在相关性，相关性为

$$\begin{aligned}E[\Delta\hat{\boldsymbol{X}}(k,\ k-1)\boldsymbol{\Delta}^{\mathrm{T}}(k)]&=E\{[\boldsymbol{\Phi}_{k,\ k-1}\boldsymbol{X}(k-1)+\boldsymbol{w}(k-1)-\boldsymbol{\Phi}_{k,\ k-1}\hat{\boldsymbol{X}}(k-1)]\Delta^{\mathrm{T}}(k)\}\\&=E\{\boldsymbol{w}(k-1)\Delta^{\mathrm{T}}(k)\}\\&=\boldsymbol{S}_k\end{aligned} \tag{6.1.10}$$

所以式(6.1.9)为

$$\begin{aligned}\boldsymbol{D}_{\hat{X}}(k)&=E[\Delta\hat{\boldsymbol{X}}(k)\Delta\hat{\boldsymbol{X}}^{\mathrm{T}}(k)]\\&=(\boldsymbol{I}-\boldsymbol{K}_k\boldsymbol{H}_k)\boldsymbol{D}_{\hat{X}}(k,\ k-1)(\boldsymbol{I}-\boldsymbol{K}_k\boldsymbol{H}_k)^{\mathrm{T}}+\boldsymbol{K}_k\boldsymbol{D}_{\Delta}(k)\boldsymbol{K}_k^{\mathrm{T}}\\&\quad-(\boldsymbol{I}-\boldsymbol{K}_k\boldsymbol{H}_k)\boldsymbol{S}_k\boldsymbol{K}_k^{\mathrm{T}}-\boldsymbol{K}_k\boldsymbol{S}_k^{\mathrm{T}}(\boldsymbol{I}-\boldsymbol{K}_k\boldsymbol{H}_k)^{\mathrm{T}}\end{aligned} \tag{6.1.11}$$

由于方差矩阵最小与方差矩阵的迹最小等价，所以 $\boldsymbol{K}_k$ 将对 $\mathrm{trace}[\boldsymbol{D}_{\hat{X}}(k)]$ 求导，并设导数为零，可解得

$$\boldsymbol{K}_k=[\boldsymbol{S}_k+\boldsymbol{D}_{\hat{X}}(k,\ k-1)\boldsymbol{H}_k^{\mathrm{T}}][\boldsymbol{H}_k\boldsymbol{D}_{\hat{X}}(k,\ k-1)\boldsymbol{H}_k^{\mathrm{T}}+\boldsymbol{D}_{\Delta}(k)+\boldsymbol{H}_k\boldsymbol{S}_k+\boldsymbol{S}_k^{\mathrm{T}}\boldsymbol{H}_k^{\mathrm{T}}]^{-1} \tag{6.1.12}$$

将式(6.1.12)代入式(6.1.11)，可以得到

$$\boldsymbol{D}_{\hat{X}}(k)=\boldsymbol{D}_{\hat{X}}(k,\ k-1)-\boldsymbol{K}_k[\boldsymbol{H}_k\boldsymbol{D}_{\hat{X}}(k,\ k-1)\boldsymbol{H}_k^{\mathrm{T}}+\boldsymbol{D}_{\Delta}(k)+\boldsymbol{H}_k\boldsymbol{S}_k+\boldsymbol{S}_k^{\mathrm{T}}\boldsymbol{H}_k^{\mathrm{T}}]\boldsymbol{K}_k^{\mathrm{T}} \tag{6.1.13}$$

或者

$$\boldsymbol{D}_{\hat{X}}(k)=(\boldsymbol{I}-\boldsymbol{K}_k\boldsymbol{H}_k)\boldsymbol{D}_{\hat{X}}(k,\ k-1)-\boldsymbol{K}_k\boldsymbol{S}_k^{\mathrm{T}} \tag{6.1.14}$$

与标准的 Kalman 递推公式比较，以上的增益矩阵和滤波方差计算中考虑了 $\boldsymbol{w}(k-1)$ 与 $\Delta(k)$ 的相关性。当 $\boldsymbol{S}_k=0$ 时，它们就退化为标准的 Kalman 递推公式了。

6.2 有色噪声的 Kalman 滤波

在第 1 章中介绍了几种典型的有色噪声，这些典型的有色噪声都能由白噪声激发得到，可以用成型滤波器来表示有色噪声与白噪声的关系，所以当系统噪声或者观测噪声为有色噪声时，也可以考虑将成型滤波器作为新增加的状态方程，将有色噪声与原来状态一并估计。

6.2.1 系统噪声有色的 Kalman 滤波

设系统的微分方程为

$$\dot{\boldsymbol{X}}(t)=\boldsymbol{A}(t)\boldsymbol{X}(t)+\boldsymbol{C}(t)\boldsymbol{\eta}(t) \tag{6.2.1}$$

其中，$\boldsymbol{\eta}(t)$ 为有色噪声。有色噪声可由白噪声激发得到

$$\dot{\boldsymbol{\eta}}(t)=\boldsymbol{A}_{\eta}\boldsymbol{\eta}(t)+\boldsymbol{e}(t) \tag{6.2.2}$$

解式(6.2.2)的微分方程，可以得到

$$\boldsymbol{\eta}(t)=\boldsymbol{\Phi}_{\eta}\boldsymbol{\eta}(t_0)+\boldsymbol{w}_{\eta}(t) \tag{6.2.3}$$

式(6.2.3)为在 1.10 节中给出成型滤波器，其中 $\boldsymbol{\eta}(t_0)$ 为 $\boldsymbol{\eta}(t)$ 的初始值。从 1.10 节中可知，只要知道微分方程 $\boldsymbol{\eta}(t)$ 的自相关函数，就可以得到 $\boldsymbol{\Phi}_{\eta}$。

将式(6.2.1) 和式(6.2.2)联立，可以得到

$$\begin{bmatrix}\dot{\boldsymbol{X}}(t)\\ \dot{\eta}(t)\end{bmatrix}=\begin{bmatrix}\boldsymbol{A}(t) & \boldsymbol{C}(t)\\ \boldsymbol{0} & \boldsymbol{A}_{\eta}\end{bmatrix}\begin{bmatrix}\boldsymbol{X}(t)\\ \eta(t)\end{bmatrix}+\begin{bmatrix}\boldsymbol{0}\\ \boldsymbol{I}\end{bmatrix}\boldsymbol{e}(t) \tag{6.2.4}$$

若将状态扩展为

$$\boldsymbol{X}_E(t)=\begin{bmatrix}\boldsymbol{X}(t)\\ \boldsymbol{\eta}(t)\end{bmatrix} \tag{6.2.5}$$

并设

$$\begin{gathered}\boldsymbol{A}_E(t)=\begin{bmatrix}\boldsymbol{A}(t) & \boldsymbol{C}(t)\\ \boldsymbol{0} & \boldsymbol{A}_{\eta}\end{bmatrix}\\ \boldsymbol{C}_E(t)=\begin{bmatrix}\boldsymbol{0}\\ \boldsymbol{I}\end{bmatrix}\end{gathered} \tag{6.2.6}$$

那么，式(6.2.4)就为

$$\dot{\boldsymbol{X}}_E(t)=\boldsymbol{A}_E(t)\boldsymbol{X}_E(t)+\boldsymbol{C}_E(t)\boldsymbol{e}(t) \tag{6.2.7}$$

通过以上的状态扩展，就将有色噪声的系统转化为了白噪声系统，得到了微分方程的标准模型。解式(6.2.7)并将其离散化，即可得到状态方程。与扩展的状态相对应，观测方程为

$$\boldsymbol{Z}(k)=\boldsymbol{H}_{k,E}\boldsymbol{X}_E(k)+\boldsymbol{\Delta}(k) \tag{6.2.8}$$

其中，

$$\boldsymbol{H}_{k,E}=[\boldsymbol{H}_k\quad \boldsymbol{0}] \tag{6.2.9}$$

从以上过程看，通过扩展状态处理系统有色噪声的关键是得到成型滤波器。得到成型滤波器的方法一般有两种：时间序列分析法和相关函数法。时间序列分析法把有色噪声看成各时刻相关的序列和各时刻出现的白噪声的线性组合，建立自回归滑动平均模型(ARMA(p, q))，然后用参数估计的方法估计出模型中的参数。在相关函数法中，用一个样本时间过程中采集到的数据计算出相关函数，再由自相关函数求出成型滤波器。

6.2.2　观测噪声有色的 Kalman 滤波

当系统噪声有色时，可以考虑采用有色噪声状态扩展的处理方式，但在观测噪声有色的情况下，虽然可以通过扩展状态后得到无噪声输入的等效观测方程，但这样会导致滤波

方差奇异从而无法进行滤波的递推。下面首先说明为什么扩展状态会导致滤波方差奇异，然后给出解决观测噪声有色的方法：量测差分法。

$$\dot{\boldsymbol{X}}(t)=\boldsymbol{A}(t)\boldsymbol{X}(t)+\boldsymbol{C}(t)\boldsymbol{e}(t) \tag{6.2.10}$$

观测方程为

$$\boldsymbol{Z}(t)=\boldsymbol{H}(t)\boldsymbol{X}(t)+\boldsymbol{v}(t) \tag{6.2.11}$$

其中，$\boldsymbol{v}(t)$ 为有色噪声，$\boldsymbol{v}(t)$ 可以表示为

$$\dot{\boldsymbol{v}}(t)=\boldsymbol{H}_v\boldsymbol{v}(t)+\boldsymbol{\Delta}(t) \tag{6.2.12}$$

其中，$\boldsymbol{\Delta}(t)$ 为白噪声，方差为 $\boldsymbol{D}_\Delta(t)$。

将状态扩展为

$$\boldsymbol{X}^*(t)=\begin{bmatrix}\boldsymbol{X}(t)\\ \boldsymbol{v}(t)\end{bmatrix} \tag{6.2.13}$$

那么，状态方程为

$$\begin{bmatrix}\dot{\boldsymbol{X}}(t)\\ \dot{\boldsymbol{v}}(t)\end{bmatrix}=\begin{bmatrix}\boldsymbol{A}(t) & \boldsymbol{0}\\ \boldsymbol{0} & \boldsymbol{H}_v\end{bmatrix}\begin{bmatrix}\boldsymbol{X}(t)\\ \boldsymbol{v}(t)\end{bmatrix}+\begin{bmatrix}\boldsymbol{C}(t) & \boldsymbol{0}\\ \boldsymbol{0} & \boldsymbol{I}\end{bmatrix}\begin{bmatrix}\boldsymbol{e}(t)\\ \boldsymbol{\Delta}(t)\end{bmatrix} \tag{6.2.14}$$

与扩展的状态对应，观测方程为

$$\boldsymbol{Z}(k)=[\boldsymbol{H}(k)\quad \boldsymbol{I}]\begin{bmatrix}\boldsymbol{X}(k)\\ \boldsymbol{v}(k)\end{bmatrix} \tag{6.2.15}$$

由于没有观测噪声，在滤波递推中观测噪声为零矩阵，即 $\boldsymbol{D}_\Delta(k)=\boldsymbol{0}$，那么测量更新后的滤波方差为

$$\boldsymbol{D}_{\hat{X}}(k)=[\boldsymbol{I}-\boldsymbol{D}_{\hat{X}}(k,\ k-1)\,\boldsymbol{H}_k^{\mathrm{T}}\,(\boldsymbol{H}_k\,\boldsymbol{D}_{\hat{X}}(k,\ k-1)\,\boldsymbol{H}_k^{\mathrm{T}})^{-1}\,\boldsymbol{H}_k]\,\boldsymbol{D}_{\hat{X}}(k,\ k-1) \tag{6.2.16}$$

将式(6.2.16)左乘 $\boldsymbol{H}_k$ 和右乘 $\boldsymbol{H}_k^{\mathrm{T}}$，可得到

$$\boldsymbol{H}_k\,\boldsymbol{D}_{\hat{X}}(k)\,\boldsymbol{H}_k^{\mathrm{T}}=0 \tag{6.2.17}$$

这表明 $\boldsymbol{D}_{\hat{X}}(k)$ 一定为奇异矩阵，这也说明了扩展观测有色噪声是不可行的。在实际应用中，较简单的做法是将观测噪声方差 $\boldsymbol{D}_\Delta(k)$ 设置为相对系统噪声方差较小的数值，以此实现滤波的递推。虽然这样得到的是次优滤波，但却是简单且现实可用的方法。

下面给出解决观测噪声有色的严密方法：量测差分法。此方法将观测值在时间上差分，有色噪声部分被抵消，重组后的观测噪声为白噪声，这样就可以直接利用 Kalman 滤波递推公式了。

已知状态方程为

$$\boldsymbol{X}(k)=\boldsymbol{\Phi}_{k,\ k-1}\boldsymbol{X}(k-1)+\boldsymbol{w}(k-1) \tag{6.2.18}$$

其中，$\boldsymbol{w}(k-1)$ 为白噪声，方差为 $\boldsymbol{D}_w(k-1)$。观测方程为

$$\boldsymbol{Z}(k)=\boldsymbol{H}_k\boldsymbol{X}(k)+\boldsymbol{v}(k) \tag{6.2.19}$$

设有色噪声 $\boldsymbol{v}(k)$ 的成型滤波器为

$$\boldsymbol{v}(k)=\boldsymbol{\Phi}'_{k,\ k-1}\boldsymbol{v}(k-1)+\boldsymbol{\Delta}(k-1) \tag{6.2.20}$$

其中 $\boldsymbol{\Delta}(k)$ 为均值为零的白噪声序列，并且 $\mathrm{Cov}(\boldsymbol{w}(k)\boldsymbol{\Delta}(j))=0$。

将式(6.2.20) 代入式(6.2.19)得到

$$\boldsymbol{Z}(k)=\boldsymbol{H}_k\boldsymbol{X}(k)+\boldsymbol{\Phi}'_{k,\,k-1}\boldsymbol{v}(k-1)+\boldsymbol{\Delta}(k-1) \tag{6.2.21}$$

在时刻 t_{k-1} 的观测方程为

$$\boldsymbol{Z}(k-1)=\boldsymbol{H}_{k-1}\boldsymbol{X}(k-1)+\boldsymbol{v}(k-1) \tag{6.2.22}$$

将上式左乘 $\boldsymbol{\Phi}'_{k,\,k-1}$

$$\boldsymbol{\Phi}'_{k,\,k-1}\boldsymbol{Z}(k-1)=\boldsymbol{\Phi}'_{k,\,k-1}\boldsymbol{H}_{k-1}\boldsymbol{X}(k-1)+\boldsymbol{\Phi}'_{k,\,k-1}\boldsymbol{v}(k-1) \tag{6.2.23}$$

用式(6.2.21)减去式(6.2.23)，并令

$$\Delta\boldsymbol{Z}(k)=\boldsymbol{Z}(k)-\boldsymbol{\Phi}'_{k,\,k-1}\boldsymbol{Z}(k-1) \tag{6.2.24}$$

得到差分观测方程

$$\Delta\boldsymbol{Z}(k)=\boldsymbol{H}_k\boldsymbol{X}(k)-\boldsymbol{\Phi}'_{k,\,k-1}\boldsymbol{H}_{k-1}\boldsymbol{X}(k-1)+\boldsymbol{\Delta}(k-1) \tag{6.2.25}$$

从状态方程可以得到

$$\boldsymbol{X}(k-1)=\boldsymbol{\Phi}^{-1}_{k,\,k-1}\boldsymbol{X}(k)-\boldsymbol{\Phi}^{-1}_{k,\,k-1}\boldsymbol{w}(k-1) \tag{6.2.26}$$

将上式代入(6.2.25) 可得到

$$\Delta\boldsymbol{Z}(k)=\underbrace{[\boldsymbol{H}_k-\boldsymbol{\Phi}'_{k,\,k-1}\boldsymbol{H}_{k-1}\boldsymbol{\Phi}^{-1}_{k,\,k-1}]}_{\text{设计矩阵}\boldsymbol{H}'_k}\boldsymbol{X}(k)+\underbrace{\boldsymbol{\Phi}'_{k,\,k-1}\boldsymbol{H}_{k-1}\boldsymbol{\Phi}^{-1}_{k,\,k-1}\boldsymbol{w}(k-1)+\boldsymbol{\Delta}(k-1)}_{\text{观测噪声}\boldsymbol{\Delta}'(k)} \tag{6.2.27}$$

显然，差分观测方程中的观测噪声 $\Delta'(k)$ 为白噪声，它的方差为

$$\boldsymbol{D}_{\Delta'}(k)=\boldsymbol{\Phi}'_{k,\,k-1}\boldsymbol{H}_{k-1}\boldsymbol{\Phi}^{-1}_{k,\,k-1}\boldsymbol{D}_w(k-1)\boldsymbol{\Phi}^{-\mathrm{T}}_{k,\,k-1}\boldsymbol{H}^{\mathrm{T}}_{k-1}\boldsymbol{\Phi}'^{\mathrm{T}}_{k,\,k-1}+\boldsymbol{D}_{\Delta}(k-1) \tag{6.2.28}$$

但观测噪声 $\boldsymbol{\Delta}'(k)$ 与系统噪声 $\boldsymbol{w}(k-1)$ 相关，其协方差为

$$\begin{aligned}\boldsymbol{S}_k&=E[\boldsymbol{w}(j-1)\boldsymbol{\Delta}'(j)]\\&=\boldsymbol{\Phi}'_{k,\,k-1}\boldsymbol{H}_{k-1}\boldsymbol{\Phi}^{-1}_{k,\,k-1}\boldsymbol{D}_w(k-1)\end{aligned} \tag{6.2.29}$$

以上过程已将观测噪声有色转化为了 6.1 节中介绍的观测噪声与系统噪声相关的问题，因此将 $\boldsymbol{H}'_k$ 和 $\boldsymbol{D}_{\Delta'}(k)$ 代替式(6.1.12)和式(6.1.14)中的 $\boldsymbol{H}_k$ 和 $\boldsymbol{D}_{\Delta}(k)$ 即可进行测量更新。

6.3　算例分析

例 6.1　某质点从 s_0 处作匀速直线运动，初始位置为 $s(t_0)=0\mathrm{m}$。同时，运动中受到未知的具有正弦周期的加速度干扰。一台传感器位于 $s_{\mathrm{str}}=-10\mathrm{m}$ 的位置，以 $\Delta t=0.1\mathrm{s}$ 的采样间隔观测质点的距离和速度，观测噪声的方差为 $\boldsymbol{D}_{\boldsymbol{\Delta}}(k)=\begin{bmatrix}\sigma_s^2&\\&\sigma_v^2\end{bmatrix}=\begin{bmatrix}1\mathrm{m}^2&\\&(0.1\mathrm{m/s})^2\end{bmatrix}$。设状态为 $\boldsymbol{X}(t)=\begin{bmatrix}x_1(t)\\x_2(t)\end{bmatrix}=\begin{bmatrix}s(t)\\v(t)\end{bmatrix}$，已知初值为 $\boldsymbol{X}(t_0)=\begin{bmatrix}x(t_0)\\\dot{x}(t_0)\end{bmatrix}=\begin{bmatrix}0\mathrm{m}\\10\mathrm{m/s}\end{bmatrix}$。为了比较对系统噪声处理方法不同导致的滤波差异，本例将对此问题进行模

拟分析，在模拟分析中，质点受到的未知的加速度为

$$u(t)=\frac{2\pi}{10}\cos\left(\frac{2\pi}{10}t\right)\ \mathrm{m/s^2} \tag{6.3.1}$$

图 6.1 给出了这个加速度以及加速度对速度和位置的影响(扰动)。

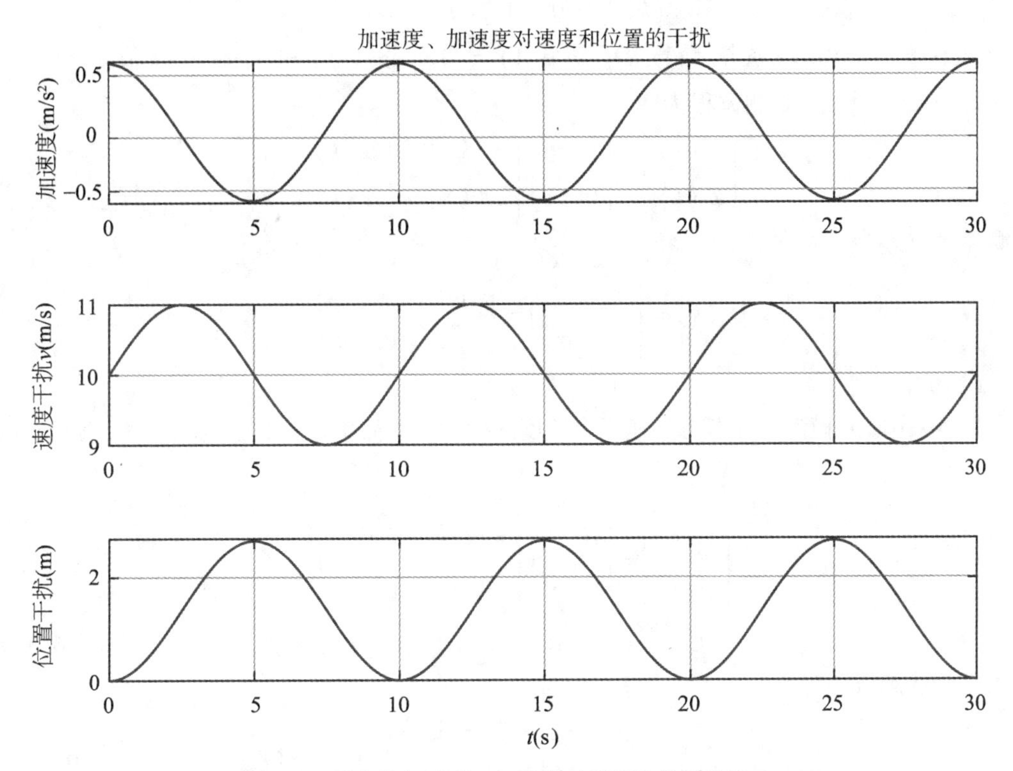

图 6.1　质点的加速度、加速度对速度和位置的影响

针对这样的动态系统，本例用三种方法来估计质点的状态：①状态方程不考虑系统加速度；②考虑加速度，但简单地将其视为白噪声；③考虑加速度，并考虑加速度在时间上的相关性，将其视为有色噪声，建立成型滤波器，扩展状态来估计。

(1)方法一：

采用 PV 模型不考虑加速度对运动质点速度的干扰，微分方程为

$$\begin{bmatrix}\dot{x}_1(t)\\ \dot{x}_2(t)\end{bmatrix}=\begin{bmatrix}0 & 1\\ 0 & 0\end{bmatrix}\begin{bmatrix}x_1(t)\\ x_2(t)\end{bmatrix} \tag{6.3.2}$$

在此问题中

$$\boldsymbol{A}(t)=\begin{bmatrix}0 & 1\\ 0 & 0\end{bmatrix} \tag{6.3.3}$$

离散化后，状态转移矩阵为

$$\boldsymbol{\Phi}(t_k,\ \tau)=\begin{bmatrix}1 & t_k-\tau\\ 0 & 1\end{bmatrix} \tag{6.3.4}$$

状态方程为

$$\begin{bmatrix}x_1(k)\\ x_2(k)\end{bmatrix}=\begin{bmatrix}1 & \Delta t\\ 0 & 1\end{bmatrix}\begin{bmatrix}x_1(k-1)\\ x_2(k-1)\end{bmatrix} \tag{6.3.5}$$

由于没有噪声，所以系统噪声 $\boldsymbol{D}_w(k-1)=\boldsymbol{0}$。设对 s 和 v 的观测值为 $\boldsymbol{Z}(k)=[Z_s(k)\quad Z_v(k)]^{\mathrm{T}}$，观测方程为

$$\begin{bmatrix}Z_s(k)\\ Z_v(k)\end{bmatrix}=\begin{bmatrix}1 & 0\\ 0 & 1\end{bmatrix}\begin{bmatrix}x_1(k)\\ x_2(k)\end{bmatrix}+\begin{bmatrix}\Delta_s(k)\\ \Delta_v(k)\end{bmatrix} \tag{6.3.6}$$

观测噪声方差为

$$\boldsymbol{D}_{\boldsymbol{\Delta}}(k)=\begin{bmatrix}\sigma_s^2 & \\ & \sigma_v^2\end{bmatrix}=\begin{bmatrix}1\mathrm{m}^2 & \\ & (0.1/\mathrm{s})^2\end{bmatrix} \tag{6.3.7}$$

(2)方法二：

仍然采用 PV 模型，并考虑加速度对速度的扰动，但简单地将其视为白噪声，微分方程为

$$\begin{bmatrix}\dot{x}_1(t)\\ \dot{x}_2(t)\end{bmatrix}=\begin{bmatrix}0 & 1\\ 0 & 0\end{bmatrix}\begin{bmatrix}x_1(t)\\ x_2(t)\end{bmatrix}+\begin{bmatrix}0\\ 1\end{bmatrix}e(t) \tag{6.3.8}$$

$$\mathrm{Cov}[e(t),\ e(\tau)]=\sigma_e^2\delta(t-\tau) \tag{6.3.9}$$

离散化的状态方程为

$$\begin{bmatrix}x_1(k)\\ x_2(k)\end{bmatrix}=\begin{bmatrix}1 & \Delta t\\ 0 & 1\end{bmatrix}\begin{bmatrix}x_1(k-1)\\ x_2(k-1)\end{bmatrix}+\boldsymbol{w}(k-1) \tag{6.3.10}$$

其中，噪声为

$$\boldsymbol{w}(k-1)=\int_{t_{k-1}}^{t_k}\boldsymbol{\Phi}(t_k,\ \tau)\boldsymbol{C}(\tau)\boldsymbol{e}(\tau)\mathrm{d}\tau \tag{6.3.11}$$

噪声的方差为

$$\begin{aligned}\boldsymbol{D}_w(\mathrm{k}-1)&=\int_{t_{k-1}}^{t_k}\boldsymbol{\Phi}(t_k,\ \tau)\boldsymbol{C}(\tau)\sigma_e^2\,\boldsymbol{C}^{\mathrm{T}}(\tau)\,\boldsymbol{\Phi}^{\mathrm{T}}(t_k,\ \tau)\mathrm{d}\tau\\ &=\sigma_e^2\begin{bmatrix}\dfrac{(\Delta t)^3}{3} & \dfrac{(\Delta t)^2}{2}\\ \dfrac{(\Delta t)^2}{2} & \Delta t\end{bmatrix}\end{aligned} \tag{6.3.12}$$

观测方程和观测噪声模型与方法一相同。

(3)方法三：

考虑加速度，并设加速度为 $\eta(k)$，那么

$$\dot{v}(t)=\dot{x}_2(t)=\eta(t) \tag{6.3.13}$$

采用一阶高斯-马尔可夫过程来描述加速度

$$\dot{\eta}(t)=-\beta\eta(t)+e(t) \tag{6.3.14}$$

和

$$\beta=\frac{1}{T} \tag{6.3.15}$$

T 为相关时间；$e(t)$ 为白噪声过程，方差为 σ_e^2。$\eta(t)$ 的自相关函数为

$$R_\eta(t_i,\ t_j)=\sigma^2 e^{-\beta|t_i-t_j|} \tag{6.3.16}$$

现将状态扩展为

$$\boldsymbol{X}(t)=\begin{bmatrix} x_1(t) \\ x_2(t) \\ \eta(t) \end{bmatrix} \tag{6.3.17}$$

状态方程为

$$\begin{aligned} \dot{x}_1(t)&=x_2(t) \\ \dot{x}_2(t)&=\eta(t) \\ \dot{\eta}(t)&=-\beta\eta(t)+e(t) \end{aligned} \tag{6.3.18}$$

状态方程的矩阵形式为

$$\dot{\boldsymbol{X}}(t)=\boldsymbol{A}\boldsymbol{X}(t)+\boldsymbol{C}e(t) \tag{6.3.19}$$

其中

$$\boldsymbol{A}=\begin{bmatrix} 0 & 1 & 0 \\ 0 & 0 & 1 \\ 0 & 0 & -\beta \end{bmatrix},\quad \boldsymbol{C}=\begin{bmatrix} 0 \\ 0 \\ 1 \end{bmatrix} \tag{6.3.20}$$

设初值为 $\eta(t_0)$，根据本书1.10节的介绍，微分方程(6.3.14)的解为

$$\eta(t)=e^{-\beta(t-t_0)}\eta(t_0)+\int_{t_0}^{t} e^{-\beta(t-\tau)}e(\tau)\mathrm{d}\tau \tag{6.3.21}$$

设 $w_\eta(t_0)=\int_{t_0}^{t} e^{-\beta(t-\tau)}e(\tau)\mathrm{d}\tau$，上式为

$$\eta(t)=e^{-\beta(t-t_0)}\eta(t_0)+w_\eta(t_0) \tag{6.3.22}$$

$w_\eta(t_0)$ 为白噪声序列，其方差为

$$\begin{aligned} \sigma_{w_\eta}^2(t_0)&=\int_{t_0}^{t} e^{-\beta(t-\tau)}\sigma_e^2 e^{-\beta(t-\tau)}\mathrm{d}\tau \\ &=\frac{\sigma_e^2}{2\beta}(1-e^{-2\beta(t-t_0)}) \end{aligned} \tag{6.3.23}$$

式(6.3.22)即是状态方程(6.3.18)中第三个状态方程的解。为解得(6.3.18)中第二个微分方程的解，将式(6.3.22)代入(6.3.18)中第二个微分方程

$$\dot{x}_2(t) = e^{-\beta(t-t_0)}\eta(t_0) + \int_{t_0}^{t} e^{-\beta(t-\tau)} e(\tau)\,d\tau \tag{6.3.24}$$

对上式积分

$$\int_{t_0}^{t} \dot{x}_2(s)\,ds = \int_{t_0}^{t} e^{-\beta(s-t_0)}\eta(t_0)\,ds + \int_{t_0}^{t}\int_{t_0}^{s} e^{-\beta(s-\tau)} e(\tau)\,d\tau\,ds \tag{6.3.25}$$

得到

$$x_2(t) = x_2(t_0) + \frac{\eta(t_0)}{\beta}(1 - e^{-\beta(t-t_0)}) + w_2(t_0) \tag{6.3.26}$$

其中

$$w_2(t_0) = \int_{t_0}^{t}\int_{t_0}^{s} e^{-\beta(s-\tau)} e(\tau)\,d\tau\,ds \tag{6.3.27}$$

同样，为了求微分方程(6.3.18)中第一式的解，将式(6.3.26)代入(6.3.18)中的第一式，积分并考虑初值，得到

$$x_1(t) = x_1(t_0) + x_2(t_0)(t - t_0) + \frac{\eta(t_0)}{\beta}(t - t_0) + \frac{\eta(t_0)}{\beta^2}(e^{-\beta(t-t_0)} - 1) + w_1(t_0) \tag{6.3.28}$$

其中

$$w_1(t_0) = \int_{t_0}^{t}\int_{t_0}^{u}\int_{t_0}^{s} e^{-\beta(s-\tau)} e(\tau)\,d\tau\,ds\,du \tag{6.3.29}$$

$w_1(t_0)$、$w_2(t_0)$ 和 $w_\eta(t_0)$ 的方差和协方差在后面一并给出。

将式(6.3.28)、式(6.3.26)和式(6.3.22)联立，并令 $t = t_k$，$t_0 = t_{k-1}$，得到

$$\boldsymbol{X}(k) = \boldsymbol{\Phi}_{k,\,k-1}\boldsymbol{X}(k-1) + \boldsymbol{w}(k-1) \tag{6.3.30}$$

其中

$$\boldsymbol{\Phi}_{k,\,k-1} = \begin{bmatrix} 1 & (t_k - t_{k-1}) & \frac{1}{\beta}(t_k - t_{k-1}) + \frac{1}{\beta^2}(e^{-\beta(t_k-t_{k-1})} - 1) \\ 0 & 1 & \frac{1}{\beta}(1 - e^{-\beta(t_k-t_{k-1})}) \\ 0 & 0 & e^{-\beta(t_k-t_{k-1})} \end{bmatrix} \tag{6.3.31}$$

$\boldsymbol{w}(k-1)$ 为

$$\boldsymbol{w}(k-1) = \begin{bmatrix} w_1(k-1) \\ w_2(\mathrm{k}-1) \\ w_\eta(k-1) \end{bmatrix} = \int_{t_{k-1}}^{t_k} \boldsymbol{\Phi}(t_k,\ \tau)\,\boldsymbol{C}e(\tau)\,d\tau \tag{6.3.32}$$

将 $t_{k-1} = \tau$ 代入式(6.3.31)，即可得到上式中的 $\boldsymbol{\Phi}(\mathrm{t}_k,\ \tau)$。$\boldsymbol{w}(k-1)$ 的方差矩阵为

$$\boldsymbol{D}_w(k-1) = \int_{t_{k-1}}^{t_k} \boldsymbol{\Phi}(t_k,\ \tau)\,\boldsymbol{C}\sigma_e^2\,\boldsymbol{C}^T\,\boldsymbol{\Phi}^{\mathrm{T}}(t_k,\ \tau)\,d\tau \tag{6.3.33}$$

为了更清楚地表示 $\boldsymbol{D}_w(k-1)$，这里设

$$\boldsymbol{\Phi}(t_k, \tau) = \begin{bmatrix} \varphi_{11} & \varphi_{12} & \varphi_{13} \\ \varphi_{21} & \varphi_{22} & \varphi_{23} \\ \varphi_{31} & \varphi_{32} & \varphi_{33} \end{bmatrix} \tag{6.3.34}$$

将式(6.3.34)代入式(6.3.33)得到

$$\boldsymbol{D}_w(\mathrm{k}-1) = \sigma_e^2 \int_{t_{k-1}}^{t_k} \begin{bmatrix} \varphi_{13}^2 & \varphi_{13}\varphi_{23} & \varphi_{13}\varphi_{33} \\ \varphi_{23}\varphi_{13} & \varphi_{23}^2 & \varphi_{23}\varphi_{33} \\ \varphi_{33}\varphi_{13} & \varphi_{33}\varphi_{23} & \varphi_{33}^2 \end{bmatrix} \mathrm{d}\tau \tag{6.3.35}$$

积分后可得到

$$\boldsymbol{D}_w(k-1) = \begin{bmatrix} \sigma_{w_1}^2 & \sigma_{w_1 w_2} & \sigma_{w_1 w_\eta} \\ \sigma_{w_2 w_1} & \sigma_{w_2}^2 & \sigma_{w_2 w_\eta} \\ \sigma_{w_\eta w_1} & \sigma_{w_\eta w_2} & \sigma_{w_\eta}^2 \end{bmatrix} \tag{6.3.36}$$

其中

$$\sigma_{w_1}^2 = \sigma_e^2\left(\frac{1}{3\beta^2}\Delta t^3 - \frac{1}{\beta^3}\Delta t^2 + \frac{1}{\beta^4}\Delta t(1 - 2\mathrm{e}^{-\beta\Delta t}) + \frac{1}{2\beta^5}(1 - \mathrm{e}^{-2\beta\Delta t})\right)$$

$$\sigma_{w_1 w_2} = \sigma_e^2\left(\frac{1}{2\beta^2}\Delta t^2 - \frac{1}{\beta^3}\Delta t(1 - \mathrm{e}^{-\beta\Delta t}) + \frac{1}{\beta^4}(1 - \mathrm{e}^{-\beta\Delta t}) - \frac{1}{2\beta^4}(1 - \mathrm{e}^{-2\beta\Delta t})\right)$$

$$\sigma_{w_1 w_\eta} = \sigma_e^2\left(\frac{1}{2\beta^3}(1 - \mathrm{e}^{-2\beta\Delta t}) - \frac{1}{\beta^2}\Delta t\mathrm{e}^{-\beta\Delta t}\right)$$

$$\sigma_{w_2}^2 = \sigma_e^2\left(\frac{1}{\beta^2}\Delta t - \frac{2}{\beta^3}(1 - \mathrm{e}^{-\beta\Delta t}) + \frac{1}{2\beta^3}(1 - \mathrm{e}^{-2\beta\Delta t})\right)$$

$$\sigma_{w_2 w_\eta} = \sigma_e^2\left(\frac{1}{2\beta^2}(1 + \mathrm{e}^{-2\beta\Delta t}) - \frac{1}{\beta^2}\mathrm{e}^{-\beta\Delta t}\right)$$

$$\sigma_{w_\eta}^2 = \frac{\sigma_e^2}{2\beta}(1 - \mathrm{e}^{-2\beta\Delta t}) \tag{6.3.37}$$

上式中 $\Delta t = t_k - t_{k-1}$。

基于以上三种方法的模型，进行滤波计算。为了比较三种模型估计结果的差异，分别计算了这三种方法的滤波误差、滤波中误差对滤波误差的包络情况和滤波的 RMS。这里的滤波误差是指估计值与模拟真值的差异。

设位移估计 $\hat{x}_1(k)$ 和速度估计 $\hat{x}_2(k)$ 的滤波误差为：

$$\begin{aligned} \Delta\hat{x}_1(k) &= \hat{x}_1(k) - x_1(k) \\ \Delta\hat{x}_2(k) &= \hat{x}_2(k) - x_2(k) \end{aligned} \tag{6.3.38}$$

滤波中误差对滤波误差的包络用概率来描述

$$P_{\Delta\hat{x}_i} = P(-\sigma_{\hat{x}_i}(k) < \Delta\hat{x}_i(k) < \sigma_{\hat{x}_i}(k)) \quad i = 1, 2 \tag{6.3.39}$$

其中 $\sigma_{\hat{x}_i}(k)$ 从滤波方差矩阵 $\boldsymbol{D}_{\hat{\boldsymbol{X}}}(\mathrm{k})$ 中提取。滤波中误差给出了滤波误差的置信范围，如果中误差估计正确，滤波中误差应该能够较好地包络滤波误差。在 $\Delta\hat{x}_i(k)$ 服从正态分布的情况下，$P_{\Delta\hat{x}_i}$ 应为 68%左右。

$\hat{x}_1(k)$ 和 $\hat{x}_2(k)$ RMS 为

$$\text{RMS}_{\Delta\hat{x}_i} = \sqrt{\frac{\sum_{k=1}^{m} \Delta x_i^2(k)}{m}}, \quad i = 1, 2 \tag{6.3.40}$$

其中 m 为总历元数。$\text{RMS}_{\Delta\hat{x}_i}$ 表征了滤波估计的外符合精度，客观地反映了滤波估计的准确性。

图 6.2、图 6.3 和图 6.4 分别给出了以上三种方法的滤波误差和中误差。从结果可以看出，在方法一中，滤波误差 $\Delta\hat{x}_i(k)$ 较大；滤波中误差 $\sigma_{\hat{x}_i}(k)$ 也不能很好地包络滤波误差 $\Delta\hat{x}_i(k)$，这表明方法一输出的方差并不能反映其滤波精度。在方法二中，滤波误差 $\Delta\hat{x}_i(k)$ 较方法一明显减小，滤波中误差 $\sigma_{\hat{x}_i}(k)$ 较好地包络了滤波误差 $\Delta\hat{x}_i(k)$。在方法三中，滤波误差 $\Delta\hat{x}_i(k)$ 较方法二相当，但滤波中误差 $\sigma_{\hat{x}_i}(k)$ 更多地包络滤波误差 $\Delta\hat{x}_i(k)$。需要说明的是，方法二和方法三的结果都与 σ_e 的取值有关，方法二的结果对 σ_e 的取值比方法三敏感很多，图 6.3 和图 6.4 给出的是在各自方法下 σ_e 取值最好的结果。

$\text{RMS}_{\Delta\hat{x}_i}$ 的计算结果和 $P_{\Delta\hat{x}_i}$ 的统计结果见表 6.1。在以上三种方法中，方法二和方法三的结果明显优于方法一的结果。

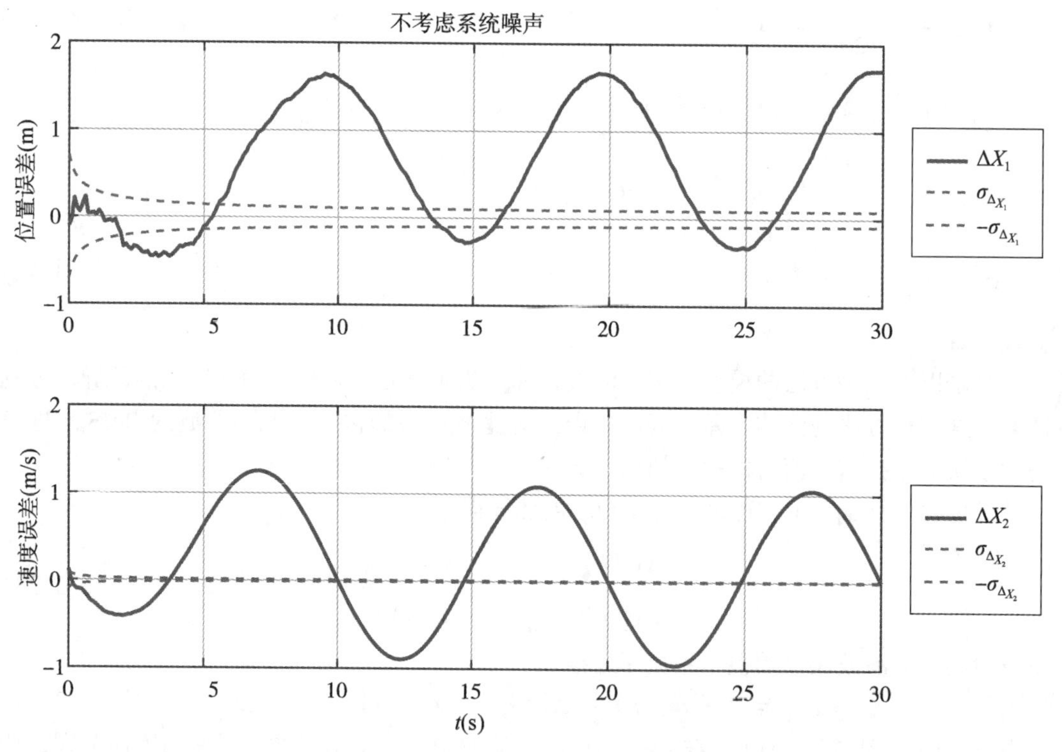

图 6.2　位置误差 $\Delta\hat{x}_1(k)$ 和速度误差 $\Delta\hat{x}_2(k)$（方法一，$\sigma_e = 0$）

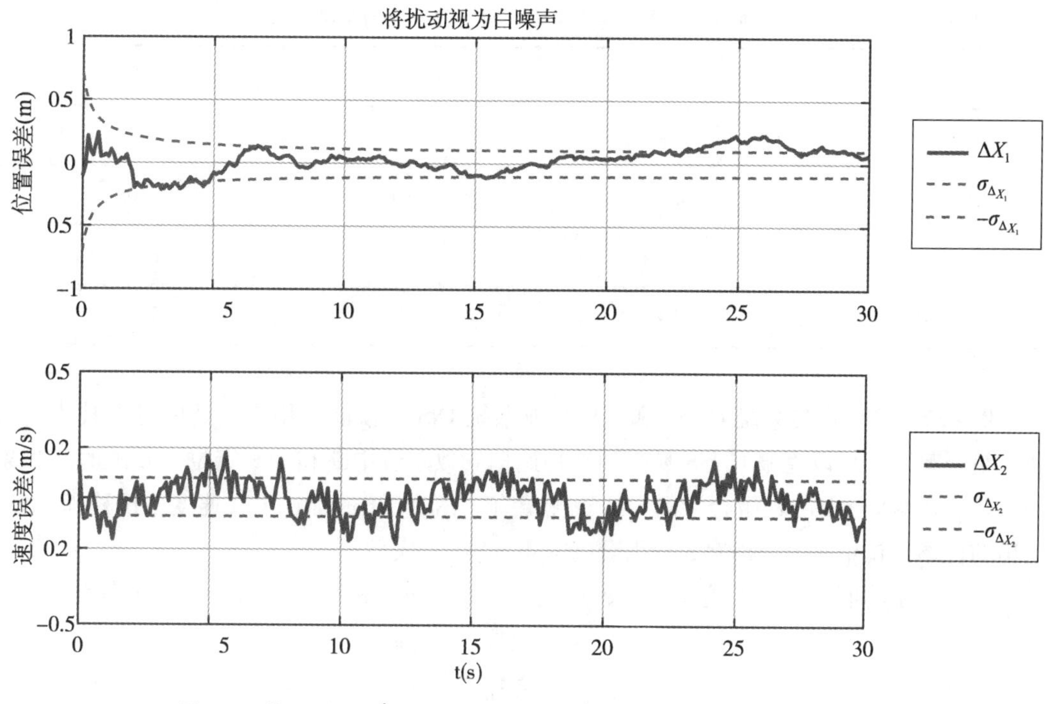

图 6.3 位置误差 $\Delta\hat{x}_1(k)$ 和速度误差 $\Delta\hat{x}_2(k)$（方法二，$\sigma_e = 0.22$）

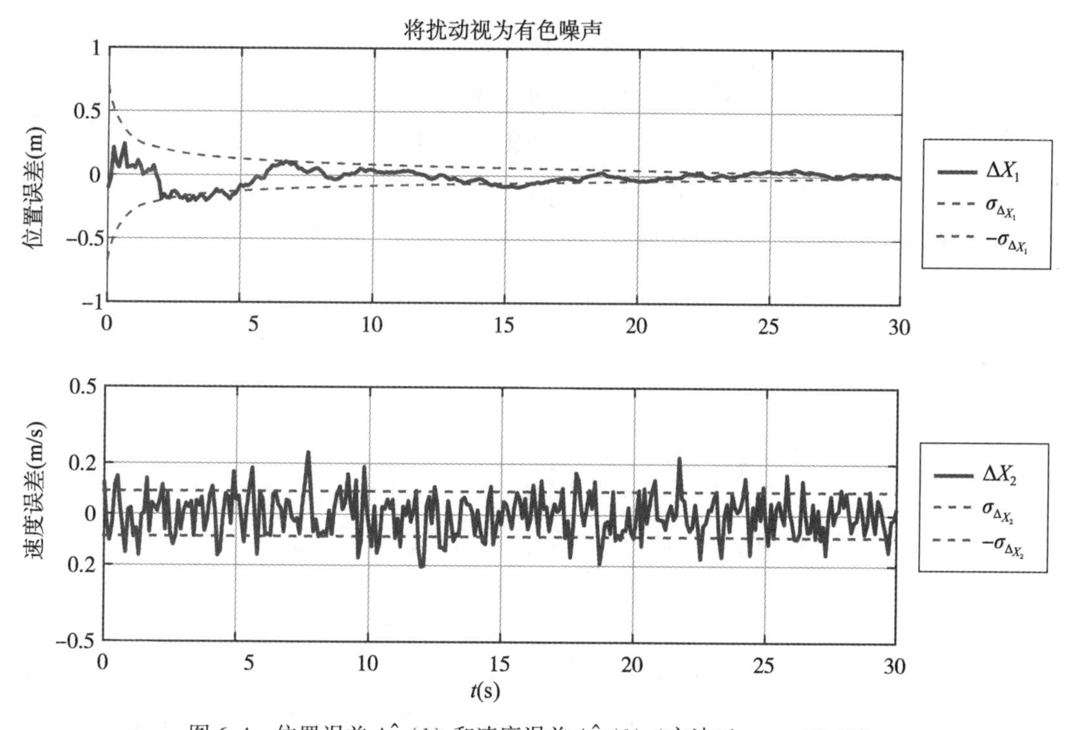

图 6.4 位置误差 $\Delta\hat{x}_1(k)$ 和速度误差 $\Delta\hat{x}_2(k)$（方法三，$\sigma_e = 5.10$）

表 6.1　**三种滤波结果和滤波中误差对滤波误差的包络情况**

	方法一	方法二	方法三
$rms_{\Delta\hat{x}_1}$ (m)	0.93	0.10	0.07
$rms_{\Delta\hat{x}_2}$ (m/s)	0.71	0.07	0.08
$P_{\Delta\hat{x}_1}$	14.7%	74%	87%
$P_{\Delta\hat{x}_2}$	2%	65%	74%

例 6.2　全球定位系统 GNSS 和惯性导航系统 INS 是目前应用最广泛的导航技术。将两者组合起来，可以克服 GNSS 易受到地物遮挡导致定位中断和 INS 定位误差随时间积累的缺陷。在 GNSS/INS 松组合导航中，观测值有：INS 给出的加速度、速度、位移和 GNSS 给出的位移。试给出 GNSS/INS 松组合的 Kalman 滤波模型。

解：为了将问题简化，这里只考虑运动载体在一维坐标系中的情况，设状态为

$$\begin{aligned} X_1 &= \text{真实位置} \\ X_2 &= \text{真实速度} \\ X_3 &= \text{真实加速度} \end{aligned} \tag{6.3.41}$$

观测值有

$$\begin{aligned} Z_1 &= \text{INS 的位置观测值} \\ Z_2 &= \text{INS 的速度观测值} \\ Z_3 &= \text{INS 的加速度观测} \\ Z_4 &= \text{GNSS 的位置观测值} \end{aligned} \tag{6.3.42}$$

采用 PVA 模型，将载体的运动规律描述为

$$\dot{\boldsymbol{X}}(t) = \boldsymbol{A}_X \boldsymbol{X}(t) + \boldsymbol{C}_X e_a(t) \tag{6.3.43}$$

其中，

$$\boldsymbol{X}(t) = \begin{bmatrix} X_1(t) \\ X_2(t) \\ X_3(t) \end{bmatrix},\ \boldsymbol{A}_X = \begin{bmatrix} 0 & 1 & 0 \\ 0 & 0 & 1 \\ 0 & 0 & -\beta_a \end{bmatrix},\ \boldsymbol{C}_X = \begin{bmatrix} 0 \\ 0 \\ 1 \end{bmatrix} \tag{6.3.44}$$

上面的状态方程将载体加速度看做一阶高斯-马尔可夫过程，并且

$$E[e_a(t)e_a(\tau)] = \sigma_a^2 \delta(t - \tau) \tag{6.3.45}$$

离散化后的状态方程为

$$\boldsymbol{X}(k) = \boldsymbol{\Phi}_{k,\ k-1} \boldsymbol{X}(k-1) + \boldsymbol{w}_X(k-1) \tag{6.3.46}$$

将 β_a 和 ${\sigma_a}^2$ 代入式(6.3.31) 和式(6.3.36) 即可得到离散化后的状态转移矩阵 $\boldsymbol{\Phi}_{k,\ k-1}$ 和系统噪声方差矩阵 $\boldsymbol{D}_{w_X}(k-1)$ 。

观测方程为

$$\boldsymbol{Z}(k)=\boldsymbol{H}_k\boldsymbol{X}(k)+\boldsymbol{\delta}(k) \tag{6.3.47}$$

其中，

$$\boldsymbol{Z}(k)=\begin{bmatrix}Z_1(k)\\Z_2(k)\\Z_3(k)\\Z_4(k)\end{bmatrix},\ \boldsymbol{H}_k=\begin{bmatrix}1&0&0\\0&1&0\\0&0&1\\1&0&0\end{bmatrix},\ \boldsymbol{\delta}(k)=\begin{bmatrix}\boldsymbol{v}(k)\\\Delta(k)\end{bmatrix}=\begin{bmatrix}v_1(k)\\v_2(k)\\v_3(k)\\\Delta_4(k)\end{bmatrix} \tag{6.3.48}$$

上式中 $\Delta_4(k)$ 为 GNSS 位置观测值的零均值白噪声，方差为 $\sigma_\Delta^2(k)$ ；由于 INS 的加速度计有偏差，所以导致观测值 $[Z_1(k)\quad Z_2(k)\quad Z_3(k)]^{\mathrm{T}}$ 都受到偏差的影响从而存在有色噪声 $\boldsymbol{v}^{\mathrm{T}}(k)=[v_1(k)\quad v_2(k)\quad v_3(k)]^{\mathrm{T}}$，有色噪声的特征为

$$\dot{\boldsymbol{v}}(t)=\boldsymbol{A}_V\boldsymbol{v}(t)+\boldsymbol{C}_Ve_b(t) \tag{6.3.49}$$

其中

$$\boldsymbol{A}_V=\begin{bmatrix}0&1&0\\0&0&1\\0&0&-\beta_b\end{bmatrix},\ \boldsymbol{C}_V=\begin{bmatrix}0\\0\\1\end{bmatrix} \tag{6.3.50}$$

在式(6.3.49)的模型中视加速度计偏差 $v_3(t)$ 为一阶高斯-马尔可夫过程，并且

$$E[e_b(t)e_b(\tau)]=\sigma_b{}^2\times\delta(t-\tau) \tag{6.3.51}$$

将式(6.3.49)离散化得到

$$\boldsymbol{v}(k)=\boldsymbol{\Phi}'_{k,\,k-1}\boldsymbol{v}(k-1)+\boldsymbol{w}_v(k-1) \tag{6.3.52}$$

其中 $\boldsymbol{\Phi}'_{k,\,k-1}$ 为将 β_b 替换 β 代入式(6.3.31)的状态转移矩阵；$\boldsymbol{w}_v(k-1)$ 为白噪声，其方差阵 $\boldsymbol{D}_{w_v}(k-1)$ 由将 σ_b^2 替换 σ_e^2 代入式(6.3.36)后得到。

显然观测值中的有色噪声不符合标准的 Kalman 滤波模型。接下来分别给出有色噪声状态扩展方法和量测差分法的滤波模型。

1. 有色噪声状态扩展法

现将有色噪声作为状态一并估计，扩展后的状态方程和随机模型为

$$\begin{gathered}\begin{bmatrix}\boldsymbol{X}(k)\\\boldsymbol{v}(k)\end{bmatrix}=\begin{bmatrix}\boldsymbol{\Phi}_{k,\,k-1}&0\\0&\boldsymbol{\Phi}'_{k,\,k-1}\end{bmatrix}\begin{bmatrix}\boldsymbol{X}(k-1)\\\boldsymbol{v}(k-1)\end{bmatrix}+\begin{bmatrix}\boldsymbol{w}_X(k-1)\\\boldsymbol{w}_v(k-1)\end{bmatrix}\\ \boldsymbol{D}_{\boldsymbol{w}}(\mathrm{k}-1)=\begin{bmatrix}\underset{3\times3}{\boldsymbol{D}_{\boldsymbol{w}_X}}(k-1)&0\\0&\underset{3\times3}{\boldsymbol{D}_{\boldsymbol{w}_v}}(k-1)\end{bmatrix}\end{gathered} \tag{6.3.53}$$

扩展状态后的观测方程为

$$\begin{bmatrix} Z_1(k) \\ Z_2(k) \\ Z_3(k) \\ Z_4(k) \end{bmatrix} = \begin{bmatrix} 1 & 0 & 0 & 1 & 0 & 0 \\ 0 & 1 & 0 & 0 & 1 & 0 \\ 0 & 0 & 1 & 0 & 0 & 1 \\ 1 & 0 & 0 & 0 & 0 & 0 \end{bmatrix} \begin{bmatrix} X_1(k) \\ X_2(k) \\ X_3(k) \\ v_1(t) \\ v_2(t) \\ v_3(t) \end{bmatrix} + \begin{bmatrix} 0 \\ 0 \\ 0 \\ \Delta_4(k) \end{bmatrix} \tag{6.3.54}$$

观测值噪声的方差矩阵为

$$\boldsymbol{D}_\Delta(k) = \begin{bmatrix} 0 & & & \\ & 0 & & \\ & & 0 & \\ & & & \sigma_{\Delta_4}^2(k) \end{bmatrix} \tag{6.3.55}$$

显然，除了观测值 $Z_4(k)$ ，其他观测值的噪声方差为零，所以不建议直接采用滤波进行解算。为了实现以上模型的 Kalman 滤波递推，可以采用次优滤波方法，设观测值噪声的方差矩阵为

$$\boldsymbol{D}_\Delta(k) = \begin{bmatrix} 0^+ & & & \\ & 0^+ & & \\ & & 0^+ & \\ & & & \sigma_{\Delta_4}^2 \end{bmatrix} \tag{6.3.56}$$

式(6.3.56) 中的 0^+ 表示大于零的微小数值，0^+ 使方差矩阵 $\boldsymbol{D}_\Delta(k)$ 保持正定性，这样就可以采用常规 Kalmanl 滤波递推公式计算了。

2. 量测差分法

状态并不扩展，状态方程仍为式(6.3.46) 。观测方程(6.3.48) 的观测噪声可以表示为

$$\boldsymbol{\delta}(k) = \begin{bmatrix} \boldsymbol{v}(k) \\ \Delta_4(k) \end{bmatrix} = \underbrace{\begin{bmatrix} \boldsymbol{\Phi}'_{k,\,k-1} & \\ & 0 \end{bmatrix}}_{\boldsymbol{\Phi}^\delta_{k,\,k-1}} \underbrace{\begin{bmatrix} \boldsymbol{v}(k-1) \\ \Delta_4(k-1) \end{bmatrix}}_{\delta(k-1)} + \underbrace{\begin{bmatrix} \boldsymbol{w}_v(k-1) \\ \Delta_4(k) \end{bmatrix}}_{\Delta_\delta(k)} \tag{6.3.57}$$

$\boldsymbol{\Delta}_\delta(k)$ 为白噪声，方差为

$$\boldsymbol{D}_{\Delta_\delta}(k-1) = \begin{bmatrix} \boldsymbol{D}_{w_v} & \\ & \sigma_{\Delta_4}^2 \end{bmatrix} \tag{6.3.58}$$

时间差分观测方程为

$$\begin{aligned} \boldsymbol{\Delta Z}(k) &= \boldsymbol{Z}(k) - \boldsymbol{\Phi}^\delta_{k,\,k-1}\boldsymbol{Z}(k-1) \\ &= \underbrace{(\boldsymbol{H}_k - \boldsymbol{\Phi}^\delta_{k,\,k-1}\boldsymbol{H}_{k-1}\boldsymbol{\Phi}^{-1}_{k,\,k-1})}_{\boldsymbol{H}'_k}\boldsymbol{X}(k) + \underbrace{\boldsymbol{\Phi}^\delta_{k,\,k-1}\boldsymbol{H}_{k-1}\boldsymbol{\Phi}^{-1}_{k,\,k-1}\boldsymbol{w}_X(k-1) + \boldsymbol{\Delta}_\delta(k)}_{\boldsymbol{\Delta}'(k)} \end{aligned} \tag{6.3.59}$$

$\boldsymbol{\Delta}'(k)$ 为白噪声，方差为

$$\boldsymbol{D}_{\Delta'}(k)=\boldsymbol{\Phi}_{k,\,k-1}^{\delta}\boldsymbol{H}_{k-1}\boldsymbol{\Phi}_{k,\,k-1}^{-1}\boldsymbol{D}_{\boldsymbol{w}_X}(k-1)\boldsymbol{\Phi}_{k,\,k-1}^{-T}\boldsymbol{H}_{k-1}^{\mathrm{T}}\boldsymbol{\Phi}_{k,\,k-1}^{\delta}+\boldsymbol{D}_{\Delta_\delta}(k-1) \tag{6.3.60}$$

观测噪声 $\boldsymbol{\Delta}'(k)$ 与系统噪声 $\boldsymbol{w}_X(k-1)$ 存在相关性，协方差矩阵为

$$\boldsymbol{S}_k=\boldsymbol{\Phi}_{k,\,k-1}^{\delta}\boldsymbol{H}_{k-1}\boldsymbol{\Phi}_{k,\,k-1}^{-1}\boldsymbol{D}_{\boldsymbol{w}_X}(k-1) \tag{6.3.61}$$

最后，基于以上模型，采用6.1节中给出的系统噪声与观测噪声相关的测量更新公式进行滤波计算。

附录1　矩阵代数常用公式

附录A　矩阵代数基础知识

A.1　矩阵代数常用性质公式

(1) $\boldsymbol{A}(\boldsymbol{B}+\boldsymbol{C})=\boldsymbol{AB}+\boldsymbol{AC}$　(A-1)

(2) $(\boldsymbol{AB})\boldsymbol{C}=\boldsymbol{A}(\boldsymbol{BC})$　(A-2)

(3) $\lambda(\boldsymbol{AB})=\boldsymbol{A}(\lambda\boldsymbol{B})$ (λ 为标量)　(A-3)

(4) $(\boldsymbol{A}^{\mathrm{T}})^{\mathrm{T}}=\boldsymbol{A}$　(A-4)

(5) $(\boldsymbol{A}+\boldsymbol{B})^{\mathrm{T}}=\boldsymbol{A}^{\mathrm{T}}+\boldsymbol{B}^{\mathrm{T}}$　(A-5)

(6) $(\lambda\boldsymbol{A})^{\mathrm{T}}=\lambda\,\boldsymbol{A}^{\mathrm{T}}$　(A-6)

(7) $(\boldsymbol{AB})^{\mathrm{T}}=\boldsymbol{B}^{\mathrm{T}}\boldsymbol{A}^{\mathrm{T}}$　(A-7)

(8) $\det(\lambda\boldsymbol{A})=\lambda^{n}\det(\boldsymbol{A})$，$\boldsymbol{A}$ 为 n 阶方阵　(A-8)

(9) $\det(\boldsymbol{AB})=\det(\boldsymbol{A})\det(\boldsymbol{B})$　(A-9)

(10) $(\boldsymbol{A}^{-1})^{\mathrm{T}}=(\boldsymbol{A}^{\mathrm{T}})^{-1}$　(A-10)

(11) $\det(\boldsymbol{A}^{-1})=1/\det(\boldsymbol{A})$　(A-11)

(12) $(\boldsymbol{AB})^{-1}=\boldsymbol{B}^{-1}\boldsymbol{A}^{-1}$　(A-12)

(13) $(\lambda\boldsymbol{A})^{-1}=\lambda^{-1}\boldsymbol{A}^{-1}$　(A-13)

A.2　矩阵的秩

定义：矩阵$\boldsymbol{A}$的最大线性无关的行(列)向量的个数为r，称r为矩阵的行(列)秩。由于矩阵的行秩等于列秩，故统称为矩阵的秩，记为$\mathrm{rank}(\boldsymbol{A})$。

满秩矩阵：

若n阶方阵的秩$\mathrm{rank}(\underset{n\times n}{\boldsymbol{A}})=n$，则称$\underset{n\times n}{\boldsymbol{A}}$为满秩方阵。

若$m\times n$阶矩阵$\boldsymbol{A}$的秩$\mathrm{rank}(\boldsymbol{A})=m$，则称$\boldsymbol{A}$为行满秩；若$m\times n$阶矩阵$\boldsymbol{A}$的秩$rank\boldsymbol{A}=n$，则称$\boldsymbol{A}$为列满秩。

对于矩阵的秩有以下性质：

(1) $\mathrm{rank}(\underset{m\times n}{\boldsymbol{A}})\leqslant\min(m,\ n)$　(A-14)

(2) $\mathrm{rank}(\underset{m_1\times n}{\boldsymbol{A}}\ \underset{n\times m_2}{\boldsymbol{B}})\leqslant\min\{\mathrm{rank}(\underset{m_1\times n}{\boldsymbol{A}}),\ \mathrm{rank}(\underset{n\times m_2}{\boldsymbol{B}})\}$　(A-15)

(3)对于任意矩阵$\underset{m\times n}{\boldsymbol{A}}$和两个任意可逆矩阵$\underset{m\times m}{\boldsymbol{B}}$和$\underset{n\times n}{\boldsymbol{C}}$有

$$\operatorname{rank}(\boldsymbol{BAC}) = \operatorname{rank}(\boldsymbol{A}) \tag{A-16}$$

A.3 矩阵的迹

定义：一个 n 阶方阵 $\boldsymbol{A}$ 的主对角线元素之和称为该方阵的迹，记为

$$\operatorname{tr}(\boldsymbol{A}) = \sum_{i=1}^{n} a_{ii}$$

对于矩阵的迹有下面的基本性质：

(1) $\operatorname{tr}(\boldsymbol{A}^{\mathrm{T}}) = \operatorname{tr}(\boldsymbol{A})$； (A-17)

(2) $\operatorname{tr}(\boldsymbol{A} + \boldsymbol{B}) = \operatorname{tr}(\boldsymbol{A}) + \operatorname{tr}(\boldsymbol{B})$； (A-18)

(3) $\operatorname{tr}(k\boldsymbol{A}) = k\operatorname{tr}(\boldsymbol{A})$； (A-19)

(4) $\operatorname{tr}(\boldsymbol{AB}) = \operatorname{tr}(\boldsymbol{BA})$（$\boldsymbol{AB}$ 和 $\boldsymbol{BA}$ 都是方阵）； (A-20)

(5) $\operatorname{tr}(\boldsymbol{A}^{\mathrm{T}}\boldsymbol{B}) = \operatorname{tr}(\boldsymbol{A}\boldsymbol{B}^{\mathrm{T}})$（$\boldsymbol{A}^{\mathrm{T}}\boldsymbol{B}$ 和 $\boldsymbol{A}\boldsymbol{B}^{\mathrm{T}}$ 都是方阵）。 (A-21)

A.4 正交矩阵

如果 $\boldsymbol{A}\boldsymbol{A}^{\mathrm{T}} = \boldsymbol{E}$（$\boldsymbol{E}$ 为单位矩阵）或 $\boldsymbol{A}^{\mathrm{T}}\boldsymbol{A} = \boldsymbol{E}$，则 n 阶实矩阵 $\boldsymbol{A}$ 称为正交矩阵；若 $\boldsymbol{A}$ 为正交阵，则满足以下条件：

(1) $\boldsymbol{A}^{\mathrm{T}}$ 是正交矩阵；

(2) $\boldsymbol{A}$ 的各行是单位向量且两两正交；

(3) $\boldsymbol{A}$ 的各列是单位向量且两两正交；

(4) $|\boldsymbol{A}| = 1$ 或-1；

(5) $\boldsymbol{A}^{\mathrm{T}} = \boldsymbol{A}^{-1}$。

A.5 特征值和特征向量

定义：对于 n 阶方阵 $\boldsymbol{A}$，若存在 n 维非零向量 $\boldsymbol{x}$，使得

$$\boldsymbol{A}\boldsymbol{x} = \lambda\boldsymbol{x} \tag{A-22}$$

则称常数 λ 为矩阵 $\boldsymbol{A}$ 的特征值(或特征根)，$\boldsymbol{x}$ 为矩阵 $\boldsymbol{A}$ 属于特征值 λ 的特征向量。式(A-22)表明特征向量通过矩阵 $\boldsymbol{A}$ 进行线性变换只会使向量伸长或缩短，但方向不会改变。由式(A-22)可得

$$(\lambda\boldsymbol{E} - \boldsymbol{A})\boldsymbol{x} = 0 \tag{A-23}$$

因此，该齐次线性方程组有非零解的条件是

$$|\lambda\boldsymbol{E} - \boldsymbol{A}| = 0 \tag{A-24}$$

称 $\lambda\boldsymbol{E} - \boldsymbol{A}$ 为矩阵 $\boldsymbol{A}$ 的特征矩阵，而 $f(\lambda) = |\lambda\boldsymbol{E} - \boldsymbol{A}|$ 为矩阵 $\boldsymbol{A}$ 的特征多项式。特征多项式是一个最高次系数为 1 的 n 次多项式，通常写成

$$f(\lambda) = \lambda^{n} + a_{n-1}\lambda^{n-1} + \cdots + a_1\lambda + a_0 \tag{A-25}$$

显然，矩阵 $\boldsymbol{A}$ 的特征值为特征方程

$$\begin{aligned} f(\lambda) &= |\lambda\boldsymbol{E} - \boldsymbol{A}| \\ &= \lambda^{n} + a_{n-1}\lambda^{n-1} + \cdots + a_1\lambda + a_0 = 0 \end{aligned} \tag{A-26}$$

的 n 个根 λ_i（$i = 1, 2, \cdots, n$）。属于 λ_i 的特征向量 $\boldsymbol{x}$ 可由式(A-23)求出。

特征值和特征向量具有下列性质：

(1)设 λ_1，λ_2，…，λ_n 为 n 阶方阵 $\boldsymbol{A}$ 的 n 个特征值，则

$\boldsymbol{A}^k$ 的特征值为 λ_1^k，λ_2^k，…，λ_n^k（k 为正整数），对应的特征向量不变；

$\boldsymbol{A}$ 的逆矩阵 $\boldsymbol{A}^{-1}$ 的特征值为 λ_1^{-1}，λ_2^{-1}，…，λ_n^{-1}；

$\boldsymbol{A}$ 的伴随矩阵 $\boldsymbol{A}^*$ 的特征值为 $\lambda_1^{-1}|\boldsymbol{A}|$，$\lambda_2^{-1}|\boldsymbol{A}|$，…，$\lambda_n^{-1}|\boldsymbol{A}|$。

(2) n 阶方阵 $\boldsymbol{A}$ 的 n 个特征值之和等于 $\boldsymbol{A}$ 的迹，矩阵 $\boldsymbol{A}$ 的 n 个特征值之积等于矩阵 $\boldsymbol{A}$ 的行列式，即

$$\lambda_1+\lambda_2+\cdots+\lambda_n=\mathrm{tr}(\boldsymbol{A})=a_{11}+a_{22}+\cdots+a_{nn} \tag{A-27}$$

$$\lambda_1\cdot\lambda_2\cdots\cdot\lambda_n=|\boldsymbol{A}| \tag{A-28}$$

(3)若 λ_i 是特征方程的 k 重根，则对应的线性无关的特征向量的个数不大于 k。当 λ_i 为单根时，对应于 λ_i 的线性无关的特征向量只有一个。

(4)矩阵 $\boldsymbol{A}$ 的属于不同特征值的特征向量相互线性无关。

(5)矩阵的特征值在相似变换下保持不变，特别是 $\boldsymbol{A}^{\mathrm{T}}$ 与 $\boldsymbol{A}$ 具有相同的特征值。

(6)实对称矩阵的特征值都是实数，特征向量相互正交。

A.6　线性方程组有解的判定条件

对于 n 元线性方程组 $\underset{m\times n}{\boldsymbol{A}}\,\underset{n\times 1}{\boldsymbol{x}}=\underset{m\times 1}{\boldsymbol{b}}$，其增广矩阵为 $\underset{m\times(n+1)}{\boldsymbol{B}}=[\underset{m\times n}{\boldsymbol{A}}\ \ \underset{m\times 1}{\boldsymbol{b}}]$

(1) $\boldsymbol{R}(\boldsymbol{A})<\boldsymbol{R}(\boldsymbol{B})\Leftrightarrow\boldsymbol{A}\boldsymbol{x}=\boldsymbol{b}$ 无解；

(2) $\boldsymbol{R}(\boldsymbol{A})=\boldsymbol{R}(\boldsymbol{B})=n\Leftrightarrow\boldsymbol{A}\boldsymbol{x}=\boldsymbol{b}$ 有唯一解；

(3) $\boldsymbol{R}(\boldsymbol{A})=\boldsymbol{R}(\boldsymbol{B})<n\Leftrightarrow\boldsymbol{A}\boldsymbol{x}=\boldsymbol{b}$ 有无穷多解。

当 $\boldsymbol{b}=\boldsymbol{0}$ 时，上面的线性方程组为齐次线性方程组。从以上的判定条件可知，齐次线性方程一定有解，当 $\boldsymbol{R}(\boldsymbol{A})=n$ 时，只有零解；当 $\boldsymbol{R}(\boldsymbol{A})<n$ 时有非零解。

A.7　矩阵的分解

1. 三角矩阵

(1)矩阵 $\underset{n\times n}{\boldsymbol{U}}$ 的对角线以下的元素都为零：

$$\underset{n\times n}{\boldsymbol{U}}=\begin{pmatrix} a_{11} & a_{12} & \cdots & a_{1n} \\ 0 & a_{22} & \cdots & a_{2n} \\ \vdots & \vdots & & \vdots \\ 0 & 0 & \cdots & a_{nn} \end{pmatrix} \tag{A-29}$$

则称 $\boldsymbol{U}$ 为上三角矩阵。当上三角矩阵对角线元素都为1时，则称之为单位上三角矩阵，记为 $\boldsymbol{U}^*$。

(2)矩阵 $\underset{n\times n}{\boldsymbol{L}}$ 的对角线以上的元素都为零：

$$\underset{n\times n}{\boldsymbol{L}}=\begin{pmatrix}a_{11} & 0 & \cdots & 0\\ a_{21} & a_{22} & \cdots & 0\\ \vdots & \vdots & & \vdots\\ a_{n1} & a_{n2} & \cdots & a_{nn}\end{pmatrix} \tag{A-30}$$

则称为下三角矩阵。当下三角矩阵对角线元素都为 1 时，则称之为单位下三角矩阵，记为 $\boldsymbol{L}^*$。

(3)上(下)三角矩阵的乘积仍是上(下)三角矩阵。

2. 矩阵的三角分解

设 n 阶方阵 $\boldsymbol{A}\in\boldsymbol{C}^{n\times n}$，则 $\boldsymbol{A}$ 可以作三角分解的充分必要条件是 $\Delta_k\neq 0(k=1, 2, \cdots, n-1)$，其中 $\Delta_k=\det(\boldsymbol{A}_k)$ 为 $\boldsymbol{A}$ 的 k 阶顺序主子式，而 $\boldsymbol{A}_k$ 为 $\boldsymbol{A}$ 的顺序主子阵。

(1) $\boldsymbol{A}=\boldsymbol{LU}$，这样的三角分解不唯一；如果 $\boldsymbol{A}$ 为对称矩阵，有 $\boldsymbol{A}=\boldsymbol{LL}^{\mathrm{T}}$，这样的三角分解不唯一；

(2) $\boldsymbol{A}=\boldsymbol{L}^*\boldsymbol{U}$，也称为 Doolittle 分解，这样的分解唯一；

(3) $\boldsymbol{A}=\boldsymbol{LU}^*$，也称为 Crout 分解，这样的分解唯一；

(4) $\boldsymbol{A}=\boldsymbol{L}^*\boldsymbol{D}\boldsymbol{U}^*$，其中 $\boldsymbol{D}=\mathrm{diag}(d_1, d_2, \cdots d_n)$，这样的分解唯一；

(5)如果 $\boldsymbol{A}$ 为对称矩阵，有 $\boldsymbol{A}=(\boldsymbol{U}^*)^{\mathrm{T}}\boldsymbol{D}\boldsymbol{U}^*$，这样的分解唯一；如果 $\Delta_n>0$，$\boldsymbol{A}$ 为正定矩阵，那么 $\boldsymbol{D}$ 的元素都为正数。

(6)如果 $\boldsymbol{A}$ 为对称矩阵，且 $\Delta_k>0(k=1, 2, \cdots, n)$，那么有 $\boldsymbol{A}=\boldsymbol{LL}^{\mathrm{T}}$，$\boldsymbol{L}$ 为非奇异三角矩阵，且对角线元素都为正，这样的分解唯一，这样的矩阵分解也称为 Cholesky 分解。这里的 $\boldsymbol{L}$ 为

$$\boldsymbol{L}=(\boldsymbol{U}^*)^{\mathrm{T}}\boldsymbol{D}^{\frac{1}{2}} \tag{A-31}$$

其中

$$\boldsymbol{D}^{\frac{1}{2}}=\mathrm{diag}(\sqrt{d_1}, \sqrt{d_2}, \cdots, \sqrt{d_n}) \tag{A-32}$$

$\boldsymbol{L}$ 也称为 $\boldsymbol{A}$ 的平方根矩阵。

3. 矩阵的 QR 分解

任意一个方阵 $\underset{n\times n}{\boldsymbol{A}}$ 都可以分解为一个正交矩阵 $\underset{n\times n}{\boldsymbol{Q}}$ 和一个上三角矩阵 $\underset{n\times n}{\boldsymbol{R}}$ 的乘积

$$\underset{n\times n}{\boldsymbol{A}}=\underset{n\times n}{\boldsymbol{QR}} \tag{A-33}$$

也可以对任意维数的矩阵 $\underset{m\times n}{\boldsymbol{A}}$ 进行 QR 分解

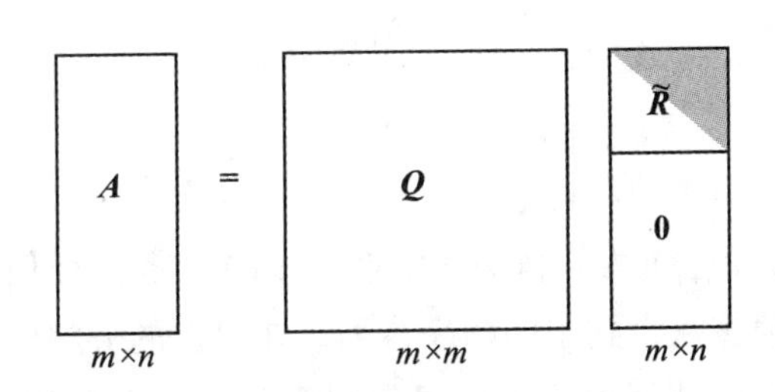

这里的矩阵 $\underset{m\times n}{\boldsymbol{R}}$ 是对非奇异的上三角矩阵矩阵 $\underset{n\times n}{\tilde{\boldsymbol{R}}}$ 补零得到的矩阵。

求解QR分解主要有三种方法：Gram-Schmidt正交化法(QR分解中的Q本身就可以看作是正交化构造出来的)、Household变换法、Givens变换法。

4. 矩阵的特征值分解

特征值分解也称为谱分解。n 阶矩阵 $\boldsymbol{A}$ 可以分解为如下形式：

$$\underset{n\times n}{\boldsymbol{A}} = \underset{n\times n}{\boldsymbol{Q}}\boldsymbol{\Lambda}\underset{n\times n}{\boldsymbol{Q}}^{-1} \tag{A-34}$$

其中，$\boldsymbol{Q}$ 是矩阵 $\boldsymbol{A}$ 的特征向量组成的矩阵，$\boldsymbol{\Lambda}$ 则是一个对角阵，对角线上的元素就是特征值。

特征值分解可以得到特征值与特征向量，特征值的大小表示的是这个特征到底有多重要，而特征向量表示这个特征是什么。如果将 $\boldsymbol{\Lambda}$ 中的特征值按照从大到小的顺序排列，那么属于数值大的特征值的特征向量对应着矩阵的主要变化方向，通过这些特征值和特征向量就可以提取出这个矩阵的重要特征。特征值分解是给矩阵找到了一组特殊的基，在这组基下的线性变换可以达到缩放的效果。

若 $\boldsymbol{A}$ 为实对称矩阵，那么 $\boldsymbol{Q}$ 也为正交矩阵

$$\underset{n\times n}{\boldsymbol{A}} = \underset{n\times n}{\boldsymbol{Q}}\,\underset{n\times n}{\boldsymbol{\Lambda}}\,\underset{n\times n}{\boldsymbol{Q}^{\mathrm{T}}} \tag{A-35}$$

5. 矩阵的奇异值分解

特征值分解只局限于对方阵的分解。对于任意矩阵 $\boldsymbol{A}$，存在

$$\underset{m\times n}{\boldsymbol{A}} = \underset{m\times m}{\boldsymbol{U}}\,\underset{m\times n}{\boldsymbol{\Lambda}}\,\underset{n\times n}{\boldsymbol{V}^{\mathrm{T}}} \tag{A-36}$$

式中，$\boldsymbol{U}$ 为 m 阶正交矩阵，由矩阵 $\underset{m\times n}{\boldsymbol{A}}\,\underset{n\times m}{\boldsymbol{A}^{\mathrm{T}}}$ 的特征向量组成；$\boldsymbol{V}^{\mathrm{T}}$ 为 n 阶正交矩阵，由矩阵 $\boldsymbol{A}^{\mathrm{T}}\boldsymbol{A}$ 的特征向量组成；矩阵 $\boldsymbol{\Lambda}$ 具有下列结构：

$$\boldsymbol{\Lambda} = \begin{bmatrix} \underset{r\times r}{\boldsymbol{\Lambda}'} & \underset{r\times(n-r)}{\boldsymbol{0}} \\ \underset{(m-r)\times r}{\boldsymbol{0}} & \underset{(m-r)\times(m-r)}{\boldsymbol{0}} \end{bmatrix} \tag{A-37}$$

且

$$\boldsymbol{\Lambda}' = \begin{bmatrix} \sqrt{\lambda_1} & & & \\ & \sqrt{\lambda_1} & & \\ & & \ddots & \\ & & & \sqrt{\lambda_1} \end{bmatrix} \tag{A-38}$$

式中，λ_1，$\lambda_2\cdots\lambda_r(\lambda_i > \lambda_{i+1})$ 为矩阵 $\boldsymbol{A}\boldsymbol{A}^{\mathrm{T}}$ 或 $\boldsymbol{A}^{\mathrm{T}}\boldsymbol{A}$ 的非零特征值，$\sqrt{\lambda_i}$ 也称为奇异值。

一般来说，$\boldsymbol{\Lambda}'$ 上的值按从大到小的顺序排列。在以上的分解中，最大的几个特征值或者奇异值之和就能占据所有特征值或者奇异值之和的99%，所以用最大的几个就可以近

似原矩阵，从而实现了矩阵的压缩和近似。

奇异值分解的实质是找到了两组基，实现了从一组基到另一组的线性变换的旋转、缩放和投影效果。

A.8　幂等矩阵

定义：称满足条件

$$\boldsymbol{A}^k = \boldsymbol{A} \tag{A-39}$$

的 n 阶方阵 $\boldsymbol{A}$ 为幂等矩阵。

幂等矩阵具有下列性质：

(1)若 $\boldsymbol{A}$ 为幂等对称矩阵，则 $\boldsymbol{A}$ 必为半正定矩阵；

(2)幂等矩阵 $\boldsymbol{A}$ 的特征值为 0 或 1，即 $\lambda(\boldsymbol{A}) = 0$ 或 1；

(3)幂等矩阵 $\boldsymbol{A}$ 的秩等于它的迹，即

$$\mathrm{rank}(\boldsymbol{A}) = \mathrm{tr}(\boldsymbol{A}) \tag{A-40}$$

若矩阵 $\boldsymbol{A}$ 幂等且正定，则

$$\boldsymbol{A} = \boldsymbol{E} \tag{A-41}$$

若矩阵 $\boldsymbol{A}$ 为 $\mathrm{rank}(\boldsymbol{A}) = r$ 的幂等矩阵，则 $\boldsymbol{E} - \boldsymbol{A}$ 也为幂等矩阵，并且

$$\mathrm{rank}(\boldsymbol{E} - \boldsymbol{A}) = n - r \tag{A-42}$$

如果矩阵 $\boldsymbol{A}$ 为幂等对称矩阵，且 $\mathrm{rank}(\boldsymbol{A}) = r$，则存在正交矩阵 $\boldsymbol{Q}$ 使得

$$\boldsymbol{Q}^{\mathrm{T}}\boldsymbol{A}\boldsymbol{Q} = \begin{bmatrix} \underset{r\times r}{\boldsymbol{E}} & \boldsymbol{0} \\ \boldsymbol{0} & \boldsymbol{0} \end{bmatrix} \tag{A-43}$$

A.9　矩阵求逆

1. 分块三角矩阵求逆公式

有 $(m + n)$ 阶的分块三角阵：

$$\boldsymbol{M} = \begin{bmatrix} \underset{m\times m}{\boldsymbol{A}_{11}} & \underset{m\times n}{\boldsymbol{A}_{12}} \\ \boldsymbol{0} & \underset{n\times n}{\boldsymbol{A}_{22}} \end{bmatrix} \tag{A-44}$$

$$\boldsymbol{N} = \begin{bmatrix} \underset{m\times m}{\boldsymbol{A}_{11}} & \boldsymbol{0} \\ \underset{n\times m}{\boldsymbol{A}_{21}} & \underset{n\times n}{\boldsymbol{A}_{22}} \end{bmatrix} \tag{A-45}$$

其中，$\boldsymbol{A}_{11}$ 及 $\boldsymbol{A}_{22}$ 分别为可逆矩阵，则 $\boldsymbol{M}$ 和 $\boldsymbol{N}$ 也是可逆阵，并且有

$$\boldsymbol{M}^{-1} = \begin{bmatrix} \boldsymbol{A}_{11}^{-1} & -\boldsymbol{A}_{11}^{-1}\boldsymbol{A}_{12}\boldsymbol{A}_{22}^{-1} \\ \boldsymbol{0} & \boldsymbol{A}_{22}^{-1} \end{bmatrix} \tag{A-46}$$

$$N^{-1} = \begin{bmatrix} A_{11}^{-1} & 0 \\ -A_{22}^{-1}A_{21}A_{11}^{-1} & A_{22}^{-1} \end{bmatrix} \tag{A-47}$$

2. 矩阵求逆的恒等式

若令方阵 $M = \begin{bmatrix} A & B \\ C & D \end{bmatrix}$，其中 A、D 为可逆子矩阵，则有

$$MM^{-1} = \begin{bmatrix} A & B \\ C & D \end{bmatrix}\begin{bmatrix} E & F \\ G & H \end{bmatrix} = \begin{bmatrix} E_a & 0 \\ 0 & E_b \end{bmatrix} \tag{A-48}$$

由分块矩阵求逆可得

$$\begin{aligned}\begin{bmatrix} A & B \\ C & D \end{bmatrix}^{-1} &= \begin{bmatrix} E & F \\ G & H \end{bmatrix} \\ &= \begin{bmatrix} A^{-1} + A^{-1}B(D - CA^{-1}B)^{-1}CA^{-1} & -A^{-1}B(D - CA^{-1}B)^{-1} \\ -(D - CA^{-1}B)^{-1}CA^{-1} & (D - CA^{-1}B)^{-1} \end{bmatrix}\end{aligned} \tag{A-49}$$

通过比较得到下列矩阵恒等式：

$$(A - BD^{-1}C)^{-1} = A^{-1} + A^{-1}B(D - CA^{-1}B)^{-1}CA^{-1} \tag{A-50}$$

$$D^{-1}C(A - BD^{-1}C)^{-1} = (D - CA^{-1}B)^{-1}CA^{-1} \tag{A-51}$$

$$(A^{-1} + BD^{-1}C)^{-1} = A - AB(D + CAB)^{-1}CA \tag{A-52}$$

$$DC(A + BDC)^{-1} = (D^{-1} + CA^{-1}B)^{-1}CA^{-1} \tag{A-53}$$

可逆方阵 A 和 B 存在下列关系：

$$\begin{aligned}(A + B)^{-1} &= A^{-1}(A^{-1} + B^{-1})^{-1}B^{-1} \\ &= B^{-1}(A^{-1} + B^{-1})^{-1}A^{-1}\end{aligned} \tag{A-54}$$

矩阵恒等式在最优估计的许多证明过程中都被用到。

A.10　矩阵的范数和状态

矩阵的范数和状态常用来研究线性方程组的解算精度、收敛速度和凑整误差等。

1. 向量范数和矩阵范数

为整体地估计一个向量或一个矩阵的大小，需要有一个代表性的数量，称之为范数。范数由这个向量或矩阵中若干个元素的函数来表达。比如，可以很直接地利用向量的长度作为范数，称之为向量的欧氏范数。

(1)向量范数的定义：

对于向量 $x \in R^n$，如果有一个非负的实数 $\|x\|$ 与之对应，且满足三个条件：

①当 $x \neq 0$ 时，$\|x\| \geq 0$；当且仅当 $x = 0$ 时，$\|x\| = 0$(非负定性)；

② $\|kx\| = k\|x\|$（k 为任意实数)(齐次性)；

③ $\|x+y\| \leqslant \|x\| + \|y\|$（三角形不等式）。

通常称 $\|x\|$ 为向量 x 的范数，最常用的三种向量范数为：

①1-范数：
$$\|x\|_1 = |x_1| + |x_2| + \cdots + |x_n|; \tag{A-55}$$

②2-范数：
$$\|x\|_2 = (x_1^2 + x_2^2 + \cdots + x_n^2)^{1/2} = \sqrt{x^T x} \tag{A-56}$$

③P-范数：
$$\|x\|_p = \left\{\sum_{i=1}^{n} |x_i|^p\right\}^{\frac{1}{p}} \quad (p \geqslant 1) \tag{A-57}$$

④无穷范数：
$$\|x\|_\infty = \max_i(|x_i|) \tag{A-58}$$

(2)向量范数的性质：

①由列向量 x_1 和列向量 x_2，容易得到
$$\left\|\begin{bmatrix} x_1 \\ x_2 \end{bmatrix}\right\|_2 = \sqrt{x_1{}^T x_1 + x_2{}^T x_2} \tag{A-59}$$

即有
$$\left\|\begin{bmatrix} x_1 \\ x_2 \end{bmatrix}\right\|_2^2 = \|x_1\|_2^2 + \|x_2\|_2^2$$

② Q 为正交矩阵，即 $Q^T Q = I$ 或 $QQ^T = I$，所以
$$\|Q^T x\|_2 = \sqrt{x^T QQ^T x} = \sqrt{x^T x} = \|x\|_2 \tag{A-60}$$
上式表明：向量 x 经过正交变换后，其长度不变。

(3)方阵 A 的范数定义：

如果有一非负实数 $\|A\|$，且满足条件：

①当 $A \neq 0$，$\|A\| > 0$；当且仅当 $A = 0$，$\|A\| = 0$(非负性)；

②对于任一实数 k，有 $\|kA\| = k\|A\|$（齐次性）；

③ $\|A+B\| \leqslant \|A\| + \|B\|$（三角形不等式）；

④ $\|AB\| \leqslant \|A\| \cdot \|B\|$（相容性），

则称 $\|A\|$ 为方阵 A 的范数。如果方阵 A 还满足以下条件：

⑤ $\|Ax\| \leqslant \|A\| \cdot \|x\|$（算子连续性），

则称 $\|A\|$ 为与向量范数 $\|x\|$ 相容的矩阵范数。

利用向量范数，可定义从属于向量范数的方阵范数为
$$\|A\| = \max \frac{\|Ax\|}{\|x\|}, x \neq 0 \tag{A-61}$$
根据这个定义，求得与上述三种向量范数相容的从属范数为
$$\|A\|_2 = \sqrt{\mu} \ (\mu \text{ 为矩阵 } A^T A \text{ 的最大特征值}) \tag{A-62}$$
$$\|A\|_\infty = \max_i\left(\sum_{j=1}^{n} |a_{ij}|\right) \ (\text{行总和}) \tag{A-63}$$
$$\|A\|_1 = \max_j\left(\sum_{i=1}^{n} |a_{ij}|\right) \ (\text{列总和}) \tag{A-64}$$

2. 矩阵的状态

一个 n 阶方阵 A 的状态是通过条件数来定义的

$$\mathrm{Cond}_P(\boldsymbol{A}) = \|\boldsymbol{A}\|_P \cdot \|\boldsymbol{A}^{-1}\|_P \tag{A-65}$$

该值恒大于或等于1。其中 $\|\boldsymbol{A}\|_P (P=1, 2, \infty)$ 表示矩阵 $\boldsymbol{A}$ 的某种范数。

在欧氏范数下，有

$$\mathrm{Cond}_2(\boldsymbol{A}) = \|\boldsymbol{A}\|_2 \cdot \|\boldsymbol{A}^{-1}\|_2 \tag{A-66}$$

若 $\boldsymbol{A}$ 为实对称矩阵

$$\mathrm{Cond}_2(\boldsymbol{A}) = \frac{\sqrt{|\lambda|_{\max}}}{\sqrt{|\lambda|_{\min}}} \tag{A-67}$$

式中，$|\lambda|_{\max}$ 和 $|\lambda|_{\min}$ 为矩阵 $\boldsymbol{A}$ 绝对值最大和最小的特征值。

矩阵的条件数表示了矩阵计算对于误差的敏感性。对于线性方程组 $\boldsymbol{Ax}=\boldsymbol{b}$，如果 $\boldsymbol{A}$ 的条件数很大，$\boldsymbol{b}$ 的微小改变就能引起解 $\boldsymbol{x}$ 较大的改变，数值稳定性差。反之，如果 $\boldsymbol{A}$ 的条件数小，$\boldsymbol{b}$ 有微小的改变，$\boldsymbol{x}$ 的改变也很微小，表明数值稳定性好。矩阵的条件数也可以表示 $\boldsymbol{b}$ 不变，而 $\boldsymbol{A}$ 有微小改变时，$\boldsymbol{x}$ 的变化情况。矩阵的条件数是表示矩阵病态程度的一种度量，条件数越大矩阵病态程度越严重。

附录B 向量和矩阵的微分运算

B.1 矩阵对变量的微分

设 $\underset{m\times n}{\boldsymbol{A}}$ 的每一个元素 a_{ij} 均是变量 x 的函数，若它们在某点或某区间是可微的，则矩阵 $\boldsymbol{A}$ 在该点或该区间也是可微的，定义矩阵的导数为

$$\frac{\mathrm{d}\boldsymbol{A}}{\mathrm{d}x} = \dot{\boldsymbol{A}} = \begin{bmatrix} \frac{\mathrm{d}a_{11}}{\mathrm{d}x} & \frac{\mathrm{d}a_{12}}{\mathrm{d}x} & \cdots & \frac{\mathrm{d}a_{1n}}{\mathrm{d}x} \\ \vdots & \vdots & & \vdots \\ \frac{\mathrm{d}a_{m1}}{\mathrm{d}x} & \frac{\mathrm{d}a_{m2}}{\mathrm{d}x} & \cdots & \frac{\mathrm{d}a_{mn}}{\mathrm{d}x} \end{bmatrix} \tag{B-1}$$

同函数的微分一样，矩阵的微分具有以下性质：

(1) $\frac{\mathrm{d}(\boldsymbol{A}+\boldsymbol{B})}{\mathrm{d}x} = \frac{\mathrm{d}\boldsymbol{A}}{\mathrm{d}x} + \frac{\mathrm{d}\boldsymbol{B}}{\mathrm{d}x}$，其中矩阵 $\boldsymbol{B}$ 对 x 可微； (B-2)

(2) $\frac{\mathrm{d}(k\boldsymbol{A})}{\mathrm{d}x} = k\frac{\mathrm{d}\boldsymbol{A}}{\mathrm{d}x}$； (B-3)

(3) $\frac{\mathrm{d}(\boldsymbol{AB})}{\mathrm{d}x} = \boldsymbol{A}\frac{\mathrm{d}\boldsymbol{B}}{\mathrm{d}x} + \frac{\mathrm{d}\boldsymbol{A}}{\mathrm{d}x}\boldsymbol{B}$； (B-4)

(4) $\frac{\mathrm{d}(\boldsymbol{RA})}{\mathrm{d}x} = \boldsymbol{R}\frac{\mathrm{d}\boldsymbol{A}}{\mathrm{d}x}$，其中 $\boldsymbol{R}$ 为常数矩阵； (B-5)

(5) $\frac{\mathrm{d}(\boldsymbol{AR})}{\mathrm{d}x} = \frac{\mathrm{d}\boldsymbol{A}}{\mathrm{d}x}\boldsymbol{R}$； (B-6)

(6) 设 $u=g(x)$，$\boldsymbol{A}=\boldsymbol{F}(u)$，则 $\frac{\mathrm{d}\boldsymbol{A}}{\mathrm{d}x} = \frac{\mathrm{d}\boldsymbol{A}}{\mathrm{d}u}\cdot\frac{\mathrm{d}u}{\mathrm{d}x}$。 (B-7)

B.2　向量与矩阵的微分运算

若函数 f 是以 n 维列向量 $\boldsymbol{x} = (x_1 \quad x_2 \quad \cdots \quad x_n)^{\mathrm{T}}$ 为自变量的函数：$f(\boldsymbol{x}) = f(x_1, x_2, \cdots, x_n)$，且函数 $f(\boldsymbol{x})$ 对所有自变量 x_i 是可微的，则 $f(\boldsymbol{x})$ 对于列向量 $\boldsymbol{x}$ 的偏导数定义为

$$\frac{\partial f}{\partial \boldsymbol{x}^{\mathrm{T}}} = \begin{bmatrix} \dfrac{\partial f}{\partial x_1} & \dfrac{\partial f}{\partial x_2} & \cdots & \dfrac{\partial f}{\partial x_n} \end{bmatrix} \tag{B-8}$$

同样，m 维列向量函数 $\boldsymbol{F}(\boldsymbol{x}) = [f_1(\boldsymbol{x}) \quad f_2(\boldsymbol{x}) \quad \cdots \quad f_m(\boldsymbol{x})]^{\mathrm{T}}$ 对 n 维行向量 $\boldsymbol{x}^{\mathrm{T}}$ 的微分为一个 $m \times n$ 阶矩阵：

$$\frac{\mathrm{d}\boldsymbol{F}}{\mathrm{d}\,\boldsymbol{x}^{\mathrm{T}}} = \begin{bmatrix} \dfrac{\partial f_1}{\partial x_1} & \dfrac{\partial f_1}{\partial x_2} & \cdots & \dfrac{\partial f_1}{\partial x_n} \\ \dfrac{\partial f_2}{\partial x_1} & \dfrac{\partial f_2}{\partial x_2} & \cdots & \dfrac{\partial f_2}{\partial x_n} \\ \vdots & \vdots & & \vdots \\ \dfrac{\partial f_m}{\partial x_1} & \dfrac{\partial f_m}{\partial x_2} & \cdots & \dfrac{\partial f_m}{\partial x_n} \end{bmatrix} \tag{B-9}$$

下面给出向量微分运算的性质：

(1) $\dfrac{\mathrm{d}\,\boldsymbol{C}}{\mathrm{d}\,\boldsymbol{x}} = \underset{m\times n}{\boldsymbol{0}}$，其中 $\underset{m\times 1}{\boldsymbol{C}}$ 为常数向量；　(B-10)

(2) $\dfrac{\mathrm{d}\,\boldsymbol{F}+\boldsymbol{G}}{\mathrm{d}\,\boldsymbol{x}^{\mathrm{T}}} = \dfrac{\mathrm{d}\,\boldsymbol{F}}{\mathrm{d}\,\boldsymbol{x}^{\mathrm{T}}} + \dfrac{\mathrm{d}\,\boldsymbol{G}}{\mathrm{d}\,\boldsymbol{x}^{\mathrm{T}}}$，其中 $\boldsymbol{G}$ 对所有自变量 $\boldsymbol{x}_i$ 是可微的；　(B-11)

(3) $\dfrac{\mathrm{d}\,\boldsymbol{F}}{\mathrm{d}\,\boldsymbol{x}^{\mathrm{T}}} = \left(\dfrac{\mathrm{d}\,\boldsymbol{F}^{\mathrm{T}}}{\mathrm{d}\,\boldsymbol{x}}\right)^{\mathrm{T}}$；　(B-12)

(4) $\dfrac{\mathrm{d}\,\boldsymbol{F}^{\mathrm{T}}\boldsymbol{G}}{\mathrm{d}\,\boldsymbol{x}^{\mathrm{T}}} = \dfrac{\mathrm{d}\,\boldsymbol{G}^{\mathrm{T}}\boldsymbol{F}}{\mathrm{d}\,\boldsymbol{x}^{\mathrm{T}}} = \boldsymbol{F}^{\mathrm{T}}\dfrac{\mathrm{d}\,\boldsymbol{G}}{\mathrm{d}\,\boldsymbol{x}^{\mathrm{T}}} + \boldsymbol{G}^{\mathrm{T}}\dfrac{\mathrm{d}\,\boldsymbol{F}}{\mathrm{d}\,\boldsymbol{x}^{\mathrm{T}}}$；　(B-13)

(5) $\dfrac{\mathrm{d}\boldsymbol{C}\,\boldsymbol{F}}{\mathrm{d}\,\boldsymbol{x}^{\mathrm{T}}} = \boldsymbol{C}\dfrac{\mathrm{d}\,\boldsymbol{F}}{\mathrm{d}\,\boldsymbol{x}^{\mathrm{T}}}$；　(B-14)

(6) $\dfrac{\mathrm{d}\,\boldsymbol{x}}{\mathrm{d}\,\boldsymbol{x}^{\mathrm{T}}} = \boldsymbol{E}$；　(B-15)

(7) $\dfrac{\mathrm{d}}{\mathrm{d}\,\boldsymbol{x}^{\mathrm{T}}}(\boldsymbol{A}\,\boldsymbol{x}) = \boldsymbol{A}$，其中 $\underset{m\times n}{\boldsymbol{A}}$ 是常数矩阵。　(B-16)

B.3　特殊函数的微分

1. 二次型的偏导数

有向量 $\underset{n\times 1}{\boldsymbol{x}}$ 和矩阵 $\underset{n\times n}{\boldsymbol{A}}$ 则

$$\begin{aligned}\frac{\mathrm{d}}{\mathrm{d}\boldsymbol{x}^{\mathrm{T}}}(\boldsymbol{x}^{\mathrm{T}}\boldsymbol{A}\boldsymbol{x}) &= \boldsymbol{x}^{\mathrm{T}}\frac{\mathrm{d}\boldsymbol{A}\boldsymbol{x}}{\mathrm{d}\boldsymbol{x}^{\mathrm{T}}} + (\boldsymbol{A}\boldsymbol{x})^{\mathrm{T}}\frac{\mathrm{d}\boldsymbol{x}}{\mathrm{d}\boldsymbol{x}^{\mathrm{T}}} \\ &= \boldsymbol{x}^{\mathrm{T}}\boldsymbol{A} + \boldsymbol{x}^{\mathrm{T}}\boldsymbol{A}^{\mathrm{T}} \\ &= \boldsymbol{x}^{\mathrm{T}}(\boldsymbol{A} + \boldsymbol{A}^{\mathrm{T}})\end{aligned} \tag{B-17}$$

若 $\underset{n\times n}{\boldsymbol{A}}$ 为对称矩阵，那么

$$\frac{\mathrm{d}}{\mathrm{d}\boldsymbol{x}^{\mathrm{T}}}(\boldsymbol{x}^{\mathrm{T}}\boldsymbol{A}\boldsymbol{x}) = 2\boldsymbol{x}^{\mathrm{T}}\boldsymbol{A} \tag{B-18}$$

根据上面的结论，可以得到

$$\frac{\mathrm{d}}{\mathrm{d}\boldsymbol{x}}(\boldsymbol{x}^{\mathrm{T}}\boldsymbol{A}\boldsymbol{x}) = 2\boldsymbol{A}\boldsymbol{x} \tag{B-19}$$

$$\frac{\mathrm{d}(\boldsymbol{x}^{\mathrm{T}}\boldsymbol{x})}{\mathrm{d}\boldsymbol{x}} = 2\boldsymbol{x} \tag{B-20}$$

和

$$\begin{aligned}\frac{\mathrm{d}}{\mathrm{d}\boldsymbol{x}}(\underset{1\times n}{\boldsymbol{\lambda}^{\mathrm{T}}}\underset{n\times n}{\boldsymbol{A}}\boldsymbol{x}) &= \underset{n\times n}{\boldsymbol{A}^{\mathrm{T}}}\underset{n\times 1}{\boldsymbol{\lambda}} \\ \frac{\mathrm{d}}{\mathrm{d}\boldsymbol{x}^{\mathrm{T}}}(\underset{1\times n}{\boldsymbol{\lambda}^{\mathrm{T}}}\underset{n\times n}{\boldsymbol{A}}\boldsymbol{x}) &= \underset{1\times n}{\boldsymbol{\lambda}^{\mathrm{T}}}\underset{n\times n}{\boldsymbol{A}}\end{aligned} \tag{B-21}$$

其中 $\underset{n\times 1}{\boldsymbol{\lambda}}$ 和 $\underset{n\times n}{\boldsymbol{A}}$ 均为常数阵。

2. 行列式的偏导数

若 $\boldsymbol{A}$ 为 $n\times n$ 阶可逆矩阵，$|\boldsymbol{A}|$ 为 $\boldsymbol{A}$ 的行列式则

$$\frac{\partial|\boldsymbol{A}|}{\partial\boldsymbol{A}} = (\boldsymbol{A}^{-1})^{\mathrm{T}}|\boldsymbol{A}| \tag{B-22}$$

$$\frac{\mathrm{d}|\boldsymbol{A}|}{\mathrm{d}x} = |\boldsymbol{A}|\mathrm{tr}\left(\boldsymbol{A}^{-1}\frac{\mathrm{d}\boldsymbol{A}}{\mathrm{d}x}\right) \tag{B-23}$$

B.4 矩阵的迹对矩阵的偏导数

已知矩阵 $\boldsymbol{A}$ 和方阵 $\boldsymbol{F}$，而 $\boldsymbol{F}$ 是包括 $\boldsymbol{A}$ 在内的若干个矩阵的乘积，则 $\boldsymbol{F}$ 的迹关于矩阵 $\boldsymbol{A}$ 的偏导数是一个矩阵，该矩阵的各元素是 $\boldsymbol{F}$ 的迹关于 $\boldsymbol{A}$ 的对应元素的偏导数，即

$$\frac{\partial\mathrm{tr}(\boldsymbol{F})}{\partial\boldsymbol{A}} = \left[\frac{\partial\mathrm{tr}(\boldsymbol{F})}{\partial a_{ij}}\right] \tag{B-24}$$

而

$$\frac{\partial\mathrm{tr}(\boldsymbol{F})}{\partial\boldsymbol{A}^{\mathrm{T}}} = \left[\frac{\partial\mathrm{tr}(\boldsymbol{F})}{\partial a_{ij}}\right]^{\mathrm{T}} \tag{B-25}$$

矩阵的迹对于矩阵的偏导数有下列性质：

(1)若 $\boldsymbol{F} = \underset{m\times n}{\boldsymbol{A}}\underset{n\times m}{\boldsymbol{B}}$，则 $\dfrac{\partial\mathrm{tr}(\boldsymbol{AB})}{\partial\boldsymbol{A}} = \dfrac{\partial\mathrm{tr}(\boldsymbol{BA})}{\partial\boldsymbol{A}} = \boldsymbol{B}^{\mathrm{T}}$； (B-26)

(2) 若 $\boldsymbol{F} = \underset{m\times n}{\boldsymbol{A}}\underset{n\times m}{\boldsymbol{B}}\boldsymbol{A}^{\mathrm{T}}$，则 $\dfrac{\partial \mathrm{tr}(\boldsymbol{A}\boldsymbol{B}\boldsymbol{A}^{\mathrm{T}})}{\partial \boldsymbol{A}} = \boldsymbol{A}(\boldsymbol{B} + \boldsymbol{B}^{\mathrm{T}})$；　　(B-27)

(3) 若 $\boldsymbol{F} = \boldsymbol{A}^{\mathrm{T}}\boldsymbol{B}\boldsymbol{A}$，则 $\dfrac{\partial \mathrm{tr}(\boldsymbol{A}^{\mathrm{T}}\boldsymbol{B}\boldsymbol{A})}{\partial \boldsymbol{A}} = (\boldsymbol{B} + \boldsymbol{B}^{\mathrm{T}})\boldsymbol{A}$；　　(B-28)

(4) 若 $\boldsymbol{F} = \boldsymbol{A}\boldsymbol{B}\boldsymbol{A}^{\mathrm{T}}\boldsymbol{C}$，则 $\dfrac{\partial \mathrm{tr}(\boldsymbol{A}\boldsymbol{B}\boldsymbol{A}^{\mathrm{T}}\boldsymbol{C})}{\partial \boldsymbol{A}} = \boldsymbol{C}^{\mathrm{T}}\boldsymbol{A}\boldsymbol{B}^{\mathrm{T}} + \boldsymbol{C}\boldsymbol{A}\boldsymbol{B}$；　　(B-29)

(5) 若 $\boldsymbol{F} = \boldsymbol{A}\boldsymbol{B}\boldsymbol{A}\boldsymbol{C}$，则 $\dfrac{\partial \mathrm{tr}(\boldsymbol{A}\boldsymbol{B}\boldsymbol{A}\boldsymbol{C})}{\partial \boldsymbol{A}} = (\boldsymbol{B}\boldsymbol{A}\boldsymbol{C} + \boldsymbol{C}\boldsymbol{A}\boldsymbol{B})^{\mathrm{T}}$；　　(B-30)

(6) 若 $\boldsymbol{F} = \boldsymbol{A}\boldsymbol{B}\boldsymbol{A}\boldsymbol{B}$，则 $\dfrac{\partial \mathrm{tr}(\boldsymbol{A}\boldsymbol{B}\boldsymbol{A}\boldsymbol{B})}{\partial \boldsymbol{A}} = 2\boldsymbol{B}\boldsymbol{A}\boldsymbol{B}$。　　(B-31)

附录 C　二次型及有关定理

C.1　二次型定义

设 $a_{ij}(i, j = 1, 2, \cdots, n)$ 均为实常数，定义关于 n 个实变量 $x_1, x_2, \cdots, x_n$ 的二次多项式为

$$
\begin{aligned}
f(x_1, x_2, \cdots, x_n) = & a_{11}x_1^2 + 2a_{12}x_1x_2 + 2a_{13}x_1x_3 + \cdots + 2a_{1n}x_1x_n \\
& + a_{22}x_2^2 + 2a_{23}x_2x_3 + \cdots + 2a_{2n}x_2x_n \\
& + \cdots \\
& + a_{nn}x_n^2 \\
= & \sum_{i=1}^{n} a_{ii}x_i^2 + \sum_{\substack{i,\, j=1 \\ i<j}}^{n} 2a_{ij}x_ix_j
\end{aligned}
\tag{C-1}
$$

$f(x_1, x_2, \cdots, x_n)$ 称为实二次型。上式也可以表示为

$$
\begin{aligned}
f(x_1, x_2, \cdots, x_n) &= \sum_{i=1}^{n}\sum_{j=1}^{n} a_{ij}x_ix_j \\
&= (x_1, x_2, \cdots, x_n)\begin{bmatrix} a_{11} & a_{12} & \cdots & a_{1n} \\ a_{21} & a_{22} & \cdots & a_{2n} \\ \vdots & \vdots & & \vdots \\ a_{n1} & a_{n2} & \cdots & a_{nn} \end{bmatrix}\begin{pmatrix} x_1 \\ x_2 \\ \vdots \\ x_n \end{pmatrix} \\
&= \boldsymbol{x}^{\mathrm{T}}\boldsymbol{A}\boldsymbol{x}
\end{aligned}
\tag{C-2}
$$

其中 n 阶实对称矩阵 $\boldsymbol{A}$ 称为二次型 $f(x_1, x_2, \cdots, x_n)$ 的矩阵，$\boldsymbol{A}$ 的秩为二次型 $f(x_1, x_2, \cdots, x_n)$ 的秩。任意给定的一个二次型就唯一对应一个对称矩阵；反之，任给一个对称矩阵，也唯一确定一个二次型。

在最小二乘估计中的 $\boldsymbol{V}^{\mathrm{T}}\boldsymbol{W}\boldsymbol{V}$ 就是一个二次型。必须指出，二次型及其有关定理对于参数估计和假设检验是非常重要的，它为许多证明提供了基本途径。

C.2 二次型及二次型矩阵的正定性

A 为 n 阶实对称矩阵，对任意不为零的向量 $\boldsymbol{x}$，使得：

(1) $\boldsymbol{x}^{\mathrm{T}}\boldsymbol{A}\boldsymbol{x} > 0$，称二次型是正定的，二次型矩阵 $\boldsymbol{A}$ 为正定矩阵，记 $\boldsymbol{A} > 0$；

(2) $\boldsymbol{x}^{\mathrm{T}}\boldsymbol{A}\boldsymbol{x} \geqslant 0$，称二次型是半正定的，二次型矩阵 $\boldsymbol{A}$ 为半正定矩阵，记 $\boldsymbol{A} \geqslant 0$；

(3) $\boldsymbol{x}^{\mathrm{T}}\boldsymbol{A}\boldsymbol{x} < 0$，称二次型是负定的，二次型矩阵 $\boldsymbol{A}$ 为负定矩阵，记 $\boldsymbol{A} < 0$；

(4) $\boldsymbol{x}^{\mathrm{T}}\boldsymbol{A}\boldsymbol{x} \leqslant 0$，称二次型是半负定的，二次型矩阵 $\boldsymbol{A}$ 为半负定矩阵，记 $\boldsymbol{A} \leqslant 0$。

(5) $\boldsymbol{x}^{\mathrm{T}}(\boldsymbol{A}-\boldsymbol{B})x \geqslant 0$，则 $\boldsymbol{A}-\boldsymbol{B} \geqslant 0$，记 $\boldsymbol{A} \geqslant \boldsymbol{B}$；

(6) $\boldsymbol{A} \geqslant \boldsymbol{B}$ 的充要条件是 $\mathrm{trace}(\boldsymbol{A}) \geqslant \mathrm{trace}(\boldsymbol{B})$，此特性为方差矩阵最小的证明提供了便利途径。

C.3 正定矩阵的判别和性质

矩阵 $\boldsymbol{A}$ 正定的判定条件(充要条件)有：

(1) $\boldsymbol{A}$ 的顺序主子式全大于零；

(2) $\boldsymbol{A}$ 的所有主子式全大于零；

(3) $\boldsymbol{A}$ 的逆矩阵是正定矩阵；

(4)有实可逆矩阵 $\boldsymbol{C}$，使 $\boldsymbol{A}=\boldsymbol{C}^{\mathrm{T}}\boldsymbol{C}$；

(5)存在主对角线元素全为正的实三角矩阵 $\boldsymbol{R}$，使 $\boldsymbol{A}=\boldsymbol{R}^{\mathrm{T}}\boldsymbol{R}$；

(6) $\boldsymbol{C}=\begin{pmatrix}\boldsymbol{A} & \boldsymbol{0}\\ \boldsymbol{0} & \boldsymbol{B}\end{pmatrix}$ 正定，其中 $\boldsymbol{B}$ 为正定矩阵。

正定矩阵的性质有：

(1)正定矩阵的对角线元素一定是大于零的；

(2)正定矩阵的行列式一定大于零；

(3)正定矩阵一定是可逆的；

(4)两个正定矩阵的乘积与和都是正定矩阵；

(5)正实数与正定矩阵的乘积是正定矩阵。

更一般的性质有：

(1)一个实对称二次型是正定、负定、半正定、半负定、不定或恒等于零的充分必要条件是：矩阵 $\boldsymbol{A}$ 的特征值分别都是正的、都是负的、都是非负的、都是非正的、符号不同或都等于零；

(2)实对称矩阵 $\boldsymbol{A}$ 是半正定矩阵，且 $\mathrm{rank}(\boldsymbol{A})=r$，那么可将 $\boldsymbol{A}$ 分解为 $\boldsymbol{A}=\underset{n\times r}{\boldsymbol{B}}\,\underset{r\times n}{\boldsymbol{B}^{\mathrm{T}}}$，其中 $\mathrm{rank}(\boldsymbol{B})=r$。

C.4 二次型定理

设随机向量 $\underset{n\times 1}{\boldsymbol{x}}$ 和 $\underset{n\times 1}{\boldsymbol{y}}$ 的期望分别为 $E(\boldsymbol{x})=\boldsymbol{\mu}_x$ 和 $E(\boldsymbol{y})=\boldsymbol{\mu}_y$，$\boldsymbol{x}$ 的方差阵为 $\boldsymbol{D}_x$，$\underset{n\times 1}{\boldsymbol{x}}$ 与 $\underset{n\times 1}{\boldsymbol{y}}$ 的协方差阵为 $\mathrm{Cov}(\boldsymbol{x},\boldsymbol{y})=\boldsymbol{D}_{xy}$，且 $\underset{n\times n}{\boldsymbol{A}}$ 和 $\underset{n\times n}{\boldsymbol{B}}$ 为对称可逆矩阵。

(1)二次型的期望定理：

$$E(\boldsymbol{x}^{\mathrm{T}}\boldsymbol{A}\boldsymbol{x}) = \mathrm{tr}(\boldsymbol{A}\,\boldsymbol{D}_x) + \boldsymbol{\mu}_x^{\mathrm{T}}\boldsymbol{A}\boldsymbol{\mu}_x \tag{C-3}$$

$$E(\boldsymbol{x}^{\mathrm{T}}\boldsymbol{A}\boldsymbol{y}) = \mathrm{tr}(\boldsymbol{A}\,\boldsymbol{D}_{yx}) + \boldsymbol{\mu}_x^{\mathrm{T}}\boldsymbol{A}\boldsymbol{\mu}_y \tag{C-4}$$

(2)二次型的方差-协方差定理：

二次型 $\boldsymbol{x}^{\mathrm{T}}\boldsymbol{A}\boldsymbol{x}$ 与 $\boldsymbol{x}^{\mathrm{T}}\boldsymbol{B}\boldsymbol{x}$ 的方差和协方差为

$$\mathrm{Var}(\boldsymbol{x}^{\mathrm{T}}\boldsymbol{A}\boldsymbol{x}) = 2\mathrm{tr}(\boldsymbol{A}\,\boldsymbol{D}_x\boldsymbol{A}\,\boldsymbol{D}_x) + 4\boldsymbol{\mu}_x^{\mathrm{T}}\boldsymbol{A}\,\boldsymbol{D}_x\boldsymbol{A}\boldsymbol{\mu}_x \tag{C-5}$$

$$\mathrm{Cov}(\boldsymbol{x}^{\mathrm{T}}\boldsymbol{A}\boldsymbol{x},\ \boldsymbol{x}^{\mathrm{T}}\boldsymbol{B}\boldsymbol{x}) = 2\mathrm{tr}(\boldsymbol{A}\,\boldsymbol{D}_x\boldsymbol{B}\,\boldsymbol{D}_x) + 4\boldsymbol{\mu}_x^{\mathrm{T}}\boldsymbol{A}\,\boldsymbol{D}_x\boldsymbol{B}\boldsymbol{\mu}_x \tag{C-6}$$

(3)直线型和二次型的协方差定理：

直线型 $\boldsymbol{A}\boldsymbol{x}$ 和二次型 $\boldsymbol{x}^{\mathrm{T}}\boldsymbol{B}\boldsymbol{x}$ 的协方差为

$$\mathrm{Cov}(\boldsymbol{A}\boldsymbol{x},\ \boldsymbol{x}^{\mathrm{T}}\boldsymbol{B}\boldsymbol{x}) = 2\boldsymbol{A}\,\boldsymbol{D}_x\boldsymbol{B}\boldsymbol{\mu}_x \tag{C-7}$$

(4)二次型分布定理：

若随机向量 $\underset{n\times 1}{\boldsymbol{x}}$ 服从正态分布 $N(\boldsymbol{\mu}_x,\ \boldsymbol{D}_x)$，则当 $\boldsymbol{A}\,\boldsymbol{D}_x$ 为幂等矩阵时，二次型 $\boldsymbol{x}^{\mathrm{T}}\boldsymbol{A}\boldsymbol{x}$ 服从 χ^2 分布

$$\boldsymbol{x}^{\mathrm{T}}\boldsymbol{A}\boldsymbol{x} \sim \chi^2(n,\ \lambda) \tag{C-8}$$

式中，$n = \mathrm{rank}(\boldsymbol{A})$ 为该分布的自由度，$\lambda = \boldsymbol{\mu}_x^{\mathrm{T}}\boldsymbol{A}\boldsymbol{\mu}_x$ 为非中心化参数。

附录 D 投影矩阵

D.1 一般投影矩阵

设 $\boldsymbol{V}_1$ 和 $\boldsymbol{V}_2$ 都是 $\boldsymbol{V}$ 的线性子空间，且 $\boldsymbol{V} = \boldsymbol{V}_1 \oplus \boldsymbol{V}_2$。$\forall \boldsymbol{x} \in \boldsymbol{V}$，$\boldsymbol{x}$ 可唯一地分解为 $\boldsymbol{x} = \boldsymbol{x}_1 + \boldsymbol{x}_2$，$\boldsymbol{x}_1 \in \boldsymbol{V}_1$，$\boldsymbol{x}_2 \in \boldsymbol{V}_2$，则称线性变换 $\boldsymbol{x}_1 = \boldsymbol{R}\boldsymbol{x}$ 是向量空间 $\boldsymbol{V}$ 沿着子空间 $\boldsymbol{V}_2$ 向子空间 $\boldsymbol{V}_1$ 的投影，$\boldsymbol{R}$ 是投影矩阵。

投影矩阵具有以下定理和性质：

(1) $\boldsymbol{R}$ 是一个投影矩阵的充要条件是 $\boldsymbol{R}$ 是幂等矩阵。

(2)如果 $\boldsymbol{R}$ 是 $\boldsymbol{V}$ 沿 $\boldsymbol{V}_2$ 在 $\boldsymbol{V}_1$ 上的投影矩阵，则 $\boldsymbol{I} - \boldsymbol{R}$（$\boldsymbol{I}$ 为单位矩阵)是 $\boldsymbol{V}$ 沿 $\boldsymbol{V}_1$ 在 $\boldsymbol{V}_2$ 上的投影矩阵。

D.2 正交投影矩阵

设向量空间 $\boldsymbol{E}^n$ 由一个子空间 $\boldsymbol{U}$ 和该子空间的正交补空间 $\boldsymbol{U}^{\perp}$ 组成。对 $\boldsymbol{x} \in \boldsymbol{E}^n$ 和 $\boldsymbol{x}_1 \in \boldsymbol{U}$，称变换 $\boldsymbol{x}_1 = \boldsymbol{R}\boldsymbol{x}$ 是向量空间 $\boldsymbol{E}^n$ 沿着子空间 $\boldsymbol{U}^{\perp}$ 在子空间 $\boldsymbol{U}$ 的正交投影，$\boldsymbol{R}$ 是正交投影矩阵。与之对应，$\boldsymbol{x}_2 = (\boldsymbol{I} - \boldsymbol{R})\boldsymbol{x}$ 是向量空间 $\boldsymbol{E}^n$ 沿着子空间 $\boldsymbol{U}$ 在子空间 $\boldsymbol{U}^{\perp}$ 的正交投影，因此有 $\boldsymbol{x}_1^{\mathrm{T}}\boldsymbol{x}_2 = 0$，也称 $\boldsymbol{R}$ 为正交投影算子。

正交投影矩阵有以下定理和性质：

(1) $\boldsymbol{R}$ 是正交投影矩阵的充要条件是 $\boldsymbol{R}$ 是幂等对称矩阵；

(2)设 $\boldsymbol{H}$ 是一个 $m \times n$ 的矩阵，那么 $\boldsymbol{E}^m$ 在列空间 $R(\boldsymbol{H})$ 和 $R(\boldsymbol{H}^{\perp})$ 上的正交投影矩阵分别为 $\boldsymbol{R} = \boldsymbol{H}(\boldsymbol{H}^{\mathrm{T}}H)^{-}\boldsymbol{H}^{\mathrm{T}}$ 和 $\boldsymbol{I} - \boldsymbol{R}$，因此有 $\boldsymbol{R}\boldsymbol{H} = \boldsymbol{H}$ 和 $(\boldsymbol{I} - \boldsymbol{R})\boldsymbol{H} = \boldsymbol{0}$。

更一般的，$\langle \boldsymbol{x}_1, \boldsymbol{x}_2 \rangle_W = \boldsymbol{x}_1^{\mathrm{T}} \boldsymbol{W} \boldsymbol{x}_2$ 是关于 $\boldsymbol{W}$ 的广义内积，其中 $\boldsymbol{W}$ 是正定矩阵。若 $\boldsymbol{x}_1^{\mathrm{T}} \boldsymbol{W} \boldsymbol{x}_2 = 0$，则 $\boldsymbol{x}_1$ 与 $\boldsymbol{x}_2$ 广义正交。关于广义正交有如下性质：

(1) 如果 $\boldsymbol{x}_1 = \boldsymbol{R}\boldsymbol{x}$ 和 $\boldsymbol{x}_2 = (\boldsymbol{I} - \boldsymbol{R})\boldsymbol{x}$，那么 $\boldsymbol{x}_1^{\mathrm{T}} \boldsymbol{W} \boldsymbol{x}_2 = 0$ 的充要条件是 $\boldsymbol{R}$ 为幂等矩阵且 $\boldsymbol{W}\boldsymbol{R}$ 是对称矩阵。

(2) $\boldsymbol{R}$ 是关于 $\boldsymbol{x}_1$ 与 $\boldsymbol{x}_2$ 广义内积正交投影算子的充要条件是 $\boldsymbol{R} = \boldsymbol{H}(\boldsymbol{H}^{\mathrm{T}} \boldsymbol{W} \boldsymbol{H})^{-} \boldsymbol{H}^{\mathrm{T}} \boldsymbol{W}$，因此有 $\boldsymbol{R}\boldsymbol{H} = \boldsymbol{H}$ 和 $(\boldsymbol{I} - \boldsymbol{R})\boldsymbol{H} = \boldsymbol{0}$。

附录2　中英文对照表

随机变量	random variable
离散型随机变量	discrete random variable
连续型随机变量	continuous random variable
标量	scalar
向量	vector
矩阵	matrix
期望	expectation
均值	mean
方差	variance
协方差	covariance
标准差/中误差	standard deviation
精度	precision
准确度	accuracy
均方差	Mean Square Error：MSE
均方值	mean square value
系统误差	systematic error
随机误差	random/stochastic error
粗差	outlier/gross/fault/blunder
互协方差函数	cross-variance function
协方差传播	covariance propagation
互协方差函数	cross-variance function
协因数	cofactor
相关系数	correlation coefficient

相关时间	correlation time
自相关	autocorrelation
互相关	cross-correlation
权	weight
“加权”平均值	weighted mean
单位权方差	variance of unit weight
样本	sample
观测值	observation/measurement
相关性	correlation
不相关变量	uncorrelated variable
随机过程	random process
平稳	stationarity
平稳随机过程	stationary random process
各态历经	ergodicity
高斯过程	Gaussian process
高斯-马尔可夫过程	Gauss-Markov process
功率谱密度	power spectral density
白噪声	white noise
有色噪声	colored noise
随机游走	random walk
随机常数	random constant
随机斜坡	random ramp
随机独立	stochastic independence
成型滤波器	shaping filter
正交性	orthogonality
狄拉克 δ 函数	Dirac delta function
克罗尼克 δ 函数	Kronecker delta function
统计特性	statistical characteristics

伯努利分布	Bernoulli distribution
泊松分布	Poisson distribution
均匀分布	uniform distribution
指数分布	exponential distribution
正态分布	normal distribution
卡方分布	chi-square distribution
伽马分布	gamma distribution
联合分布函数	joint distribution function
边缘分布	marginal distribution
概率密度函数	Probability Density Function(PDF)
累积分布函数	Cumulative Distribution Function(CDF)
函数模型	functional model
随机模型	stochastic model
数学模型	mathematic model
线性函数	linear function
非线性函数	non-linear function
极大似然估计	maximum likelihood estimation
极大验后估计	maximum post-priori estimation
最小方差估计	minimum variance estimation
贝叶斯估计	Bayes estimation
贝叶斯风险	Bayes risk
损失函数	loss function
残差	residual
最小二乘估计	Least-Squares Estimation(LSE)
批处理	batch process scheme
递推最小二乘	sequential/recursive LS
参数	parameter
近似值	approximate value

初始值	initial value
迭代	iteration
最优估计	optimal estimation
次优估计	suboptimal estimation
无偏估计	unbiased estimation
动态系统	dynamic system
离散线性系统	discrete linear System
连续线性系统	continuous linear system
增益矩阵	gain matrix
时间预测	time prediction
测量更新	observation update
可测性	observability
可控性	controllability
齐次方程	homogeneous equation
微分方程	differential equation
时变线性系统	time-variant linear system
时不变线性系统	time-invariant linear system
状态变量	state variable
转移矩阵	transition matrix
卡尔曼滤波	Kalman Filter(KF)
扩展的卡尔曼滤波	Extended Kalman Filter(EKF)
自适应的卡尔曼滤波	adaptive Kalman filter
维纳滤波	Wiener filter
固定滞后平滑	fixed-lag smoothing
固定点平滑	fixed-point smoothing
固定区间平滑	fixed-interval smoothing
三通道固定区间平滑	three-pass fixed-interval smoothing
二通道固定区间平滑	Rauch-Tung-Striebel two-pass smoother

卡尔曼-布西滤波	Kalman-Bucy filiter
向前滤波	forward filter
向后滤波	backward filter
稳态	steady state
一致渐近稳定性	uniformly asymptotic stability
随机一致完全可控	stochastic uniform complete controllability
随机一致完全可测	stochastic uniform complete observability
矩阵黎卡提微分方程	matrix Riccati differential equation
代数黎卡提方程	algebraic Riccati differential equation
黎卡提差分方程	Riccati differential equation
航位推算	dead-reckoning
信息滤波	information filter
平方根滤波	square-root filter
平方根信息滤波	square-root-information filter
舍入误差	round-off error
矩阵分解	matrix decomposition/factorization
奇异值分解	singular value decomposition
特征值分解	eigenvalue decomposition
谱分解	spectral decomposition
自回归滑动平均模型	Auto-Regressive and Moving Average (ARMA) model
GNSS	Global Navigation Satellite System
INS	Inertial Navigation System
GNSS/INS 松组合	loosely coupled GNSS/INS integration

参考文献

[1] Baarda W A. Statistical Concepts in Geodesy [J]. Geodesy, 1967, 12 (4), new series.

[2] Baker R, Kuttler K. Linear Algebra with Applications [M]. World Scientific Publishing Company, 2014.

[3] Berger J O. Statistic Decision Theory and Bayesian Analysis [M]. New York: Springer, 1980.

[4] Bierman G J. On the Application of Discrete Square-Root Infromation Filterign [J]. International Journal of Control, 1974, 20 (3): 465-477.

[5] Bierman G J. Factorization Methods for Discrete Seuential Estimation [M]. New York: Academic Press, 1977.

[6] Bierman G J. A New Computationally Effcient Fixed-interval Discrete Time Smoother [J]. Automatic, 1983, 19: 503-561.

[7] Bozic S M. An Introduction to Discrete Time Filtering and Optimal Linear Estimation [M]. NewYork: Wiley, 1979.

[8] Brammer K, Seiber G. Kalman-Bucy Filters [M]. Norwoodm, MA: Artech House, 1989.

[9] Brown R G, Nilsson J W. Introduction to Linear Systems Analysis [M]. New York: Wiley, 1962.

[10] Brown R G, Hwang P Y C. Introduction to Random Signals and Applied Kalman Filtering with Matlab Exercises [M]. John Wiley & Sons, Inc., 2012.

[11] Bucy R. S. Optimal Filtering for Correlated Noise [J]. Journal of Mathematical Analysis Application, 1967, 20: 1-8.

[12] Chen G and Chui C K. Modified Extended Kalman Filtering and a Real-Time Parallel Algorithm for System Parameter Identification [J]. IEEE Transactions on Aerospace and Electronic Systems, 1991, 27: 149-154.

[13] Chui C K and Chen G. Kalman Filtering With Real Time applicationl [M]. New York: Springer, 2009.

[14] Berger J. Statistical Decision Theory and Bayesian Analysis [M]. 北京：世界图书出版社, 2012.

[15] Gleb A, et al. Applied Optimal Estimation [M]. Cambridge: MIT Press, 2001.

[16] Grewal M S. and Andrews A P. Kalman Filtering-Theory and Practice Using MATLAB [M]. Hoboken, New Jersey: John Wiley & Sons, Inc., 2008.

[17] Grimmett G R. Probability and Random Process [M]. New York: Oxford University Press

Inc. , 2001.
[18] Groves P D. Principles of GNSS Inertial and Multi-sensor Integrated Navigation System [M]. London: Artech House, 2013.
[19] Jazwinski A H. Stochastic Processes and Filtering Theory [M]. London: Academic Press, 1970.
[20] Kalman R E. A New Approach to Linear Filtering and Prediction Problems [J]. Transactions of the ASME Journal of Basic Engineering, 1960, 82: 35-45.
[21] Koch Karl-Rudolf. Parameter Estimation and Hypothesis Testing in Linear Model [M]. UK: Springer, 1999.
[22] Biswas K. K. , Mahalanabis A K. on the Stability of A Fixed-lag Smoother [J]. IEEE Transactions on Automatic Control, 1973, AC-18: 63-64.
[23] Misra P, Enge P. GPS Signal, Measurements and Performance [M]. Massachusetts: Ganga-Jamuna, 2006.
[24] Noureldin A, et al. Fundamentals Of Inertial Navigation, Satellite-based Positioning and their Integration [M]. London: Springer, 2013.
[25] Osehman Y. Square Root Information Filtering Using the Covariance Spectral Decomposition [J]. 27th Conference on Decision and Control, Austin, 1988.
[26] Papoulis A. Probability, Random Variables, and Stochastic Processes [M]. New York: McGraw-Hill, 1984.
[27] Siouris G M. An Engineering Approach to Optimal Control and Estimation Theory [M]. New York: JOHN WILEY & SONS, INC, 1996.
[28] Sorenson H W. Kalman Filtering: Theory and Application [M]. New York: IEEE Press, 1985.
[29] Tapley B D. , et al. Statistical Orbit Determination [M]. New York: Elsevier Academic Press, 2004.
[30] Teunissen P J G. Adjustment Theory-An Introduction [M]. VSSD, Delft University Press, 2003.
[31] Thornton C. L. Triangular Covariance Factorization for Kalman Filtering [D]. Los Angeles: University of California, 1976.
[32] Thornton C. L. , Bierman G. J. UDU Covariance Factorization for Kalman Filtering [J]. Control and Dynamics: 176-248, 1980.
[33] 崔希璋, 於宗俦, 陶本藻. 广义测量平差 [M]. 武汉: 武汉大学出版社, 2009.
[34] 邓自立. 最优估计理论及其应用——建模、滤波、信息融合估计 [M]. 哈尔滨工业大学出版社, 2005.
[35] 方保镕, 周继东, 李医民. 矩阵论 [M]. 北京: 清华大学, 2013.
[36] 付梦印, 邓志红, 闫莉萍. Kalman 滤波理论及其在导航系统中的应用 [M]. 北京: 科学出版社, 2010.
[37] 黄云清, 舒适, 陈艳萍. 数值计算方法 [M]. 北京: 科学出版社, 2009.

[38] 李德仁，袁修孝．误差处理与可靠性理论［M］．第二版．武汉：武汉大学出版社，2013.
[39] 李征航，黄劲松．GPS 测量与数据处理［M］．第二版．武汉：武汉大学出版社，2010.
[40] 刘胜，张红梅．最优估计理论［M］．第二版．北京：科学出版社，2011.
[41] 秦永元，张洪钺，汪叔华．卡尔曼滤波与组合导航原理［M］．西安：西北工业大学出版社，2012.
[42] 邱启荣．矩阵论与数值分析：理论及其工程应用［M］．北京：清华大学出版社，2016.
[43] 陶本藻，测量数据处理的统计理论和方法［M］．北京：测绘出版社，2007.
[44] 同济大学数学系．微积分［M］．北京：高等教育出版社，2009.
[45] 武汉大学测绘学院测量平差学科组．误差理论与测量平差基础［M］．武汉：武汉大学出版社，2014.
[46] 周凤，卢晓东．最优估计理论［M］．北京：高等教育出版社，2009.
[47] 吴云．最优估计与假设检验理论及其在 GNSS 中的应用［M］．北京：科学出版社，2015.
[48] 杨元喜．自适应动态导航定位［M］．北京：测绘出版社，2006.
[49] 张红梅，刘胜，孙明健．最优状态估计理论及应用［M］．哈尔滨：哈尔滨工业大学出版社，2019.